Holzmann/Meyer/Schumpich
Technische Mechanik Statik

Conrad Eller

Holzmann/Meyer/Schumpich
Technische Mechanik Statik

15., überarbeitete und erweiterte Auflage

Unter Mitarbeit von Professor Dr.-Ing. Hans-Joachim Dreyer

Conrad Eller
Hochschule Niederrhein
Krefeld, Deutschland

ISBN 978-3-658-22576-6

Die Deutsche Nationalbibliothek verzeichnet diese Publikation in der Deutschen Nationalbibliografie; detaillierte bibliografische Daten sind im Internet über http://dnb.d-nb.de abrufbar.

Springer Vieweg
© Springer Fachmedien Wiesbaden GmbH, ein Teil von Springer Nature 1967, 1970, 1974, 1976, 1980, 1982, 1990, 2000, 2004, 2008, 2009, 2012, 2015, 2018

Lektorat: Thomas Zipsner

Springer Vieweg ist ein Imprint der eingetragenen Gesellschaft Springer Fachmedien Wiesbaden GmbH und ist ein Teil von Springer Nature.
Die Anschrift der Gesellschaft ist: Abraham-Lincoln-Str. 46, 65189 Wiesbaden, Germany

Vorwort

Die Statik ist ein einfach und logisch aufgebautes Lehrgebiet, das dem Studenten nicht nur Wissen *vermittelt*, sondern auch sein *Denken schulen* kann. Statische Probleme, die auf den ersten Blick völlig verschiedenartig erscheinen, können mit Hilfe relativ weniger *Begriffe und Grundtatsachen* (Axiome) gelöst werden. Ich habe mich bemüht, dies dem Studenten bewusst zu machen. Die *Newtonschen Axiome* wurden daher auf engem Raum in Abschnitt 2.2 zusammengestellt; in den weiteren Abschnitten wird dann gezeigt, dass alle Verfahren der Statik nur aus ihnen begründet sind.

Die *Gleichgewichtsbedingungen* nehmen sowohl in der Statik als auch in anderen Gebieten der Technischen Mechanik, die in den Bänden *Kinematik und Kinetik* und *Festigkeitslehre* des Werkes behandelt werden, eine zentrale Stellung ein; mit ihrer Hilfe werden die meisten Probleme der Statik gelöst. Daher hielt ich es für wichtig, das *Freimachen eines mechanischen Systems* und die konsequente Anwendung der Gleichgewichtsbedingungen deutlich herauszustellen. Bei der rechnerischen Behandlung wird eine klare Trennung zwischen den beiden Lösungsabschnitten – Aufstellen des aus den Gleichgewichtsbedingungen folgenden Gleichungssystems und Lösen dieses Gleichungssystems – gemacht.

Bei der *Auswahl* der *Beispiele und Aufgaben* wurde nicht nur auf ihre Verbindung mit der praktischen Ingenieurarbeit, sondern ganz besonders auch auf ihren didaktischen Wert geachtet. Die *Schnittgrößen* des Balkens werden in den einschlägigen Lehrbüchern oft erst in der Festigkeitslehre eingeführt. Da ihre Bestimmung jedoch ein Problem der Statik ist, sind sie bereits in diesem Band des Werkes der Technischen Mechanik behandelt.

Die *Statik* fußt wie die gesamte Technische Mechanik auf den Erkenntnissen der *Physik* und benutzt zur Beschreibung und Lösung ihrer Probleme Sprache und Methoden der *Mathematik*.

Es wurde darauf verzichtet, die Heranziehung mathematischer Hilfsmittel einzuschränken. Sicher wäre dies in manchen Fällen möglich; jedoch wird heute vom Ingenieur immer mehr Mathematik verlangt, da, nicht zuletzt, gefördert durch die Entwicklung der digitalen Rechenanlagen, in der Praxis immer kompliziertere Probleme in Angriff genommen werden. Daher ist es nützlich, wenn der Student bereits bei einfachen Problemen die im Mathematikstudium erworbenen Kenntnisse anzuwenden lernt, sich an die mathematischen Begriffe gewöhnt und mit mathematischen Hilfsmitteln vertraut wird. Dadurch wird ein kontinuierlicher Übergang zu jenen Problemen geschaffen, bei denen die Anwendung dieser mathematischen Hilfsmittel nicht mehr entbehrlich ist.

So kann man z. B. in der *ebenen* Statik auf die Anwendung der Vektorrechnung durchaus verzichten; in der *räumlichen* Statik führt die Anwendung der Vektorrechnung jedoch zu wesentlichen Vereinfachungen. Daher habe ich in der ebenen Statik (Abschnitte 3, 4, und 6) von der übersichtlichen Vektorschreibweise und den einfachsten Vektoroperationen (Addition, Subtraktion) Gebrauch gemacht und in der Einführung in die räumliche Statik (Abschnitt 8) weitere Anwendungen der Vektorrechnung gezeigt. Auch im Hinblick auf die Anwendung der Vektorrechnung im Band *Kinematik und Kinetik* erscheint es zweckmäßig, dass der Lernende bereits zu Beginn mit der elementaren Vektorrechnung vertraut gemacht wird.

Nach dem Inkrafttreten des Gesetzes über Einheiten im Messwesen und den Ausführungsbestimmungen zu diesem Gesetz werden in Beispielen und Aufgaben nur noch SI-Einheiten verwendet, insbesondere für Kräfte die Einheit Newton (N). Der Wahl der Formelzeichen ist DIN 1304 zugrunde gelegt.

Herr Prof. Dr.-Ing. H.-J. Dreyer, Hamburg, hat den Abschnitt 10, Haftung und Reibung, verfasst, das gesamte Manuskript lektoriert und die Korrekturen gelesen. Ihm und Herrn Prof. Dr.-Ing. H. Meyer, Osnabrück, danke ich herzlich für die nunmehr langjährig enge und fruchtbare Zusammenarbeit an diesem Buch und die wertvollen Anregungen bei seiner Entstehung und Weiterführung. Mein besonderer Dank gilt auch allen Kollegen, bei denen ich mir Rat geholt habe. Schließlich ist es mir ein Bedürfnis, der Redaktion und der Herstellungsabteilung des Verlages für die tätige Mitwirkung bei der Gestaltung des Buches Dank zu sagen.

Hannover, im Sommer 1989   Georg Schumpich

Vorwort zur 15. Auflage

Den Schwerpunkt der Bearbeitung zur vorliegenden 15. Auflage des Bandes *Statik* der Technischen Mechanik bildete die Vervollständigung des Lösungsteils im Anhang des Buches. Nachdem in der 13. und 14. Auflage die ausführlichen Lösungswege zu den Übungsaufgaben der Abschnitte 1 bis 8 erstellt wurden, liegen nun auch die vollständigen Rechenwege zu den Aufgaben der beiden letzten Abschnitte 9 und 10 vor. Bei sämtlichen Übungsaufgaben wurden Zwischenergebnisse gerundet und diese gerundeten Werte für den weiteren Berechnungsgang verwendet. Werden die Zwischenresultate mit der vollständigen Taschenrechnergenauigkeit berücksichtigt, so kann es zu geringfügigen Abweichungen von den angegebenen Endergebnissen kommen.

Im Zuge der weiteren Verbesserung des Buchlayouts wurden, in Angleichung an den Band *Kinematik und Kinetik* des Werkes, die Titelseiten der Abschnitte 1-10 mit Kopfzeilen versehen.

Um wichtige Formeln deutlicher hervortreten zu lassen und sie typografisch von allgemeinen Merksätzen und Definitionen abzusetzen, wurden diese nicht mehr durch Grauschattierungen, sondern durch Fettdruck hervorgehoben.

Im Rahmen der Überarbeitung wurden sämtliche Abschnitte des Buches sorgfältig durchgesehen. Alle entdeckten Fehler im Text sowie in den Grafiken wurden korrigiert.

Allen Benutzern des Buches, von denen wir Verbesserungsvorschläge und Hinweise erhielten, danken wir herzlich. Für weitere Anregungen zur Weiterentwicklung des Buches sind wir stets dankbar. Ein besonderer Dank gilt auch Herrn Thomas Zipsner vom Lektorat Maschinenbau des Springer Vieweg Verlags für die angenehme Zusammenarbeit.

Hamburg/Krefeld, im Mai 2018   Hans-Joachim Dreyer
Conrad Eller

Inhalt

Formelzeichen (Auswahl)

A	Fläche
b	Breite, Abstand, insbesondere Abstand zwischen den Wirkungslinien eines Kräftepaares
c	Federkonstante
d	Durchmesser
$\vec{e}_x$, $\vec{e}_y$, $\vec{e}_z$	Eins-Vektoren
$\vec{F}$	Kraft (Kraftvektor)
$F = \lvert \vec{F} \rvert$	Betrag der Kraft
$\vec{F}_x$, $\vec{F}_y$, $\vec{F}_z$	vektorielle Komponenten des Kraftvektors im x, y, z – Koordinatensystem
F_x, F_y, F_z	a) allgemein: skalare Komponenten (Koordinaten) der Kraft b) speziell: Beträge der Kraftkomponenten in Zahlenbeispielen
F_G	Gewichtskraft
F_h	Haftkraft
F_n	Normalkraft
F_q	Querkraft
F_R	resultierende Kraft (Resultierende)
F_r	Reibungskraft
F_S	Schnittkraft
F_s	Stabkraft, Seilkraft
f	Hebelarm des Rollwiderstandes
g	Fallbeschleunigung
L	Länge
l	Länge, insbesondere Hebelarm des statischen Momentes und Länge eines Balkenfeldes
M, $\vec{M}$	Moment (statisches Moment oder Moment eines Kräftepaares)
M_r	Reibungsmoment
M_R, $\vec{M}_R$	resultierendes Moment
M_S, $\vec{M}_S$	Schnittmoment
M_b	Biegemoment
M_t	Torsionsmoment
m	Masse
m_F	Kräftemaßstabsfaktor
m_L	Längenmaßstabsfaktor
m_M	Momentemaßstabsfaktor
q	Belastungsintensität
r	Radius
r, $\vec{r}$	Ortsvektor
S_F	Strecke, durch die eine Kraft F in der Zeichnung dargestellt ist
S_L	Strecke, durch die eine Länge L in der Zeichnung dargestellt ist
s	Bogenlänge
t	Dicke einer Schale
V	Volumen
α, β, γ	Winkel
μ	Reibungszahl
μ_r	Roll- bzw. Fahrwiderstandszahl
μ_z	Zapfenreibungszahl
μ_0	Haftzahl
ρ	Dichte, Reibungswinkel
ρ_0	Haftwinkel
φ	Winkel

1 Einführung

1.1 Aufgabe und Einteilung der Mechanik

Die Mechanik ist ein Teil der Physik. Man untersucht in der Mechanik *Bewegungen* und *Zustände von Körpern* unter dem Einfluss von Kräften.

Man unterscheidet

1. feste Körper (starre, elastische, plastische)
2. flüssige Körper
3. gasförmige Körper.

In diesem Buch betrachten wir *feste Körper*. Bei der Belastung durch Kräfte wird ein fester Körper verformt. Gehen nach der Entlastung die Formänderungen vollständig zurück, sodass der Körper seine ursprüngliche Gestalt wiedererlangt, so heißt er *elastisch*, gehen die Formänderungen nicht zurück, so heißt er *plastisch*. In Wirklichkeit gibt es keine ideal elastischen und ideal plastischen Körper, jedoch überwiegt meistens eine dieser Eigenschaften: Gummi zeigt überwiegend elastisches, feuchter Ton überwiegend plastisches Verhalten.

Je nach Größe der Belastung und der damit verbundenen Formänderungen und bei unterschiedlichen äußeren Bedingungen wie Temperatur, Druck usw. kann derselbe Körper sich verschieden verhalten. Der wichtigste Werkstoff der Technik – Stahl – kann bei normalen Bedingungen und nicht zu großen Formänderungen als elastisch angesehen werden. Bei großen Verformungen oder bei hohen Temperaturen verhält er sich plastisch.

In sehr vielen praktischen Fällen sind die Formänderungen verglichen mit den Abmessungen des Körpers gering, und ihre Vernachlässigung beeinflusst bei gewissen Fragestellungen das Ergebnis nicht oder nur unwesentlich. In solchen Fällen darf man annehmen, dass der Körper seine Gestalt unter der Wirkung der Kräfte nicht ändert, man nennt ihn dann *starr*. Die Vorstellung eines starren Körpers ist die Idealisierung, durch die die Behandlung verschiedener praktischer Probleme entscheidend vereinfacht wird. In diesem Band werden fast ausnahmslos solche Probleme behandelt.

Als *Bewegung* eines Körpers bezeichnet man die Änderung seiner Lage gegenüber anderen Körpern im Raum mit der Zeit. Bewegungen werden durch Kräfte beeinflusst. Die Mechanik benutzt bei ihren Untersuchungen die Grundgrößen

     Länge   Zeit   Kraft

und setzt diese Begriffe in Beziehung zueinander. Durch den Grundbegriff Länge wird der Begriff Raum erfasst.

Das Gebiet der Mechanik kann man nach verschiedenen Ordnungsprinzipien unterteilen. Geht man von dem Aggregatzustand der betrachteten Körper aus, so unterscheidet man die *Mechanik starrer Körper* (auch *Stereomechanik* genannt), die *Elasto-*, die *Plasto-*, die *Hydro-* und die

Gas- oder *Aeromechanik.* Jedes dieser Gebiete wird weiterhin in *Kinematik, Kinetik* und *Statik* unterteilt.

Kinematik. Sie beschäftigt sich mit der Beschreibung des räumlichen und zeitlichen Ablaufs der Bewegung von Körpern, ohne den Einfluss der wirkenden Kräfte auf den Bewegungsablauf zu beachten. Der Kraftbegriff wird in der Kinematik nicht gebraucht.

Kinetik. Die Kinetik untersucht Bewegungen von Körpern im Zusammenhang mit den an ihnen angreifenden Kräften. Kräfte nehmen in der Kinetik eine zentrale Stellung ein.

Statik. Die Statik untersucht Bedingungen, die erfüllt sein müssen, damit ein Körper sich im Zustand der (relativen) Ruhe, d. h. im *Gleichgewicht* befindet. Auch hier spielt der Kraftbegriff eine entscheidende Rolle. Dagegen benötigt die Statik nicht den Zeitbegriff. Kinetik und Statik, d. h. die Teilgebiete, in denen der Kraftbegriff gebraucht wird, kann man zur *Dynamik* zusammenfassen *(δύναμις,* griechisch: Kraft). Dann ergibt sich das folgende Schema:

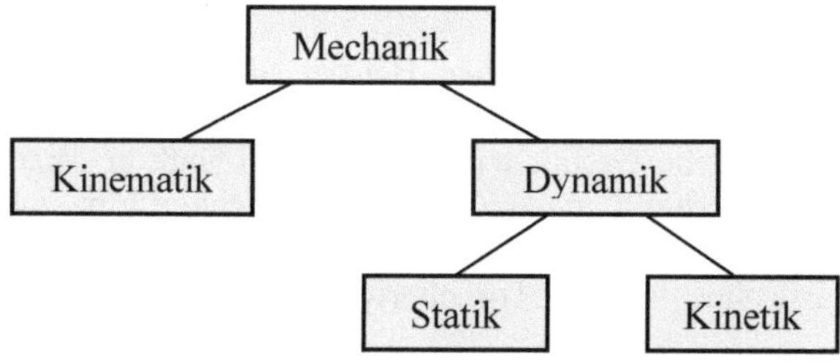

	Kraft	Länge	Zeit
Statik	+	+	−
Kinematik	−	+	+
Kinetik	+	+	+

In der nebenstehenden Tabelle ist nochmals hervorgehoben, welche physikalischen Grundgrößen in dem jeweiligen Teilgebiet der Mechanik gebraucht werden.

Festigkeitslehre. Ein besonderes Teilgebiet der technischen Mechanik bildet die *Festigkeitslehre.* Sie lässt sich nicht streng in diese Gliederung einordnen. Ihre wesentlichen Bestandteile sind die *Elastostatik* und die *Werkstoffkunde.* Jedoch spielt in der Festigkeitslehre auch das plastische und kinetische Verhalten von Körpern eine Rolle.

1.2 Einheiten

Zur quantitativen Erfassung der Grundbegriffe Länge, Zeit und Kraft (s. Abschn. 1.1) werden folgende SI-Einheiten[1] benutzt:

---

[1] SI – Système International d'Unités

Begriff (physikalische Größe)	Name der Einheit	Abkürzung der Einheit	Definition
Länge	Meter	m	Länge der Strecke, die Licht im Vakuum während der Dauer von (1/299792458) Sekunden durchläuft. (17. CGPM, 1983)[1]
Zeit	Sekunde	s	9192631770faches der Periodendauer der dem Übergang zwischen den beiden Hyperfeinstrukturniveaus des Grundzustandes von Atomen des Nuklids ^{133}Cs entsprechenden Strahlung. (13. CGPM, 1967)[1]
Kraft	Newton	N	Kraft, die dem internationalen, in Paris aufbewahrten Kilogrammprototyp (3. CGPM 1901)[1] – dem Urkilogramm – die Beschleunigung 1 ms^{-2} erteilt.

Oft ist es übersichtlicher, Vielfache oder Teile der angegebenen Einheiten zu benutzen. In der Technik verwendet man neben den oben genannten Einheiten häufig für die Länge den *Kilometer* (km), den *Zentimeter* (cm) und den *Millimeter* (mm), 1 km = 1000 m, 1 cm = 0,01 m, 1 mm = 0,001 m; für die Zeit die *Stunde* (h) und die *Minute* (min), 1 h = 60 min = 3600 s; für die Kraft das *Kilonewton* (kN), 1 kN = 1000 N. (DIN 1301, Teil 1)

1.3 Darstellung physikalischer Größen

Eine skalare[2] physikalische Größe x, z. B. Zeit, Länge, Masse, wird festgelegt durch die Angabe der *Einheit E*, mit der sie verglichen (gemessen) wird, und des *Zahlenwertes Z*, der angibt, wie viel Mal die Einheit in der Größe enthalten ist. Man gibt skalare Größen in der Form eines Produktes an:

skalare physikalische Größe = Zahlenwert mal Einheit

$$x = Z\,E$$

Beispiel 1.1: Länge l = 12 m, Zeit t = 7,3 s, Betrag der Kraft F = 5 N.
Beim Rechnen mit physikalischen Größen müssen die Einheiten stets mitgeschrieben werden, denn ohne sie ist die Angabe der physikalischen Größen nicht vollständig. Wird nur mit Zahlenwerten gerechnet, so entstehen leicht Fehler.

Man darf mit den Symbolen für Einheiten genauso wie mit Zahlen rechnen, man darf sie multiplizieren, dividieren, kürzen usw. Dadurch wird auch die Umrechnung auf andere Einheiten sehr einfach.

Beispiel 1.2: Ein Draht mit Kreisquerschnitt hat den Durchmesser d = 3 mm und die Länge s = 53 m. Sein Volumen V soll berechnet und in cm^3 angegeben werden. Wir erhalten

$$V = \frac{\pi\,d^2}{4}\,s = \frac{\pi}{4}\,(3\,\text{mm})^2 \cdot 53\,\text{m}$$

---

[1] CGPM – Conférence Générale des Poids et Mesures
[2] Über skalare und vektorielle Größen s. Abschnitt 1.4

und, da 1 mm = 10^{-1} cm und 1 m = 100 cm = 10^2 cm ist

$$V = \frac{\pi}{4} \; 3^2 \; \cdot \; 10^{-2} \; \text{cm}^2 \cdot 53 \cdot 10^2 \; \text{cm} = 375 \; \text{cm}^3$$

Beispiel 1.3: Der Betrag der Geschwindigkeit eines Zuges v = 72 km/h soll in den Einheiten m/s angegeben werden.

Mit 1 km = 10^3 m und 1 h = 3,6 $\cdot$ 10^3 s berechnet man

$$v = 72 \frac{\text{km}}{\text{h}} = 72 \frac{10^3 \; \text{m}}{3,6 \cdot 10^3 \; s} = 20 \frac{\text{m}}{\text{s}}$$

Bei zeichnerischen Verfahren und in Schaubildern stellt man physikalische Größen durch Strecken dar. Werden innerhalb eines Problems (in einer Zeichnung) mehrere *gleichartige* physikalische Größen (z. B. Kräfte) durch Strecken dargestellt, so wählt man in der Regel diese Strecken proportional zu den darzustellenden Größen, einer n-fachen Größe entspricht dann auch eine n-mal so lange Strecke. Das Gesetz, nach dem auf diese Weise den gleichartigen Größen x Strecken S_x zugeordnet werden, kann in der Form einer Gleichung angegeben werden.

$$x = m_x \, S_x \tag{1.1}$$

Der Proportionalitätsfaktor m_x in Gl. (1.1) wird *Maßstabsfaktor* genannt. Seine Einheit ist gleich der Einheit der Größe x (z. B. N) dividiert durch die Zeicheneinheit (z. B. cm), und sein Zahlenwert gibt an, wie viele Einheiten der Größe durch eine Zeicheneinheit dargestellt werden.

Wird eine Kraft F_1 = 20 N durch eine Strecke S_{F1} = 5 cm dargestellt, so folgt für den Maßstabsfaktor m_F nach Gl. (1.1)

$$20 \, \text{N} = m_F \cdot 5 \, \text{cm}$$

$$m_F = \frac{20 \, \text{N}}{5 \, \text{cm}} = 4 \, \frac{\text{N}}{\text{cm}}$$

Eine Kraft F_2 = 36 N wird mit diesem Maßstabsfaktor als eine Strecke von

$$S_{F2} = \frac{36 \, \text{N}}{4 \, \text{N} / \text{cm}} = 9 \, \text{cm}$$

dargestellt, und einer aus der Zeichnung abgegriffenen Strecke S_{F3} = 7 cm entspricht die Kraft

$$F_3 = 4 \, \frac{\text{N}}{\text{cm}} \, 7 \, \text{cm} = 28 \, \text{N}$$

Ist die darzustellende physikalische Größe eine Länge, so hat der Maßstabsfaktor die Einheit m/cm oder mm/m oder cm/cm = 1, d. h., der Maßstabsfaktor ist in diesen Fällen einheitenlos.

Deshalb wird seine Schreibweise unübersichtlich. Um Missverständnisse zu vermeiden, wollen wir im Folgenden das Symbol für die Zeicheneinheit mit dem Index z versehen. So schreiben wir z. B.

m_F = 4 N/cm$_z$ (gelesen: 4 Newton je Zentimeter Zeichnung)

m_t = 50 s/cm$_z$ (50 Sekunden je Zentimeter Zeichnung)

m_L = 1 km/cm$_z$ (1 Kilometer je Zentimeter Zeichnung)

Im letzten Beispiel ist die Angabe des Maßstabsfaktors

$$m_\mathrm{L} = 1 \ \mathrm{km/cm_z}$$ anschaulicher als die des sog. *Maßstabes* 1:100000.

Die Gl. (1.1) kann man ebenso gut auch in der Form

$$S_\mathrm{x} = l_\mathrm{x}\, x \qquad \text{mit} \qquad l_\mathrm{x} = \frac{1}{m_\mathrm{x}}$$

schreiben. l_x wird Einheitslänge genannt. Ob man bei einem gegebenen Problem den Maßstabsfaktor oder die Einheitslänge verwendet, ist eine Frage der Zweckmäßigkeit.

Der Vorteil der Beschreibung der Maßstabsverhältnisse durch den Maßstabsfaktor und nicht etwa durch eine Angabe wie 20 N $\triangleq$ 5 cm (20 Newton entsprechen 5 Zentimeter in der Zeichnung) besteht darin, dass man die Beziehung zwischen der physikalischen Größe und der zugehörigen Strecke in der Form einer *Gleichung*, der Gl. (1.1), hat. Dadurch gestalten sich alle Umrechnungen schematischer und sicherer. Die Zweckmäßigkeit der konsequenten Verwendung von Maßstabsfaktoren zeigt sich besonders in Fällen, in denen Maßstabsumrechnungen mehrmals vorgenommen werden müssen, oder wenn mehrere als Strecken dargestellte Größen in einer Gleichung verknüpft sind.

1.4 Einführung in die Vektorrechnung

1.4.1 Darstellung des Vektors als Pfeil

In der Mechanik hat man es mit Kräften, Geschwindigkeiten und Beschleunigungen zu tun, zu deren vollständiger Beschreibung neben Zahlenwert und Einheit auch die Angabe einer Richtung erforderlich ist.

Definition: Gerichtete Größen heißen Vektoren.

Der Name stammt aus dem Lateinischen: vectio = das Fahren. Größen, die allein durch Zahlenwert und Einheit dargestellt werden können, die man also auf einer Skala ablesen kann, heißen Skalare (Temperatur, Volumen) s. Abschn. 1.3.

Ein Vektor kann durch einen Pfeil dargestellt werden, dessen Länge dem Betrag der physikalischen Größe proportional ist und dessen Richtung mit der Richtung der physikalischen Größe übereinstimmt.

Der *Betrag* der durch den Vektor dargestellten physikalischen Größe wird durch die Pfeillänge dargestellt. Die *Richtung* eines Vektors ist durch die Winkel, die der Vektorpfeil mit den Achsen eines Koordinatensystem bildet, festgelegt.

Ist der Vektor an einen Angriffspunkt gebunden, wie z. B. der Kraftvektor (s. Abschn. 2.1), so spricht man von einem *gebundenen* Vektor. Ist der Vektor jedoch parallel zu sich selbst beliebig verschiebbar, so nennt man ihn einen *freien* Vektor. Vektoren, die nur entlang einer Linie verschoben werden dürfen, heißen *linienflüchtige* Vektoren. Zu diesen gehört z. B. ein Kraftvektor an einem starren Körper, nicht jedoch der Kraftvektor an einem elastischen Körper, weil die Verformung des Körpers vom Kraftangriffspunkt abhängt.

Für das Rechnen mit freien Vektoren gelten folgende Regeln:

Gleichheit

Zwei Vektoren sind gleich, wenn sie in Betrag und Richtung übereinstimmen.
Vektoren sind also parallel zu sich selbst verschiebbar, weil sich bei der Parallelverschiebung Betrag und Richtung nicht ändern (freie Vektoren).

Addition $\vec{a} + \vec{b} = \vec{c}$

Zwei Vektoren werden addiert, indem man den Anfangspunkt des zweiten Summandenvektors $\vec{b}$ in den Endpunkt des ersten Summandenvektors $\vec{a}$ legt und den Anfangspunkt des ersten Vektors mit dem Endpunkt des zweiten Vektors verbindet (**Bild 1.1**). Der Summenvektor $\vec{c}$ liegt in der gleichen Ebene wie die anderen Vektoren $\vec{a}$ und $\vec{b}$.
Da jeder der Summanden parallel zu sich verschiebbar ist, kann auch $\vec{a}$ an $\vec{b}$ angetragen werden und man erhält denselben Summenvektor. Deshalb gilt das Kommutativgesetz der Vektoraddition

$$\vec{a} + \vec{b} = \vec{b} + \vec{a} \tag{1.2}$$

Da man diese Konstruktion auch mit dem Summenvektor $\vec{c} = \vec{a} + \vec{b}$ und einem weiteren Vektor $\vec{d}$ vornehmen kann, gelten die Additionsgesetze auch für mehr als zwei Vektoren.

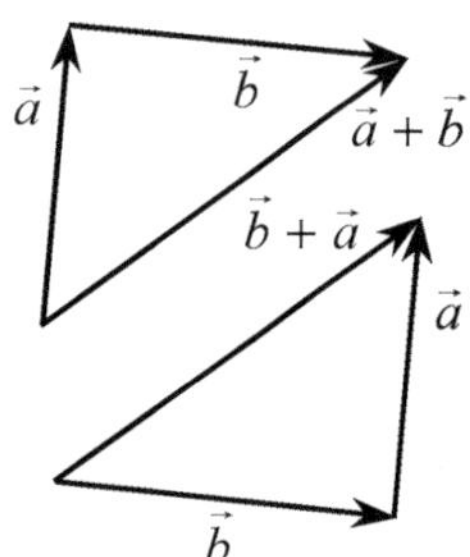

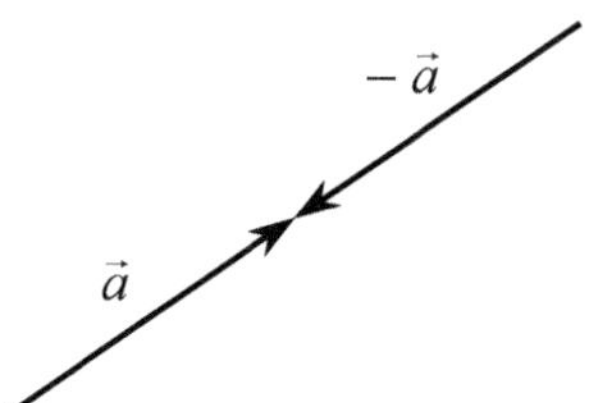

Bild 1.1: Vektoraddition

Bild 1.2: Vektoren mit gleichem Betrag, aber entgegengesetzter Richtung

Subtraktion

Ein Vektor $-\vec{a}$ hat den gleichen Betrag wie $\vec{a}$, aber entgegengesetzte Richtung (**Bild 1.2**). Danach gilt für die Subtraktion zweier Vektoren $\vec{a}$ und $\vec{b}$

$$\vec{a} - \vec{b} = \vec{a} + (-\vec{b}) \tag{1.3}$$

Beim *Subtrahieren* des Vektors $\vec{b}$ vom Vektor $\vec{a}$ *addiert* man also den Vektor $(-\vec{b})$.

Der *Nullvektor* ist mathematisch gesehen das neutrale Element der Addition

$$\vec{a} + \vec{0} = \vec{a} \tag{1.4}$$

Physikalisch kann man sich vorstellen, dass zwei entgegengesetzt gleiche Kräfte an einem starren Körper angreifen, deren Wirkung sich gegenseitig aufhebt.

$$\vec{a} + (-\vec{a}) = \vec{0}$$

Multiplikation eines Vektors mit einem Skalar

Der Vektor $k \cdot \vec{a}$ hat den k-fachen Betrag des Vektors $\vec{a}$.

k positiv: $k \cdot \vec{a}$ und $\vec{a}$ haben gleiche Richtungen

k negativ: $k \cdot \vec{a}$ und $\vec{a}$ haben entgegengesetzte Richtungen

1.4.2 Darstellung eines Vektors in Koordinaten

Die zeichnerische Darstellung und Zusammensetzung von Vektoren in einer Ebene ist übersichtlich. Bei Vektoren, die nicht alle in einer Ebene liegen, ist die rechnerische Behandlung vorzuziehen. Zu diesem Zweck definieren wir den

Eins-Vektor $\vec{e}_a$ in Richtung des Vektors $\vec{a}$

$$\vec{a} = a\,\vec{e}_a \qquad\qquad . \qquad (1.5)$$

dessen Richtung gleich der Richtung von $\vec{a}$ und dessen Betrag gleich Eins ist.

$$|\vec{e}_a| = 1$$

Der Vektor $\vec{a}$ wird also als Produkt seines Betrages mit dem Eins-Vektor seiner Richtung dargestellt.

Darstellung eines Vektors in einem rechtwinkligen Koordinatensystem

Für die Rechnung mit Vektoren ist es zweckmäßig, diese in einem rechtwinkligen Koordinatensystem zu beschreiben, das z. B. in einer Ebene durch die Eins-Vektoren $\vec{e}_x$ und $\vec{e}_y$ gebildet wird (**Bild 1.3**). Dann gilt

$$\vec{a} = \vec{a}_x + \vec{a}_y = a_x\,\vec{e}_x + a_y\,\vec{e}_y \qquad (1.6)$$

Bild 1.3:
Darstellung eines Vektors im rechtwinkligen
Koordinatensystem

Die Vektoren $\vec{a}_x$ und $\vec{a}_y$ heißen vektorielle Komponenten von $\vec{a}$, deren Beträge a_x und a_y Vektorkoordinaten oder skalare Komponenten von $\vec{a}$ in dem x-y-Koordinatensystem.

Im Raum gilt dementsprechend (**Bild 1.4**)

$$\vec{a} = \vec{a}_x + \vec{a}_y + \vec{a}_z = a_x\vec{e}_x + a_y\vec{e}_y + a_z\vec{e}_z \qquad (1.7)$$

Bild 1.4:
Darstellung eines
Vektors im räum-
lichen Koordinaten-
system

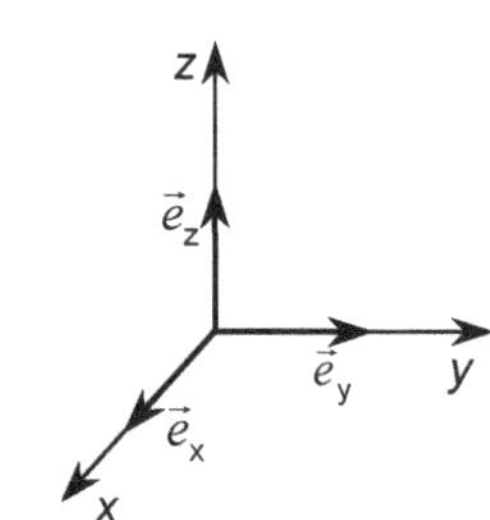
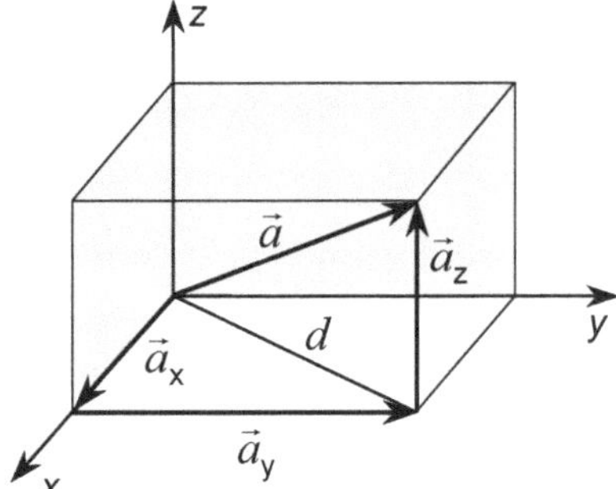

Für die maschinelle Berechnung schreibt man oft nur die skalaren Komponenten in ein Schema

$$\vec{a} = (a_x \, ; \, a_y \, ; \, a_z) = \begin{pmatrix} a_x \\ a_y \\ a_z \end{pmatrix}$$

und nennt die erste Form *Zeilenvektor* und die zweite Form *Spaltenvektor*.

Die Größen a_x, a_y und a_z enthalten jeweils ein Vorzeichen und zeigen bei + demnach in die positive Koordinatenrichtung und bei – in die negative Koordinatenrichtung.

Aus **Bild 1.4** kann man ablesen, dass für die Pfeillängen gilt

$$a^2 = d^2 + a_z^2 \qquad \text{und} \qquad d^2 = a_x^2 + a_y^2$$

also $a^2 = a_x^2 + a_y^2 + a_z^2$

Die Größe

$$|\vec{a}| = a = \sqrt{a_x^2 + a_y^2 + a_z^2}$$

ist der *Betrag* des Vektors $\vec{a}$, ausgedrückt durch seine skalaren Komponenten.

Summe und Differenz

Die Summe oder die Differenz zweier Vektoren

$$\vec{a} = \begin{pmatrix} a_x \\ a_y \\ a_z \end{pmatrix} \qquad \text{und} \qquad \vec{b} = \begin{pmatrix} b_x \\ b_y \\ b_z \end{pmatrix}$$

wird durch Addieren oder Subtrahieren der Komponenten gleicher Richtungen gebildet:

$$\vec{a} + \vec{b} = a_x \vec{e}_x + a_y \vec{e}_y + a_z \vec{e}_z + b_x \vec{e}_x + b_y \vec{e}_y + b_z \vec{e}_z$$
$$= (a_x + b_x) \vec{e}_x + (a_y + b_y) \vec{e}_y + (a_z + b_z) \vec{e}_z$$

$$\vec{a} + \vec{b} = \begin{pmatrix} a_x + b_x \\ a_y + b_y \\ a_z + b_z \end{pmatrix} \tag{1.8}$$

Beispiel 1.4:

$$\vec{a} = \begin{pmatrix} 4 \\ -2 \\ 3 \end{pmatrix} \qquad \vec{b} = \begin{pmatrix} 1 \\ 3 \\ -4 \end{pmatrix} \qquad \vec{a} + \vec{b} = \begin{pmatrix} 5 \\ 1 \\ -1 \end{pmatrix} \qquad \vec{a} - \vec{b} = \begin{pmatrix} 3 \\ -5 \\ 7 \end{pmatrix}$$

Beispiel 1.5: Bei einer Fachwerkberechnung werden die Koordinaten der Knotenpunkte (s. Abschn. 7) für die Rechnung vorgegeben. Der Vektor $\vec{r}_{AE}$ vom Anfangspunkt A zum Endpunkt E eines Fachwerkstabes (**s. Bild 1.5**) kann durch die Differenz der Ortsvektoren vom Koordinaten-Nullpunkt zu den Punkten A und E ausgedrückt werden:

$$\vec{r}_A = \begin{pmatrix} x_A \\ y_A \\ z_A \end{pmatrix} \qquad \vec{r}_E = \begin{pmatrix} x_E \\ y_E \\ z_E \end{pmatrix}$$

$$\vec{r}_{AE} = \vec{r}_E - \vec{r}_A = \begin{pmatrix} x_E - x_A \\ y_E - y_A \\ z_E - z_A \end{pmatrix} \qquad (1.9)$$

Die Stablänge ist dann der Betrag des Vektors $\vec{r}_{AE}$

$$L_{AE} = |\,\vec{r}_{AE}\,| = \sqrt{(x_E - x_A)^2 + (y_E - y_A)^2 + (z_E - z_A)^2} \quad (1.10)$$

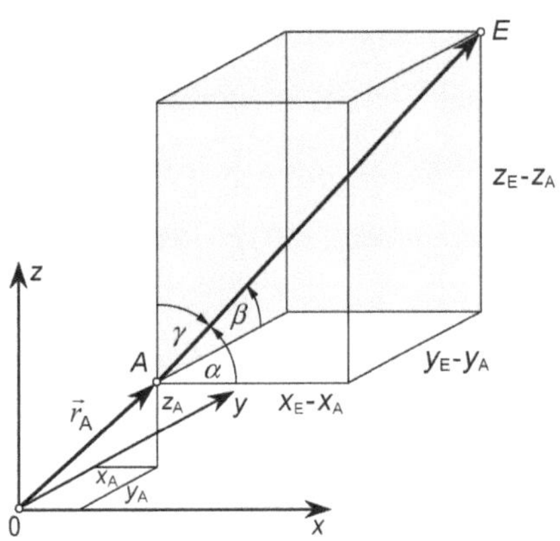

Bild 1.5: Richtungsvektor eines Fachwerkstabes

Beispiel 1.6: Haben Anfangspunkt A und Endpunkt E eines Stabes in einem frei gewählten Koordinatensystem die Koordinaten

$$\vec{r}_A = (6 \text{ m}; 2 \text{ m}; 4 \text{ m}) \quad \text{und}$$

$$\vec{r}_E = (8 \text{ m}; 3 \text{ m}; 5 \text{ m})$$

so lautet der von A nach E gerichtete Vektor

$$\vec{r}_{AE} = \vec{r}_E - \vec{r}_A = [(8 - 6) \text{ m}; (3 - 2) \text{ m}; (5 - 4) \text{ m}] = (2; 1; 1) \text{ m}$$

und die Stablänge beträgt

$$r_{AE} = \sqrt{2^2 + 1^2 + 1^2} \text{ m} = 2{,}45 \text{ m}$$

1.4.3 Produktbildung

In der Vektorrechnung unterscheidet man zwei verschiedene Produkte: das *Skalarprodukt* und das *Vektorprodukt*.

Skalarprodukt
Das skalare Produkt zweier Vektoren $\vec{a}$ und $\vec{b}$ ist das Produkt ihrer Beträge, multipliziert mit dem Kosinus des von ihnen eingeschlossenen Winkels (**Bild 1.6**):

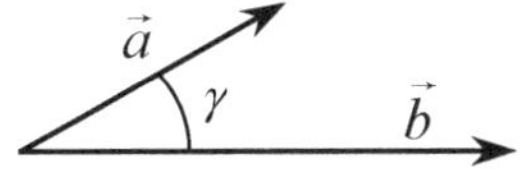

Bild 1.6: Skalarprodukt

$$\vec{a} \cdot \vec{b} = a\,b\,\cos\gamma \qquad (1.11)$$

Das Skalarprodukt zweier Vektoren ist ein Skalar. Geometrisch kann man das Skalarprodukt als Produkt aus dem Betrag des einen Vektors mit dem Betrag der Projektion des anderen Vektors auf die Richtung des ersten deuten.

Wenn die Vektoren $\vec{a}$ und $\vec{b}$ senkrecht aufeinander stehen, ist wegen $\cos 90° = 0$ das Skalarprodukt gleich Null.

Aus der Form der Gl. (1.11) geht hervor, dass das Skalarprodukt kommutativ ist. Es gilt

$$\vec{a} \cdot \vec{b} = \vec{b} \cdot \vec{a}$$

In der Mechanik wird das Skalarprodukt zur Berechnung der Arbeit einer Kraft benutzt, die längs eines Weges verschoben wird (s. Band *Kinematik und Kinetik*, Abschn. 2.2.1).

Sei $\vec{F}$ ein Kraftvektor und $\vec{r}$ der Ortsvektor der Bahnrichtung, so ist

$$W = \vec{F} \cdot \vec{r} = F\, r \cos \gamma \tag{1.12}$$

die Arbeit der Kraft $\vec{F}$ längs des Weges $\vec{r}$. Aus Gl. (1.12) geht hervor, dass eine Kraft senkrecht zur Verschiebungsrichtung keine Arbeit verrichtet.

Berechnung aus den Komponenten

Die Berechnung des Skalarproduktes aus den Komponenten der beteiligten Vektoren geschieht formal aus der Multiplikation

$$\vec{a} \cdot \vec{b} = (a_x \vec{e}_x + a_y \vec{e}_y + a_z \vec{e}_z) \cdot (b_x \vec{e}_x + b_y \vec{e}_y + b_z \vec{e}_z)$$

Beachtet man, dass die Eins-Vektoren $\vec{e}_x$, $\vec{e}_y$ und $\vec{e}_z$ aufeinander senkrecht stehen, so gilt wegen $\cos 0° = 1$ und $\cos 90° = 0$, dass jeder Eins-Vektor mit sich selbst multipliziert gleich Eins ergibt, und dass das Produkt von je zwei senkrecht aufeinander stehenden Eins-Vektoren gleich Null ist, also

$$\vec{e}_x \cdot \vec{e}_x = 1 \qquad\qquad \vec{e}_x \cdot \vec{e}_y = 0 \qquad\qquad \vec{e}_x \cdot \vec{e}_z = 0$$

ebenso für die übrigen Produkte. Damit ergibt das Skalarprodukt von $\vec{a}$ und $\vec{b}$

$$\vec{a} \cdot \vec{b} = a_x\, b_x + a_y\, b_y + a_z\, b_z \tag{1.13}$$

Das Skalarprodukt kann positiv, negativ und auch gleich Null sein.

So lautet die Bedingung für das Aufeinander-senkrecht-Stehen zweier Vektoren, dass ihr Skalarprodukt gleich Null ist:

$$\vec{a} \cdot \vec{b} = 0 \qquad\quad a_x\, b_x + a_y\, b_y + a_z\, b_z = 0 \qquad \text{wenn } \vec{a} \perp \vec{b} \tag{1.14}$$

Beispiel 1.7: Gegeben seien die Vektoren $\vec{a} = (2;\, 1;\, -1)$ und $\vec{b} = (b_x;\, 6;\, 4)$.
Wie groß muss b_x gewählt werden, damit der Vektor $\vec{b}$ senkrecht auf dem Vektor $\vec{a}$ steht?
Nach Gl. (1.14) ist erforderlich, dass $\vec{a} \cdot \vec{b} = 0$, also

$$2 \cdot b_x + 1 \cdot 6 + (-1) \cdot 4 = 0 \qquad\quad b_x = -1$$

Die Vektoren $\vec{a} = (2;\, 1;\, -1)$ und $\vec{b} = (-1;\, 6;\, 4)$ stehen senkrecht aufeinander.

Winkel zwischen zwei Vektoren

Der Winkel γ zwischen den Richtungen zweier Vektoren $\vec{a}$ und $\vec{b}$ (**Bild 1.6**) kann nach Gl. (1.11) mit Hilfe des Skalarproduktes berechnet werden.

Aus

$$\vec{a} \cdot \vec{b} = a\, b \cos \gamma$$

folgt

$$\cos \gamma = \frac{\vec{a} \cdot \vec{b}}{a\, b} = \frac{a_x b_x + a_y b_y + a_z b_z}{\sqrt{a_x^2 + a_y^2 + a_z^2} \cdot \sqrt{b_x^2 + b_y^2 + b_z^2}} \tag{1.15}$$

Beispiel 1.8: Wie groß ist der Winkel zwischen den Vektoren $\vec{a} = (2;\, 1;\, -1)$ und $\vec{b} = (2;\, 3;\, 4)$?

$$\cos \gamma = \frac{2 \cdot 2 + 1 \cdot 3 + (-1) \cdot 4}{\sqrt{2^2 + 1^2 + (-1)^2} \cdot \sqrt{2^2 + 3^2 + 4^2}} = \frac{3}{\sqrt{6} \cdot \sqrt{29}} = 0{,}2274 \qquad \gamma = 76{,}9°$$

Vektorprodukt

Das Vektorprodukt $\vec{c} = \vec{a} \times \vec{b}$ zweier Vektoren $\vec{a}$ und $\vec{b}$ ist ein Vektor, dessen Betrag gleich dem Produkt der Beträge der Vektoren multipliziert mit dem Sinus des von den Vektoren $\vec{a}$ und $\vec{b}$ eingeschlossenen Winkels ist.

Der Produktvektor $\vec{c}$ steht senkrecht auf der von den Vektoren $\vec{a}$ und $\vec{b}$ gebildeten Ebene und bildet mit $\vec{a}$ und $\vec{b}$ ein Rechtssystem (**Bild 1.7**).

$$c = a \cdot b \cdot \sin \gamma \qquad \vec{c} \perp \vec{a} \text{ und } \vec{c} \perp \vec{b} \tag{1.16}$$

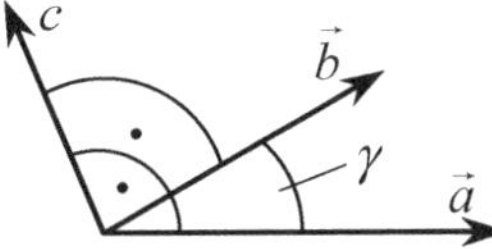

Das Vektorprodukt wird im Gegensatz zum Skalarprodukt durch ein Multiplikationskreuz gekennzeichnet.

Beim Vektorprodukt ist also die Reihenfolge der Vektoren $\vec{a}$ und $\vec{b}$ wichtig. Es gilt

Bild 1.7: Vektorprodukt

$$\vec{a} \times \vec{b} = -\vec{b} \times \vec{a} \tag{1.17}$$

Man kann das Vektorprodukt auch aus den Koordinaten der Vektoren $\vec{a}$ und $\vec{b}$ berechnen, wenn man beachtet, dass

$$\vec{e}_x \times \vec{e}_x = \vec{e}_y \times \vec{e}_y = \vec{e}_z \times \vec{e}_z = \vec{0}$$

weil $\sin 0° = 0$ ist.

Ferner bilden die Eins-Vektoren $\vec{e}_x$, $\vec{e}_y$ und $\vec{e}_z$ ein Rechtssystem. Deshalb ist

$$\vec{e}_x \times \vec{e}_y = \vec{e}_z \qquad \text{und} \qquad \vec{e}_y \times \vec{e}_x = -\vec{e}_z$$
$$\vec{e}_y \times \vec{e}_z = \vec{e}_x \qquad \text{und} \qquad \vec{e}_z \times \vec{e}_y = -\vec{e}_x$$
$$\vec{e}_z \times \vec{e}_x = \vec{e}_y \qquad \text{und} \qquad \vec{e}_x \times \vec{e}_z = -\vec{e}_y$$
$$\vec{c} = \vec{a} \times \vec{b} = (a_x \vec{e}_x + a_y \vec{e}_y + a_z \vec{e}_z) \times (b_x \vec{e}_x + b_y \vec{e}_y + b_z \vec{e}_z)$$
$$= (a_y b_z - a_z b_y) \vec{e}_x + (a_z b_x - a_x b_z) \vec{e}_y + (a_x b_y - a_y b_x) \vec{e}_z \tag{1.18}$$

Dieses Vektorprodukt kann auch in Form einer Determinante geschrieben werden:

$$\vec{a} \times \vec{b} = \begin{vmatrix} \vec{e}_x & \vec{e}_y & \vec{e}_z \\ a_x & a_y & a_z \\ b_x & b_y & b_z \end{vmatrix} \tag{1.19}$$

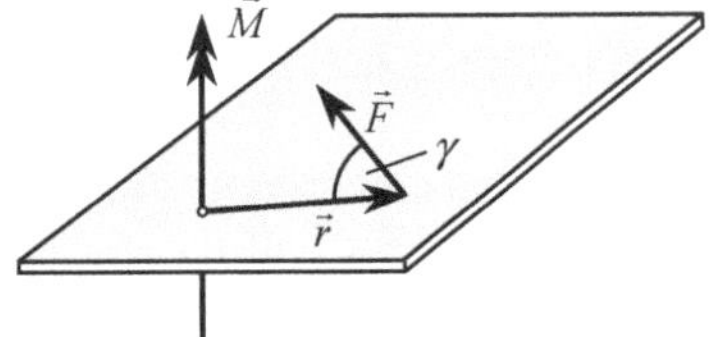

In der Mechanik wird das Drehmoment einer Kraft bezüglich einer Achse (s. Abschn. 4.2.1) durch ein Vektorprodukt ausgedrückt (**Bild 1.8**):

Bild 1.8: Drehmoment einer Kraft

$$\vec{M} = \vec{r} \times \vec{F}$$

Hierin ist $\vec{r}$ der Ortsvektor zum Angriffspunkt A der Kraft $\vec{F}$. Wenn der Ortsvektor $\vec{r}$ und der Kraftvektor $\vec{F}$ parallel verlaufen, ist $\sin \gamma = 0$ und es gibt keinen Hebelarm, also auch keine Drehwirkung.

Beispiel 1.9: Man bilde das Vektorprodukt aus den Vektoren $\vec{a} = (3; 5; -1)$ und $\vec{b} = (-2; 4; 6)$.

$$\vec{a} \times \vec{b} = [5 \cdot 6 - (-1) \cdot 4]\, \vec{e}_x + [(-1) \cdot (-2) - 3 \cdot 6]\, \vec{e}_y + [3 \cdot 4 - 5 \cdot (-2)]\, \vec{e}_z$$
$$= 34\, \vec{e}_x - 16\, \vec{e}_y + 22\, \vec{e}_z$$

1.5 Aufgaben zu Abschnitt 1

1. Welche Angaben sind zur eindeutigen Beschreibung einer skalaren physikalischen Größe erforderlich?

2. Ein zylindrisches Stahlrohr besitzt einen Außendurchmesser $d_a = 133$ mm, eine Wandstärke $t = 4$ mm und eine Länge $l = 6$ m. Berechnen Sie seine Querschnittsfläche A in cm^2 sowie das Materialvolumen V in cm^3. Wie groß ist seine Masse $m = \rho \cdot V$, wenn die Materialdichte $\rho = 7{,}85$ kg/dm^3 beträgt?

3. Ein Fahrzeug fährt in geschlossener Ortschaft mit einer Geschwindigkeit $v = 15$ m/s. Die zulässige Höchstgeschwindigkeit beträgt $v_{zul} = 50$ km/h. Fährt das Fahrzeug zu schnell?

4. Was ist der Unterschied zwischen einem Skalar und einem Vektor?

5. Warum ist die mechanische Arbeit kein Vektor?

6. Der Tachometer eines Pkw zeigt $v = 80$ km/h an. Reicht diese Angabe zur vollständigen Beschreibung der Geschwindigkeit aus?

7. Gegeben ist der Vektor $\vec{a} = (3 ; 2 ; 5)$. Man bestimme
a) den Betrag des Vektors $\vec{a}$.
b) den Eins-Vektor $\vec{e}_a$.

8. Man bestimme den Abstand zwischen den Endpunkten der beiden Vektoren
$\vec{a} = (4 ; 3 ; 1)$ und $\vec{b} = (2 ; 3 ; 4)$.

9. In der rechtwinkligen Basis $\vec{e}_x, \vec{e}_y$ sind die drei Vektoren $\vec{a} = \begin{bmatrix} 5 \\ -1 \end{bmatrix}$; $\vec{b} = \begin{bmatrix} 4 \\ 2 \end{bmatrix}$; $\vec{c} = \begin{bmatrix} 1 \\ 3 \end{bmatrix}$ gegeben.

Durch Multiplikation der Vektoren $\vec{b}$ und $\vec{c}$ mit den skalaren Faktoren β und γ soll erreicht werden, dass der Summenvektor $\vec{s} = \vec{a} + \beta \cdot \vec{b} + \gamma \cdot \vec{c}$ Null wird. Man bestimme die Faktoren β und γ.

10. Gegeben sind die Vektoren $\vec{a} = (2 ; 1 ; 2)$ und $\vec{b} = (2 ; -3 ; 1)$.
a) Welchen Winkel schließen die beiden Vektoren miteinander ein?
b) Man bestimme den Summenvektor $\vec{c} = \vec{a} + \vec{b}$ sowie den Eins-Vektor $\vec{e}_c$.
c) Welche Winkel schließt der Vektor $\vec{e}_c$ mit der x-, y- und z-Achse ein?

11. Man bestimme einen Vektor $\vec{c}$ mit dem Betrag 2, der auf den Vektoren $\vec{a} = (2 ; 1 ; 2)$ und $\vec{b} = (2 ; 4 ; 4)$ senkrecht steht. Welchen Winkel schließen die Vektoren $\vec{a}$ und $\vec{b}$ miteinander ein?

2 Grundbegriffe und Axiome der Statik starrer Körper

2.1 Kraft und ihre Darstellung

Aus Erfahrung wissen wir, was eine *Gewichtskraft* ist. Die Gewichtskraft vermag Körper in Bewegung zu versetzen, ihre Bewegung zu ändern oder sie an einer Bewegung zu hindern. Körper können durch den Einfluss der Gewichtskraft verformt werden.

Physikalische Größen, die die Wirkung einer Gewichtskraft zu ersetzen vermögen, d. h. mit einer Gewichtskraft vergleichbar sind, nennen wir Kräfte.
Kräfte sind Ursachen für die Bewegungsänderung und Formänderung von Körpern.

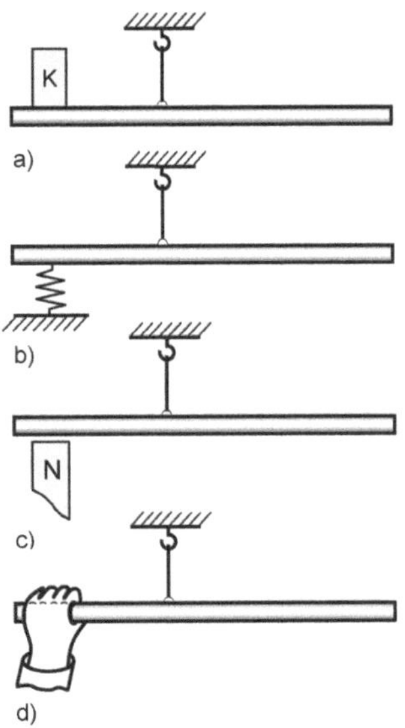

Bild 2.1: Kräfte mit gleicher Wirkung
a) Gewichtskraft b) Federkraft
c) Magnetkraft d) Muskelkraft

Die auf den Körper K in **Bild 2.1a** wirkende Gewichtskraft hält den aufgehängten Balken in der gezeichneten horizontalen Lage. Diese Wirkung (Halten des Balkens in horizontaler Lage) kann aber auch mit Hilfe einer Feder (**Bild 2.1b**) oder eines Magneten (**Bild 2.1c**) erreicht werden, oder einfach dadurch, dass man den Balken an seinem Ende mit der Hand festhält (**Bild 2.1d**). Dementsprechend spricht man von einer *Federkraft*, *Magnetkraft* oder *Muskelkraft*. Weitere Beispiele für Kräfte sind: Dampfkraft, Windkraft, elektrische Kräfte usw.

Wir erkennen Kräfte an ihren Wirkungen. Kräfte, die gleiche Wirkung hervorrufen, nennen wir gleich. In **Bild 2.1** sind Gewichtskraft, Federkraft, Magnetkraft und Muskelkraft einander gleich. Unbekannte Kräfte können wir durch Vergleich ihrer Wirkungen mit den Wirkungen bekannter Kräfte messen.

Wie die Erfahrung zeigt, hängt die Wirkung einer Kraft auf einen Körper davon ab, an welcher Stelle des Körpers sie angreift und in welche Richtung sie wirkt.

Bild 2.2: Gleich große Kräfte mit verschiedenen Angriffspunkten und Richtungen

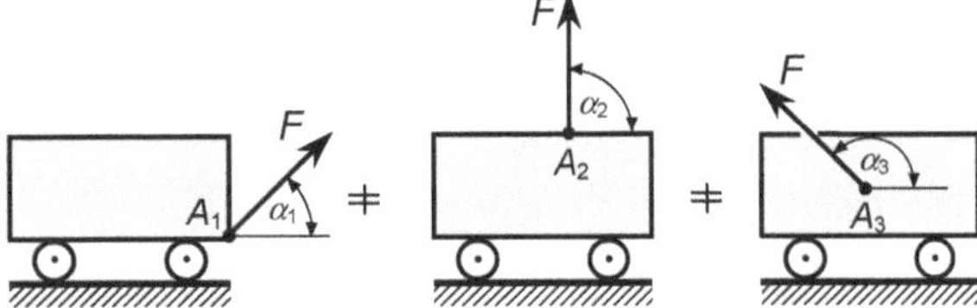

Der Wagen (**Bild 2.2**) verhält sich verschieden, je nachdem in welchem Punkt A_1, A_2, A_3 man das Seil befestigt und unter welchem Winkel α_1, α_2, α_3 man an ihm mit *gleich großer* Kraft zieht. Die Wirkung der Gewichtskraft in **Bild 2.1a** hängt von der Lage des Körpers auf dem Balken ab.

Zur vollständigen Beschreibung der Kraft gehören die Angaben
1. Betrag
2. Angriffspunkt
3. Richtung

Die durch den Angriffspunkt und die Richtung der Kraft bestimmte Gerade bezeichnet man als *Wirkungslinie* der Kraft.

Da zur Beschreibung der Wirkung einer Kraft Betrag und Richtung angegeben werden müssen, besitzt die Kraft Vektorcharakter (s. Abschn. 1.4). Um die Kraft als vektorielle Größe zu kennzeichnen, benutzt man einen Pfeil (**Bild 2.3**). Dieser fällt mit der Wirkungslinie der Kraft zusammen, die Pfeilspitze definiert die Richtung der Kraft, und die Länge des Pfeiles gibt unter Berücksichtigung des für die Darstellung gewählten Maßstabsfaktors den Betrag der Kraft an.

Das Formelzeichen für die Kraft ist nach DIN 1304 der große lateinische Buchstabe F (*force*, engl.: Kraft). Um auch hier den Vektorcharakter der Kraft zu symbolisieren, wird über das Formelzeichen ein Pfeil gesetzt (s. DIN 1303), man schreibt also $\vec{F}$. Verschiedene Kräfte wollen wir durch Indizes unterscheiden. Als Indizes verwenden wir entweder Zahlen ($\vec{F}_1, \vec{F}_2, \vec{F}_3 \ldots$) oder Buchstaben ($\vec{F}_A, \vec{F}_G, \vec{F}_n, \ldots$). Dabei kann durch eine entsprechende Wahl der Buchstaben als Indizes

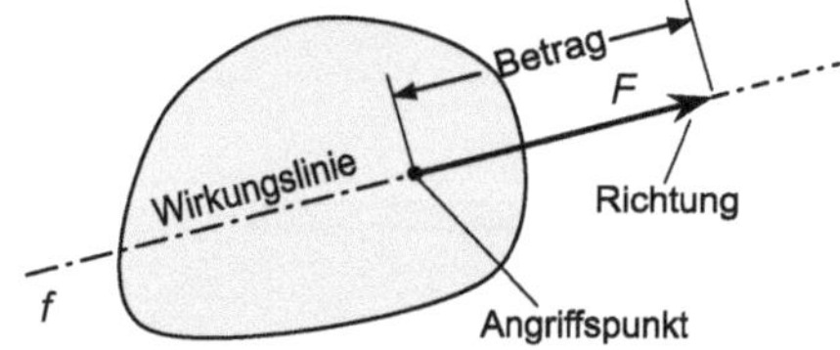

Bild 2.3: Darstellung der Kraft $|\vec{F}| = F = 50$ N; $m_F = 25$ N/cm$_z$

entweder auf den Angriffspunkt der Kraft (z. B. $\vec{F}_A$ Kraft, die im Punkt A angreift) oder auf die Art der Kraft (z. B. $\vec{F}_G$ Gewichtskraft, $\vec{F}_n$ Normalkraft) hingewiesen werden. Ist der Betrag der Kraft gemeint, so lassen wir den Pfeil über dem Formelzeichen fort. Die Wirkungslinien der Kräfte bezeichnen wir mit kleinen lateinischen Buchstaben, die in Anlehnung an die Bezeichnung der Kräfte gewählt werden.

$\vec{F}$,	$\vec{F}_1$,	$\vec{F}_A$,	$\vec{F}_G$,	... Kräfte (Kraftvektoren),
$\|\vec{F}\| = F$,	$\|\vec{F}_1\| = F_1$,	$\|\vec{F}_A\| = F_A$,	$\|\vec{F}_G\| = F_G$,	... ihre Beträge,
f,	f$_1$,	a,	g,	... ihre Wirkungslinien.

In Zeichnungen kann auf den Pfeil über dem Formelzeichen verzichtet werden, da der Pfeil des Kraftvektors ohnehin den Vektorcharakter der Kraft erkennen lässt.

Die Vorstellung einer *Einzelkraft*, die in einem Punkt angreift und längs einer Wirkungslinie wirkt, wie dies in **Bild 2.3** dargestellt ist, ist eine Idealisierung. In der Natur sind Kräfte entweder auf ein Volumen – *Volumenkräfte* – oder auf eine Fläche – *Flächenkräfte* – verteilt.

Die Gewichtskraft ist eine Volumenkraft, sie wirkt an allen Teilchen eines räumlich ausgedehnten Körpers. Die Dampfkraft, die auf einen Kolben wirkt, ist eine Flächenkraft. Die Einzelkräfte sind die so genannten *resultierenden* Kräfte, kurz *Resultierende*, der Flächen- bzw. Volumenkräfte, sie ersetzen die Wirkung der verteilten Kräfte. Die Wirkungslinie der auf einen Körper wirkenden resultierenden Gewichtskraft geht, wie in Abschn. 5 gezeigt wird, stets durch einen bezüglich dieses Körpers festen Punkt, den *Schwerpunkt*.

Bemerkung zur Bezeichnung der Gewichtskraft. Man bezeichnet die *Gewichtskraft* auch mit dem Wort *Gewicht*. Da aber das Wort *Gewicht* nach DIN 1305 sowohl für die Gewichtskraft als auch für die Stoffmenge (d. h. für die Masse) verwendet werden darf, wollen wir der Eindeutigkeit halber die Bezeichnung *Gewichtskraft* bevorzugen. Auch das Wort *Last* wird nicht eindeutig gebraucht. Man bezeichnet mit diesem Wort sowohl den Körper selbst als auch die Gewichtskraft, mit der er von der Erde angezogen wird, oder auch ganz allgemein eine andere Kraft (z. B. Windlast). Werden im Folgenden die Worte *Gewicht* und *Last* trotzdem verwendet, so ist ihre Bedeutung aus dem Text deutlich zu erkennen. Insbesondere, wenn die Last oder das Gewicht in Krafteinheiten angegeben wird, ist keine Verwechslung möglich.

Es ist die Ausdrucksweise üblich: „Der Körper hat das Gewicht F_G" oder „Der Körper mit dem Gewicht F_G". Dadurch soll ausgesagt werden, dass der Körper die Eigenschaft besitzt, von der Erde mit der Gewichtskraft $\vec{F}_G$ angezogen zu werden. Diese Erklärung ist nötig, denn die obigen Aussagen geben den Sachverhalt nicht ganz richtig wieder: Ein Körper besitzt keine Gewichtskraft, sondern die Gewichtskraft wirkt auf ihn.

2.2 Axiome der Statik starrer Körper

Axiome sind Aussagen, die an den Anfang einer Theorie gestellt werden und die man als richtig annimmt, ohne dass ein Beweis für sie möglich ist. Aus ihnen werden alle weiteren Aussagen der Theorie durch logische Schlüsse hergeleitet. Das Fundament der Mechanik bilden Axiome, die in ihrer Gesamtheit zuerst von *Newton* (1643 bis 1727) angegeben wurden, nachdem verschiedene andere Forscher wie *Galilei* (1564 bis 1642) und *Kepler* (1571 bis 1630) Vorarbeiten geleistet hatten. Komplizierte Erscheinungen auf dem Gebiet der Mechanik können auf die wenigen Aussagen dieser Axiome zurückgeführt und dadurch beschrieben werden. Andererseits gelangt man durch logische Folgerungen aus den Axiomen zu Erkenntnissen, die im Einklang mit der beobachteten Wirklichkeit stehen. Die Newtonschen Axiome sind daher besonders geeignet, die zu dem Gebiet der Mechanik zählenden Vorgänge in der Natur und Technik zu beherrschen. Die Statik starrer Körper benötigt für ihren Aufbau vier Axiome, die in den folgenden Abschnitten zusammengestellt sind.

Zur Formulierung der Axiome brauchen wir den Begriff der *Gleichwertigkeit zweier Kräftegruppen*. Als *Kräftegruppe* oder *Kräftesystem* bezeichnet man mehrere Kräfte, die an einem Körper bzw. einem System von Körpern angreifen. Wir definieren:

> Zwei Kräftegruppen heißen gleichwertig oder äquivalent, wenn sie auf einen starren Körper dieselbe Wirkung haben, ihn also in denselben Bewegungszustand versetzen oder ihn im Gleichgewicht halten.

2.2.1 Trägheitsaxiom

> Jeder Körper beharrt im Zustand der Ruhe oder der gleichförmigen geradlinigen Bewegung, solange er nicht durch einwirkende Kräfte gezwungen wird, diesen Zustand zu ändern.

Wir können nur von der Ruhe eines Körpers bezüglich eines anderen, d. h. nur von einer *relativen* Ruhe, sprechen. Falls nichts anderes gesagt wird, wollen wir im Folgenden als Bezugskörper immer die Erde verstehen. Dann ist ein Körper in Ruhe, wenn er seine Lage gegenüber der Erdoberfläche nicht ändert. Der Zustand der relativen Ruhe wird in der Statik als *Gleichgewichtszustand* bezeichnet. Es ist bemerkenswert, dass das Trägheitsaxiom keinen Unterschied zwischen dem Zustand der Ruhe und dem Zustand der gleichförmigen, geradlinigen Bewegung macht.

Man könnte auf den Gedanken kommen, dieses Axiom durch Erfahrung zu belegen, indem man etwa Folgendes anführt: „Auf ein Raumschiff im interstellaren Raum wirken keine Kräfte, es bewegt sich daher geradlinig und gleichförmig". Man bedenke aber, dass auf dessen Kräftefreiheit im interstellaren Raum nur dadurch geschlossen werden kann, dass man eben feststellt, dass es sich dort geradlinig und gleichförmig bewegt. Schließlich haben wir selbst die Kraft als Ursache für die Bewegungsänderung eingeführt! Das Trägheitsaxiom enthält also die *Definition* des Kraftbegriffs und kann daher weder bewiesen noch durch Erfahrung bestätigt werden.

Das Trägheitsaxiom bringt den Gleichgewichtszustand mit den Kräften in Beziehung. Wichtig für uns ist der folgende Sachverhalt: Wird festgestellt, dass das Kräftesystem, das auf den Körper wirkt, einer *Nullkraft* gleichwertig ist (damit wird gesagt, dass die Wirkung des Kräftesystems dieselbe ist, wie in dem Fall, dass am Körper keine Kräfte angreifen), so befindet sich der Körper im Gleichgewicht. Das Verschiebungsaxiom (Abschn. 2.2.2) und das Parallelogrammaxiom (Abschn. 2.2.3) erlauben es nun nachzuprüfen, ob ein Kräftesystem einer Nullkraft äquivalent ist.

2.2.2 Verschiebungsaxiom

Zwei Kräfte, die den gleichen Betrag, die gleiche Wirkungslinie und die gleiche Richtung, jedoch verschiedene Angriffspunkte haben, üben auf einen starren Körper die gleiche Wirkung aus, d. h. sie sind gleichwertig. Mit anderen Worten: Der Kraftvektor darf längs der Wirkungslinie verschoben werden (**Bild 2.4a**).

Man sagt daher: Die Kraft ist ein *linienflüchtiger* Vektor.

Das **Bild 2.4b** erläutert dieses Axiom. Ein Körper, auf den die Eigengewichtskraft F_G wirkt, wird auf den Balken gestellt oder an verschieden langen Drähten aufgehängt. In allen Fällen hat er auf den Balken dieselbe Wirkung: er hält ihn in waagerechter Lage.

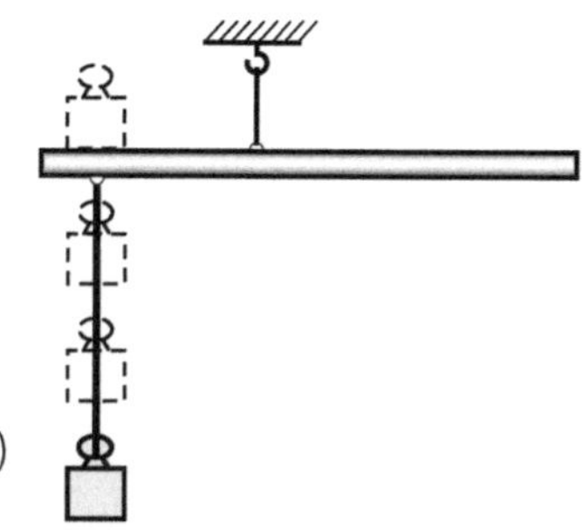

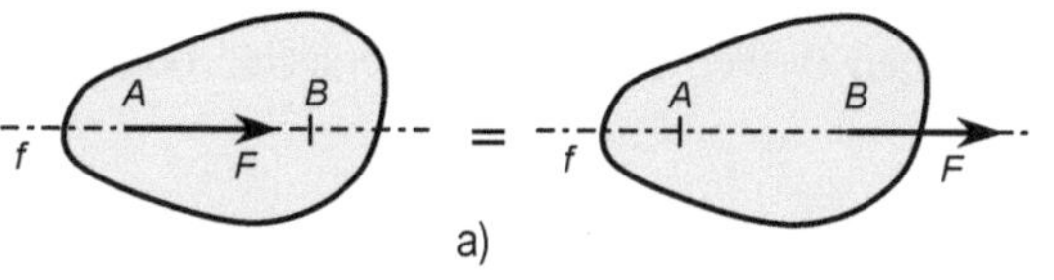

Bild 2.4: Verschiebungsaxiom

Fragt man z. B. nach der Kraft, die die Scheibe (z. B. aus Hartgummi oder Stahl) mit dem an ihr befestigten Körper **Bild 2.5a** auf den Haken ausübt, so kann die Scheibe als starr angenommen werden und es gilt das Verschiebungsaxiom: Man kann sich den Körper an den Stellen A_1, A_2 oder A_3 befestigt denken, die auf den Haken wirkende Kraft ändert sich dabei nicht. Interessiert dagegen die Verformung der Scheibe, so ist diese in den Belastungsfällen **Bild 2.5b** und **Bild 2.5c** verschieden, weil in dem Belastungsfall **Bild 2.5c** der untere Teil der Scheibe mehr als im Belastungsfall **Bild 2.5b** verformt wird, d. h., das Verschiebungsaxiom hat keine Gültigkeit.

2.2.3 Parallelogrammaxiom

Die Wirkung zweier Kräfte $\vec{F}_1$ und $\vec{F}_2$ mit einem gemeinsamen Angriffspunkt ist gleichwertig der Wirkung einer einzigen Kraft $\vec{F}_R$, deren Vektor sich als Diagonale des mit den Vektoren $\vec{F}_1$ und $\vec{F}_2$ gebildeten Parallelogramms ergibt und die den gleichen Angriffspunkt wie $\vec{F}_1$ und $\vec{F}_2$ hat (**Bild 2.6**).

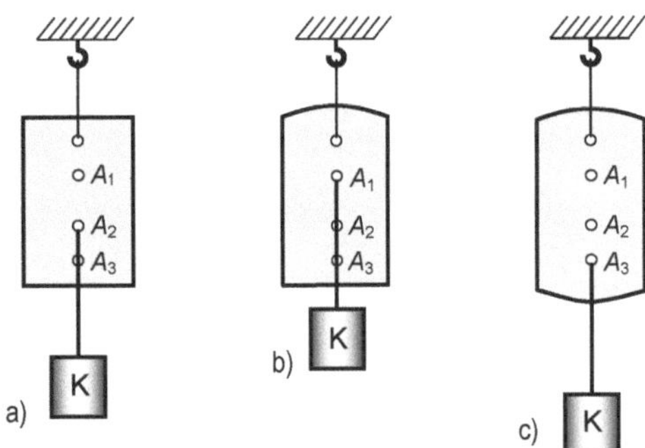

Bild 2.5: Belastung einer a) starren
b), c) verformbaren Scheibe

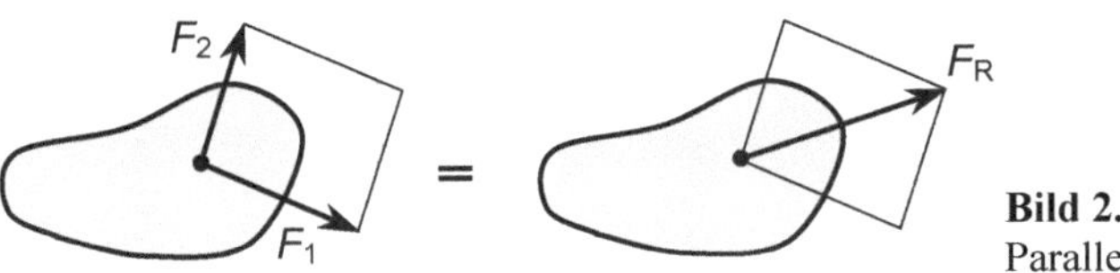

Bild 2.6:
Parallelogrammaxiom

Man bezeichnet $\vec{F}_R$ als *Resultierende*, $\vec{F}_1$ und $\vec{F}_2$ als *Teilkräfte* oder *vektorielle Komponenten* der Resultierenden. Die Operation, die durch die Parallelogrammkonstruktion nach **Bild 2.6** den Kraftvektoren $\vec{F}_1$ und $\vec{F}_2$ den Kraftvektor $\vec{F}_R$ zuordnet, entspricht der Vektoraddition nach Abschn. 1.4.1

$$\vec{F}_1 + \vec{F}_2 = \vec{F}_R$$

Fallen die Wirkungslinien der Kräfte $\vec{F}_1$ und $\vec{F}_2$ zusammen, so wird das Kräfteparallelogramm, wie **Bild 2.7** zeigt, zum Geradenabschnitt. Um die Zeichnung übersichtlich zu gestalten, sind in **Bild 2.7** die Seiten (Teilkräfte) und die Diagonale (Resultierende) des zusammengeklappten Parallelogramms parallel zur Wirkungslinie herausgezeichnet. Der Betrag der Resultierenden ergibt sich in diesem Sonderfall durch Addieren bzw. Subtrahieren der Beträge der Teilkräfte, je nachdem, ob diese die gleiche bzw. entgegengesetzte Richtung haben.

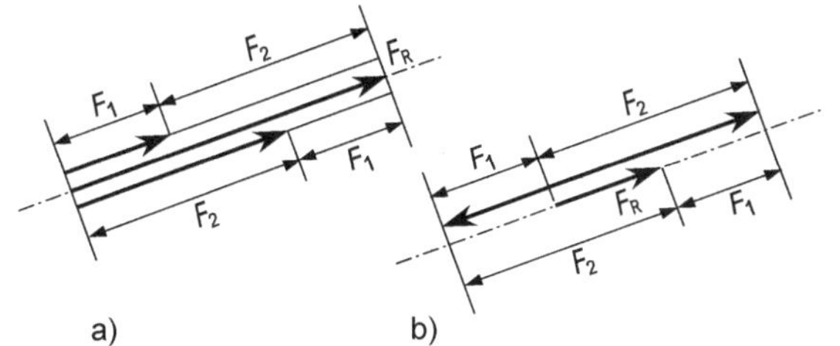

Bild 2.7:
Resultierende von Kräften mit gleicher
Wirkungslinie und mit
a) gleicher und
b) entgegengesetzter Richtung

Im Unterschied zum Trägheitsaxiom kann das Parallelogrammaxiom direkt an der Erfahrung geprüft werden, z. B. durch das in **Bild 2.8** dargestellte Experiment. Dort wird der Ring mit dem angehängten Körper K zuerst durch zwei Federn an der Stelle D gehalten, und man misst die Federkräfte F_1 und F_2 (**Bild 2.8a**). Dann wird derselbe Ring mit dem angehängten Körper nur durch eine Feder an derselben Stelle D gehalten (**Bild 2.8b**), und man misst die Federkraft F. Das Kräftesystem aus den Kräften $\vec{F}_1$ und

$\vec{F}_2$ (**Bild 2.8a**) ist der einen Kraft $\vec{F}$ äquivalent, da in beiden Fällen der Ring im Gleichgewicht ist. Stellt man die Kräfte mit demselben Maßstabsfaktor m_F durch Kraftvektoren dar, so ergibt sich, dass der Kraftvektor $\vec{F}$ die Diagonale des aus den Kraftvektoren $\vec{F}_1$ und $\vec{F}_2$ gebildeten Parallelogramms bildet.[1]

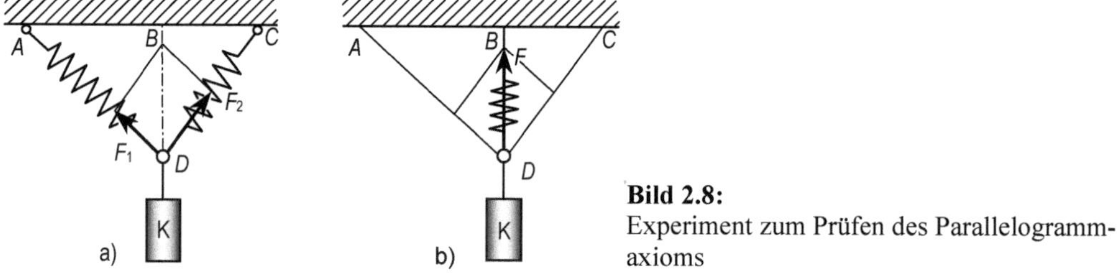

Bild 2.8:
Experiment zum Prüfen des Parallelogrammaxioms

2.2.4 Reaktionsaxiom

Das Reaktionsaxiom wird auch als *Wechselwirkungsgesetz* bezeichnet. Es besagt:

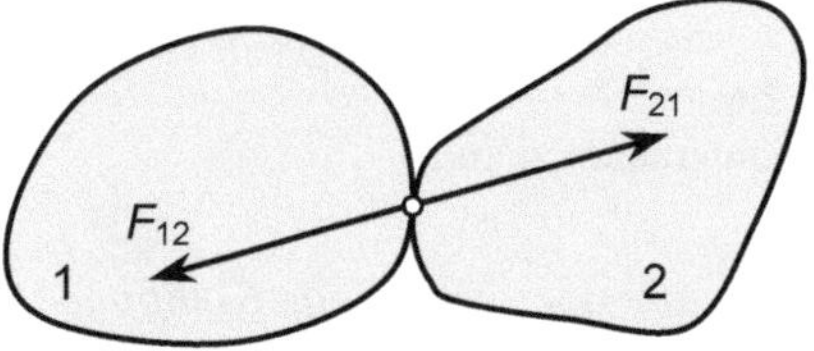

Bild 2.9:
Reaktionsaxiom. F_{12} Kraft, die der Körper 2 auf den Körper 1 ausübt. F_{21} Kraft, die der Körper 1 auf den Körper 2 ausübt.

> Wird von einem Körper auf einen zweiten eine Kraft ausgeübt (actio), so bedingt dies, dass der zweite Körper auf den ersten ebenfalls eine Kraft ausübt (reactio), die mit der ersten Kraft in Betrag und Wirkungslinie übereinstimmt, jedoch entgegengesetzt gerichtet ist.
> Kurz: actio = reactio (**Bild 2.9**).

Nach dem Reaktionsaxiom treten demnach Kräfte immer paarweise auf. Man beachte jedoch, dass sie stets an *verschiedenen* Körpern angreifen. Jede von ihnen bezeichnet man als *Reaktionskraft* der anderen.

Der Draht, mit dem die Scheibe in **Bild 2.5** aufgehängt ist, „zieht" an dem Aufhängehaken mit einer Kraft. Der Haken wirkt seinerseits mit betragsmäßig gleicher, aber entgegengesetzt gerichteter Kraft am Aufhängedraht. Wäre diese Gegenkraft nicht vorhanden, so würde die Scheibe herunterfallen. Das Motorfahrzeug und der Anhänger eines Lastzuges üben aufeinander mittels der Zuggabel gleich große, jedoch entgegengesetzt gerichtete Kräfte aus, denn das Motorfahrzeug zieht den Anhänger, während der Anhänger das Motorfahrzeug belastet. Erde und Mond ziehen sich gegenseitig mit gleich großen Kräften an. Der Dampf wirkt auf den Kolben mit entgegengesetzt gleicher Kraft wie der Kolben auf den Dampf. Weitere Beispiele: Kräfte zwischen Magnet und Eisenstück, zwischen zwei elektrischen Ladungen, zwischen den Zähnen zweier Zahnräder usw.

---

[1] Dass die Wirkungslinie der Kräfte $\vec{F}_1$, $\vec{F}_2$ und $\vec{F}$ mit den Federachsen zusammenfallen, erscheint selbstverständlich zu sein, muss aber bewiesen werden. Dies wird in Abschn. 2.3.4 gezeigt: Die Federn können als Pendelstützen angesehen werden.

2.3 Untersuchung des Gleichgewichts

In diesem Abschnitt werden die wichtigsten Begriffe und Tatsachen zusammengestellt, die zur Lösung von Aufgaben über das Gleichgewicht eines Körpers erforderlich sind, und es wird das allgemeine Vorgehen beim Lösen solcher Aufgaben gezeigt. Die nachfolgenden Abschnitte sind dann mehr der systematischen Untersuchung und speziellen Verfahren gewidmet.

2.3.1 Kräfteübertragung

Aus den Beispielen zum Reaktionsaxiom (Abschn. 2.2.4) erkennen wir, dass Kräfte zwischen zwei Körpern entweder durch *Fernwirkung* (Anziehungskräfte zwischen Erde und Mond, zwischen Magnet und Eisenstück) oder durch direkte *Kontaktwirkung* ausgeübt werden. Im letzteren Fall unterscheiden wir:

Reine Berührung (Bild 2.10). Übt der Körper 1 auf den Körper 2 an der Kontaktstelle die Kraft $\vec{F}_{21}$ aus, so wirkt nach dem Reaktionsaxiom der Körper 2 auf den Körper 1 an derselben Stelle mit der entgegengesetzt gleichen Kraft $\vec{F}_{12}$. Es gilt: $\vec{F}_{12} = -\vec{F}_{21}$. Aufgrund des Parallelogrammaxioms lässt sich die Wirkung der Kraft $\vec{F}_{21}$ durch die Wirkung der beiden Teilkräfte $\vec{F}_{n21}$ und $\vec{F}_{t21}$ ersetzen (s. auch Abschn. 3.1.4), wobei die Wirkungslinie von $\vec{F}_{n21}$ mit der Berührungsnormale n zusammenfällt und die Wirkungslinie der Teilkraft $\vec{F}_{t21}$ in der Berührungsebene liegt. Die entsprechende Zerlegung lässt sich für die Kraft $\vec{F}_{12}$ durchführen. Aus der Zerlegungskonstruktion in **Bild 2.10a** folgt

$$\vec{F}_{t21} = -\vec{F}_{t12} \qquad \vec{F}_{n21} = -\vec{F}_{n12}$$

Die *Tangentialkräfte* $\vec{F}_{t21}$, $\vec{F}_{t12}$ nennt man *Reibungskräfte*. In vielen praktischen Fällen sind die Oberflächen der sich berührenden Körper so beschaffen, dass die Reibungskräfte im Vergleich zu den Normalkräften $\vec{F}_{n21}$, $\vec{F}_{n12}$ klein sind und gegenüber diesen vernachlässigt werden können. Man bezeichnet solche Oberflächen als *glatt*.

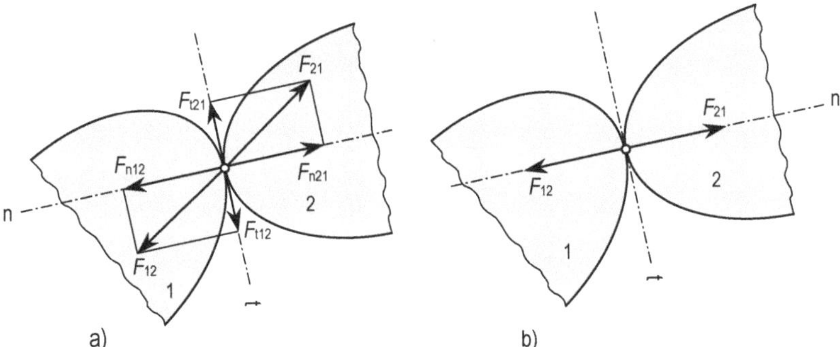

Bild 2.10: Kontaktkräfte a) mit Berücksichtigung b) bei Vernachlässigung der Reibungskräfte

Wir fassen zusammen:

Bei Vernachlässigung der Reibungskräfte können zwei Körper durch reine Berührung nur Kräfte in Richtung der Berührungsnormale ausüben (**Bild 2.10b**). In einem solchen Fall ist die gemeinsame Wirkungslinie der Kontaktkräfte als Normale an der Kontaktstelle bekannt.

Falls nichts Gegenteiliges gesagt wird, wollen wir in den folgenden Abschnitten die Reibungskräfte stets vernachlässigen. Probleme mit Berücksichtigung der Reibungskräfte werden in Abschn. 10 behandelt.

Bild 2.11 zeigt die Wirkungslinien der Kräfte an den Kontaktstellen. In **Bild 2.11a** sind ineinandergreifende Zähne zweier Zahnräder dargestellt, in **Bild 2.11b** ein Wagen auf schiefer Ebene, der am Abrollen durch einen Prellbock gehindert wird.

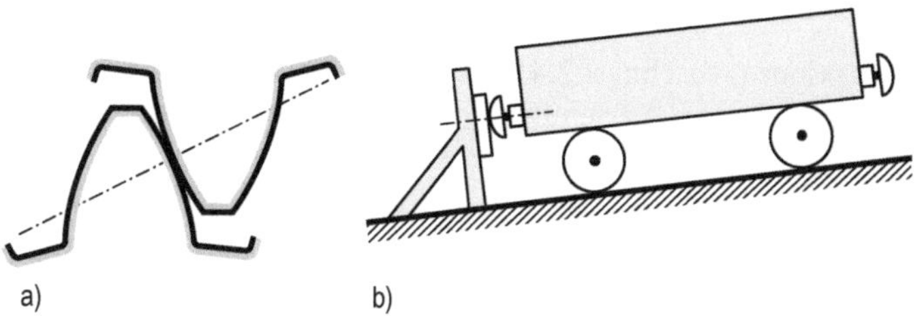

Bild 2.11:
Wirkungslinien der Kräfte an
Berührungsstellen

Gelenkverbindung (Bild 2.12). In diesem Fall können die beiden Körper aufeinander Kräfte in beliebiger Richtung ausüben. Von vornherein liegt nur ein Punkt der gemeinsamen Wirkungslinie der Berührungskräfte (der Angriffspunkt) fest, nicht aber die Lage der Wirkungslinie.

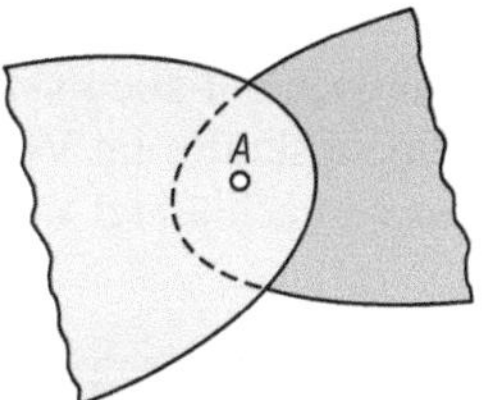

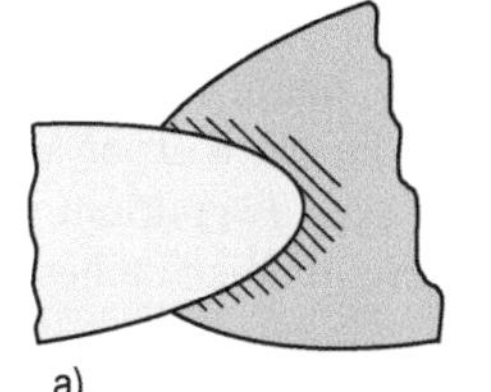

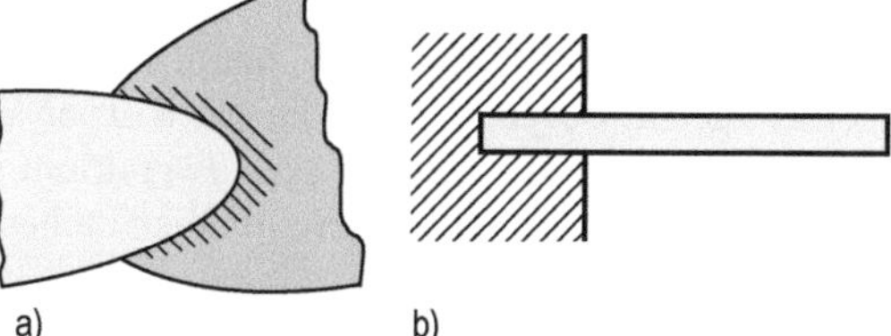

Bild 2.12: Gelenkverbindung   **Bild 2.13:** Einspannung

Feste Einspannung (Bild 2.13). Die Wirkung des einen Körpers auf den anderen lässt sich in diesem Fall nicht durch eine einzige Kraft beschreiben. Die Idealisierung wie in den Fällen der reinen Berührung und der Gelenkverbindung – die Körper berühren sich nur in einem Punkt – ist hier nicht ohne weiteres möglich. Beide Körper zusammen können als ein starrer Körper aufgefasst werden. Beispiel: Eingemauerter Träger (**Bild 2.13b**).

Die Entscheidung, welcher Fall des Kontaktes zweier Körper vorliegt und wie im Fall reiner Berührung die Wirkungslinie verläuft, bereitet dem Anfänger erfahrungsgemäß Schwierigkeiten. Dies liegt oft daran, dass die Skizze die Wirklichkeit nur schematisch und ungenügend wiedergibt.

Beispiel 2.1: In **Bild 2.14a** ist ein mit der Gewichtskraft F_G belasteter Balken, der sich auf die Bolzen A und B sowie eine Wand stützt, vereinfacht durch eine gerade Linie dargestellt. Der Anfänger ist geneigt, für die Wirkungslinie der Kraft, mit der der Balken auf die Wand wirkt, die den Balken darstellende Gerade anzunehmen. Zeichnet man jedoch die Kontaktstelle in C vergrößert heraus (**Bild 2.14b**), so erkennt man sofort, dass die Wirkungslinie der Kräfte zwischen Wand und Balken senkrecht zur Wand verlaufen muss.

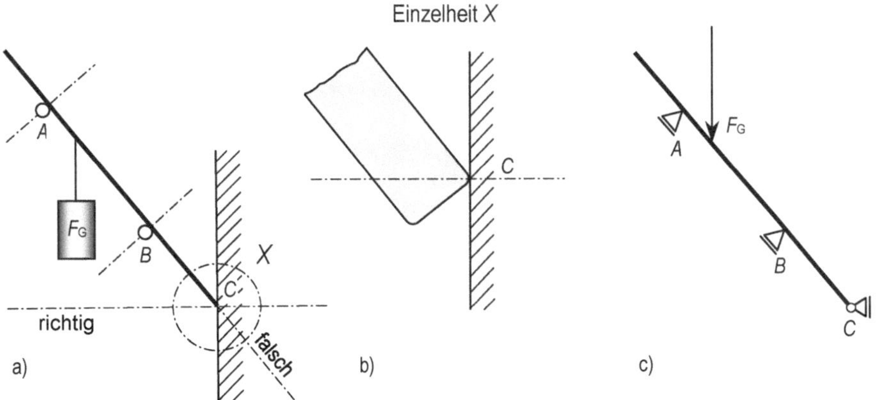

Bild 2.14: Abgestützter Balken

Beispiel 2.2: In **Bild 2.15a** ist schematisch eine angelehnte Leiter gezeichnet. Sie berührt an der Stelle A den Boden und an der Stelle B die Mauer. In den **Bildern 2.15b** und **2.15c** sind die Kontaktstellen vergrößert dargestellt und die Wirkungslinien der Kräfte zwischen Leiter und Mauer (**Bild 2.15b**) eingezeichnet. Da der Abstand der Berührungspunkte A_1 und A_2 gegenüber anderen Abmessungen vernachlässigbar klein ist, kann man sie als in einem Punkt A zusammenfallend annehmen. Da die Wirkungslinie der aus den Teilkräften F_{A1} und F_{A2} nach dem Parallelogrammaxiom resultierenden Kraft F_A zunächst nicht bekannt ist, entspricht die Berührungsstelle A (Eckenstützung) einer Gelenkverbindung.

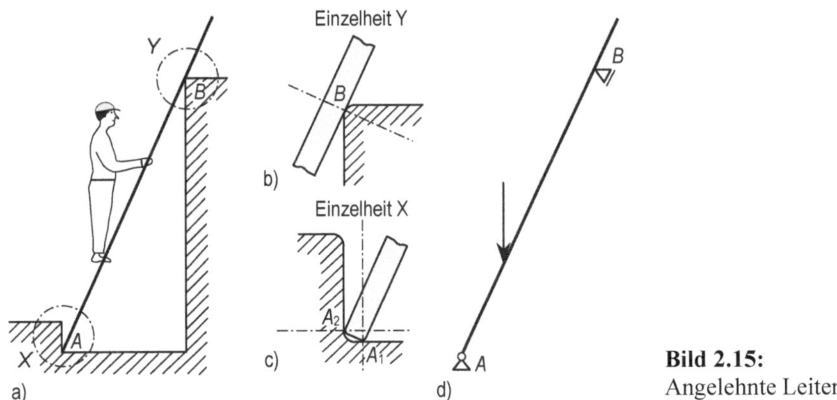

Bild 2.15:
Angelehnte Leiter

2.3.2 Auflagerreaktionen. Äußere und innere Kräfte. Freimachen

Kräfte, die infolge der Belastung eines Körpers z. B. durch Gewichts-, Dampf- oder Windkräfte an den Kontaktstellen des Körpers mit anderen Körpern auftreten und dadurch das Gleichgewicht des Körpers aufrechterhalten, bezeichnet man als *Auflagerkräfte* oder *Auflagerreaktionen*. Da nach dem Reaktionsaxiom die Kräfte paarweise auftreten, sind Auflagerreaktionen diejenigen Kräfte, die auf den betrachteten Körper wirken.

Für den Körper 1 in **Bild 2.16a** sind die Auflagerkräfte diejenigen Kräfte, mit denen die Körper 2 und 3 auf ihn wirken. (Nicht diejenigen, die der Körper 1 auf die Körper 2 und 3 ausübt!)

Man beachte, dass die Auflagerreaktionen keine Reaktionskräfte der Belastungskräfte (Aktionskräfte) im Sinne des Abschn. 2.2.4 sind. Während die Reaktionskräfte stets an verschiedenen Körpern angreifen, wirken Belastungskräfte und die durch sie hervorgerufenen Auflagerreaktionen an demselben Körper.

Bei der Untersuchung der Kräfte an einem Körper (Maschinenteil, Tragwerk) interessieren meistens nur die Arten der möglichen Kräfteübertragungen an den Berührungsstellen mit anderen Körpern, nicht aber diese Körper selbst. Daher gibt man gewöhnlich bei der zeichnerischen Darstellung des Sachverhaltes lediglich die Art der Berührungsstelle an.

Hierfür verwendet man die in **Bild 2.17** angegebenen Symbole. Die Verwendung dieser Symbole lässt das Wesentliche deutlicher in Erscheinung treten und erhöht damit die Übersicht. Die Bilder **2.17b**, **2.14c** und **2.15d** geben Beispiele dafür.

Eine Maschine, ein Tragwerk oder eine andere technische Konstruktion bezeichnen wir als ein *mechanisches System*. So sind die hydraulische Bühne **Bild 2.18a** und die Hubbühnen, Kräne, Gelenkrahmen in Abschn. 6 mechanische Systeme.

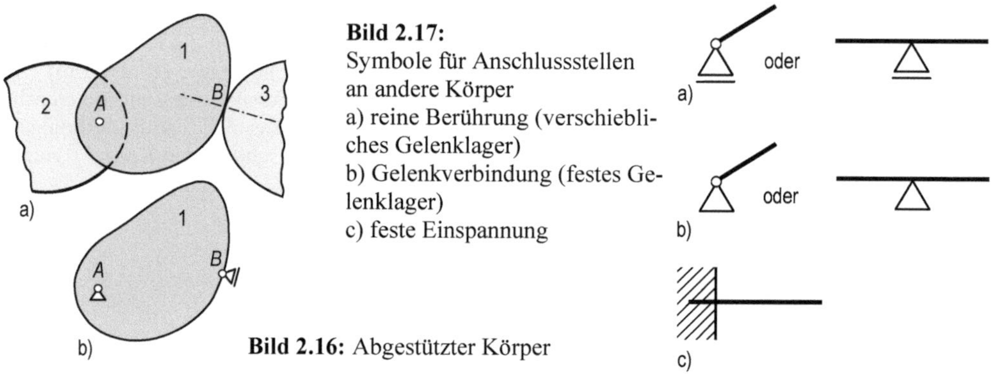

Bild 2.17:
Symbole für Anschlussstellen an andere Körper
a) reine Berührung (verschiebliches Gelenklager)
b) Gelenkverbindung (festes Gelenklager)
c) feste Einspannung

Bild 2.16: Abgestützter Körper

Ein mechanisches System besteht aus mehreren Teilen, Körpern, die unter gewissen Voraussetzungen als starr angesehen werden können und aufeinander Kräfte ausüben. Unter den Kräften, die an einem mechanischen System wirken, unterscheidet man:

Äußere Kräfte. Das sind solche Kräfte, die auf das mechanische System von außen einwirken, d. h. von Körpern ausgeübt werden, die nicht zum System gehören. Die Reaktionskräfte der äußeren Kräfte wirken nicht am betrachteten System, sondern an anderen Körpern. Auflagerkräfte sind stets äußere Kräfte. Gewichtskräfte treten in den technischen Anwendungen als äußere Kräfte auf.

Innere Kräfte wirken zwischen den einzelnen Teilen (*innerhalb*) des betrachteten mechanischen Systems. Sie treten stets paarweise auf; Kraft und Gegenkraft (Reaktionskraft) wirken an Körpern, die zum System gehören.

Die Unterteilung der Kräfte in äußere und innere ist relativ. Es kommt dabei darauf an, wie man das mechanische System abgrenzt.

Wird z. B. die ganze hydraulische Verladebühne in **Bild 2.18a** als *ein* System betrachtet, so sind die Kraft $\vec{F}$, die auf die Bühne wirkt, die Eigengewichtskräfte der einzelnen Teile und die Auflagerkräfte an den Stellen A und B äußere Kräfte, die Kräfte an den Stellen C und D zwischen den Streben und der Plattform sind dagegen innere Kräfte.

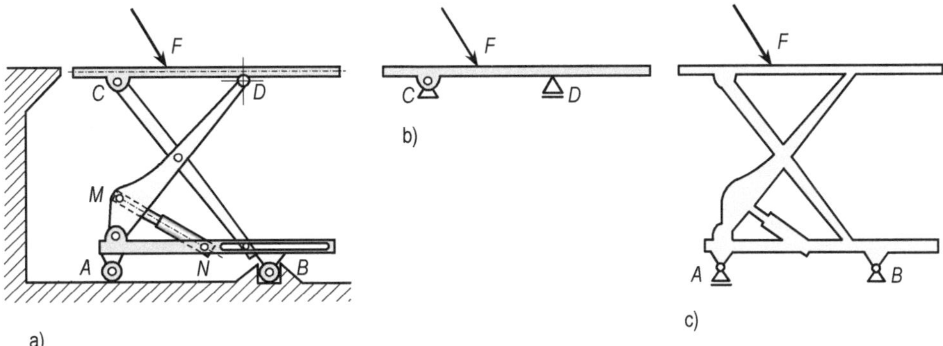

Bild 2.18: Verladebühne

Betrachtet man aber diese Plattform allein, so sind die Kräfte an den Stellen C und D, die von den Streben auf die Plattform ausgeübt werden, Auflagerkräfte für diese und damit äußere Kräfte.

Nachstehend werden einige Begriffe erklärt, die im Folgenden gebraucht werden.

Freimachen heißt, *alle* auf ein mechanisches System wirkenden äußeren Kräfte festzustellen. Man trennt das System von den Körpern, die mit dem System in Verbindung stehen, und beschreibt ihre Wirkung durch Kräfte. Ist dabei eine Kraft nicht vollständig bekannt, so gibt man nur ihre bekannten Stücke an, z. B. ihren Angriffspunkt oder ihre Wirkungslinie. In der zeichnerischen Darstellung eines freigemachten Körpers (mechanischen Systems) kann die Wirkung der anderen Körper auf ihn (bzw. die bekannten Bestandteile dieser Wirkung) entweder durch Einzeichnen von Kraftvektoren oder der Wirkungslinien und Angriffspunkte oder der Symbole für die Berührungsstellen (**Bild 2.17**) angegeben werden.

Schnittmethode. Um innere Kräfte zu ermitteln, grenzt man das mechanische System so ab, dass ein *gedachter Schnitt* durch die Stelle geführt wird, an der die innere Kraft bestimmt werden soll. Dadurch wird die innere Kraft zur äußeren gemacht. Beim Freimachen eines mechanischen Systems spricht man auch von der Schnittmethode, wenn gedachte Schnitte durch Gelenke, Seile usw. geführt werden. Die inneren Kräfte werden dabei als entgegengesetzt gleiche äußere Kräfte auf *beiden* Schnittufern angesetzt.

Um die Gelenkkraft im Punkt C der Verladebühne **Bild 2.18a**[1] zu bestimmen, trennen wir durch gedachte Schnitte die Plattform ab (**Bild 2.18b**). Dadurch wird die Gelenkkraft zur Auflagerkraft, also einer äußeren Kraft.

Erstarrungsmethode. Gelegentlich ist es zweckmäßig, eine aus *mehreren* zusammenhängenden Teilen bestehende Konstruktion zur Bestimmung der an ihr wirkenden Kräfte als *einen* starren Körper aufzufassen. Dann spricht man von der Erstarrungsmethode.

Um die Auflagerkräfte der Verladebühne **Bild 2.18a** zu ermitteln, denkt man sich die Bühne als einen starren Körper (**Bild 2.18c**).

---

[1] Wird z. B. das Symbol für den Gelenkanschluss (**Bild 2.17b**) eingezeichnet, so bedeutet es doch, dass nur der Angriffspunkt der auf das System an dieser Stelle wirkenden Kraft bekannt ist.

2.3.3 Vorgehen beim Lösen von Gleichgewichtsaufgaben

Eine wichtige Aufgabe der Statik ist die Untersuchung des Gleichgewichts von mechanischen Systemen. Bei den meisten technischen Aufgaben ist von vornherein bekannt, dass das gegebene System im Gleichgewicht ist, jedoch sind die Bestimmungsstücke einiger Kräfte (Betrag, Wirkungslinie, Richtung) entweder alle unbekannt oder nur zum Teil bekannt. Diese unbekannten Stücke werden mit Hilfe der Verfahren der Statik bestimmt. Meist handelt es sich dabei um die Ermittlung von Auflagerreaktionen. Bei der Lösung von solchen Aufgaben geht man zweckmäßigerweise wie folgt vor:

1. Schritt: Abgrenzen. Es wird festgelegt, welcher Körper oder welcher Teil eines mechanischen Systems betrachtet wird, z. B. die ganze Verladebühne (**Bild 2.18**), nur die Plattform, nur eine Strebe.

Dem Lernenden sei empfohlen, besonders anfangs die Konturen des zu betrachtenden Körpers (Systems) in der Zeichnung regelrecht mit einem Bleistift zu umfahren. Dadurch hat man eine Selbstkontrolle, und es werden nicht so leicht Berührungs- bzw. Verbindungsstellen mit anderen Körpern übersehen.

2. Schritt: Freimachen. Das in Schritt 1 abgegrenzte mechanische System wird freigemacht (s. Abschn. 2.3.2), d. h. es werden *alle* am System angreifenden äußeren Kräfte festgestellt (insbesondere an Stellen, an denen das System von benachbarten Körpern getrennt wird) und angegeben, was von diesen Kräften bekannt ist: vollständig bekannt, nur die Wirkungslinie bekannt, nur der Angriffspunkt bekannt usw.

Betrachtet man die ganze Verladebühne in **Bild 2.18a** (1. Schritt), so wird in Schritt 2 festgestellt, dass auf die Bühne bei Vernachlässigung der Eigengewichtskräfte drei Kräfte wirken:

1. Belastungskraft $\vec{F}$:   vollständig bekannt

2. Auflagerkraft $\vec{F}_\mathrm{A}$:   nur die Wirkungslinie bekannt (reine Berührung)

3. Auflagerkraft $\vec{F}_\mathrm{B}$:   nur der Angriffspunkt bekannt (Gelenkverbindung, da das Rad blockiert ist).

3. Schritt: Lösen. Die unbekannten und nicht vollständig bekannten äußeren Kräfte werden ermittelt. Da das betrachtete mechanische System im Gleichgewicht ist, muss nach dem Trägheitsaxiom (Abschn. 2.2.1) das im Schritt 2 festgestellte System von äußeren Kräften einer Nullkraft äquivalent sein. Diese Forderung allein reicht oft dazu aus, alle am System angreifenden Kräfte zu bestimmen.

In den ersten beiden Schritten wird die vorgelegte Aufgabe mechanisch formuliert, im dritten Schritt wird sie gelöst. Die folgenden Abschnitte (besonders der Abschn. 2.3.4) enthalten Beispiele für dieses Vorgehen.

2.3.4 Zwei wichtige Beispiele: Pendelstütze und Seil

Pendelstütze. Als Pendelstütze bezeichnet man ein Konstruktionsteil, an dem nur zwei *Kräfte* mit voneinander verschiedenen Angriffspunkten angreifen (**Bild 2.19a**, Kraftangriffspunkte in *A* und *B*). Sie dient zur Verbindung verschiedener Teile eines mechanischen Systems. Der hydraulische Zylinder der Verladebühne (**Bild 2.18a**) ist eine Pendelstütze, denn an ihm greifen nur zwei äußere Kräfte an den Gelenkstellen *M* und *N* an. Wir fragen: Was kann man über die Kräfte an einer Pendelstütze aussagen?

1. Schritt. Betrachtet wird die sich im Gleichgewicht befindliche Pendelstütze (**Bild 2.19a**).

2. Schritt. An einer Pendelstütze greifen zwei äußere Kräfte an, von denen lediglich die Angriffspunkte *A* und *B* bekannt sind. **Bild 2.19b** zeigt die freigemachte Pendelstütze.

3. Schritt. Zwei Kräfte können sich nur dann in ihrer Wirkung aufheben, d. h. sie sind nur dann einer Nullkraft gleichwertig, wenn sie eine gemeinsame Wirkungslinie, gleiche Beträge und entgegengesetzte Richtungen haben. Nur in diesem Fall ergibt die Zusammensetzung der beiden Kräfte nach dem Parallelogrammaxiom eine Nullkraft als Resultierende (s. auch die systematische Untersuchung in Abschn. 3 und 4). Die gemeinsame Wirkungslinie der Kräfte an der Pendelstütze in **Bild 2.19b** muss demnach von *A* nach *B* verlaufen. Es ergeben sich die beiden in den **Bildern 2.19c** und **2.19d** dargestellten möglichen Fälle.

Bei der Untersuchung von mechanischen Systemen ist es wichtig, die Pendelstützen zu erkennen, denn dadurch erkennt man auch Wirkungslinien von Kräften. Da eine Pendelstütze die Wirkungslinien von Kräften festlegt, wird sie auch als Symbol für reine Berührung statt des in **Bild 2.17a** angegebenen Symbols verwendet (**Bild 2.19e**).

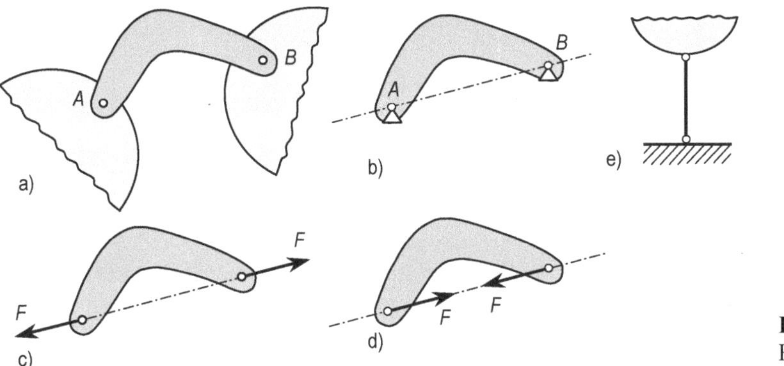

Bild 2.19:
Pendelstütze

Seil. Ein Seil ist mit einem Ende an einer Wand befestigt, über eine feste Rolle geführt und am anderen Ende mit der Gewichtskraft F_G belastet (**Bild 2.20a**). Es sollen die Auflagerkraft an der Stelle 1 und die Seilkräfte an den Stellen 2 und 3 ermittelt werden.

Durch gedachte Schnitte an den Stellen 1, 2 und 3 (Schnittmethode) zerlegen wir das Seil in drei Teile und machen die einzelnen Seilstücke frei. Zuerst betrachten wir die beiden geraden Seilstücke. Sie können als auf Zug beanspruchte Pendelstützen angesehen werden (**Bild 2.19c**). Die Wirkungslinien der an ihnen angreifenden Kräfte fallen mit den Seilrichtungen zusammen (**Bild 2.20b**), und für die Beträge dieser Kräfte gilt

$$|\vec{F}_{s1}| = |\vec{F}_{s2}| \qquad |\vec{F}'_{s3}| = |\vec{F}_G| = F_G \tag{2.1}$$

Wir untersuchen nun das mittlere Seilstück.

1. Schritt. Betrachtet wird das mittlere Seilstück, das sich im Gleichgewicht befindet.

2. Schritt. An dem Seilstück greifen folgende äußere Kräfte an:

   1. Seilkraft $\vec{F}_{s3}$: *vollständig bekannt* als Reaktionskraft von $\vec{F}'_{s3}$. Es gilt

$$\vec{F}_{s3} = -\vec{F}'_{s3} = \vec{F}_G \tag{2.2}$$

2. Seilkraft $\vec{F}'_{s2}$: *Wirkungslinie bekannt*, denn $\vec{F}'_{s2}$ ist die Reaktionskraft von $\vec{F}_{s2}$.
Es gilt

$$\vec{F}'_{s2} = -\vec{F}_{s2} = \vec{F}_{s1} \tag{2.3}$$

3. die von der Rolle auf das Seil wirkenden, auf den Bogen *b* verteilten Auflagerkräfte. Da die Reibung vernachlässigt wird, wirken diese Kräfte in der Normalenrichtung (Abschn. 2.3.1). Ihre *Wirkungslinien* sind also *bekannt* und gehen alle durch den Rollenmittelpunkt *M*.

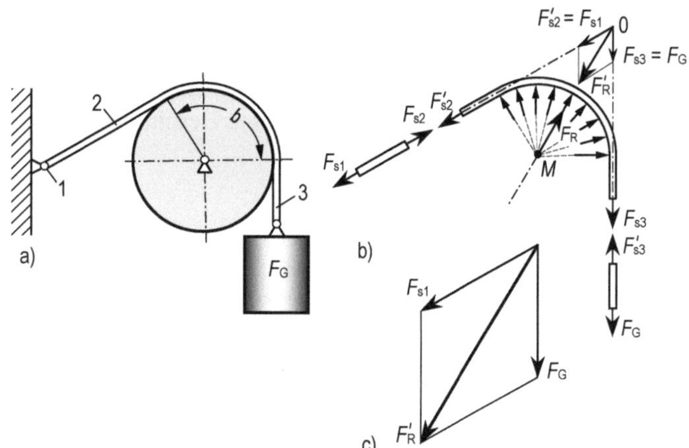

Bild 2.20:
Kräfte am Seil

3. Schritt. Wir denken uns die Vektoren der auf den Bogen *b* verteilten Rollenkräfte in den Rollenmittelpunkt *M* verschoben (Verschiebungsaxiom) und dort zu einer einzigen resultierenden Rollenkraft $\vec{F}_R$ zusammengesetzt (Parallelogrammaxiom). Zunächst ist von $\vec{F}_R$ nur ein Punkt *M* der Wirkungslinie bekannt. Die Kräfte $\vec{F}'_{s2}$ und $\vec{F}_{s3}$ denken wir uns ebenfalls in den Schnittpunkt 0 ihrer Wirkungslinien verschoben (Verschiebungsaxiom) und zu einer Resultierenden $\vec{F}'_R$ zusammengesetzt (Parallelogrammaxiom). Damit ist das System der äußeren Kräfte am Seilstück auf ein gleichwertiges System zurückgeführt, das nur aus den beiden Kräften $\vec{F}_R$ und $\vec{F}'_R$ besteht. Da das Seilstück im Gleichgewicht ist, muss die Resultierende der Kräfte $\vec{F}_R$ und $\vec{F}'_R$ verschwinden (Trägheitsaxiom). Durch gleiche Überlegung wie bei der Pendelstütze folgt, dass die gemeinsame Wirkungslinie der Kräfte $\vec{F}_R$ und $\vec{F}'_R$ durch die Punkte *M* und 0 geht und dass diese Kräfte entgegengesetzt gleich sind ($\vec{F}_R = -\vec{F}'_R$). Im Punkt 0 ist die Seilkraft $\vec{F}_{s3} = \vec{F}_G$ vollständig bekannt, von der Seilkraft $\vec{F}'_{s2}$ und von der Resultierenden $\vec{F}'_R$ ist jeweils die Wirkungslinie bekannt.

Aus der Parallelogrammfigur (in **Bild 2.20c** vergrößert gezeichnet) folgt

$$| \vec{F}'_{s2} | = | \vec{F}_{s3} | = | \vec{F}_G | \tag{2.4}$$

Ergebnis: Aus den Gl. (2.1), (2.2), (2.3) und (2.4) folgt, dass die Seilkraft an allen Stellen des Seiles den gleichen Betrag hat. Die Wirkungslinie der Seilkraft fällt stets mit der Richtung der Tangente an das Seil zusammen. Man sagt: *Mit Seil und Rolle lässt sich die Wirkungslinie einer Kraft umlenken.*

2.4 Aufgaben zu Abschnitt 2

1. Drei Zylinder mit glatten Oberflächen und den Radien $r_1 = 40$ mm, $r_2 = 25$ mm und $r_3 = 15$ mm sind in der dargestellten Weise angeordnet. Man zeichne das Freikörperbild.

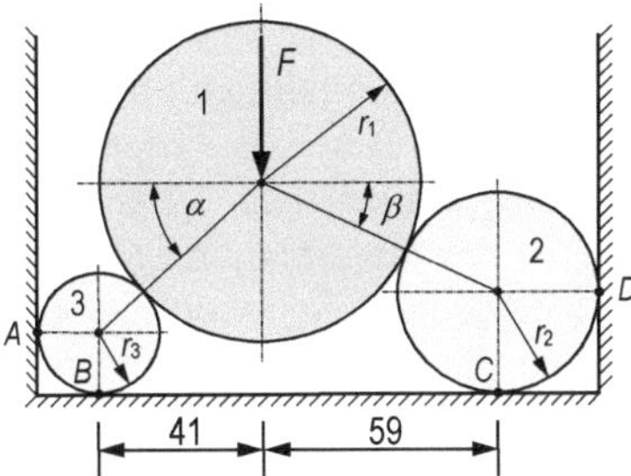

Bild 2.21: Abgestützte Zylinder

2. Man bestimme die Wirkungslinien der Auflagerkräfte $\vec{F}_\text{A}$ und $\vec{F}_\text{B}$ für das dargestellte Dreigelenkstabwerk.

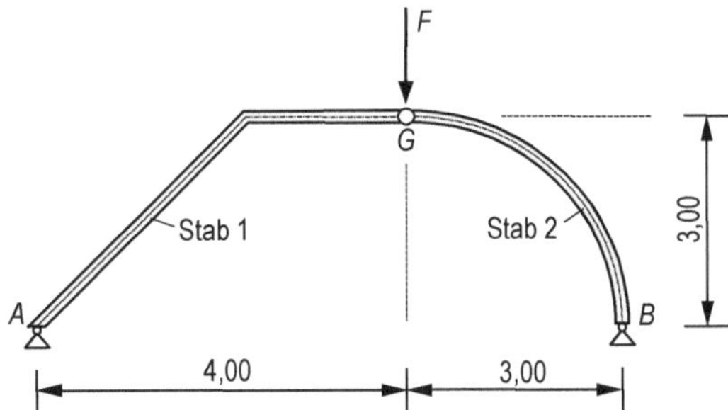

Bild 2.22: Dreigelenkstabwerk

3. Ein Zylinder mit der Masse $m_\text{z} = 30$ kg hängt an einem Seil, das über zwei reibungsfrei gelagerte Rollen umgelenkt wird. Die Rolle 1 wird im Punkt B durch eine Pendelstange gehalten. Die Rolle 2 ist im Punkt C frei drehbar, aber unverschieblich gelagert.

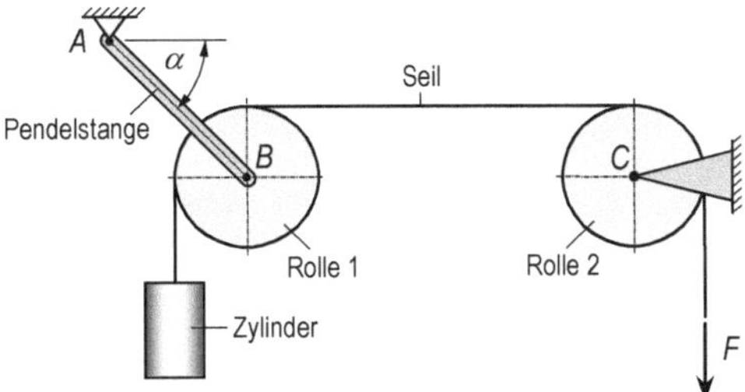

Bild 2.23: Seilumlenkung

a) Mit welcher Kraft F muss am freien Ende des Seils gezogen werden, um den Zylinder im Gleichgewicht zu halten?

b) Zeichnen Sie ein Freikörperbild der Rolle 1 und der Pendelstange. Geben Sie den Neigungswinkel α der Pendelstange im belasteten Zustand an.

3 Ebenes Kräftesystem mit einem gemeinsamen Angriffspunkt

Man nennt ein System von Kräften *ebenes Kräftesystem*, wenn die Wirkungslinien aller zum System gehörenden Kräfte in einer Ebene liegen. Schneiden sich die Wirkungslinien aller Kräfte eines Kräftesystems in einem Punkt, so bezeichnet man ein solches System als *Kräftesystem mit gemeinsamem Angriffspunkt* oder als *zentrales Kräftesystem*. Alle Kraftvektoren eines zentralen Kräftesystems können nach dem Verschiebungsaxiom in den Schnittpunkt der Wirkungslinien verschoben werden und haben dann einen gemeinsamen Angriffspunkt.

3.1 Zeichnerische Behandlung

3.1.1 Zusammensetzen von zwei Kräften

Die Resultierende $\vec{F}_R$ zweier Kräfte $\vec{F}_1$ und $\vec{F}_2$ ergibt sich nach dem Parallelogrammaxiom als Vektoraddition (Abschn. 2.2.3) durch die Parallelogrammkonstruktion in **Bild 2.6**. Um die gegebene Zeichnung – *den Lageplan* – nicht zu überladen, wird die Bestimmung der Resultierenden nach Betrag und Richtung in einer gesonderten Konstruktionszeichnung – *dem Kräfteplan* – vorgenommen und dann der Vektor der Resultierenden in den Lageplan eingezeichnet. Dabei kann man sich im Kräfteplan auf die Konstruktion einer Hälfte des Parallelogramms – das *Krafteck* – beschränken, indem man die Kraftvektoren parallel zu den Wirkungslinien im Lageplan entsprechend **Bild 3.1b** oder **c** aneinander setzt. Aus Genauigkeitsgründen soll man das Krafteck nicht zu klein zeichnen.

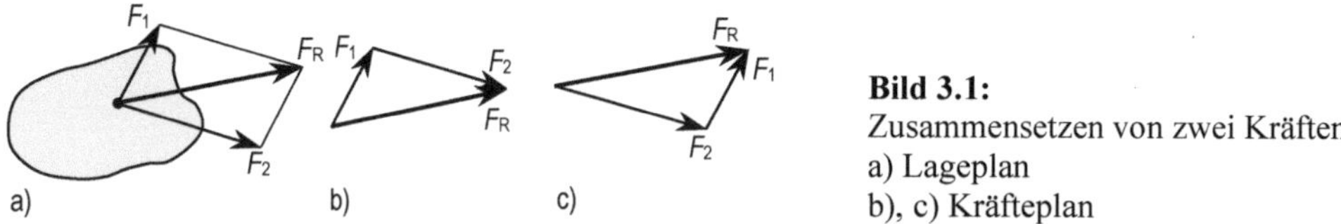

Bild 3.1:
Zusammensetzen von zwei Kräften
a) Lageplan
b), c) Krafteplan

Als Anhaltspunkt kann dienen: Kräfteplan und Lageplan sollen etwa gleich groß sein. Im Lageplan brauchen die Kraftvektoren nicht maßstäblich gezeichnet zu werden. Die Trennung in Lageplan und Kräfteplan bewährt sich besonders bei Behandlung von Kräftesystemen, die aus vielen Kräften bestehen.

Beispiel 3.1: Auf das Fundament der Verankerung eines abgespannten Mastes wirken zwei Seilkräfte **(Bild 3.2a)**. Ihre Beträge sind $F_{s1} = 120$ kN und $F_{s2} = 70$ kN. Wie groß ist die resultierende Kraft auf das Fundament?

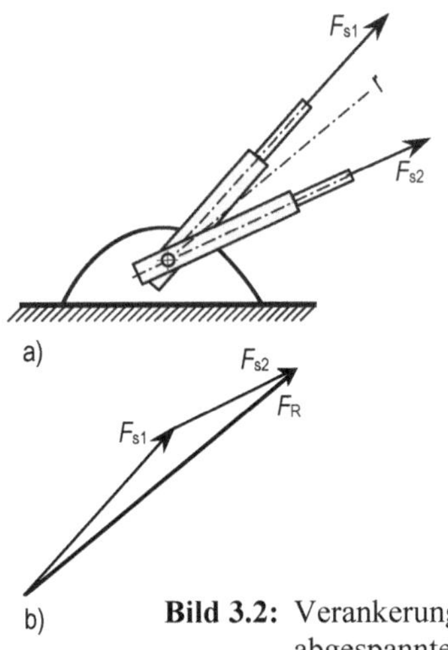

Für die Darstellung der Kräfte wählen wir den Maßstabsfaktor $m_F = 50$ kN/cm$_z$, dann werden die Seilkräfte F_{s1} und F_{s2} durch die Strecken

$$S_{Fs1} = \frac{120 \text{ kN}}{50 \text{ kN} / \text{cm}_z} = 2,4 \text{ cm}_z$$

und

$$S_{Fs2} = \frac{70 \text{ kN}}{50 \text{ kN} / \text{cm}_z} = 1,4 \text{ cm}_z$$

dargestellt (s. Abschn. 1.3). Die Krafteckkonstruktion ergibt **Bild 3.2b**. Durch Abmessen stellen wir fest, dass die Resultierende im Krafteck durch die Strecke $S_{FR} = 3,73$ cm$_z$ dargestellt wird.

Bild 3.2: Verankerung eines
abgespannten Mastes
a) Lageplan
b) Krafteck;
$m_F = 50$ kN/cm$_z$

Bild 3.3:
Schraubenfeder
a) unbelastet
b) durch eine Kraft
belastet

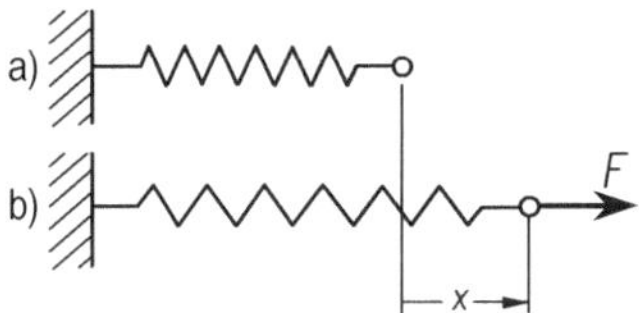

Sie hat also den Betrag $F_R = (50$ kN/cm$_z) \cdot 3,73$ cm$_z = 187$ kN. Ihre Wirkungslinie erhalten wir, indem wir im Lageplan durch den Schnittpunkt der Wirkungslinien der Seilkräfte eine zum Kraftvektor F_R im Kräfteplan parallele Gerade r zeichnen.

Federkonstante. Bei vielen Federarten, z. B. Schraubenfedern, ist die durch eine Kraft F hervorgerufene Verlängerung bzw. Verkürzung x der Feder der angreifenden Kraft proportional (**Bild 3.3**). Diese Abhängigkeit wird durch die Gleichung

$$F = c\,x \qquad (3.1)$$

beschrieben. Den Proportionalitätsfaktor c nennt man Federkonstante. Werden Kräfte in N und Längen in cm gemessen, so hat die Federkonstante c die Maßeinheit N/cm. Ist z. B. $c = 120$ N/cm, so wird die Verlängerung $x_1 = 1,5$ cm durch die Kraft $F_1 = (120$ N/cm$) \cdot 1,5$ cm $= 180$ N und die Verlängerung $x_2 = 2$ cm durch die Kraft $F_2 = (120$ N/cm$) \cdot 2$ cm $= 240$ N hervorgerufen.

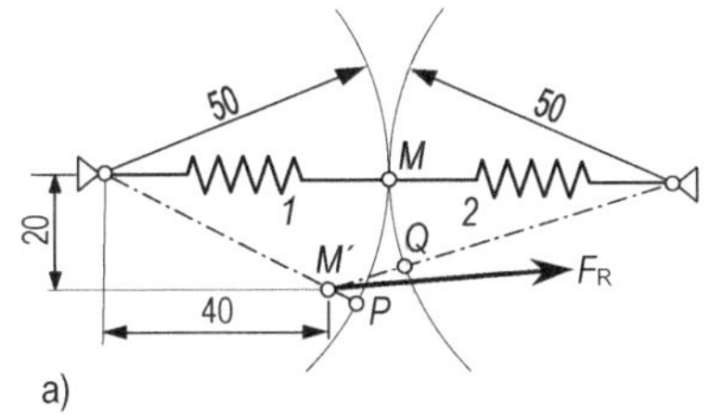

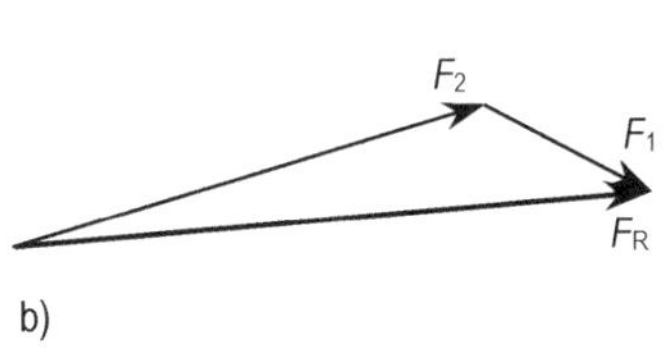

Bild 3.4: Resultierende Federkraft
a) Lageplan; $m_L = 2,5$ cm/cm$_z$ b) Krafteck; $m_F = 50$ N/cm$_z$

Beispiel 3.2: Wir betrachten das System von zwei hintereinandergeschalteten gleichen Federn (**Bild 3.4a**). Jede Feder hat die Federkonstante $c = 120$ N/cm und im unbelasteten Zustand die Länge 5 cm. Welche resultierende Federkraft wirkt auf den Mittelpunkt des Federsystems, wenn er aus der ursprünglichen Lage M in die Lage M' gebracht wird?

Im Lageplan sind die Verkürzung der Feder 1 und die Verlängerung der Feder 2 durch die Strecken $\overline{M'P}$ und $\overline{M'Q}$ dargestellt. Zur genaueren Festlegung der Längenänderungen der Federn darf der Lageplan nicht zu klein gezeichnet werden. In **Bild 3.4a** ist er nur mit Rücksicht auf den Buchdruck klein gehalten. Wählt man dagegen als Längenmaßstabsfaktor $m_L = 0,5$ cm/cm$_z$ (dann wird eine unbelastete Feder durch eine Strecke 10 cm$_z$ dargestellt), so misst man: $\overline{M'Q} = 2,66$ cm$_z$, $\overline{M'P} = 1,06$ cm$_z$. Die wirkliche Verlängerung der Feder 2 und die wirkliche Verkürzung der Feder 1 sind dann

$$\Delta l_2 = 2,66 \text{ cm}_z \cdot 0,5 \text{ cm/cm}_z = 1,33 \text{ cm} \qquad \Delta l_1 = 1,06 \text{ cm}_z \cdot 0,5 \text{ cm/cm}_z = 0,53 \text{ cm}$$

Mit diesen Längenänderungen und der gegebenen Federkonstante berechnet man nach Gl. (3.1) die Federkräfte

$$F_2 = 160 \text{ N} \qquad F_1 = 64 \text{ N}$$

deren Richtungen aus dem Lageplan ersichtlich sind. Wir wählen als Kräftemaßstabsfaktor $m_F = 50$ N/cm$_z$ und zeichnen das Krafteck (**Bild 3.4b**). Die gesuchte Resultierende ergibt sich im Krafteck als eine Strecke von 4,2 cm$_z$. Der Betrag der Resultierenden ist also

$$F_R = 4,2 \text{ cm}_z \cdot 50 \text{ N/cm}_z = 210 \text{ N}$$

Ihre Wirkungslinie findet man durch Parallelübertragung des Vektors $\vec{F}_R$ aus dem Kräfteplan in den Angriffspunkt M' im Lageplan. Die dieser Resultierenden entgegengesetzt gleiche Kraft hält die Federn in der angegebenen Lage.

3.1.2 Zusammensetzen von mehr als zwei Kräften

Ein zentrales Kräftesystem, das aus mehr als zwei Kräften besteht, lässt sich durch wiederholtes Zusammenfassen von je zwei Kräften zu einer Kraft nach Abschn. 3.1.1 schließlich auf eine einzige Kraft – die *Resultierende* – zurückführen, die dem gegebenen Kräftesystem gleichwertig ist. Die Konstruktion der Resultierenden nach Betrag und Richtung erfolgt zweckmäßig in einem Kräfteplan (**Bild 3.5**), der durch Aneinanderfügung von Kräfteplänen für das Zusammensetzen von zwei Kräften (**Bild 3.1**) entsteht. Die Zwischenresultierenden $\vec{F}_{R12}$, $\vec{F}_{R123}$ werden im Kräfteplan gewöhnlich nicht gezeichnet, es sei denn, sie sind von besonderem Interesse. Praktisch erhält man die Resultierende als *Schlusslinie* des Kräftepolygons, das durch Aneinandersetzen der parallel zu den zugehörigen Wirkungslinien im Lageplan gezeichneten Kraftvektoren gewonnen wird.

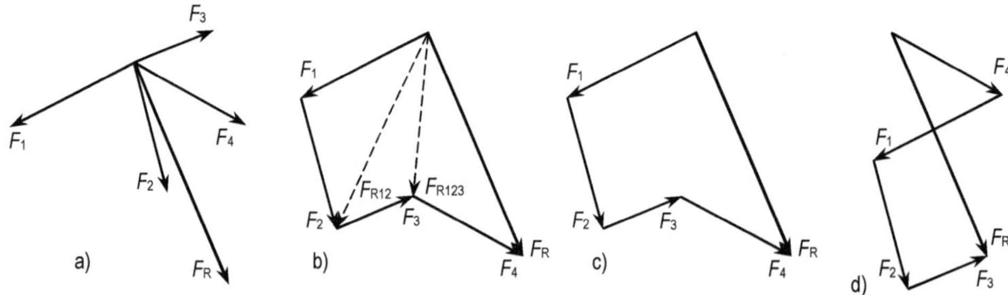

Bild 3.5: Resultierende mehrerer Kräfte
    a) Lageplan b), c), d) gleichwertige Kraftecke

Die Kraftvektoren im Krafteck dürfen eine *beliebige Reihenfolge* haben (z. B. **Bild 3.5c und d**), müssen jedoch beim Umfahren des Kraftecks in einem fest gewählten Sinne alle denselben Pfeilsinn besitzen (zwei Pfeilspitzen dürfen nicht aneinander stoßen). Der Pfeilsinn der Resultierenden ist dem der anderen Kraftvektoren *entgegengesetzt*.

Beispiel 3.3: An einem Leitungsmast üben vier Drähte Kräfte in der horizontalen Ebene aus (**Bild 3.6a**). Diese Kräfte haben die Beträge F_1 = 400 N, F_2 = 350 N, F_3 = 500 N, F_4 = 300 N, ihre Richtungen sind im Lageplan (**Bild 3.6a**) angegeben. Es soll die resultierende Horizontalkraft auf den Mast ermittelt werden.

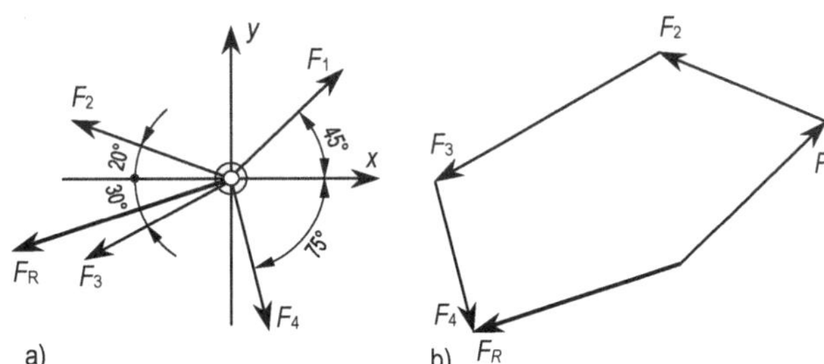

Bild 3.6:
Kräfte am Leitungsmast
a) Lageplan
b) Krafteck; m_F = 200 N/cm$_z$

Wir wählen als Kräftemaßstabsfaktor m_F = 200 N/cm$_z$ (dann werden die gegebenen Kräfte durch die Strecken 2 cm$_z$, 1,75 cm$_z$, 2,5 cm$_z$ und 1,5 cm$_z$ dargestellt) und zeichnen das Krafteck (**Bild 3.6b**). Die Schlusslinie im Krafteck hat die Länge 2,12 cm$_z$. Damit ergibt sich für den Betrag der Resultierenden

$$F_R = (200 \text{ N/cm}_z) \cdot 2{,}12 \text{ cm}_z = 424 \text{ N}$$

Die Richtung der Resultierenden ist aus dem Krafteck zu entnehmen, ihr Angriffspunkt ist aus dem Lageplan bekannt.

3.1.3 Gleichgewichtsbedingung

Nach dem Trägheitsaxiom (Abschn. 2.2.1) befindet sich ein Kräftesystem (d. h. auch der Körper, an dem das Kräftesystem angreift) im Gleichgewicht, wenn es der Nullkraft gleichwertig ist, mit anderen Worten, wenn die Resultierende des Kräftesystems verschwindet. Wie wir gesehen haben, lässt sich ein zentrales Kräftesystem stets auf eine einzige resultierende äquivalente Kraft zurückführen. Ist diese gleich Null, so fällt im Krafteck der Endpunkt (Pfeilspitze) der letzten Kraft mit dem Anfangspunkt der ersten Kraft zusammen. Man sagt: *das Krafteck ist geschlossen.*

> Gleichgewichtsbedingung: Das geschlossene Krafteck ist eine notwendige und hinreichende Bedingung für das Gleichgewicht eines zentralen Kräftesystems.

Aufgrund dieser Gleichgewichtsbedingung kann man nur solche Gleichgewichtsaufgaben lösen, d. h. alle Kräfte eines sich im Gleichgewicht befindenden zentralen Kräftesystems bestimmen, in denen nicht mehr als *zwei Bestimmungsstücke* der Kräfte unbekannt sind. Ist der gemeinsame Angriffspunkt und mindestens eine Kraft eines zentralen Kräftesystems bekannt, so ist die Lösung folgender Gleichgewichtsaufgaben möglich:

1. Die Beträge *zweier* Kräfte sind unbekannt (s. das folgende Beispiel 3.4).
2. Die Wirkungslinien *zweier* Kräfte sind unbekannt (Beispiel 3.5).
3. Der Betrag und die Wirkungslinie *einer* Kraft sind unbekannt (Beispiel 3.6).
4. Der Betrag einer Kraft und die Wirkungslinie einer weiteren Kraft sind unbekannt (s. Aufgabe 4 in Abschn. 3.3).

Meist kommen in den Anwendungen die unter 1. und 3. genannten Aufgaben vor.

Beispiel 3.4: Eine Walze mit der Gewichtkraft F_G = 900 N stützt sich auf zwei ebene Flächen ab (**Bild 3.7a**), die unter den Winkeln α = 60° und β = 45° gegen die horizontale Ebene geneigt sind. Man ermittle die Auflagerkräfte.

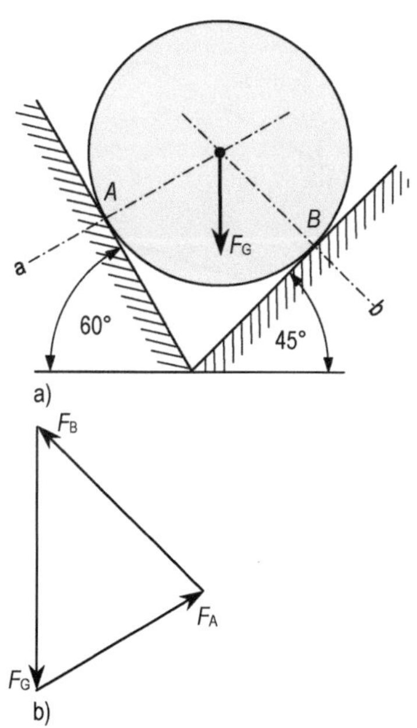

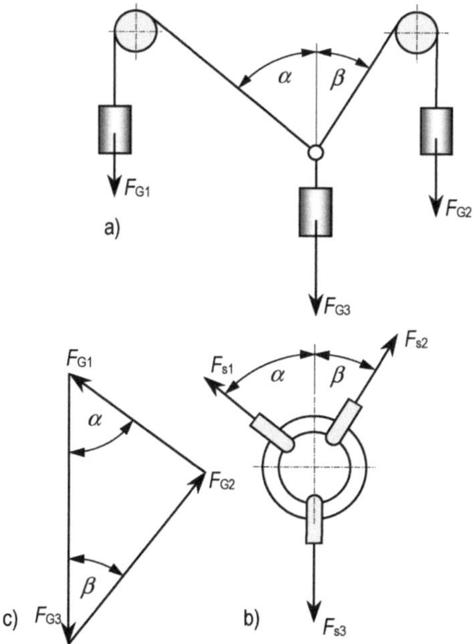

Bild 3.7: Kräfte an einer gestützten Walze;
m_F = 300 N/cm$_z$

Bild 3.8: System aus drei Körpern;
m_F = 75 N/cm$_z$

1. Schritt. Betrachtet wird die sich im Gleichgewicht befindende Walze.

2. Schritt. Auf die Walze wirken drei Kräfte: Gewichtskraft $\vec{F}_G$ – vollständig bekannt; Auflagerkräfte $\vec{F}_A$ und $\vec{F}_B$ – Wirkungslinien bekannt, da es sich um reine Berührung handelt.

3. Schritt. Die drei Kräfte bilden ein zentrales Kräftesystem. Die notwendige und hinreichende Bedingung für das Gleichgewicht ist das geschlossene Krafteck. Die vorgelegte Aufgabe ist damit auf die geometrische Aufgabe zurückgeführt, ein Dreieck (Krafteck) aus einer Seite (Gewichtskraft $\vec{F}_G$) und zwei anliegenden Winkeln (zwei bekannte Wirkungslinien) zu konstruieren. Man wählt als Maßstabsfaktor z. B. m_F = 300 N/cm$_z$ und konstruiert das Krafteck (**Bild 3.7b**), aus dem Beträge und Richtung der Auflagerkräfte abgelesen werden können.

Ergebnis: F_A = 660 N, F_B = 810 N.

Beispiel 3.5: Wir betrachten das System von drei Körpern in **Bild 3.8a**, die durch über Rollen geführte Seile miteinander verbunden sind und auf die die Gewichtskräfte F_{G1} = 160 N, F_{G2} = 210 N, F_{G3} = 250 N wirken. Die Gleichgewichtslage des Systems, die z. B. durch Angabe der Winkel α und β festliegt, soll ermittelt werden.

1. Schritt. Den Zusammenschluss der drei Seile können wir uns durch einen Ring verwirklicht denken (**Bild 3.8b**). Diesen Ring betrachten wir im Gleichgewichtszustand.

2. Schritt. Wir machen den Ring durch gedachte Schnitte durch die drei Seile frei (**Bild 3.8b**).

Die Kraft $\vec{F}_{s3} = \vec{F}_{G3}$ ist vollständig bekannt. Von den beiden anderen Seilkräften sind nur die Beträge bekannt: $F_{s1} = F_{G1}$, $F_{s2} = F_{G2}$ (s. dazu die allgemeine Überlegung über Seilkräfte in Abschn. 2.3.4).

3. Schritt. Die drei Seilkräfte bilden ein zentrales Kräftesystem. Sie sind im Gleichgewicht, wenn ihr Krafteck geschlossen ist. Geometrisch ist damit die Aufgabe zurückgeführt auf die Konstruktion eines Dreiecks aus drei Seiten. Wir konstruieren das Krafteck (**Bild 3.8c**) und lesen ab: $\alpha = 56{,}7°$, $\beta = 39{,}5°$.

Beispiel 3.6: Zum Halten einer Last mit Hilfe eines Flaschenzugs ist eine Kraft $F_{s1} = 400$ N erforderlich (**Bild 3.9a**). Die feste Rolle des Flaschenzugs ist an einem Pendelstab befestigt. Die Lagerkraft im Aufhängepunkt A soll bestimmt werden.

1. Schritt. Wir betrachten die feste Rolle des Flaschenzuges im Gleichgewichtszustand.

2. Schritt. Wir machen die Rolle frei, indem wir durch das Seil in den Seilabschnitten 2 und 3 und den Pendelstab gedachte Schnitte führen (**Bild 3.9b**). An der Rolle greifen vier Kräfte an: Die drei vollständig bekannten Seilkräfte, die nach Abschn. 2.3.4 alle denselben Betrag haben, und die Pendelstabkraft $\vec{F}_A$, von der nur der Angriffspunkt (Rollenmittelpunkt) bekannt ist.

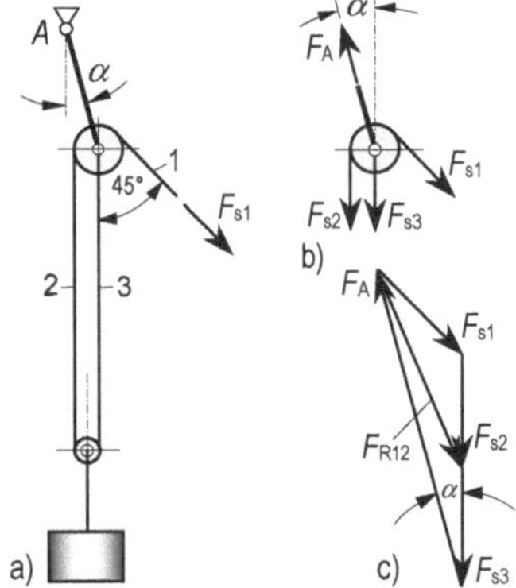

3. Schritt. Die Resultierende $\vec{F}_{R12}$ der Seilkräfte $\vec{F}_{s1}$ und $\vec{F}_{s2}$, die Seilkraft $\vec{F}_{s3}$ und die Pendelstabkraft $\vec{F}_A$ bilden ein zentrales Kräftesystem. Die notwendige und hinreichende Bedingung für ihr Gleichgewicht ist das geschlossene Krafteck. Da die Seilkräfte $\vec{F}_{s1}$, $\vec{F}_{s2}$ und $\vec{F}_{s3}$ festliegen, ergibt sich die Pendelstabkraft und damit auch die gesuchte Lagerkraft als Schlusslinie im Krafteck (**Bild 3.9c**). Aus dem Krafteck liest man ab: Für den Betrag der Pendelstabkraft $F_A = 1120$ N und für den Winkel, den der Pendelstab in der Gleichgewichtslage mit der lotrechten Richtung bildet, $\alpha = 14{,}6°$.

Denkt man sich zuerst die Seilkräfte $\vec{F}_{s1}$ und $\vec{F}_{s2}$ zu der Resultierenden $\vec{F}_{R12}$ zusammengefasst, so handelt es sich auch in diesem Beispiel bei der Zeichnung des Kraftecks geometrisch um die Konstruktion eines Dreiecks aus zwei Seiten (Kräfte $\vec{F}_{R12}$ und $\vec{F}_{s3}$) und dem von ihnen eingeschlossenen Winkel.

Bild 3.9: Flaschenzug
$m_F = 400$ N/cm$_z$

Zeichnerische Verfahren sind aufgrund der begrenzt genauen Darstellungs- und Ablesemöglichkeiten mit gewissen Ungenauigkeiten behaftet. Eine rechnerische Überprüfung der zeichnerischen Ergebnisse gelingt in vielen Fällen mit Hilfe der Winkelsätze der Trigonometrie, mit denen sich die exakten Beträge von Kräften und Winkeln aus dem Krafteck bestimmen lassen. Die Anwendung dieser trigonometrischen Methode zeigt das folgende Beispiel.

Beispiel 3.7: Die im Beispiel 3.6 gesuchte Pendelstützkraft F_A und der zugehörige Winkel α sollen auf rechnerischem Wege aus dem Krafteck (**Bild 3.9c**) bestimmt werden.

Der von den Dreiecksseiten F_{s1} und $F_{s2} + F_{s3}$ eingeschlossene Winkel beträgt $\beta = 45° + 90° = 135°$. Die Anwendung des Kosinussatzes liefert:

$$F_A = \sqrt{F_{s1}^2 + (F_{s2} + F_{s3})^2 - 2 \cdot F_{s1} \cdot (F_{s2} + F_{s3}) \cdot \cos\beta}$$

$$F_A = \sqrt{400^2 + (400 + 400)^2 - 2 \cdot 400 \cdot (400 + 400) \cdot \cos 135°} \; \text{N}$$

$$F_A = 1119 \, \text{N}$$

Mit dem Sinussatz ergibt sich folgende Beziehung zur Bestimmung des Winkels α:

$$\frac{\sin\alpha}{F_{s1}} = \frac{\sin 135°}{F_A}$$

Damit wird:

$$\sin\alpha = \frac{F_{s1}}{F_A} \cdot \sin 135° = \frac{400\,\text{N}}{1119\,\text{N}} \cdot \sin 135° = 0{,}2527$$

$$\alpha = 14{,}64°$$

3.1.4 Zerlegen in Teilkräfte

Wie **Bild 3.10** zeigt, lässt sich eine gegebene Kraft *eindeutig* mittels Parallelogrammkonstruktion durch zwei Teilkräfte ersetzen, deren Wirkungslinien voneinander verschieden sind und die sich in einem Punkt auf der Wirkungslinie der gegebenen Kraft schneiden, sonst aber beliebig vorgegeben werden dürfen. Nach dem Parallelogrammaxiom ist nämlich das Kräftesystem aus den gefundenen Teilkräften $\vec{F}_1$ und $\vec{F}_2$ der gegebenen Kraft $\vec{F}$ gleichwertig, und die Zerlegungskonstruktion ist eindeutig. Die Bestimmung der Teilkräfte nach Betrag und Richtung (ihre Wirkungslinien sind vorgegeben) erfolgt zweckmäßig im Krafteck (**Bild 3.10b**). Dazu zeichnet man den Kraftvektor $\vec{F}$ in einem gewählten Maßstab und zieht durch seine Endpunkte Parallelen zu den im Lageplan vorgegebenen Wirkungslinien. Der Umlaufsinn der Teilkräfte in dem so erhaltenen Krafteck (in diesem Fall einem Kraft*dreieck*) ist dem Umlaufsinn der gegebenen Kraft entgegengesetzt. Im Hinblick auf die rechnerische Behandlung von Kräftesystemen ist das Zerlegen einer Kraft in zwei aufeinander senkrechte Richtungen besonders wichtig. Das Zerlegen einer Kraft in drei und mehr Teilkräfte, deren Wirkungslinien vorgegeben sind und die sich alle in einem Punkt auf der Wirkungslinie der gegebenen Kraft schneiden, ist nicht eindeutig möglich. Dies veranschaulicht **Bild 3.11**.

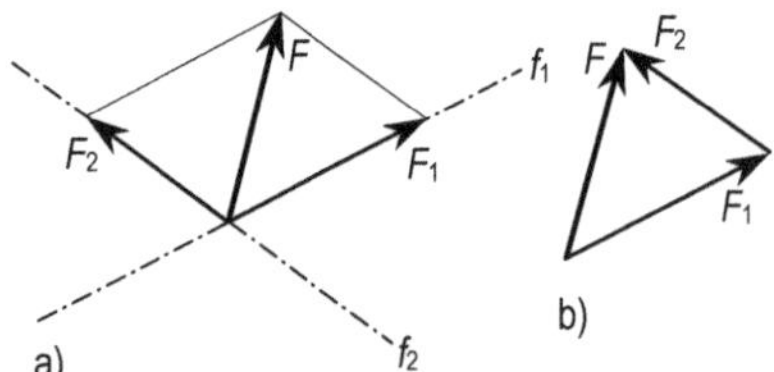
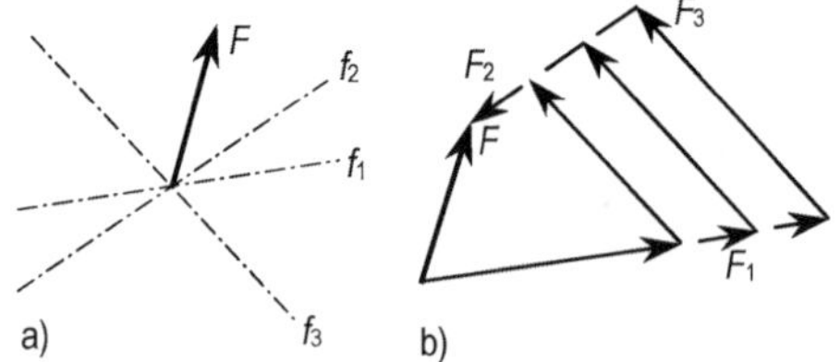

Bild 3.10: Zerlegung einer Kraft in zwei Teilkräfte

Bild 3.11: Zerlegung einer Kraft in drei Teilkräfte

Beispiel 3.8: Die Aufgabe in Beispiel 3.4 (**Bild 3.7**) können wir auch dadurch lösen, dass wir die Gewichtskraft $\vec{F}_G$ in Komponenten in Richtung der beiden Wirkungslinien a und b der Kräfte an den Berührungsstellen zerlegen. Die gesuchten Auflagerkräfte sind dann die Reaktionskräfte dieser Teilkräfte. Bei beiden Lösungswegen wird formal, abgesehen von den Pfeilrichtungen der Kraftvektoren, dieselbe Krafteckfigur (ein Dreieck) konstruiert. Die Begründung der Konstruktionen ist aber verschieden.

3.2 Rechnerische Behandlung

Um die Resultierende eines zentralen Kräftesystems aus n Kräften auf rechnerischem Wege zu bestimmen, führt man zweckmäßig ein rechtwinkliges, rechtshändiges x, y-Koordinatensystem ein, dessen Ursprung man in den gemeinsamen Angriffspunkt der Kräfte legt. Jede der n Kräfte $\vec{F_i}$ wird in Teilkräfte $\vec{F}_{ix}$ und $\vec{F}_{iy}$ in die Richtungen der x-Achse und der y-Achse zerlegt (in **Bild 3.12a** ist $n = 3$, $i = 1, 2, 3$ und die Zerlegung in Teilkräfte für die Kraft durchgeführt). Man nennt die Teilkräfte

$$\vec{F}_{ix}, \vec{F}_{iy} \quad \text{vektorielle Komponenten der Kraft } \vec{F_i}$$

Bei der rechnerischen Behandlung gibt man sie in der Form

$$\vec{F}_{ix} = \vec{e}_x\, F_{ix} \qquad \vec{F}_{iy} = \vec{e}_y\, F_{iy} \tag{3.2}$$

an (s. Gl. (1.5)).

Die skalaren Komponenten F_{ix}, F_{iy} der Kraft F_i haben ein *positives oder negatives Vorzeichen*, je nachdem, ob die Teilkraft in Richtung der positiven oder negativen Koordinatenachse weist. Sie geben die Beträge der Teilkräfte an. Bezeichnet man mit F_i den Betrag der Kraft $\vec{F_i}$ und mit φ_i den *Richtungswinkel* der Kraft $\vec{F_i}$, d. h. den Winkel, den die Kraft $\vec{F_i}$ mit der positiven Richtung der x-Achse einschließt, so gilt:

$$\begin{aligned}
&F_{ix} = F_i \cos \varphi_i \qquad\qquad F_{iy} = F_i \sin \varphi_i \\
&F_i = \sqrt{F_{ix}^2 + F_{iy}^2} \qquad \varphi_i = \arctan \frac{F_{iy}}{F_{ix}}
\end{aligned} \tag{3.3}$$

Mit den eingeführten Bezeichnungen kann geschrieben werden

$$\vec{F_i} = \vec{F}_{ix} + \vec{F}_{iy} = \vec{e}_x\, F_{ix} + \vec{e}_y\, F_{iy} \tag{3.4}$$

oder als Zeilen- bzw. Spaltenvektor dargestellt (s. Abschn. 1.4.2)

$$\vec{F_i} = (F_{ix};\, F_{iy}) \quad \text{bzw.} \qquad \vec{F_i} = \left\{ \begin{array}{c} F_{ix} \\ F_{iy} \end{array} \right\} \tag{3.5}$$

So kann für eine Kraft mit den skalaren Komponenten $F_x = 20\ \text{N}$ und $F_y = -15\ \text{N}$ geschrieben werden

$$\vec{F} = \vec{e}_x \cdot 20\ \text{N} - \vec{e}_y \cdot 15\ \text{N} = (20\ \text{N};\, -15\ \text{N}) = \left\{ \begin{array}{c} 20\ \text{N} \\ -15\ \text{N} \end{array} \right\}$$

oder auch

$$\vec{F} = 5\ \text{N}\ (4;\, -3) = 5\ \text{N} \left\{ \begin{array}{c} 4 \\ -3 \end{array} \right\}$$

wobei man verabredet, dass ein gemeinsamer Faktor der Komponenten vor die Klammer geschrieben werden kann.

Die Komponenten der Resultierenden eines zentralen Kräftesystems ergeben sich nach den Rechenregeln der Vektoraddition (Gl. 1.8). Für die x-Komponente der Resultierenden gilt damit

$$\vec{F}_{Rx} = \vec{e}_x F_{Rx} = \vec{F}_{1x} + \vec{F}_{2x} + \dots + \vec{F}_{nx}$$
$$= \vec{e}_x F_{1x} + \vec{e}_x F_{2x} + \dots + \vec{e}_x F_{nx}$$
$$= \vec{e}_x (F_{1x} + F_{2x} + \dots + F_{nx})$$

Unter Verwendung des Summenzeichens Σ lässt sich die skalare Komponente F_{Rx} darstellen als

$$F_{Rx} = F_{1x} + F_{2x} + \dots + F_{nx} = \sum_{i=1}^{n} F_{ix}$$

Für die Berechnung der skalaren Komponenten F_{Rx} und F_{Ry}, des Betrages F_R und des Richtungswinkels Φ der Resultierenden erhält man zusammenfassend die nachstehenden Formeln (s. **Bild 3.12b**):

$$\left. \begin{array}{ll} F_{Rx} = \displaystyle\sum_{i=1}^{n} F_{ix} & F_{Ry} = \displaystyle\sum_{i=1}^{n} F_{iy} \\[3ex] F_R = \sqrt{F_{Rx}^2 + F_{Ry}^2} & \Phi = \arctan \dfrac{F_{Ry}}{F_{Rx}} \\[3ex] F_{Rx} = F_R \cos \Phi & F_{Ry} = F_R \sin \Phi \end{array} \right\} \qquad (3.6)$$

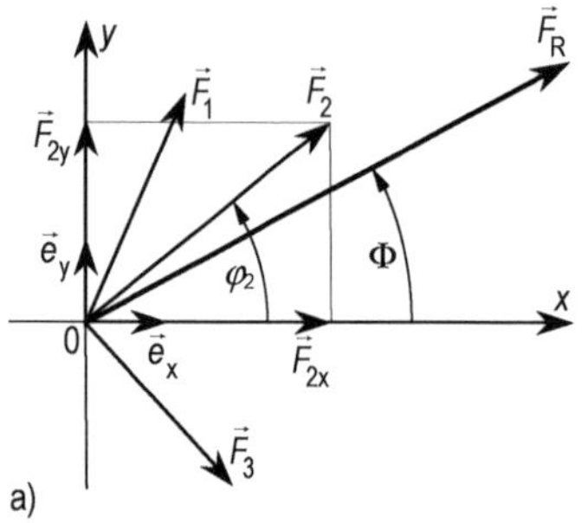

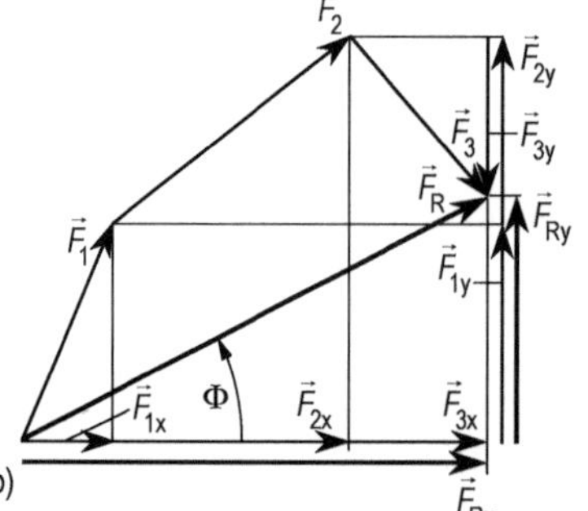

Bild 3.12:
Rechnerisches
Zusammensetzen
von Kräften

Bei Berechnung des Winkels Φ beachte man die Mehrdeutigkeit der Arkustangensfunktion (s. Beispiel 3.9).

Der *einen* Gleichgewichtsbedingung in Vektorform

$$\vec{F}_R = \sum_{i=1}^{n} \vec{F}_i = \vec{0} \qquad (3.7)$$

entsprechen bei Zerlegung der Kräfte in Komponenten *zwei* skalare Gleichgewichtsbedingungen

$$F_{Rx} = \sum_{i=1}^{n} F_{ix} = 0 \qquad F_{Ry} = \sum_{i=1}^{n} F_{iy} = 0 \qquad (3.8)$$

Sie besagen:

> Für das Gleichgewicht eines zentralen Kräftesystems ist notwendig und hinreichend, dass bei Verwendung eines beliebigen x, y-Koordinatensystems die Summe der x-Komponenten aller Kräfte und die Summe der y-Komponenten aller Kräfte jede für sich verschwindet.

Beispiel 3.9: *Berechnung der Resultierenden.* Wir ermitteln die Resultierende in Beispiel 3.3 (**Bild 3.6a**) auf rechnerischem Wege. Zuerst werden die Komponenten F_{ix} und F_{iy} der Kräfte berechnet, dann Komponenten, Betrag und Richtungswinkel der Resultierenden nach Gl. (3.6) bestimmt. Die Rechnung erfolgt zweckmäßig in dem nachstehenden Rechenschema.

Kraft	$\dfrac{F_i}{N}$	$\dfrac{\varphi_i}{°}$	$\cos \varphi_i$	$\sin \varphi_i$	$\dfrac{F_{ix}}{N}$	$\dfrac{F_{iy}}{N}$
$\vec{F}_1$	400	45	0,707	0,707	283	283
$\vec{F}_2$	350	160	−0,940	0,342	−329	120
$\vec{F}_3$	500	210	−0,866	−0,500	−433	−250
$\vec{F}_4$	300	285	0,259	−0,966	78	−290
$\vec{F}_R$					−401	−137

$$F_R = \sqrt{401^2 + 137^2}\ \text{N} = 424\ \text{N}$$

$\tan \Phi = (-137)/(-401) = 0{,}342$, woraus folgt $\Phi = 198{,}9°$, nicht $18{,}9°$, da wegen $F_{Rx} < 0$ und $F_{Ry} < 0$ der Vektor $\vec{F}_R$ im dritten Quadranten liegt.

Im Allgemeinen kommt man bei der rechnerischen Behandlung von Kräftesystemen mit einer groben Skizze des Lageplans (eventuell auch des Kraftecks) aus. Trotzdem empfiehlt es sich, die Skizze möglichst maßstabsgetreu zu zeichnen, um die Ergebnisse überschläglich kontrollieren zu können. Bei Behandlung von Gleichgewichtsaufgaben auf rechnerischem Wege wird für die Richtung der unbekannten Kräfte ein Ansatz gemacht, d. h. es wird für sie eine Richtung angenommen. Ergibt dann die Rechnung einen negativen Wert für den Betrag der betreffenden Kraft, so bedeutet dies, dass die wahre Richtung der Kraft der angenommenen entgegengesetzt ist. In einfachen Fällen, wie etwa in den folgenden Beispielen, kennt man die Richtung aus Erfahrung und wird sie sofort richtig ansetzen.

Beispiel 3.10: Wir lösen die Aufgabe in Beispiel 3.4, S. 32, rechnerisch. Für die Auflagerkräfte F_A und F_B nehmen wir die in **Bild 3.13** angegebenen Richtungen an und zerlegen alle Kräfte im eingeführten x, y-Koordinatensystem in Komponenten

$$\vec{F}_A = (F_A \cos 30°;\ F_A \sin 30°) = (0{,}866\,F_A;\ 0{,}500\,F_A)$$

$$\vec{F}_B = (-F_B \cos 45°;\ F_B \sin 45°) = (-0{,}707\,F_B;\ 0{,}707\,F_B)$$

$$\vec{F}_G = \qquad\qquad (0\ ;\ -900\ \text{N})$$

Nach der Gleichgewichtsbedingung Gl. (3.7) muss gelten

$$\sum \vec{F}_i = \vec{0} = \vec{F}_A + \vec{F}_B + \vec{F}_G$$

Diese Vektorgleichung ergibt entsprechend Gl. (3.8) die zwei skalaren Gleichungen

$$\sum F_{ix} = 0 = 0{,}866\,F_A - 0{,}707\,F_B$$

$$\sum F_{iy} = 0 = 0{,}5\,F_A + 0{,}707\,F_B - 900\ \text{N}$$

Durch ihre Auflösung erhält man $F_A = 659$ N und $F_B = 807$ N.

Beispiel 3.11: Die Spannrolle der Spannvorrichtung (**Bild 3.14**) ist mit einem Pendelstab im Punkt A gelagert. Auf sie wirkt die Eigengewichtskraft $F_{G2} = 150$ N. Wie groß muss die Gewichtskraft F_{G1} sein, damit die Riemenkraft im Ruhezustand $F_S = 400$ N beträgt? Welchen Betrag hat dann die Pendelstabkraft $\vec{F}_A$?

Wir schneiden die Spannrolle frei[1]. An ihr wirken die Riemenkräfte $\vec{F}_S$, die Eigengewichtskraft $\vec{F}_{G2}$, die Pendelstabkraft $\vec{F}_A$ sowie die horizontale Seilkraft $\vec{F}_H$ mit dem Betrag $F_H = F_{G1}$ (**Bild 3.14b**). Die Eigengewichtskraft $\vec{F}_{G2}$ und die Riemenkräfte $\vec{F}_S$ sind vollständig bekannt. Von der Pendelstabkraft $\vec{F}_A$ und der Seilkraft $\vec{F}_H$ sind die Wirkungslinien bekannt.

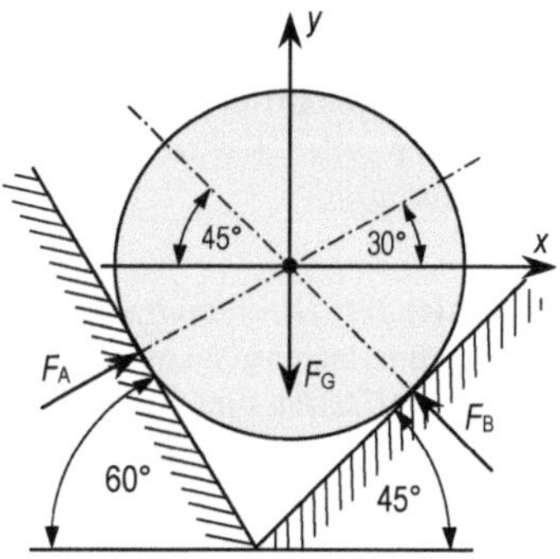

Bild 3.13: Abgestützte Walze

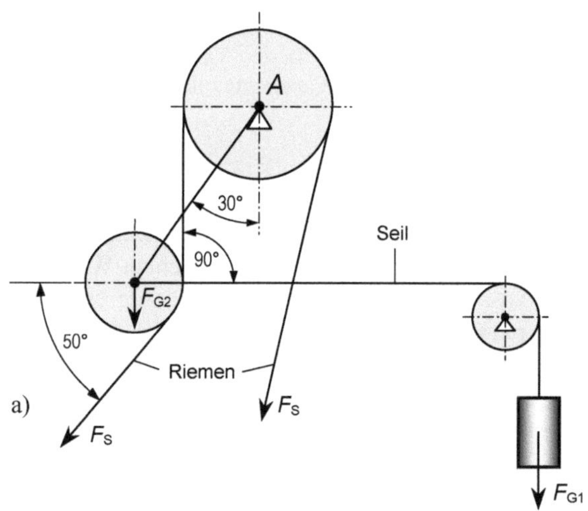

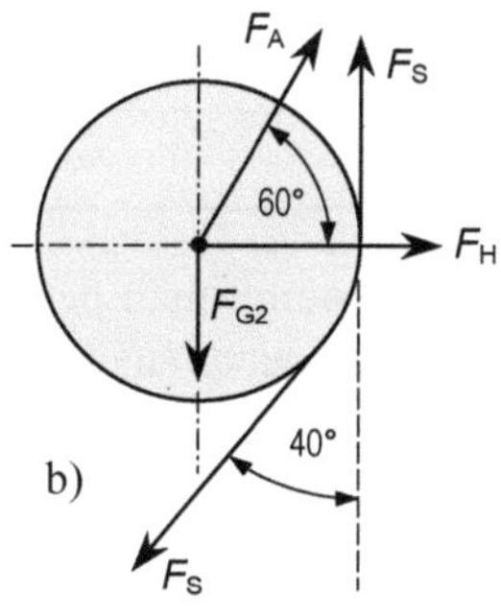

Bild 3.14: Spannvorrichtung
a) Lageplan
b) freigeschnittene Spannrolle

Zuerst wird die Resultierende $\vec{F}_R$ der Riemenkräfte $\vec{F}_S$ bestimmt. Ihre Wirkungslinie geht durch den Mittelpunkt der Spannrolle. Der Betrag von $\vec{F}_R$ lässt sich aus dem Kräfteparallelogramm (**Bild 3.15**) mit Hilfe des Kosinussatzes bestimmen.

$$F_R = \sqrt{F_S^2 + F_S^2 - 2\cdot F_S\cdot F_S\cdot\cos 40°} = \sqrt{400^2 + 400^2 - 2\cdot 400\cdot 400\cdot 0{,}766}\ \ \text{N} = 273{,}6\ \text{N}$$

---

[1] Auf das Aufzählen der einzelnen Lösungsschritte (Schritt 1, 2 und 3 s. Abschn. 2.3.3), wie es in den bisher behandelten Beispielen geschehen ist, wollen wir in diesem und in den folgenden Beispielen verzichten. Der Leser wird sie jetzt auch so erkennen.

Unter Verwendung des Sinussatzes erhält man folgende Beziehung zur Berechnung des Winkels α:

$$\frac{\sin \alpha}{F_S} = \frac{\sin 40°}{F_R}$$

Damit wird:

$$\sin \alpha = \frac{F_S}{F_R} \cdot \sin 40° = \frac{400\,\text{N}}{273,6\,\text{N}} \cdot \sin 40° = 0,9397$$

bzw.

$$\alpha = 70°$$

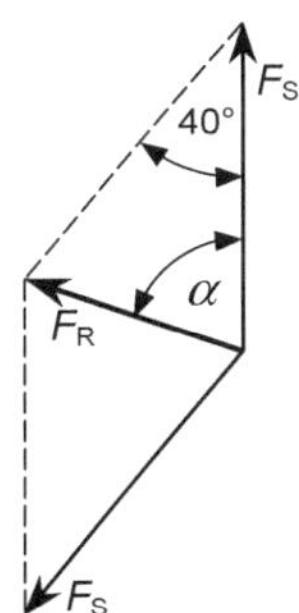

Bild 3.15: Kräfteparallelogramm

Wir betrachten nun das zentrale Kräftesystem mit dem gemeinsamen Kraftangriffspunkt im Mittelpunkt der Spannrolle (**Bild 3.16**) und zerlegen alle Kräfte im eingeführten x-, y-Koordinatensystem in Komponenten.

Die Komponentendarstellung der Kraft $\vec{F}_A$ lautet:

$$\vec{F}_A = (F_A \cdot \cos 60°;\ F_A \cdot \sin 60°)$$

Entsprechend erhält man für die Kraft $\vec{F}_R$

$$\vec{F}_R = (-273,6\,\text{N} \cdot \cos 20°;\ 273,6\,\text{N} \cdot \sin 20°)$$

Für die Kräfte $\vec{F}_H$ und $\vec{F}_{G2}$ ergibt sich folgende Darstellung:

$$\vec{F}_H = (F_{G1};\ 0)\ ;\quad \vec{F}_{G2} = (0;\ -150\,\text{N})$$

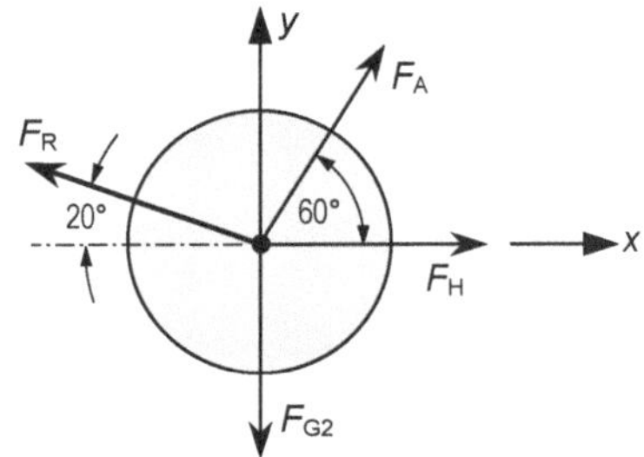

Bild 3.16: Kräftezerlegung

Aus den vektoriellen Gleichgewichtsbedingungen (Gl. 3.7) folgen die beiden skalaren Gleichungen:

$$\Sigma\, F_{ix} = 0 = F_A \cdot \cos 60° - 273,6\,\text{N} \cdot \cos 20° + F_{G1}$$

$$\Sigma\, F_{iy} = 0 = F_A \cdot \sin 60° + 273,6\,\text{N} \cdot \sin 20° - 150\,\text{N}$$

Durch Auflösen erhält man

$$F_A = 65,1\,\text{N}$$

$$F_{G1} = 224,5\,\text{N}$$

3.3 Aufgaben zu Abschnitt 3

1. Wie groß sind die Kräfte in den Stäben 1 und 2 des Wandkranes (**Bild 3.17**), wenn auf ihn eine Last mit der Gewichtskraft $F_G = 9{,}6$ kN wirkt?

2. Für die Kniehebelpresse (**Bild 3.18**) in der gezeichneten Lage bestimme man den Betrag der auf sie in waagerechter Richtung wirkenden Kraft $\vec{F}$, die eine Presskraft $F_Q = 12$ kN hervorruft.

3. Man bestimme die Kräfte in den Stäben 1 und 2 der in **Bild 3.19** skizzierten Ladevorrichtung ($F_G = 4{,}5$ kN). Wie groß ist die Kraft F_A, die die Rolle auf ihr Lager ausübt?

4. Ein im Punkt A gelenkig gelagerter Ladebaum (**Bild 3.20**, $\overline{AB} = 8$ m) wird durch eine Seilwinde in der gezeichneten Lage gehalten und durch die Gewichtskraft $F_G = 4$ kN beansprucht. In welchem Mindestabstand a vom Punkt A muss die Winde aufgestellt werden, damit die Seilkraft F_{s1} im Seil 1 nicht größer als 3,5 kN ist?

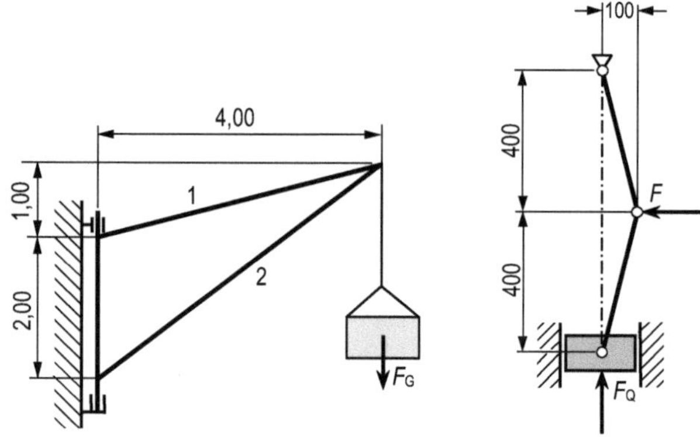

Bild 3.17: Wandkran

Bild 3.18: Kniehebelpresse

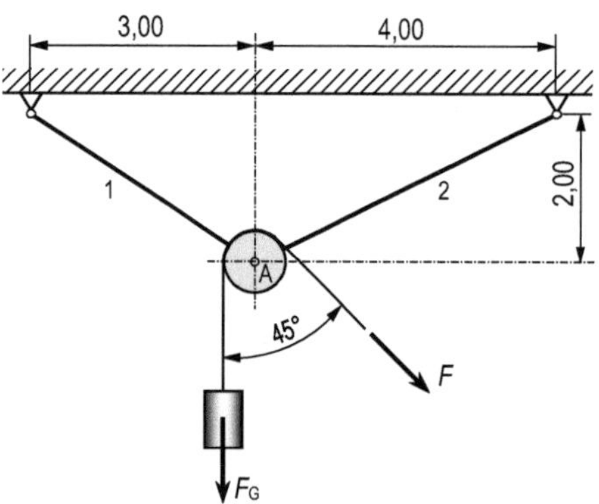

Bild 3.19: Ladevorrichtung

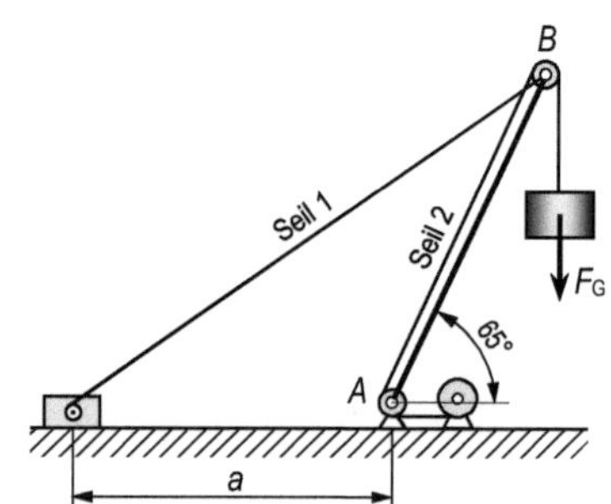

Bild 3.20: Ladebaum

5. Ein Seil der Länge 15 m ist an den Stellen A und B befestigt (**Bild 3.21**). Auf das Seil wird eine mit der Gewichtskraft $F_G = 700$ N belastete Rolle gesetzt. Welche Gleichgewichtslage stellt sich ein? ($x = ?$) Wie groß ist die Seilkraft F_s?

6. Man bestimme die Resultierende der 5 Kräfte mit gemeinsamem Angriffspunkt, deren Beträge F_i und Richtungswinkel φ_i bezüglich der x-Achse in der nebenstehenden Tabelle angegeben sind.

i	$\dfrac{F_i}{\mathrm{N}}$	$\dfrac{\varphi_i}{^\circ}$
1	74	27
2	30	136
3	52	170
4	23	242
5	94	305

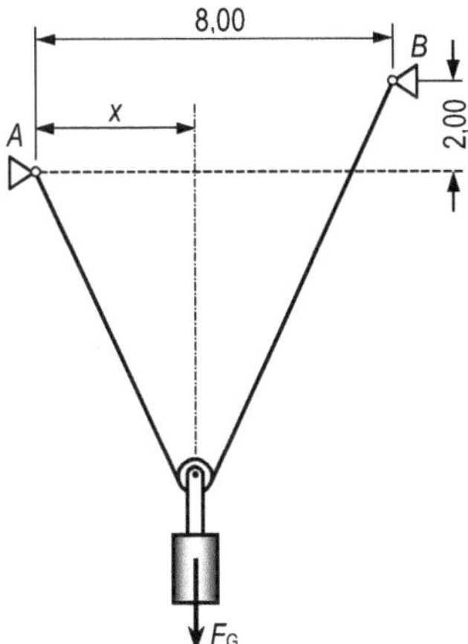

Bild 3.21: Seil mit belasteter Rolle

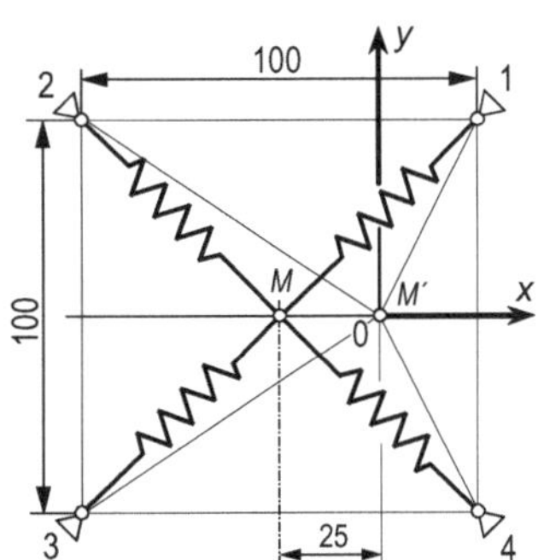

Bild 3.22: Federsystem

7. Vier Federn mit der Federkonstanten $c_1 = 200$ N/cm, $c_2 = 400$ N/cm, $c_3 = 500$ N/cm und $c_4 = 600$ N/cm sind mit ihren Enden im Punkt M (**Bild 3.22**) gelenkig zusammengeschlossen. Ihre anderen Enden sind an den Ecken eines Quadrates mit der Seitenlänge $a = 100$ mm gelenkig befestigt. Bei symmetrischer Anordnung des Systems mit dem Mittelpunkt M sind die Federn entspannt. Der Mittelpunkt des Federsystems wird aus der Lage M in die Lage M' gebracht. Welche Kraft $\vec{F}$ ist erforderlich, um ihn in der ausgelenkten Lage festzuhalten?

8. Zwei Zylinder mit den Durchmessern $d_1 = 5$ cm, $d_2 = 3$ cm und den Gewichten $F_{G1} = 8$ N, $F_{G2} = 3$ N liegen in einer Rinne, deren Seitenebenen mit der Horizontalebene die Winkel $\alpha = 45°$ und $\beta = 30°$ einschließen (**Bild 3.23**). a) Man ermittle die Auflagerkräfte in den Punkten A, B und C und die Kräfte, die die Zylinder im Punkt D aufeinander ausüben. b) Wie groß müsste die Gewichtskraft F_{G2} mindestens sein, damit der Zylinder 1 angehoben wird?

9. Drei Rohre mit den Durchmessern $d_1 = 40$ cm, $d_2 = d_3 = 20$ cm und den Gewichten $F_{G1} = 1000$ N, $F_{G2} = F_{G3} = 250$ N hängen entsprechend **Bild 3.24** in einer Seilschleife. Mit welchen Kräften werden sie aneinander gepresst, und wie groß ist die Seilkraft F_s?

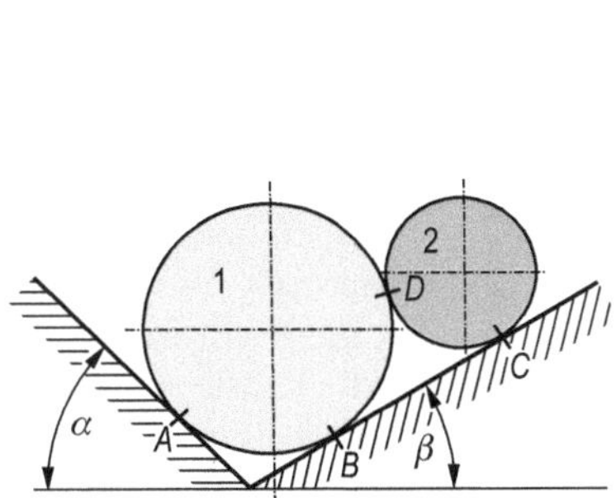

Bild 3.23: Zwei Zylinder in einer Rinne

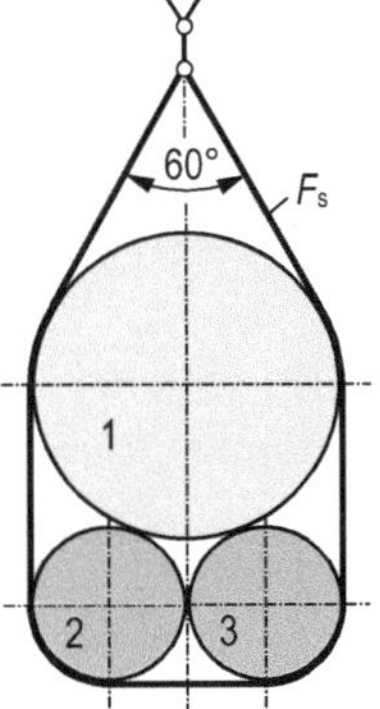

Bild 3.24: Rohre in einer Seilschleife

4 Allgemeines ebenes Kräftesystem

Ein allgemeines ebenes Kräftesystem liegt vor, wenn die Wirkungslinien aller zum System gehörenden Kräfte in *einer* Ebene liegen und sich nicht in einem Punkt schneiden.

4.1 Zeichnerische Behandlung

4.1.1 Zwei Kräfte. Kräftepaar

Die Resultierende zweier gegebener Kräfte, deren Wirkungslinien zusammenfallen oder parallel verlaufen, soll bestimmt werden.

Betrachten wir zunächst den Fall zusammenfallender Wirkungslinien (**Bild 4.1**). Die gegebenen Kräfte bilden ein zentrales Kräftesystem, d. h. wir können sie in einen gemeinsamen Angriffspunkt A verschieben, dessen Lage allerdings nicht mehr eindeutig definiert ist (**Bild 4.1a**). Die Resultierende hat die gleiche Wirkungslinie wie die gegebenen Kräfte. Ihr Betrag und ihre Richtung ergeben sich aus der vektoriellen Addition der beiden Kräfte. Die Resultierende verschwindet, wenn die gegebenen Kräfte den gleichen Betrag und entgegengesetzte Richtungen besitzen. In diesem Fall sind die beiden Kräfte der Nullkraft äquivalent (**Bild 4.1b**). Daraus folgt die Regel:

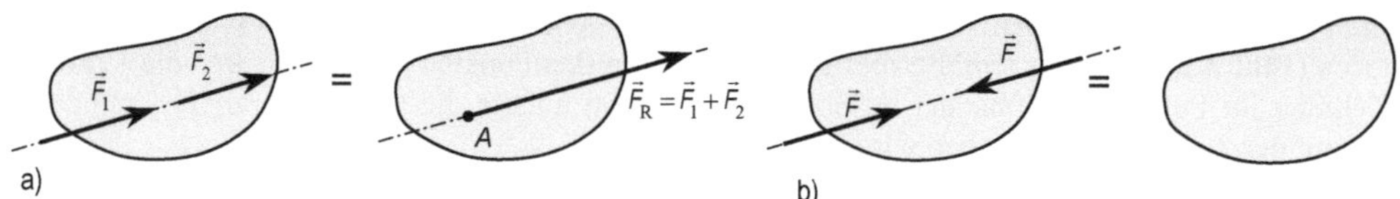

Bild 4.1: Zwei Kräfte mit zusammenfallenden Wirkungslinien
    a) gleichgerichtete Kräfte   b) gleich große entgegengerichtete Kräfte

> Man darf einem Kräftesystem zwei Kräfte gleichen Betrages mit gemeinsamer Wirkungslinie und von entgegengesetzter Richtung hinzufügen oder wegnehmen, ohne die Wirkung des Kräftesystems im Sinne der Statik starrer Körper zu ändern.

Untersuchen wir nun den Fall zweier Kräfte $\vec{F}_1$ und $\vec{F}_2$, deren Wirkungslinien parallel verlaufen. Zur Bestimmung von Betrag, Richtung und Lage der Resultierenden $\vec{F}_R$ werden zum gegebenen Kräftesystem zwei Kräfte $\vec{F}$, $-\vec{F}$ mit gleicher Wirkungslinie, gleichem Betrag und entgegengesetzten Richtungen hinzugefügt (**Bild 4.2a und b**). Fasst man die Kräfte $\vec{F}_1$ und $\vec{F}$ zur Zwischenresultierenden $\vec{F}_{R1}$ und die Kräfte $\vec{F}_2$ und $-\vec{F}$ zur Zwischenresultierenden $\vec{F}_{R2}$ zusammen, so bilden die nichtparallelen Kräfte $\vec{F}_{R1}$ und $\vec{F}_{R2}$ ein zentrales Kräftesystem (Abschn. 3.1), das dem ursprünglichen Kräftesystem gleichwertig ist.

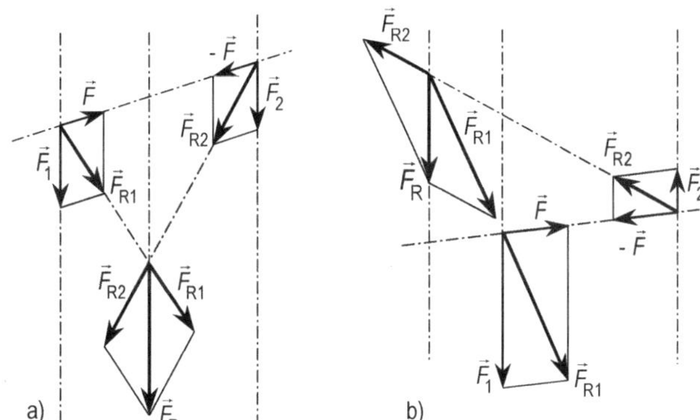

Bild 4.2:
Zusammensetzen von Kräften
mit parallelen Wirkungslinien mit
a) gleichen
b) entgegengesetzten Richtungen   a)   b)

Das beschriebene Verfahren versagt im Falle paralleler Kräfte gleichen Betrages und entgegengesetzter Richtung $\vec{F}_1$ und $-\vec{F}_1$. Durch das Hinzufügen von zwei Kräften $\vec{F}$ und $-\vec{F}$ entsteht ein gleichwertiges System von wiederum parallelen Kräften $\vec{F}_2$ und $-\vec{F}_2$ (**Bild 4.3**).

> Zwei parallele Kräfte gleichen Betrages und entgegengesetzter Richtung bezeichnet man als Kräftepaar.

Ein Kräftepaar lässt sich also nicht auf eine Einzelkraft reduzieren. Es muss daher, genau wie die Einzelkraft, als ein selbstständiges Grundelement des Kräftesystems gewertet werden. Das aus den Kräften des Kräftepaares gebildete Krafteck ist geschlossen. Es gilt daher:

> Die Resultierende eines Kräftepaares ist Null.

Während eine Einzelkraft, die am Körper angreift, das Bestreben hat, den Körper zu verschieben, übt ein Kräftepaar auf den Körper eine Drehwirkung aus.

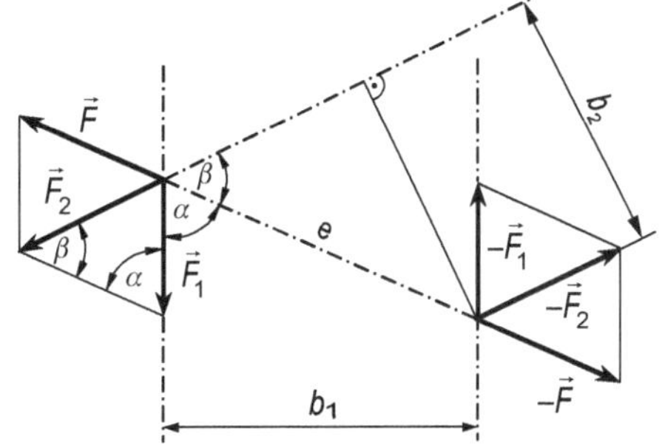

Bild 4.3: Kräftepaar

Auf das Lenkrad eines Autos übt man mit den Händen ein Kräftepaar aus, wenn man das Rad verdrehen will (**Bild 4.4a**). Lenkt man nur mit einer Hand (**Bild 4.4b**), so ist die zweite Kraft des Kräftepaares die Auflagerkraft in der Lenkradsäule.

Aus dem **Bild 4.3** lesen wir ab:

$$\frac{F_2}{F_1} = \frac{\sin\alpha}{\sin\beta}$$

Außerdem gilt:

$$F_1 b_1 = F_1 e \sin\alpha = F_1 \frac{b_2}{\sin\beta} \sin\alpha = F_1 b_2 \frac{F_2}{F_1} = F_2 b_2$$

Unter Berücksichtigung dieser Beziehung und der Tatsache, dass Einzelkräfte auf ihren Wirkungslinien beliebig verschoben werden dürfen (Verschiebungsaxiom), folgt aus der Gleichwertigkeit der Kräftepaare, $\vec{F}_1, -\vec{F}_1$ und $\vec{F}_2, -\vec{F}_2$ die Regel:

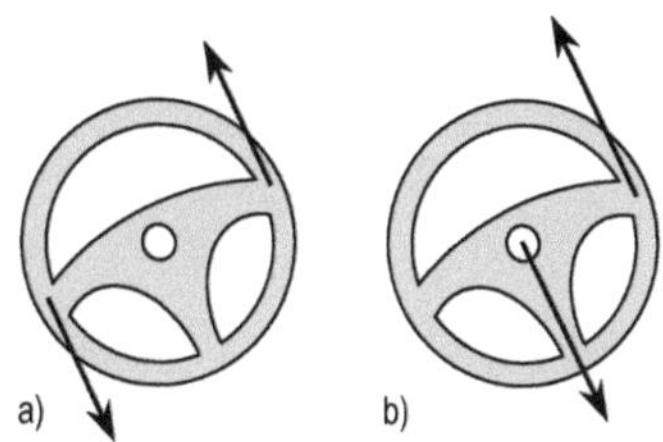

Bild 4.4: Kräftepaar am Lenkrad

Ein Kräftepaar darf in seiner Ebene beliebig verschoben und gedreht werden. Ferner dürfen die Beträge seiner beiden Kräfte und gleichzeitig der Abstand zwischen ihren Wirkungslinien beliebig geändert werden, sofern der Drehsinn und das Produkt aus dem Betrag F einer Kraft und dem Abstand b zwischen den Wirkungslinien der Kräfte unverändert bleibt.

Man bezeichnet das Produkt $F\,b = M$ als *Betrag des Kräftepaares*. Ein Kräftepaar wird also eindeutig bestimmt durch

    1. den Betrag $M = F\,b$

    2. Drehsinn (Richtung)

Da zur eindeutigen Beschreibung des Kräftepaares Betrag und Drehsinn angegeben werden müssen, besitzt das Kräftepaar Vektorcharakter. Zur Veranschaulichung des Kräftepaares wird die bei Vektoren übliche Darstellung durch einen Pfeil verwendet. Der Pfeil steht senkrecht auf der Kräfteebene (**Bild 4.5**), seine Länge gibt in einem Maßstab den Betrag des Kräftepaares an und seine Spitze definiert den Drehsinn des Kräftepaares nach der *Rechtsschraubenregel*. Diese lautet:

Die Pfeilspitze weist in die Richtung, in die sich eine Rechtsschraube unter der Wirkung des Kräftepaares bewegen würde.

Zur Unterscheidung von Kraftvektoren wollen wir den Pfeil eines Kräftepaares mit *zwei* Spitzen versehen und ihn als Momentvektor bezeichnen.

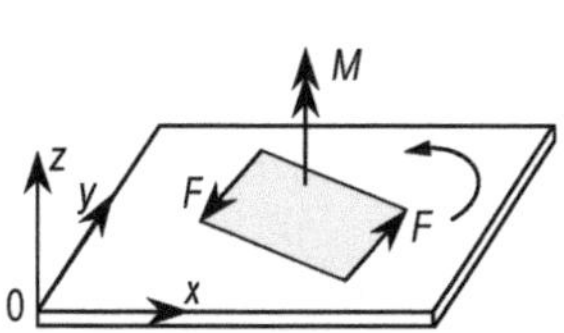

Bild 4.5: Darstellung des Kräftepaares durch einen Pfeil

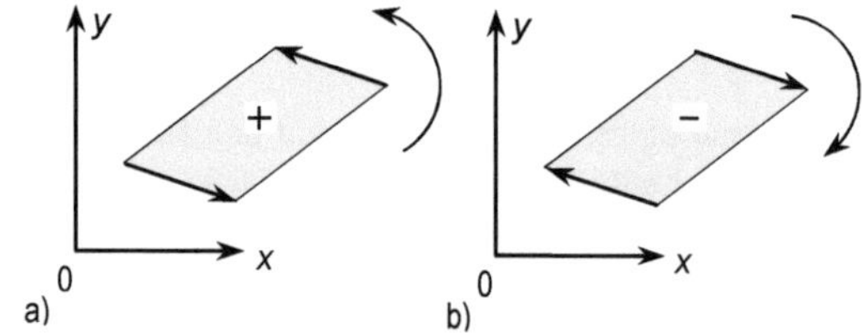

Bild 4.6: Drehsinn des Kräftepaares
a) positiv b) negativ

Legt man die Kräfteebene in die x, y-Ebene eines x, y, z-Koordinatensystems (**Bild 4.5**), so unterscheidet man Kräftepaare mit positivem und negativem Drehsinn, je nachdem der Kräftepaarpfeil in Richtung der positiven oder der negativen z-Achse weist (**Bild 4.6**).

Zwei Kräftepaare können zu einem zusammengesetzt werden, indem man sie zuerst aufgrund der oben genannten Regel in die in **Bild 4.7a** gezeichnete gegenseitige Lage bringt (hierbei gilt $F_1\,b_1 = F_1^{*}b_2$) und dann durch Addition von je zwei Kräften ein einziges Kräftepaar erhält. Man findet also das resultierende Kräftepaar dadurch, dass man die Kräftepaarpfeile geometrisch addiert (**Bild 4.7b**)[1]

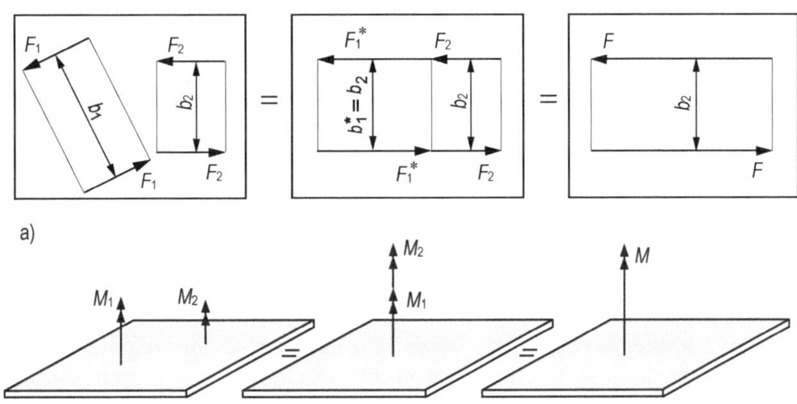

a)

b)

Bild 4.7:
Zusammensetzen
von zwei Kräfte-
paaren

Im Gegensatz zur Kraft, die an ihre Wirkungslinie gebunden ist und *linienflüchtiger* Vektor heißt (s. Abschn. 1.4.1) ist das Kräftepaar ein *freier* Vektor: Der Pfeil des Kräftepaares darf beliebig parallel zu sich selbst verschoben werden.

Da ein Kräftepaar eine selbstständige Einheit eines Kräftesystems ist, kann seine Wirkung nicht durch die einer Einzelkraft aufgehoben werden. Vielmehr ist dazu ein zweites Kräftepaar erforderlich, das den gleichen Betrag und entgegengesetzten Drehsinn besitzt.

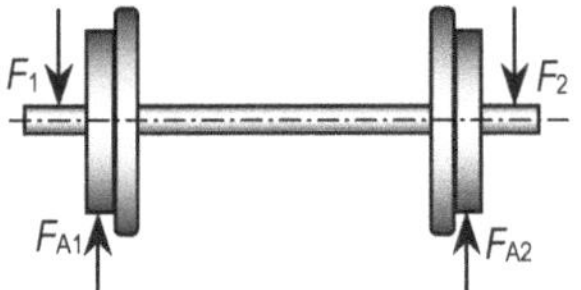

Bild 4.8: Kräftepaare am Radsatz

Die Achse eines Radsatzes (**Bild 4.8**) ist durch zwei gleich große Achskräfte $\vec{F}_1$ und $\vec{F}_2$ belastet. Die Achskräfte und die Auflagerkräfte $\vec{F}_{A1}$ und $\vec{F}_{A2}$ sind dann alle von gleichem Betrag. Je eine Achskraft und Auflagerkraft können zu einem Kräftepaar zusammengefasst werden: Entweder $\vec{F}_1$ mit $\vec{F}_{A1}$ und $\vec{F}_2$ mit $\vec{F}_{A2}$ oder $\vec{F}_1$ mit $\vec{F}_{A2}$ und $\vec{F}_2$ mit $\vec{F}_{A1}$. In beiden Fällen sind die Kräftepaare im Gleichgewicht.

4.1.2 Zusammensetzen von mehr als zwei Kräften

Ein Kräftesystem aus mehr als zwei Kräften lässt sich durch wiederholtes Zusammenfassen von je zwei Kräften zunächst auf ein System aus zwei Kräften reduzieren. Ergeben diese beiden Kräfte kein Kräftepaar, so lässt sich durch einen weiteren Reduktionsschritt auch die Reduktion auf eine einzige Resultierende durchführen. Bilden sie ein Kräftepaar, so ist keine weitere Reduktion möglich.

Bei der Durchführung der Reduktion werden im Lageplan die Wirkungslinien der gegebenen Kräfte und der Zwischenresultierenden eingezeichnet und schließlich ein Punkt der Wir-

---

[1] In Abschn. 8.3 wird gezeigt, dass auch für das Zusammensetzen von Kräftepaaren, die in zwei beliebigen und voneinander verschiedenen Ebenen liegen, das Gesetz der Vektoraddition gilt.

kungslinie der Resultierenden ermittelt. Im Krafteck, das durch Aneinandersetzen der Kraftdreiecke für die Zusammensetzung von je zwei Kräften entsteht, werden die Zwischenresultierenden und die Resultierende nach Größe und Richtung bestimmt. Im Beispiel des **Bildes 4.9** wurden zuerst die Kräfte $\vec{F}_1$ und $\vec{F}_2$ zu der Zwischenresultierenden $\vec{F}_{R12}$ zusammengefasst. Durch Zusammenfassen der Zwischenresultierenden $\vec{F}_{R12}$ und der Kraft $\vec{F}_3$ wurde schließlich die Resultierende $\vec{F}_R$ gebildet.

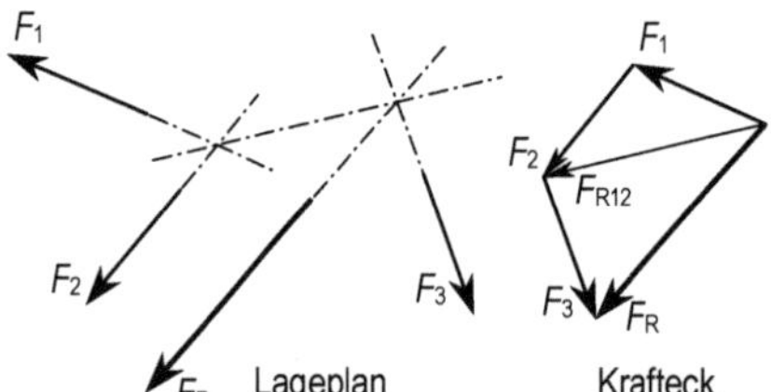

Bild 4.9:
Zusammensetzen mehrerer Kräfte

Das geschilderte Verfahren wird sehr umständlich und unübersichtlich, wenn das gegebene Kräftesystem aus einer Vielzahl von Kräften besteht. Darüber hinaus kann es schon bei wenigen Kräften passieren, dass die Schnittpunkte der Wirkungslinien außerhalb des Zeichenpapiers liegen. Eine systematische Konstruktion, die in diesen Fällen verwendet werden kann, ist das so genannte Seileckverfahren, das allerdings im Zeitalter der computergestützten Berechnungen seine Bedeutung weitestgehend verloren hat. Es wird daher hier nicht weiter behandelt.

4.2 Rechnerische Behandlung

4.2.1 Statisches Moment einer Kraft

Für die rechnerische Erfassung von Kräftepaaren erweist es sich als zweckmäßig, den Begriff *statisches Moment* einzuführen. Dieser Begriff berücksichtigt die Lage einer Kraft $\vec{F}$ bezüglich eines Bezugspunktes O (**Bild 4.10**). Den Abstand $\overline{OB} = l$ der Wirkungslinie der Kraft vom Bezugspunkt nennt man *Hebelarm*. Der Angriffspunkt A der Kraft wird bezüglich des Bezugspunktes O durch einen Pfeil von O nach A mit der Spitze in A festgelegt. Man bezeichnet diesen Pfeil als *Ortsvektor* $\vec{r}$ des Angriffspunktes A. Durch seine Angabe ist die Lage (Ort) des Angriffspunktes bezüglich des Bezugspunktes vollkommen beschrieben. Die Strecke $\overline{OA} = r$ heißt der Betrag des Ortsvektors.

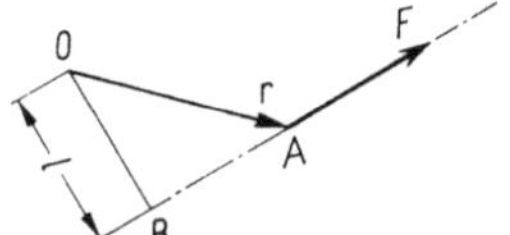

Bild 4.10:
Statisches Moment einer Kraft

Man definiert das *statische Moment* der Kraft $\vec{F}$ bezüglich des Bezugspunktes O als eine physikalische Größe, die durch Betrag und Richtung (Drehsinn) bestimmt ist. Der Betrag $|M|$ des statischen Momentes wird definiert durch das Produkt

Betrag der Kraft mal Hebelarm

$$|M| = F\,l \tag{4.1}$$

Statische Momente zweier Kräfte mit derselben Wirkungslinie und verschiedenen Richtungen haben entgegengesetzten Drehsinn. Denkt man sich den Hebelarm $\overline{OB}$ als einen im Bezugspunkt O drehbar gelagerten starren Stab, so sind solche Kräfte bestrebt, ihn in verschiedene Richtungen zu drehen.

Aufgrund der Definition des statischen Momentes gilt:

> Das statische Moment einer Kraft bezüglich eines festen Bezugspunktes ändert sich nicht, wenn die Kraft längs ihrer Wirkungslinie verschoben wird.

Zerlegt man die Kraft $\vec{F}$ in Komponenten senkrecht und parallel zum Ortsvektor $\vec{r}$

$$\vec{F} = \vec{F}_s + \vec{F}_p \tag{4.2}$$

so lässt sich der Betrag $|M|$ des statischen Momentes auch angeben als (**Bild 4.11**)

$$|M| = l\,F = r\,F\sin\alpha = r\,F_s \tag{4.3}$$

In Worten: Der Betrag des statischen Momentes ist gleich dem Abstand des Angriffspunktes A der Kraft von dem Bezugspunkt O multipliziert mit dem Betrag der zur Geraden durch O und A senkrechten Komponente der Kraft. (Das statische Moment der Komponente $\vec{F}_p$, deren Wirkungslinie mit der Strecke $\overline{OA}$ zusammenfällt, ist gleich Null).

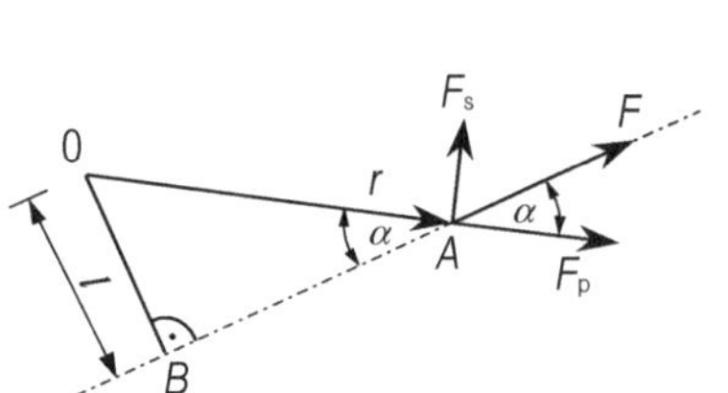

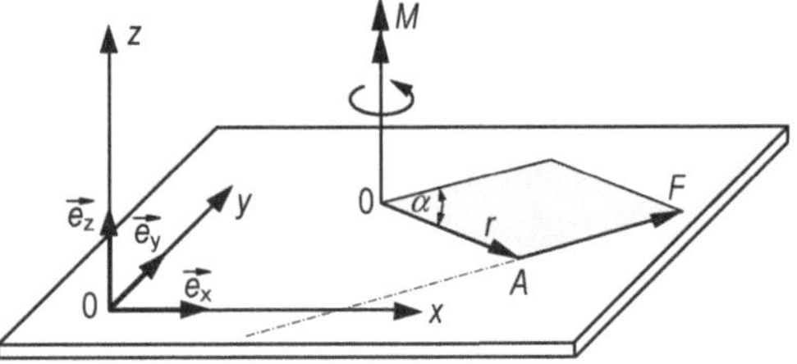

Bild 4.11: Zum statischen Moment einer Kraft

Bild 4.12: Darstellung des statischen Momentes durch einen Pfeil

Statische Momente sind vektorielle Größen, denn sie sind durch Betrag und Richtung festgelegt und für die Zusammensetzung von zwei statischen Momenten gilt, wie in Abschn. 4.2.2 gezeigt wird, das Gesetz der Vektoraddition (Parallelogrammregel). Zur Unterscheidung von den Kraftvektoren stellt man den Vektor des statischen Momentes durch einen Pfeil mit zwei Spitzen dar (**Bild 4.12**). Dieser Pfeil steht senkrecht auf der von der Wirkungslinie der Kraft $\vec{F}$ und dem Bezugspunkt O festgesetzten Ebene. Seine Länge ist dem Betrag des statischen Momentes proportional, und sein Drehsinn ergibt sich nach der *Rechtsschraubenregel*. Diese lautet: Die Pfeilspitze des Momentpfeiles weist in die Richtung, in die sich eine durch den Bezugspunkt (Drehpunkt) O gehende und mit dem Momentpfeil zusammenfallende Rechtsschraube infolge der am Hebelarm l wirkenden Kraft $\vec{F}$ bewegen würde.

Die Operation, die den Vektoren $\vec{r}$ und $\vec{F}$ in oben beschriebener Weise den Vektor $\vec{M}$ zuordnet, entspricht dem Vektorprodukt (s. Abschn. 1.4.3)

$$\vec{M} = \vec{r} \times \vec{F}$$

Bei der rechnerischen Behandlung von Aufgaben gibt man den Momentvektor in Komponentenform an, die der Komponentendarstellung von Kraftvektoren (s. Abschn. 3.2) entspricht.

Dazu benötigt man ein räumliches Koordinatensystem. Führt man ein rechtwinkliges, rechtshändiges x, y, z-Koordinatensystem mit den Einsvektoren $\vec{e}_x, \vec{e}_y, \vec{e}_z$ ein, dessen x, y-Ebene mit der durch den Bezugspunkt O und die Wirkungslinie der Kraft $\vec{F}$ bestimmten Ebene zusammenfällt (**Bild 4.12**), so ist nur die z-Komponente M_z des Momentvektors verschieden von Null und es gilt die Darstellung

$$\vec{M} = 0 \cdot \vec{e}_x + 0 \cdot \vec{e}_y + M_z \cdot \vec{e}_z = M_z \cdot \vec{e}_z = (0;\, 0;\, M_z) = \left\{ \begin{array}{c} 0 \\ 0 \\ M_z \end{array} \right\} \tag{4.4}$$

Man spricht von statischen Momenten mit *positivem oder negativem Drehsinn*, je nachdem, ob ihre Vektoren in Richtung der positiven oder der negativen z-Achse weisen, d. h., je nachdem, ob $M_z > 0$ oder $M_z < 0$ ist. Für die Darstellung in der Kraftebene (der x, y-Ebene) verwendet man als Symbole für die statischen Momente gekrümmte Pfeile (**Bild 4.13**).

Bei der Behandlung von ebenen Kräftesystemen bildet man statische Momente nur bezüglich der Bezugspunkte, die in der Kraftebene liegen. Die Vektoren aller statischen Momente stehen dann senkrecht auf der Kraftebene und nur ihre Komponenten M_z sind von Null verschieden, wenn die Kraftebene die x, y-Ebene ist. In diesem Fall genügt daher zur vollständigen Beschreibung von statischen Momenten eine einzige skalare Größe – die Komponente M_z. Da nur diese Komponente auftritt, wollen wir in den folgenden Abschnitten zur Vereinfachung der Schreibweise den Index z fortlassen und für M_z einfach M schreiben.

Die Komponentendarstellung nach Gl. (4.4) bekommt ihre volle Bedeutung erst bei der rechnerischen Behandlung von räumlichen Kräftegruppen (s. Abschn. 8), wenn auch die Komponenten M_x und M_y verschieden von Null sind.

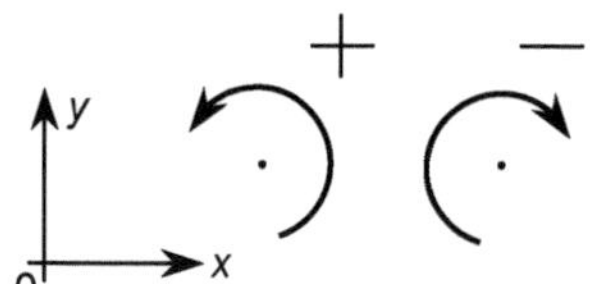

Bild 4.13:
Symbole für die Darstellung des statischen Momentes in der Ebene

4.2.2 Momentesatz. Statisches Moment eines Kräftepaares

Wir fragen nach dem Zusammenhang zwischen den statischen Momenten zweier Kräfte und dem statischen Moment der Resultierenden dieser Kräfte bezüglich desselben Bezugspunktes. Da das statische Moment einer Kraft sich nicht ändert, wenn die Kraft auf ihrer Wirkungslinie verschoben wird, können wir ohne Beschränkung der Allgemeinheit annehmen, dass die beiden Kräfte $\vec{F}_1$ und $\vec{F}_2$ einen gemeinsamen Angriffspunkt haben (**Bild 4.14**). Wir führen ein x, y-Koordinatensystem so ein, dass sein Ursprung mit dem Bezugspunkt O zusammenfällt und die x-Achse die Richtung des Ortsvektors $\vec{r}$ zum Angriffspunkt A hat. Die Koordinaten des Angriffspunktes A sind $(x, 0)$. Zerlegt man die beiden Kräfte und ihre Resultierende in zu $\vec{r}$ parallele und senkrechte x- und y-Komponenten, so ergibt sich für die statischen Momente $\vec{M}_1$ und $\vec{M}_2$ der Kräfte $\vec{F}_1$ und $\vec{F}_2$ und das statische Moment $\vec{M}_R$ ihrer Resultierenden $\vec{F}_R$

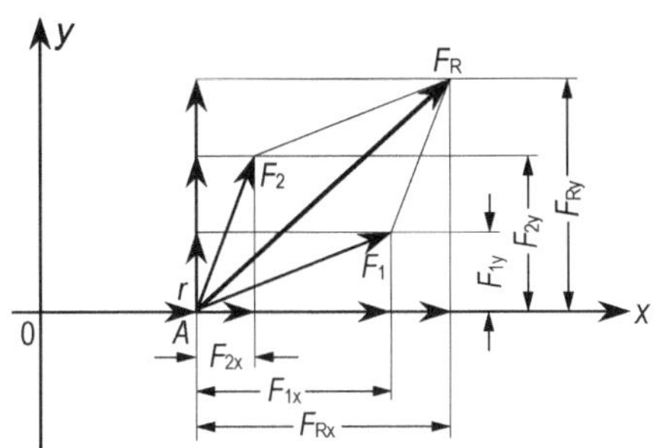

$$M_1 = r\,F_{1y} = x\,F_{1y}$$
$$M_2 = r\,F_{2y} = x\,F_{2y} \tag{4.5}$$
$$M_R = r\,F_{Ry} = x\,F_{Ry}$$

Da $F_{Ry} = F_{1y} + F_{2y}$ ist, folgt aus den Beziehungen Gl. (4.5)

$$M_R = x\,F_{Ry} = x\,(F_{1y} + F_{2y})$$
$$= x\,F_{1y} + x\,F_{2y} = M_1 + M_2$$

Bild 4.14: Momentesatz

also $M_R = M_1 + M_2$ $\hspace{2cm}$ (4.6)

Da alle Momentvektoren parallel sind, gilt auch die vektorielle Beziehung

$$\vec{M}_R = \vec{M}_1 + \vec{M}_2 \tag{4.7}$$

Die Beziehung Gl. (4.6) bzw. Gl. (4.7) heißt der *Momentesatz* für zwei Kräfte. Er besagt, dass die Summe der statischen Momente zweier Kräfte gleich dem statischen Moment ihrer Resultierenden ist. In Gl. (4.6) ist die algebraische und in Gl. (4.7) die Vektorsumme zu bilden.

Der Momentesatz Gl. (4.6) bzw. (4.7) lässt sich leicht auf ebene Kräftesysteme aus $n > 2$ Kräften verallgemeinern. Dazu wendet man den Momentesatz für zwei Kräfte zuerst auf die Resultierende $\vec{F}_{R12}$ der Kräfte $\vec{F}_1$ und $\vec{F}_2$ und die Kraft $\vec{F}_3$ an. Das ergibt

$$M_{R123} = M_{R12} + M_3 \tag{4.8}$$

Da für die statischen Momente der Kräfte $\vec{F}_1$ und $\vec{F}_2$ und ihrer Resultierenden $\vec{F}_{R12}$ Gl. (4.6) gilt, folgt durch Einsetzen

$$M_{R123} = M_1 + M_2 + M_3 \tag{4.9}$$

Nun betrachtet man die Teilresultierende $\vec{F}_{R123}$ und die Kraft $\vec{F}_4$. Für die statischen Momente dieser Kräfte und ihrer Resultierenden erhält man nach Gl. (4.6) unter Berücksichtigung von Gl. (4.9)

$$M_{R1234} = M_{R123} + M_4 = M_1 + M_2 + M_3 + M_4$$

Dann wird die nächste (fünfte) Kraft hinzugenommen usw. Schließlich erhält man nach n Schritten den

Momentesatz für das allgemeine Kräftesystem

$$\boldsymbol{M_R = M_1 + M_2 + M_3 + \cdots + M_n = \sum_{i=1}^{n} M_i} \tag{4.10}$$

oder vektoriell geschrieben

$$\vec{M}_R = \vec{M}_1 + \vec{M}_2 + \vec{M}_3 + \cdots + \vec{M}_n = \sum_{i=1}^{n} \vec{M}_i \qquad (4.11)$$

In Worten: Die Summe der statischen Momente der Kräfte eines ebenen Kräftsystems ist gleich dem statischen Moment der Resultierenden dieses Kräftesystems. Dabei wird vorausgesetzt, dass alle statischen Momente bezüglich desselben Bezugspunktes gebildet werden.

Beispiel 4.1: Ein Hebel (**Bild 4.15**) wird durch eine Gruppe von Kräften mit lotrechter Wirkungslinie beansprucht. Die Beträge der Kräfte sind: $F_1 = 200$ N; $F_2 = 300$ N; $F_3 = 500$ N; $F_4 = 200$ N. Man bestimme Betrag, Richtung und Lage der Resultierenden.

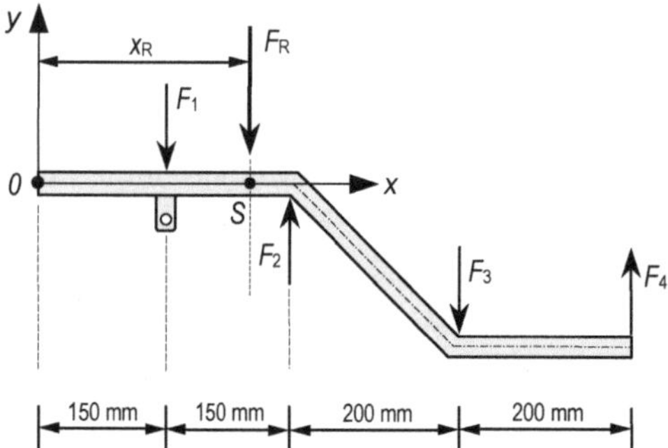

Bild 4.15: Hebel

Zur Durchführung der Berechnung führen wir ein x-, y-Koordinatensystem mit dem Ursprung 0 ein. Da alle Kräfte eine vertikale Wirkungslinie besitzen, wird auch die Wirkungslinie der Resultierenden F_R vertikal gerichtet sein. Damit wird

$$F_{Rx} = \sum_{i=1}^{4} F_{ix} = 0$$

Für die y-Komponente der Resultierenden ergibt sich:

$$F_{Ry} = \sum_{i=1}^{4} F_{iy} = -200\,\text{N} + 300\,\text{N} - 500\,\text{N} + 200\,\text{N} = -200\,\text{N}$$

Damit wird der Betrag der Resultierenden

$$F_R = \sqrt{F_{Rx}^2 + F_{Ry}^2} = \sqrt{(-200)^2}\,\text{N} = 200\,\text{N}$$

Um die Lage der Wirkungslinie von F_R zu bestimmen, wählen wir als Momentebezugspunkt den Koordinatenursprung 0.

Das Moment der Kräfte F_1 bis F_4 in Bezug auf diesen Punkt beträgt:

$$\sum M_{i0} = \sum_{i=1}^{4} F_{iy} \cdot x_i = -200\,\text{N} \cdot 150\,\text{mm} + 300\,\text{N} \cdot 300\,\text{mm} - 500\,\text{N} \cdot 500\,\text{mm} + 200\,\text{N} \cdot 700\,\text{mm}$$

$$= -50000\,\text{N} \cdot \text{mm}$$

Nach dem Momentesatz ist dieses Moment gleich dem Moment der Resultierenden F_R in Bezug auf den gleichen Drehpunkt 0

$$M_{R0} = F_R \cdot x_R = -50000\,\text{N} \cdot \text{mm}$$

Damit ergibt sich für x_R

$$x_R = \frac{-50000\,\text{N} \cdot \text{mm}}{F_R} = \frac{-50000\,\text{N} \cdot \text{mm}}{-200\,\text{N}} = 250\,\text{mm}$$

Das heißt, der Punkt S in dem die Wirkungslinie der Resultierenden F_R die x-Achse schneidet, befindet sich im Abstand x_R = 250 mm vom Bezugspunkt 0. Wird der Hebel in diesem Punkt durch eine Haltekraft $\vec{F}_H = -\vec{F}_R$ unterstützt, so befindet sich der Hebel im Gleichgewicht. Den Punkt S bezeichnet man als *Kräftemittelpunkt*.

Hat die Kraft $\vec{F}$ bezüglich des x, y-Koordinatensystems eine beliebige Lage (**Bild 4.16**), so erhält man für das statische Moment dieser Kraft bezüglich des Koordinatenursprungs durch Zerlegung der Kraft in Komponenten und Anwendung des Momentesatzes die Darstellung

$$M = x\,F_y - y\,F_x \tag{4.12}$$

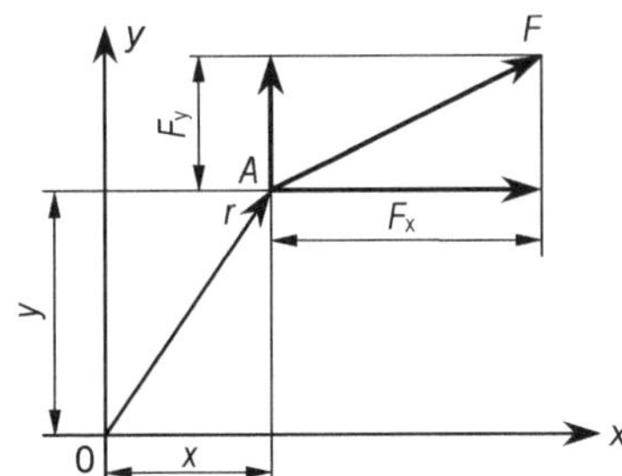

wobei x und y die Koordinaten des Angriffspunktes A sind.

Bild 4.16:
Statisches Moment einer Kraft bezüglich des Koordinatenursprungs

Neben dem statischen Moment einer Einzelkraft wird das *statische Moment eines Kräftepaares* dadurch erklärt, dass man die Gültigkeit des Momentesatzes auf Kräfte des Kräftepaares ausdehnt. Man definiert:

Unter dem statischen Moment eines Kräftepaares versteht man die Summe der statischen Momente seiner beiden Kräfte bezüglich desselben Bezugspunktes.

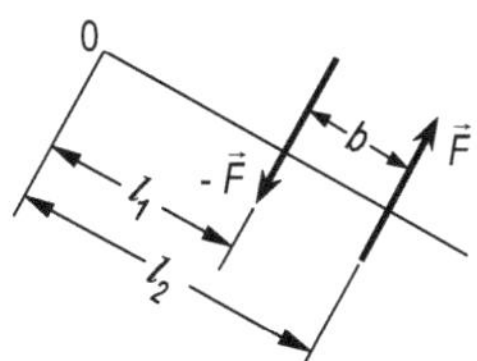

Bild 4.17: Statisches Moment eines Kräftepaares

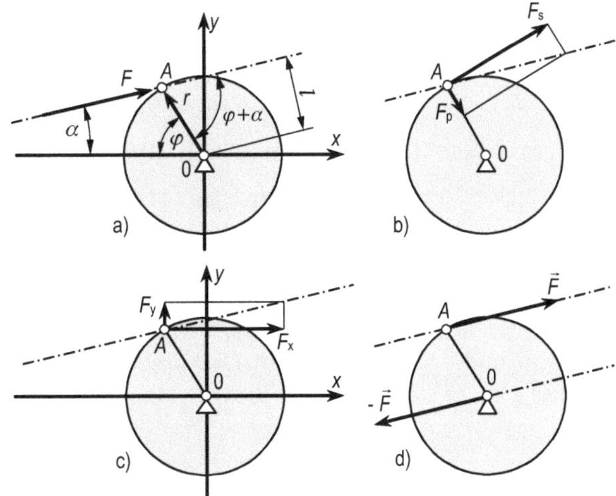

Bild 4.18:
Statisches Moment der Schubstangenkraft

Nach dieser Definition ergibt sich für das statische Moment M des Kräftepaares in **Bild 4.17**

$$M = M_1 + M_2 = l_1 F - l_2 F = (l_1 - l_2) F$$

oder mit $\quad l_1 - l_2 = b$

$$M = b F \tag{4.13}$$

Die letzte Beziehung enthält die wichtige Aussage:

Das statische Moment eines Kräftepaares ist vom Bezugspunkt unabhängig.

Die Definitionen für Betrag und Drehsinn eines Kräftepaares (Abschn. 4.1.1) einerseits und seines statischen Momentes andererseits stimmen vollkommen überein, d. h., das Kräftepaar ist durch Angabe seines statischen Momentes vollständig beschrieben. Aus diesem Grunde bezeichnet man das Kräftepaar oft einfach als *Moment*.

Beispiel 4.2: Das statische Moment der Schubstangenkraft $\vec{F}$ bezüglich des Drehpunktes O der Kurbel soll für die in **Bild 4.18a** gezeichnete Lage berechnet werden.

$r = 30$ cm, $F = 1,2$ kN, $\alpha = 12°$, $\varphi = 60°$.

a) Der Hebelarm der Schubstangenkraft ist

$$l = r \sin (\alpha + \varphi) = 30 \text{ cm} \cdot \sin 72° = 28,5 \text{ cm}$$

Der Betrag des statischen Momentes ergibt sich nach Gl. (4.1)

$$| M | = 1,2 \text{ kN} \cdot 28,5 \text{ cm} = 34,2 \text{ kN cm} = 342 \text{ Nm}$$

Das Moment ist in dem eingeführten Koordinatensystem nach der Vorzeichenfestsetzung negativ. Lösung: $M = - 342$ Nm.

b) Der Betrag des statischen Momentes kann auch durch Zerlegen der Schubstangenkraft in Komponenten parallel und senkrecht zur Kurbel (**Bild 4.18b**) und Anwendung der Gl. (4.3) berechnet werden. Mit $F_s = F \sin (\alpha + \varphi)$ folgt

$$| M | = r F_s = r F \sin (\alpha + \varphi) = 30 \text{ cm} \cdot 1,2 \text{ kN} \cdot \sin 72° = 342 \text{ Nm}$$

c) Die Komponentendarstellungen des Ortsvektors $\vec{r}$ und der Schubstangenkraft $\vec{F}$ in dem eingeführten x, y-Koordinatensystem lauten (**Bild 4.18c**).

$$\vec{r} = (x ; y) = (- r \cos \varphi ; r \sin \varphi) = (- 15 ; 26,0) \text{ cm}$$
$$\vec{F} = (F_x ; F_y) = (F \cos \alpha ; F \sin \alpha) = (1174 ; 249) \text{ N}$$

Für das gesuchte Moment erhält man nach Gl. (4.12)

$$M = (- 15 \text{ cm}) \cdot 249 \text{ N} - 26,0 \text{ cm} \cdot 1174 \text{ N} = - 342 \text{ Nm}$$

Das Vorzeichen des statischen Momentes ergibt sich auf diesem Berechnungswege von selbst.

Man beachte, dass im obigen Beispiel nicht das statische Moment der Schubstangenkraft auf die Kurbel eine Drehwirkung ausübt, sondern das Kräftepaar, welches sich aus der Schubstangenkraft und der Lagerkraft im Drehpunkt O zusammensetzt (**Bild 4.18d**). Dieses Kräftepaar hat das gleiche statische Moment wie das berechnete.

4.2.3 Reduktion eines ebenen Kräftesystems auf eine Resultierende oder ein Kräftepaar

Bei der zeichnerischen Behandlung des allgemeinen ebenen Kräftesystems ergab sich, dass der Betrag und die Richtung der Resultierenden des Systems genauso wie beim zentralen Kräftesystem durch Krafteckkonstruktion ermittelt werden konnte und lediglich die Wirkungslinie der Resultierenden zusätzlich bestimmt werden musste. Das Gleiche gilt für die rechnerische Behandlung. Betrag und Richtung der Resultierenden werden wie beim zentralen Kräftesystem, Gl. (3.6), nach den nachstehenden Formeln berechnet

$$F_{\mathrm{Rx}} = \sum_{i=1}^{n} F_{\mathrm{ix}} \qquad F_{\mathrm{Ry}} = \sum_{i=1}^{n} F_{\mathrm{iy}}$$

$$F_{\mathrm{R}} = \sqrt{F_{\mathrm{Rx}}^2 + F_{\mathrm{Ry}}^2} \qquad \varPhi = \arctan \frac{F_{\mathrm{Ry}}}{F_{\mathrm{Rx}}}$$

$$F_{\mathrm{Rx}} = F_{\mathrm{R}} \cos \varPhi \qquad F_{\mathrm{Ry}} = F_{\mathrm{R}} \sin \varPhi$$

$$(4.14)$$

Die Wirkungslinie der Resultierenden wird dann in Form einer Geradengleichung durch Anwendung des Momentesatzes wie folgt bestimmt: Sind x_{i}, y_{i} die Koordinaten des Angriffspunktes der Kraft F_{i}, so erhält man zunächst nach Gl. (4.12) und Gl. (4.10) für die Summe der statischen Momente aller Einzelkräfte bezüglich des Koordinatenursprungs

$$\sum_{i=1}^{n} M_{\mathrm{i}} = \sum_{i=1}^{n} (x_{\mathrm{i}} F_{\mathrm{iy}} - y_{\mathrm{i}} F_{\mathrm{ix}}) = M_0 \qquad (4.15)$$

Wir unterscheiden nun die folgenden drei Fälle:

1. Die Resultierende verschwindet nicht, $F_{\mathrm{R}} \neq 0$

Dann ergibt sich nach dem Momentesatz

$$M_{\mathrm{R}} = x\, F_{\mathrm{Ry}} - y\, F_{\mathrm{Rx}} = \sum_{i=1}^{n} M_{\mathrm{i}} = M_0$$

wobei x und y die Koordinaten eines beliebigen Punktes der Wirkungslinie der Resultierenden bedeuten. Somit ist die Geradengleichung

$$x\, F_{\mathrm{Ry}} - y\, F_{\mathrm{Rx}} = M_0 \qquad (4.16)$$

die unter der Voraussetzung $F_{\mathrm{Rx}} \neq 0$ auch in der Form geschrieben werden kann

$$y = \frac{F_{\mathrm{Ry}}}{F_{\mathrm{Rx}}} x - \frac{M_0}{F_{\mathrm{Rx}}} \qquad (4.17)$$

die Gleichung der Wirkungslinie der Resultierenden (**Bild 4.19**). Ist $M_0 = 0$, so geht die Wirkungslinie der Resultierenden durch den Koordinatenursprung.

2. Die Resultierende verschwindet, $F_{Rx} = F_{Ry} = 0$.
Dann ist M_0 das statische Moment des resultierenden Kräftepaares.

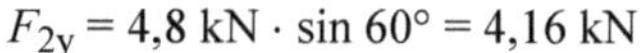

Bild 4.19: Lage der Wirkungslinie der Resultierenden
im Koordinatensystem

3. Die Resultierende und die Summe der statischen Momente verschwinden, $F_{Rx} = 0$, $F_{Ry} = 0$, $M_0 = 0$.
Dann befindet sich das Kräftesystem im Gleichgewicht, denn $M_0 = 0$ bedeutet, dass auch kein Kräftepaar resultiert.

Beispiel 4.3: Es ist die Resultierende der fünf Kräfte, die an einer Scheibe angreifen, zu berechnen (**Bild 4.20a**). Die Beträge der Kräfte sind: $F_1 = 1{,}3$ kN, $F_2 = 4{,}8$ kN, $F_3 = 1{,}6$ kN, $F_4 = 3{,}5$ kN, $F_5 = 4{,}0$ kN.

Wir legen das Koordinatensystem so, dass die Symmetrie der Angriffspunkte der Kräfte berücksichtigt wird. Die Rechnung erfolgt im nachstehenden Rechenschema. Zuerst werden die Komponenten der Kräfte berechnet (Spalten 3 und 4), z. B.

$$F_{2x} = -4{,}8 \text{ kN} \cdot \cos 60° = -2{,}4 \text{ kN}, \qquad F_{2y} = 4{,}8 \text{ kN} \cdot \sin 60° = 4{,}16 \text{ kN}$$

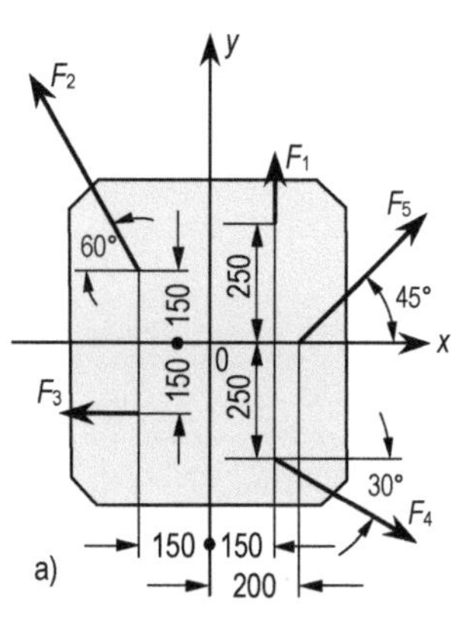

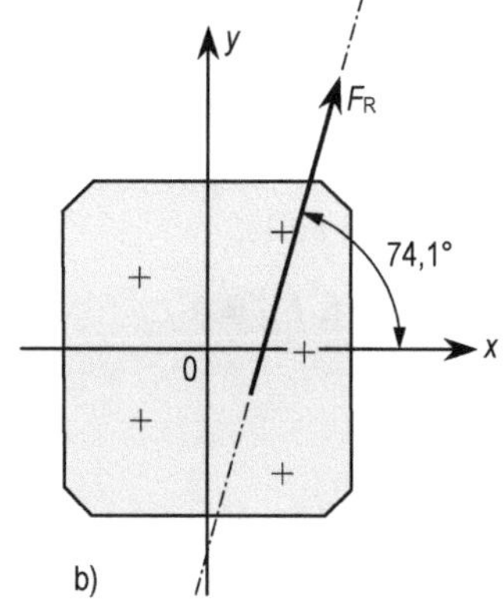

Bild 4.20:
Resultierende aus fünf Kräften
a) gegebene Kräfte
b) Resultierende

1	2	3	4	5	6	7	8	9
i	$\dfrac{F_i}{\text{kN}}$	$\dfrac{F_{ix}}{\text{kN}}$	$\dfrac{F_{iy}}{\text{kN}}$	$\dfrac{x_i}{\text{m}}$	$\dfrac{y_i}{\text{m}}$	$\dfrac{x_i F_{iy}}{\text{Nm}}$	$\dfrac{y_i F_{ix}}{\text{Nm}}$	$\dfrac{M_i}{\text{Nm}}$
1	1,3	0	1,30	0,15	0,25	195	0	195
2	4,8	−2,40	4,16	−0,15	0,15	−624	−360	−264
3	1,6	−1,60	0	−0,15	−0,15	0	240	−240
4	3,5	3,03	−1,75	0,15	−0,25	−263	−758	495
5	4,0	2,83	2,83	0,20	0	566	0	566
Σ		1,86	6,54			−126	−878	752

Die Vorzeichen der Komponenten liest man am besten aus der Zeichnung ab. Die Spalten 5 und 6 des Rechenschemas enthalten die Koordinaten der Angriffspunkte, und in den Spalten 7, 8 und 9 sind die statischen Momente berechnet.

Nach den Gl. (4.14) und (4.15) erhält man durch Summieren der Werte in den Spalten 3, 4 und 9[1]

$$F_{Rx} = 1,86 \text{ kN} \quad F_{Ry} = 6,54 \text{ kN} \quad M_0 = 752 \text{ Nm}$$

Der Betrag und die Richtung der Resultierenden ergibt sich nach Gl. (4.14)

$$F_R = \sqrt{1,86^2 + 6,54^2}\, \text{kN} = 6,8 \text{ kN}$$

$$\tan \Phi = 6,54/1,86 = 3,52 \qquad \Phi = 74,1°$$

und ihre Wirkungslinie nach Gl. (4.16)

$$x \cdot 6540 \text{ N} - y \cdot 1860 \text{ N} = 752 \text{ Nm}$$

oder nach y aufgelöst

$$y = 3,52\, x - 0,404 \text{ m}$$

Die Resultierende und ihre Wirkungslinie sind in **Bild 4.20b** eingezeichnet.

4.2.4 Reduktion in Bezug auf einen Punkt. Versatzmoment und Dyname

Wir ergänzen eine Einzelkraft $\vec{F}$, die im Punkt A des starren Körpers angreift (**Bild 4.21a**), durch zwei entgegengesetzt gleiche, in einem beliebig gewählten Punkt O angreifende Kräfte $\vec{F}$ und $-\vec{F}$, deren Beträge gleich dem Betrag der Einzelkraft sind und deren gemeinsame Wirkungslinie parallel zu der Wirkungslinie der Einzelkraft verläuft (**Bild 4.21b**). Nach Abschn. 4.1.1 ist das erhaltene System aus drei Kräften der ursprünglichen Einzelkraft gleichwertig. Fasst man nun die Kraft $\vec{F}$ mit dem Angriffspunkt A und die Kraft $-\vec{F}$ mit dem Angriffspunkt O zu einem Kräftepaar $\vec{M}$ mit dem Betrag $|\vec{M}| = F\,l$ zusammen (**Bild 4.21c**), so lässt sich das Ergebnis dieser Betrachtung wie folgt formulieren:

> Eine am starren Körper angreifende Kraft darf man parallel zu sich selbst in einen beliebig gewählten Angriffspunkt O verschieben, wenn man gleichzeitig ein Kräftepaar hinzufügt, dessen statisches Moment gleich dem statischen Moment der nicht verschobenen Kraft in Bezug auf den neuen Angriffspunkt O ist.

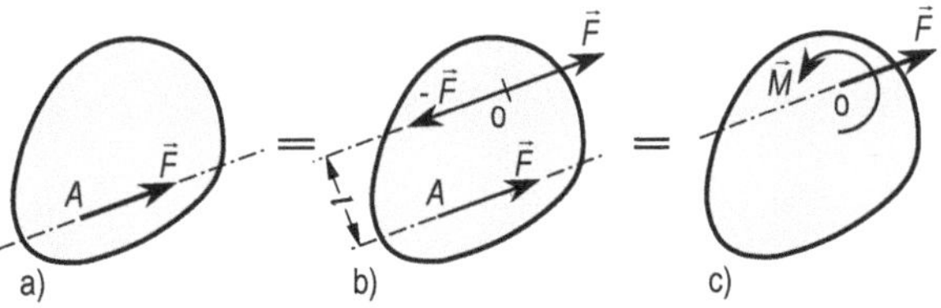

Bild 4.21:
Parallelverschiebung einer Kraft

---

[1] Rechenprobe: Summe der Spalte 7 minus Summe der Spalte 8 muss gleich der Summe der Spalte 9 sein.

Das Kräftepaar, das bei Parallelverschiebung einer Kraft hinzugenommen werden muss, bezeichnet man als *Versatzkräftepaar* oder *Versatzmoment*, das System aus der verschobenen Kraft und dem Versatzmoment (**Bild 4.21c**) als *Dyname*. Da ein beliebiges ebenes Kräftesystem auf eine Einzelkraft (Resultierende) oder auf ein Kräftepaar reduziert werden kann, lässt es sich auch stets auf eine Dyname bezüglich eines beliebig gewählten Punktes reduzieren. Man spricht von der Reduktion des Kräftesystems auf einen Punkt. Sie erweist sich bei vielen theoretischen Betrachtungen und praktischen Aufgaben als vorteilhaft.

4.2.5 Gleichgewichtsbedingungen

Aus den Betrachtungen des Abschn. 4.2.3, Fall 3, folgt, dass für das Gleichgewicht eines ebenen Kräftesystems notwendig und hinreichend die Erfüllung folgender drei Gleichungen ist

$$\sum F_{ix} = 0 \qquad \sum F_{iy} = 0 \qquad \sum M_{iA} = 0 \qquad (4.18)$$

Dabei kann der Bezugspunkt A in der dritten dieser Gleichungen beliebig gewählt werden. Diese Bedingung verlangt nämlich, dass aus dem Kräftesystem kein Kräftepaar resultiert. Das statische Moment eines Kräftepaares ist aber vom Bezugspunkt unabhängig. Sind x_A, y_A die Koordinaten des Bezugspunktes A, so lautet die dritte Bedingung in Gl. (4.18) in Komponentenform

$$\sum M_{iA} = \sum [(x_i - x_A) F_{iy} - (y_i - y_A) F_{ix}] = 0$$

Man bezeichnet die drei Bedingungen in Gl. (4.18) als *rechnerische Gleichgewichtsbedingungen*. Sie besagen:

Für das Gleichgewicht eines ebenen Kräftesystems ist notwendig und hinreichend, dass
1. die algebraische Summe der x-Komponenten aller Kräfte gleich Null ist,
2. die algebraische Summe der y-Komponenten aller Kräfte gleich Null ist,
3. die algebraische Summe der statischen Momente aller Kräfte bezüglich eines beliebig gewählten Bezugspunktes gleich Null ist.

Jede der Kräftegleichgewichtsbedingungen in Gl. (4.18) kann durch eine weitere Gleichgewichtsbedingung der Momente ersetzt werden, so dass ein Kräftesystem auch dann im Gleichgewicht ist, wenn die Bedingungen

$$\sum F_{ix} = 0 \qquad \sum M_{iB} = 0 \qquad \sum M_{iA} = 0 \qquad (4.19)$$

$$\text{oder} \quad \sum M_{iC} = 0 \qquad \sum M_{iB} = 0 \qquad \sum M_{iA} = 0 \qquad (4.20)$$

erfüllt sind. Dabei ist zu beachten, dass in Gl. (4.19) die Bezugspunkte A und B nicht auf einer zur y-Achse parallelen Geraden und in Gl. (4.20) die Bezugspunkte A, B und C nicht auf einer Geraden liegen dürfen.

Die Gültigkeit der Gleichgewichtsbedingungen Gl. (4.19) und (4.20) ergibt sich aus folgender Überlegung:

Zu Gl. (4.19). Sind zunächst nur die Bedingungen $\sum F_{ix} = 0$ und $\sum M_{iA} = 0$ erfüllt, so ist es noch möglich, dass das Kräftesystem eine Resultierende hat, deren Wirkungslinie parallel zur y-Achse durch den Punkt A verläuft (**Bild 4.22a**). Ist jedoch auch $\sum M_{iB} = 0$, wobei der Bezugspunkt B nicht auf der Geraden durch den Punkt A parallel zur y-Achse liegt, so ist auch dieser Fall ausgeschlossen, und es herrscht Gleichgewicht.

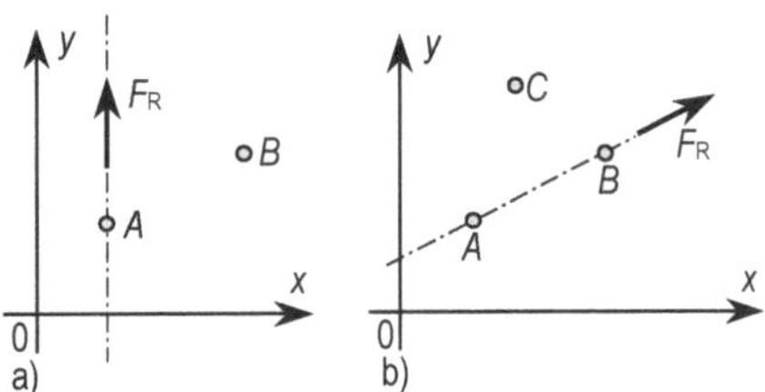

Bild 4.22:
Erläuterung der Gleichgewichtsbedingungen in der Form
a) der Gl. (4.19) und
b) der Gl. (4.20)

Zu Gl. (4.20). Die erfüllten Gleichgewichtsbedingungen $\sum M_{iA} = 0$ und $\sum M_{iB} = 0$ schließen nicht den Fall aus, dass das System eine Resultierende mit der Wirkungslinie durch die Punkte A und B hat (**Bild 4.22b**). Erst wenn auch $\sum M_{iC} = 0$ erfüllt ist, wobei der Bezugspunkt C nicht auf der Geraden durch die Punkte A und B liegen darf, kann dieser Fall nicht auftreten, und das Kräftesystem befindet sich im Gleichgewicht.

Die Gleichgewichtsbedingungen nehmen nicht nur in der Statik, sondern auch in der Festigkeitslehre und in der Kinetik eine zentrale Stelle ein. Sie sind das Werkzeug, mit dem theoretische mechanische Probleme untersucht und Aufgaben der Praxis gelöst werden. Die rechnerischen Gleichgewichtsbedingungen haben die Form von drei Gleichungen. Mit ihrer Hilfe allein können daher nur solche Aufgaben gelöst werden, in denen nicht mehr als drei unbekannte Größen (Kraftkomponenten, Momente, Strecken) auftreten. Ob es zweckmäßig ist, die Gleichgewichtsbedingungen in der Form Gl. (4.18) oder Gl. (4.19) oder Gl. (4.20) anzusetzen, hängt von dem speziellen Problem ab. In der Statik werden die Gleichgewichtsbedingungen insbesondere zur Bestimmung der Auflagerreaktionen herangezogen. Die folgenden Beispiele sollen zeigen, wie man dabei vorgeht.

Verabredung. Bei der zahlenmäßigen Behandlung von Aufgaben bezeichnen wir zweckmäßigerweise mit F_x, F_y nicht die skalaren Komponenten der Kraft $\vec{F}$, die ja positiv und negativ sein können, sondern die Beträge der Komponenten. Die Richtung (Vorzeichen) der Komponenten wird aus der Zeichnung entnommen. Die konsequente Schreibweise $|F_x|$, $|F_y|$ für die Beträge der Komponenten ist beim Durchrechnen von Aufgaben zu umständlich. Ergibt die Rechnung für den Betrag einer Kraftkomponente einen negativen Wert, so bedeutet dies, dass die wahre Richtung dieser Komponente der angenommenen Richtung (Pfeilrichtung in der Zeichnung) entgegengesetzt ist.

Beispiel 4.4: Beim Kippsprungwerk mit gerader Führung (**Bild 4.23a**) beträgt die Federspannkraft $F = 2$ N. Es sollen bestimmt werden a) die Anpresskraft $\vec{F}_A$ und die Gelenkkraft $\vec{F}_B$ am Sprungstück 1, b) die Auflagerkräfte des Spanners 2 an den Führungsstellen C und D.

Wir machen das Sprungstück und den Spanner frei (**Bild 4.23b** und **c**). Am Sprungstück greifen drei Kräfte an. Die Federkraft $\vec{F}$ ist vollständig gegeben. Von der Kraft $\vec{F}_A$ ist die Wirkungslinie (Berührungsnormale) und von der Kraft $\vec{F}_B$ nur der Angriffspunkt (Gelenk) bekannt. Die Kraft $\vec{F}_B$ denken wir uns im eingeführten x, y-Koordinatensystem in Komponenten zerlegt. Mit F_{Ax}, F_{Bx} und F_{By} sind die

Beträge der Kraftkomponenten bezeichnet, ihre Richtungen sind entsprechend **Bild 4.23b** angenommen. Die Gleichgewichtsbedingungen Gl. (4.18) ergeben die Gleichungen

$$\sum F_{ix} = 0 = F_{Bx} - F_{Ax}$$

$$\sum F_{iy} = 0 = -F_{By} + 2\ \text{N}$$

$$\sum M_{iB} = 0 = -F_{Ax} \cdot 25\ \text{mm} + 2\ \text{N} \cdot 8\ \text{mm}$$

Aus ihnen folgt

$$F_{By} = 2\ \text{N} \qquad F_{Ax} = F_{Bx} = 0{,}64\ \text{N} \qquad F_{B} = \sqrt{F_{Bx}^{2} + F_{By}^{2}} = 2{,}10\ \text{N}$$

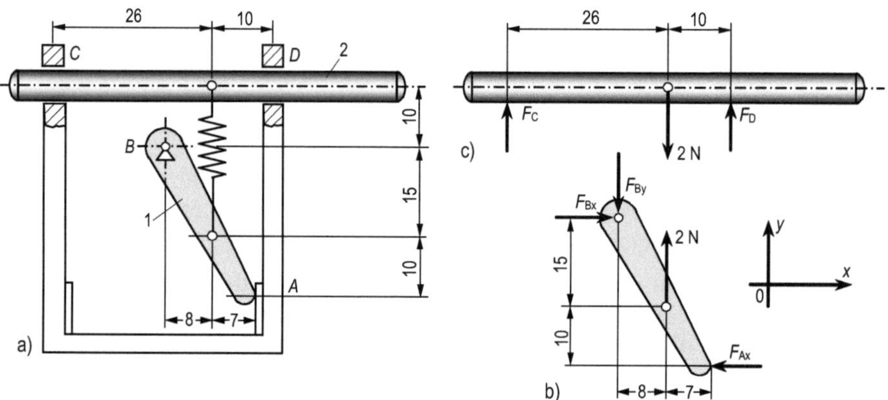

Bild 4.23: Kippsprungwerk

An dem freigemachten Spanner (**Bild 4.23c**) greifen nur Kräfte in der y-Richtung an, so dass das Gleichgewicht der Kräfte in x-Richtung von selbst erfüllt ist. Aus den Momentegleichgewichtsbedingungen für die Bezugspunkte D und C ergibt sich

$$\sum M_{iD} = 0 = 2\ \text{N} \cdot 10\ \text{mm} - F_{C} \cdot 36\ \text{mm} \qquad F_{C} = 0{,}556\ \text{N}$$

$$\sum M_{iC} = 0 = -2\ \text{N} \cdot 26\ \text{mm} + F_{D} \cdot 36\ \text{mm} \qquad F_{D} = 1{,}444\ \text{N}$$

Zur Kontrolle bilden wir noch die Summe der Kräfte in der y-Richtung

$$\sum F_{iy} = -2\ \text{N} + 0{,}556\ \text{N} + 1{,}444\ \text{N} = 0$$

Beispiel 4.5: Eine Lore wird auf einer geneigten Fahrbahn durch ein Seil festgehalten (**Bild 4.24a**), $F_{G} = 3\ \text{kN}$. Die Auflagerkräfte $\vec{F}_{A}$ und $\vec{F}_{B}$ und die Seilkraft $\vec{F}$ sollen berechnet werden.

Die Wirkungslinien der gesuchten Kräfte sind bekannt. Wir machen die Lore frei. Dabei nehmen wir für die unbekannten Kräfte eine Richtung an und zerlegen sie in dem eingeführten x, y-Koordinatensystem in Komponenten (**Bild 4.24b**). Es ist

$$\vec{F}_{G} = (3\ \text{kN} \cdot \sin 17^{\circ};\ -3\ \text{kN} \cdot \cos 17^{\circ}) = (0{,}877\ \text{kN};\ -2{,}87\ \text{kN})$$

$$\vec{F} = (-F \cos 30^{\circ};\ F \sin 30^{\circ}) = (-0{,}866\ F;\ 0{,}5\ F)$$

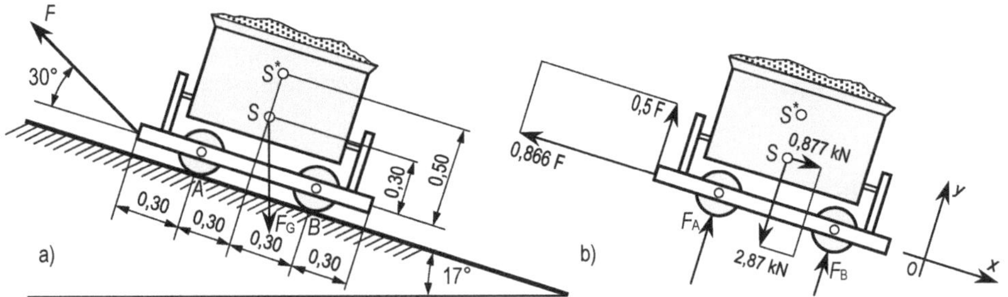

Bild 4.24: Lore auf geneigter Fahrbahn

Die für die freigemachte Lore angeschriebenen Gleichgewichtsbedingungen mit dem Angriffspunkt der Kraft $\vec{F}$ als Bezugspunkt für das Momentegleichgewicht lauten:

$$\sum F_{ix} = 0 = -0,866\,F + 0,877\ \text{kN}$$

$$\sum F_{iy} = 0 = 0,5\,F + F_A + F_B - 2,87\ \text{kN}$$

$$\sum M_{iF} = 0 = F_A \cdot 0,3\ \text{m} + F_B \cdot 0,9\ \text{m} - 2,87\ \text{kN} \cdot 0,6\ \text{m} - 0,877\ \text{kN} \cdot 0,3\ \text{m}$$

Aus ihnen folgt das Gleichungssystem

$$0,866\,F \qquad\qquad = 0,877\ \text{kN}$$

$$0,5\,F + F_A + F_B \quad = 2,87\ \text{kN}$$

$$0,3\,F_A + 0,9\,F_B \quad = 1,99\ \text{kN}$$

Seine Lösung ergibt

$$F = 1,01\ \text{kN} \qquad F_A = 0,23\ \text{kN} \qquad F_B = 2,13\ \text{kN}$$

Ändert man die Aufgabenstellung dadurch ab, dass die Gewichtskraft statt in S in S^* angreift (höher beladene Lore), so erhält man bei gleichem Ansatz für die Richtung der Kräfte und gleichem Rechnungsgang

$$F = 1,01\ \text{kN} \qquad F_A = -0,06\ \text{kN} \qquad F_B = 2,42\ \text{kN}$$

Das negative Vorzeichen von F_A bedeutet, dass die Kraft $\vec{F}_A$ in entgegengesetzter Richtung als für die Rechnung angenommen (**Bild 4.24b**) wirkt. Da aber eine solche Kraft nicht auftreten kann (die Schiene müsste am Rad ziehen), kann die Lore in diesem Belastungsfall nicht in der gezeichneten Lage im Gleichgewicht sein. Sie würde sich an der Stelle A von der Schiene abheben.

Beispiel 4.6: Ein einseitig eingemauerter Balken ist mit zwei Gewichtskräften belastet (**Bild 4.25a**). Die Auflagerreaktionen an der Einspannstelle sollen ermittelt werden.

Da am Balken nur senkrechte Kräfte (in der z-Richtung) wirken und die Gleichgewichtsbedingung $\sum F_{ix} = 0$ erfüllt sein muss, kann an der Einspannstelle keine Kraft in der x-Richtung auftreten, es ist $F_{Ax} = 0$. Die beiden anderen Gleichgewichtsbedingungen ergeben die Gleichungen

$$\sum F_{iz} = 0 = -F_{Az} + 800\ \text{N} + 500\ \text{N} \qquad\qquad \sum M_{iA} = 0 = M_E - 800\ \text{N} \cdot 0,8\ \text{m} - 500\ \text{N} \cdot 1,4\ \text{m}$$

Aus ihnen folgt

$$F_{Az} = 1300\ \text{N} \qquad M_E = 1340\ \text{Nm}$$

Man bezeichnet das Kräftepaar M_E als Einspannmoment. Die auf das eingemauerte Balkenstück verteilten Kräfte können an der Einspannstelle auf eine Dyname reduziert werden, die aus der Auflagerkraft F_{Az} und dem Einspannmoment (Einspannkräftepaar) M_E besteht (**Bild 4.25c**).

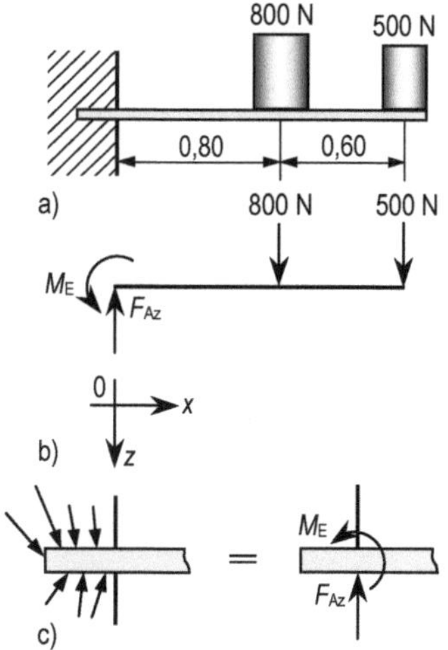

Bild 4.25: Eingemauerter Balken

Beispiel 4.7: Der in **Bild 4.26** dargestellte Ring ist durch drei gleichmäßig angeordnete und gelenkig angeschlossene Speichen an der festgehaltenen inneren Scheibe befestigt. Der Durchmesser der Scheibe beträgt $d = 12$ cm. Durch Anziehen einer Mutter wird der Ring mit einem Moment $M = 27$ Nm belastet. Die Kräfte in den Speichen sollen bestimmt werden. Aus Symmetriegründen (das angreifende Kräftepaar $M = 27$ Nm darf beliebig verschoben werden) haben alle Speichenkräfte den gleichen Betrag $F_A = F_B = F_C = F$ und das gleiche statische Moment bezüglich des Ringmittelpunktes. Die Momentegleichgewichtsbedingung mit dem Ringmittelpunkt als Bezugspunkt ergibt

$$\sum M_i = 0 = 27 \text{ Nm} - 3F \cdot 6 \text{ cm}$$

$$F = 27 \text{ Nm} / (18 \text{ cm}) = 150 \text{ N}$$

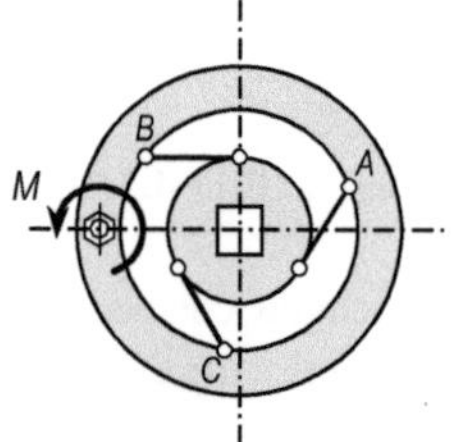

Bild 4.26: Ring mit Momentebelastung

Bei der Untersuchung des Gleichgewichts von starren Körpern treten Kräftesysteme mit zwei und drei Kräften besonders häufig auf. Dabei werden nicht nur die rechnerischen, sondern gelegentlich auch zeichnerische Gleichgewichtsbedingungen eingesetzt. Diese lassen sich in sehr einfacher Weise aus den bisherigen Gleichgewichtsbetrachtungen ableiten und sollen daher an dieser Stelle ergänzt werden. Nach Abschn. 4.2.3, Fall 3 und Gl. (4.18) befindet sich ein starrer Körper im Gleichgewicht, wenn die Resultierende der auf ihn einwirkenden Kräfte verschwindet und die Summe der statischen Momente aller Kräfte bezüglich eines beliebig gewählten Bezugspunktes gleich Null wird. Bei einem starren Körper mit zwei Kräften werden diese Bedingungen erfüllt, wenn die beiden Kräfte dieselbe Wirkungslinie, gleiche Beträge und entgegengesetzte Richtungen besitzen. Wird ein starrer Körper durch drei Kräfte beansprucht, so verlangen die Gleichgewichtsforderungen, dass das Kraftdreieck geschlossen ist und sich die Wirkungslinien der drei Kräfte in einem Punkt schneiden. Das bedeutet, die drei Kräfte müssen im Gleichgewichtsfall ein zentrales Kräftesystem bilden.

4.3 Überlagerungssatz

Wir betrachten drei verschiedene Belastungsfälle des starren Körpers in **Bild 4.27**

1. Belastung mit der Kraft $\vec{F}_1$ allein (**Bild 4.27a**),
2. Belastung mit der Kraft $\vec{F}_2$ allein (**Bild 4.27b**),
3. Belastung mit den Kräften $\vec{F}_1$ und $\vec{F}_2$ zusammen (**Bild 4.27c**).

Der Belastungsfall 3 entsteht durch Überlagerung der Belastungsfälle 1 und 2. Wir fragen, ob man aus der Kenntnis der Auflagerreaktionen in den Belastungsfällen 1 und 2 auf die Auflagerreaktionen im überlagerten Belastungsfall 3 schließen kann. Dabei ist der spezielle Lagerungsfall in unserem Beispiel (Gelenklager und Pendelstütze) für die Fragestellung ohne Belang.

Zuerst ermitteln wir die Auflagerkräfte in den Belastungsfällen 1 und 2. Es liegt jedes Mal der Fall dreier Kräfte vor, die im Gleichgewichtsfall ein zentrales Kräftesystem bilden müssen (s. Abschn. 4.2.5). Die Kraftecke für die beiden Fälle sind in **Bild 4.27d** gezeichnet.

Die Kräftesysteme aus je drei Kräften $\vec{F}_1$, $\vec{F}_{A1}$, $\vec{F}_{B1}$ im Belastungsfall 1 und $\vec{F}_2$, $\vec{F}_{A2}$, $\vec{F}_{B2}$ im Belastungsfall 2 sind jedes für sich im Gleichgewicht, d. h. jedes für sich einer Nullkraft äquivalent. Da das Hinzufügen oder Wegnehmen einer Kräftegruppe, die einer Nullkraft äquivalent ist, ein gleichwertiges Kräftesystem ergibt, ist aber auch das System aus den sechs Kräften $\vec{F}_1, \vec{F}_{A1}, \vec{F}_{B1}, \vec{F}_2, \vec{F}_{A2}, \vec{F}_{B2}$ in **Bild 4.27c** im Gleichgewicht. Fasst man nun die Kräfte $\vec{F}_{A1}$ und $\vec{F}_{A2}$ zur Teilresultierenden $\vec{F}_{A12}$ und die Kräfte $\vec{F}_{B1}$ und $\vec{F}_{B2}$ zur Teilresultierenden $\vec{F}_{B12}$ zusammen, also

$$\vec{F}_{A12} = \vec{F}_{A1} + \vec{F}_{A2}$$

$$\vec{F}_{B12} = \vec{F}_{B1} + \vec{F}_{B2}$$

so halten diese Teilresultierenden den Kräften $\vec{F}_1$ und $\vec{F}_2$ das Gleichgewicht, d. h., sie sind die Auflagerreaktionen im Belastungsfall 3. Man erhält also die Auflagerreaktionen im Belastungsfall 3 einfach dadurch, dass man an den Lagerstellen die zu den Teilbelastungen der Belastungsfälle 1 und 2 gehörenden Auflagerreaktionen geometrisch addiert.

Die Kraftdreiecke für die Belastungsfälle 1 und 2 sind in **Bild 4.27d** so aneinander gesetzt, dass auch die sechs Kräfte $\vec{F}_1, \vec{F}_2, \vec{F}_{B2}, \vec{F}_{A2}, \vec{F}_{B1}, \vec{F}_{A1}$ ein geschlossenes Krafteck bilden. In **Bild 4.27e** ist das Krafteck aus diesen Kräften umgezeichnet, wobei die Reihenfolge der Kräfte (auf die es ja nicht ankommt) so gewählt ist, dass man die Teilresultierende $\vec{F}_{A12}$ und $\vec{F}_{B12}$ bilden kann und man sieht, dass auch das Krafteck aus den vier Kräften $\vec{F}_1, \vec{F}_2, \vec{F}_{B21}, \vec{F}_{A12}$ geschlossen ist.

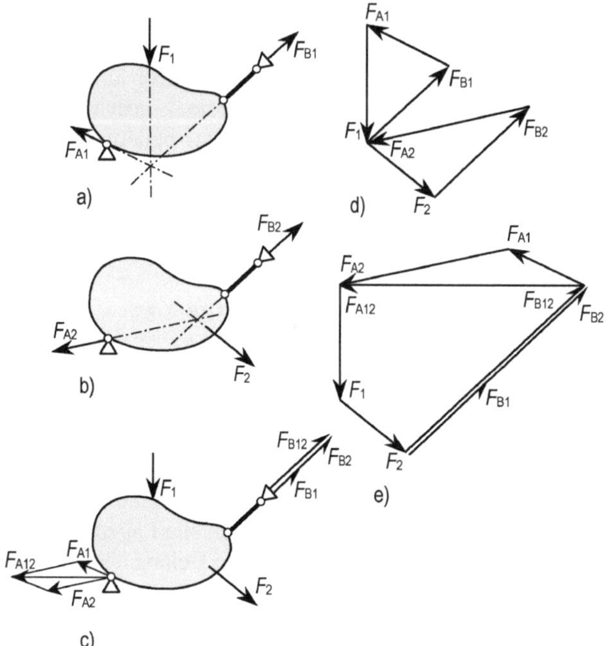

Bild 4.27: Überlagerungssatz

Dieses Ergebnis, das wir an Hand eines speziellen Beispiels gewonnen haben und das als *Überlagerungssatz*, *Überlagerungsmethode* oder *Superpositionsprinzip* bezeichnet wird, gilt ganz allgemein, denn der Gedankengang des Beweises ändert sich nicht, wenn anders gelagerte und anders belastete Körper betrachtet werden.

> Überlagerungssatz: In der Statik starrer Körper setzen sich die Reaktionen einer Gesamtbelastung durch vektorielle Addition der zu den Teilbelastungen gehörenden Reaktionen zusammen. Kurz: Die Reaktionen der Teilbelastungen überlagern sich additiv.

In den Anwendungen erweist sich die Überlagerungsmethode oft als sehr nützlich. Hat man z. B. für einen komplizierten Belastungsfall die Auflagerkräfte bestimmt und ändert nachträglich die Belastung etwas ab, z. B. dadurch, dass man eine Kraft hinzufügt, so braucht der abgeänderte Belastungsfall nicht ganz neu gerechnet zu werden, sondern es genügt, die von der hinzugenommenen Kraft herrührenden Reaktionen zu ermitteln und diese den Reaktionen des alten Belastungsfalles zu überlagern. Eine andere Anwendungsmöglichkeit des Superpositionsprinzips werden wir in Abschn. 6 kennen lernen.

Beispiel 4.8: Die Auflagerreaktionen des mit vier Kräften belasteten Trägers (**Bild 4.28**) betragen

$$F_A = 23,5 \text{ kN}$$

$$F_{Bx} = 7,0 \text{ kN}$$

$$F_{Bz} = 12,5 \text{ kN}$$

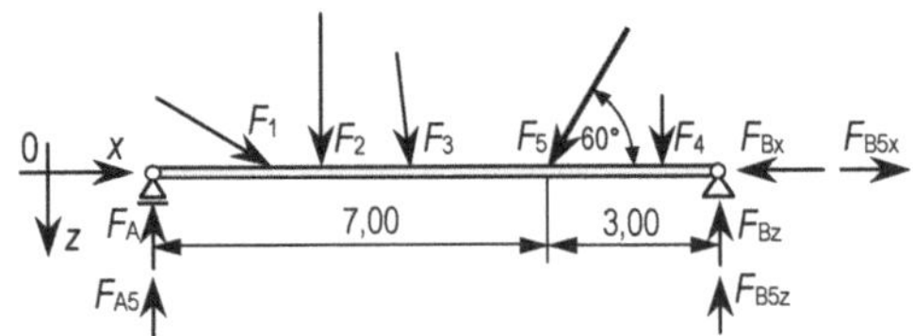

Bild 4.28: Zusätzliche Belastung eines Trägers

Wie ändern sich diese Auflagerreaktionen, wenn auf den Träger zusätzlich eine Kraft $\vec{F}_5$ vom Betrag $F_5 = 5$ kN unter dem Winkel 60° zur Trägerachse wirkt? Wir berechnen die Auflagerkräfte $\vec{F}_{A5}$, $\vec{F}_{B5x}$, $\vec{F}_{B5z}$ für den Fall, dass der Träger allein mit der Kraft $\vec{F}_5$ belastet wird. Aus den Gleichgewichtsbedingungen folgt

$$\sum F_{ix} = 0 = -5 \text{ kN} \cdot \cos 60° + F_{B5x}$$

$$\sum M_{iB} = 0 = -F_{A5} \cdot 10 \text{ m} + 5 \text{ kN} \cdot \sin 60° \cdot 3\text{m}$$

$$\sum M_{iA} = 0 = F_{B5z} \cdot 10 \text{ m} - 5 \text{ kN} \cdot \sin 60° \cdot 7\text{m}$$

$$F_{A5} = 1,3 \text{ kN} \qquad F_{B5x} = 2,5 \text{ kN} \qquad F_{B5z} = 3,0 \text{ kN}$$

Nach dem Überlagerungssatz erhält man dann für die Auflagerkräfte des mit allen 5 Kräften belasteten Trägers

$$F_A^* = 24,8 \text{ kN} \qquad F_{Bx}^* = 4,5 \text{ kN} \qquad F_{Bz}^* = 15,5 \text{ kN}$$

4.4 Aufgaben zu Abschnitt 4

1. Ein Balken ist nach **Bild 4.29** belastet. $F_1 = F_3 = 5$ kN, $F_2 = 8$ kN, $F_4 = 10$ kN, $F_5 = 6$ kN. Man berechne

a) die Resultierende der gegebenen fünf Kräfte. Wie groß ist ihr Betrag und in welchem Abstand a vom Auflager A schneidet ihre Wirkungslinie die Balkenachse?

b) die Auflagerkräfte $\vec{F}_A$ und $\vec{F}_B$.

2. Eine Schubkarre wird eine Böschung hinaufgeschoben (**Bild 4.30**). Welche Handkraft ist erforderlich, um sie in der gezeichneten Lage zu halten und wie groß ist dann die Belastung der Achse? $F_G = 900$ N.

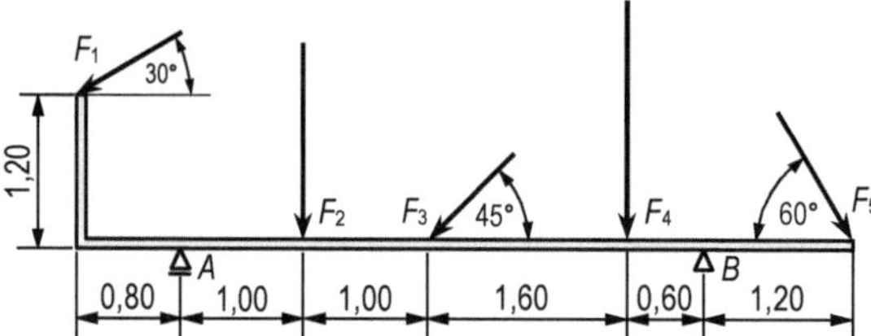

Bild 4.29: Balken

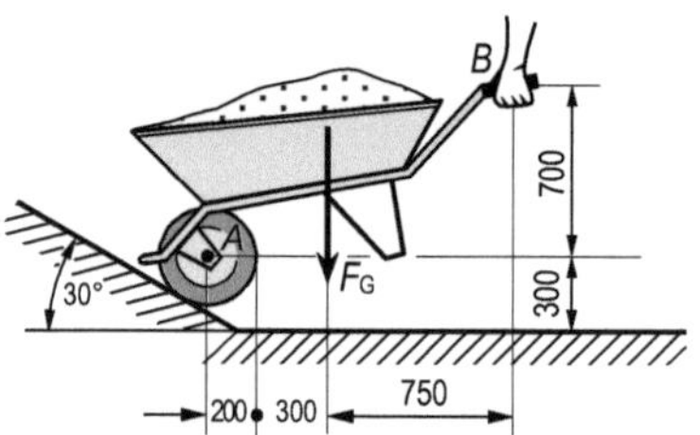

Bild 4.30: Schubkarre

3. a) Man bestimme die Gelenkkraft $\vec{F}_A$ und die Federkraft $\vec{F}_B$ für die Radaufhängung in **Bild 4.31**, wenn die Radauflagerkraft $F = 3{,}4$ kN beträgt.

b) Welche Kräfte $\vec{F}_A^*$ und $\vec{F}_C^*$ erhält man, falls das eine Ende der Feder statt im Punkt B im Punkt C befestigt wird?

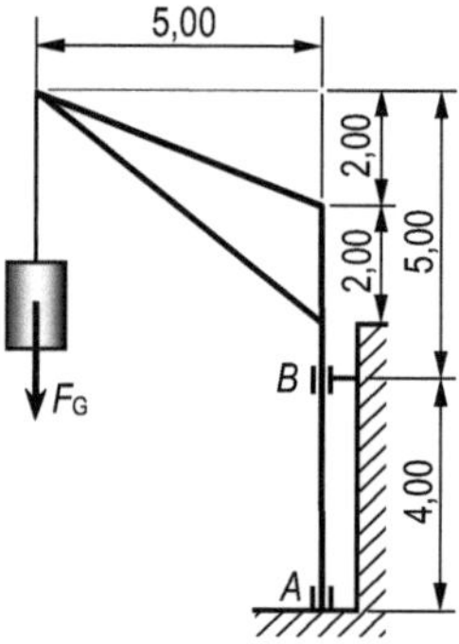

Bild 4.33: Drehkran

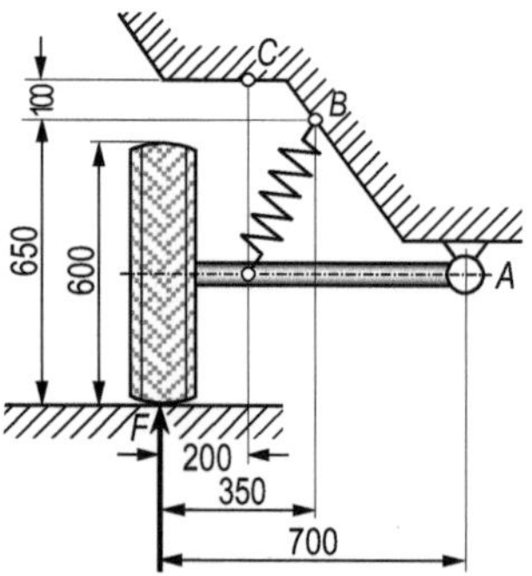

Bild 4.31: Radaufhängung

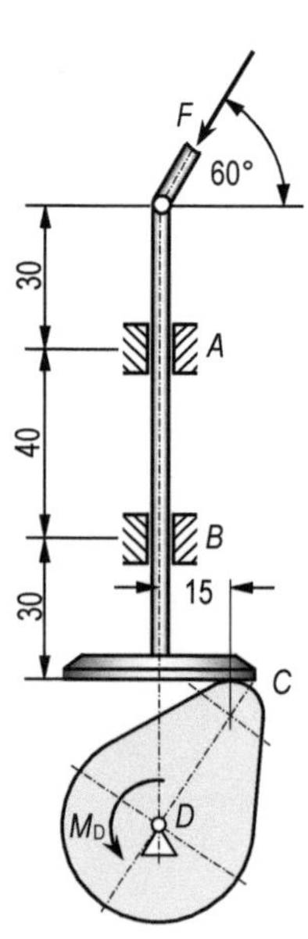

Bild 4.32:
Tellerstößel mit Kreisbogennockenantrieb

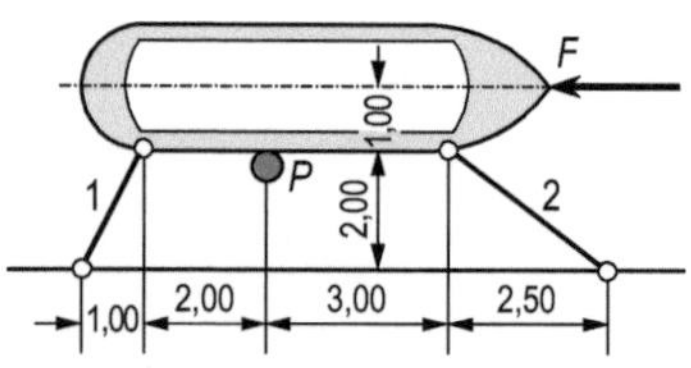

Bild 4.34: Festgemachtes Boot

4. Auf den Tellerstößel mit Kreisbogennockenantrieb wirkt die Kraft $F = 85$ N (**Bild 4.32**). Man bestimme für die gezeichnete Stellung die Kraft $\vec{F}_\mathrm{C}$, die vom Nocken auf den Stößel ausgeübt wird, die Führungskräfte $\vec{F}_\mathrm{A}$ und $\vec{F}_\mathrm{B}$ sowie das Antriebsmoment M_D.

5. Man bestimme die Auflagerkräfte des Drehkranes in **Bild 4.33** infolge der Last $F_\mathrm{G} = 6$ kN.

6. Ein Boot wird durch zwei Seile und einen Pfahl P am Ufer festgemacht (**Bild 4.34**).

a) Man bestimme die Seilkräfte und die Kraft, die der Pfahl auf das Boot ausübt, wenn die Kraft auf das Boot infolge der Strömung $F = 250$ N beträgt.

b) Bleibt das Boot in der gezeichneten Lage, wenn sich die Strömungsrichtung umkehrt?

7. Welche hydraulische Kraft $\vec{F}_\mathrm{H}$ ist erforderlich, um das Kraftfahrzeug mit dem Gewicht $F_\mathrm{G} = 12$ kN auf der Reparaturbühne in der dargestellten Stellung (**Bild 4.35**) zu halten? Wie groß ist dabei die Gelenkkraft $\vec{F}_\mathrm{A}$?

8. Auf ein Konstruktionsteil (**Bild 4.36**) werden durch gleichzeitiges Anziehen von zwei Muttern die Momente (Kräftepaare!) $M_1 = 100$ Nm und $M_2 = 60$ Nm ausgeübt. Man bestimme die Auflagerkräfte.

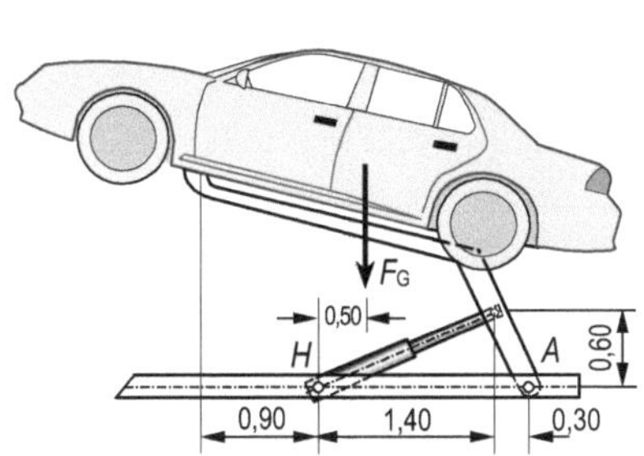

Bild 4.35: Hydraulische Reparaturbühne

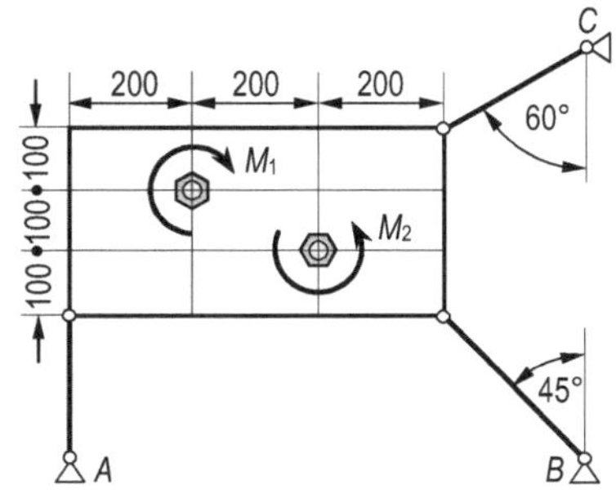

Bild 4.36: Konstruktionsteil mit Momentbelastung

9. Der Retorten-Beschickungskübel (**Bild 4.37a**) kann beim Fahren nicht umkippen, da der in Punkt A drehbar gelagerte Hängearm am Anschlagwinkel B anliegt.

a) Man bestimme die Gelenkkraft $\vec{F}_\mathrm{A}$ und die Kraft $\vec{F}_\mathrm{B}$, mit der der Anschlagwinkel auf den Hängearm wirkt, die während des Förderns infolge der Gewichtskraft $F_\mathrm{G} = 13$ kN auftreten.

b) Entleert wird dadurch, dass die beiden Kübelnasen in eine feststehende Stange D eingreifen (**Bild 4.37b**). Man bestimme die Kräfte $\vec{F}_\mathrm{D}$ auf die Kübelnasen und die Seilkraft für die gezeichnete Kipplage.

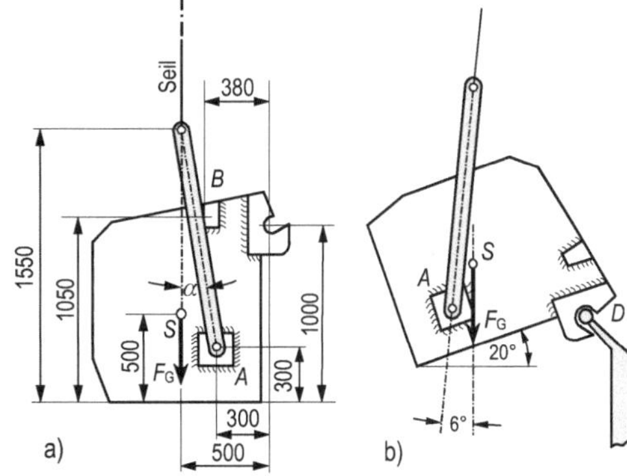

Bild 4.37: Retorten-Beschickungskübel

c) Welchen Winkel α' würde der Hängearm mit der lotrechten Richtung beim Fördern bilden, wenn sich der Schwerpunkt infolge einer ungleichmäßigen Beladung um 100 mm aus dem Punkt S nach links (**Bild 4.37a**) verschiebt?

5 Schwerpunkt

5.1 Schwerpunkt eines Körpers

Die Schwerkraft oder Gewichtskraft ist diejenige Kraft, die auf einen Körper infolge der Erdanziehung wirkt. Sie ist eine *Volumenkraft*, d. h. sie ist auf den ganzen Körper verteilt. Denkt man sich den Körper in n kleine Teilkörper zerlegt, so wirkt an jedem Teilkörper mit dem Rauminhalt ΔV_i eine Gewichtskraft $\Delta \vec{F}_{Gi}$ ($i = 1, 2, 3, ..., n$). In **Bild 5.1a** ist aus Gründen der Übersichtlichkeit nur ein Teilkörper gezeichnet. Alle Teilgewichtskräfte $\Delta \vec{F}_{Gi}$ sind in die lotrechte Richtung, also zum Erdmittelpunkt hin gerichtet. Sie können als parallel angesehen werden, da der Abstand zum Erdmittelpunkt im Vergleich mit den Abmessungen des Körpers sehr groß ist. Die Resultierende der Teilgewichtskräfte $\Delta \vec{F}_{Gi}$ ist die Gewichtskraft $\vec{F}_G$, die ebenfalls in lotrechte Richtung weist und deren Angriffspunkt der *Schwerpunkt S* des Körpers ist.

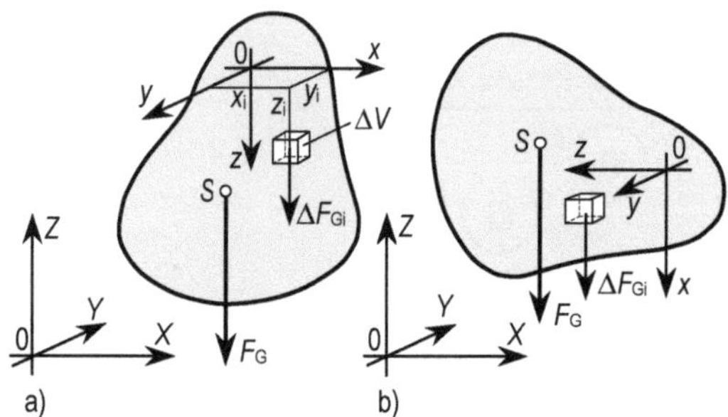

Bild 5.1:
Schwerpunkt eines Körpers

Die Lage des Schwerpunktes bestimmt man dadurch, dass man die Wirkungslinien von $\vec{F}_G$ für zwei verschiedene Drehlagen des Körpers ermittelt und ihren Schnittpunkt bestimmt.

Der Schwerpunkt eines Körpers ist derjenige feste Punkt bezüglich des Körpers, durch den – unabhängig von seiner Lage im Raum – stets die Wirkungslinie der auf ihn wirkenden resultierenden Gewichtskraft hindurchgeht.

Jede Gerade bzw. Ebene durch den Schwerpunkt wird *Schwerelinie* bzw. *Schwereebene* genannt.

Wird ein Körper an einem Faden aufgehängt, so nimmt der Faden im Gleichgewichtszustand bezüglich des Körpers eine Lage ein, in der er mit einer Körperschwerlinie zusammenfällt **(Bild 5.2a)**. Für einen zweiten Aufhängepunkt **(Bild 5.2b)** er-

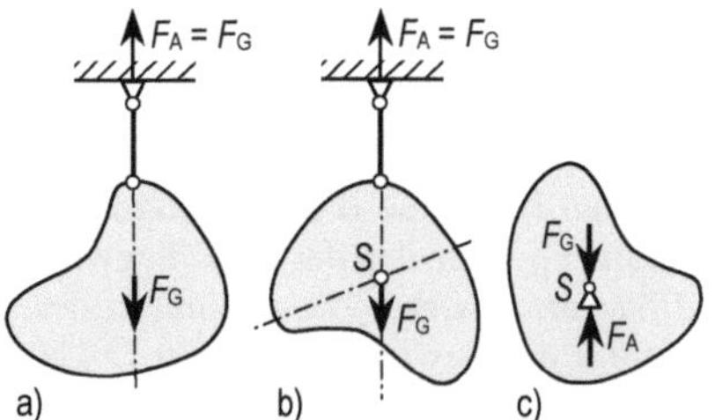

Bild 5.2: Experimentelle Schwerpunktbestimmung a) und b) und in seinem Schwerpunkt unterstützter Körper (c)

hält man eine zweite Schwerelinie, und der Schnittpunkt der beiden Schwerelinien ergibt den Schwerpunkt. Auf diese Weise lässt sich der Schwerpunkt experimentell bestimmen. Ein in seinem Schwerpunkt aufgehängter oder unterstützter Körper bleibt für beliebige Lagen im Gleichgewicht **(Bild 5.2c)**.

Zur analytischen Berechnung des Körperschwerpunktes führt man ein körperfestes x, y, z-Koordinatensystem so ein, dass die Teilgewichtskräfte $\Delta \vec{F}_G$ in positive z-Richtung weisen (**Bild 5.1a**). In diesem Koordinatensystem lassen sich die Teilgewichtskräfte $\Delta \vec{F}_G$ und die Gewichtskraft $\vec{F}_G$ darstellen als

$$\Delta \vec{F}_{Gi} = (0, 0, \Delta F_{Gi}) \quad \text{mit} \quad \Delta F_{Gi} = |\Delta \vec{F}_{Gi}| \tag{5.1}$$

$$\vec{F}_G = (0, 0, F_G) \quad \text{mit} \quad F_G = |\vec{F}_G| = \sum_{i=1}^{n} \Delta F_{Gi} \tag{5.2}$$

Die Wirkungslinie der Resultierenden verläuft parallel zur z-Achse. Die Koordinaten x_S, y_S ihrer Punkte berechnen wir durch Anwendung des Momentesatzes (s. Abschn. 4.2.2), nach dem das statische Moment der Gewichtskraft $\vec{F}_G$ bezüglich der x- bzw. y-Achse jeweils gleich der Summe der statischen Momente der Teilgewichtskräfte $\Delta \vec{F}_{Gi}$ in Bezug auf dieselben Koordinatenachsen ist. Damit gilt:

$$y_S F_G = \sum_{i=1}^{n} y_i \Delta F_{Gi} \qquad\qquad x_S F_G = \sum_{i=1}^{n} x_i \Delta F_{Gi} \tag{5.3}$$

Bei einer Drehung des Körpers im Raum wirken die Teilgewichtskräfte $\Delta \vec{F}_{Gi}$ und deren Resultierende $\vec{F}_G$ unverändert lotrecht. Ihre Vektoren drehen sich dabei relativ zum körperfesten x, y, z-Koordinatensystem. Dreht man nun den Körper so, dass die Teilgewichtskräfte $\Delta \vec{F}_{Gi}$ und die Gewichtskraft $\vec{F}_G$ in positive x-Richtung weisen (**Bild 5.1b**), so erhält man die Koordinaten y_S, z_S der Punkte der Wirkungslinie von $\vec{F}_G$, die jetzt parallel zur x-Achse verläuft, durch erneute Anwendung des Momentesatzes

$$z_S F_G = \sum_{i=1}^{n} z_i \Delta F_{Gi} \qquad\qquad y_S F_G = \sum_{i=1}^{n} y_i \Delta F_{Gi} \tag{5.4}$$

Zusammenfassend folgt aus Gl. (5.3) und Gl. (5.4) für die Koordinaten x_S, y_S, z_S des Körperschwerpunktes S, den man als Schnittpunkt der ermittelten Wirkungslinien erhält

$$x_S = \frac{1}{F_G} \sum_{i=1}^{n} x_i \Delta F_{Gi} \qquad y_S = \frac{1}{F_G} \sum_{i=1}^{n} y_i \Delta F_{Gi} \qquad z_S = \frac{1}{F_G} \sum_{i=1}^{n} z_i \Delta F_{Gi} \tag{5.5}$$

$$\text{mit} \quad F_G = \sum_{i=1}^{n} \Delta F_{Gi}$$

Bei Körpern, die sich in endlich viele Teilkörper zerlegen lassen, von denen die Schwerpunkte bereits bekannt sind, liefern die Gleichungen (5.5) die exakten Werte der Schwerpunktkoordinaten. Ist diese Zerlegung nicht möglich, so sind die Angriffspunkte der Teilgewichtskräfte nicht bekannt. Als Angriffspunkt für die Teilgewichtskraft $\Delta \vec{F}_{Gi}$ des i-ten Teilkörpers wird näherungsweise irgendein Punkt mit den Koordinaten x_i, y_i, z_i dieses Teilkörpers angenommen. Daher liefern die Gleichungen (5.5) in diesem Fall nur Näherungswerte für die Schwerpunktkoordinaten x_S, y_S, z_S. Die Ergebnisse werden um so genauer, je feiner der Körper unterteilt wird. Die exakten Schwerpunktkoordinaten des Körpers erhält man, wenn man die Teilkörper unendlich klein macht, wobei ihre Anzahl $n \to \infty$ geht. Aus den endlichen Teilkörpern werden dann differenzielle Teilelemente mit den differenziellen Teilgewichtskräften $\mathrm{d}\vec{F}_{\mathrm{Gi}}$. Bei diesem Grenzübergang werden aus den Summen in Gl. (5.5) Integrale, sodass sich folgende Ausdrücke zur Berechnung der Schwerpunktkoordinaten x_{s}, y_{s} und z_{s} ergeben:

$$x_{\mathrm{s}} = \frac{1}{F_{\mathrm{G}}}\int x\,\mathrm{d}F_{\mathrm{G}} \qquad y_{\mathrm{s}} = \frac{1}{F_{\mathrm{G}}}\int y\,\mathrm{d}F_{\mathrm{G}} \qquad z_{\mathrm{s}} = \frac{1}{F_{\mathrm{G}}}\int z\,\mathrm{d}F_{\mathrm{G}} \tag{5.6}$$

mit $\quad F_{\mathrm{G}} = \int \mathrm{d}F_{\mathrm{G}}$

Die auf den Körper wirkende Gewichtskraft F_{G} lässt sich durch die Masse m des Körpers und die Fallbeschleunigung g ausdrücken

$$F_{\mathrm{G}} = m\,g \tag{5.7}$$

Analog erhält man für die Teilgewichtskraft $\mathrm{d}F_{\mathrm{Gi}}$ eines differenziellen Teilelementes

$$\mathrm{d}F_{\mathrm{Gi}} = \mathrm{d}m\,g \tag{5.8}$$

Setzt man die Gl. (5.7) und (5.8) in Gl. (5.6) ein, so kürzt sich die Fallbeschleunigung g heraus und man erhält

$$x_{\mathrm{s}} = \frac{1}{m}\int x\,\mathrm{d}m \qquad y_{\mathrm{s}} = \frac{1}{m}\int y\,\mathrm{d}m \qquad z_{\mathrm{s}} = \frac{1}{m}\int z\,\mathrm{d}m \tag{5.9}$$

mit $\quad m = \int \mathrm{d}m$

Der Schwerpunkt ist also nur von der Massenverteilung und nicht von der konstanten Fallbeschleunigung abhängig. Er wird daher auch als *Massenmittelpunkt* bezeichnet.

In den vorhergehenden Betrachtungen wurde angenommen, dass die Fallbeschleunigung konstant ist. Wird die Änderung der Fallbeschleunigung innerhalb eines Körpers berücksichtigt, so kann man nur von einem durch Gl. (5.9) definierten Massenmittelpunkt, jedoch nicht von dem Schwerpunkt des Körpers sprechen. Da bei nichtkonstanter Fallbeschleunigung sich bei der Drehung des Körpers auch die Beträge der Teilgewichtskräfte $\Delta \vec{F}_{\mathrm{Gi}}$ ändern, gibt es dann auch keinen festen Körperpunkt, durch den stets die resultierende Gewichtskraft hindurchgeht. Der Betrag der resultierenden Gewichtskraft ist dann ebenfalls von der Lage des Körpers im Raum abhängig.

Dichte

Der Quotient

$$\bar{\rho} = \frac{\Delta m}{\Delta V} \tag{5.10}$$

heißt *durchschnittliche* Dichte des Volumenelementes eines Körpers ΔV mit der Masse Δm (**Bild 5.3**).

Ist P ein Punkt des Volumenelementes ΔV und lässt man $\Delta V \to 0$ gehen, wobei P stets in ΔV liegen bleibt, so heißt der Grenzwert des Quotienten Gl. (5.10)

$$\rho = \lim_{\Delta V \to 0} \frac{\Delta m}{\Delta V} = \frac{\mathrm{d}m}{\mathrm{d}V} \qquad (5.11)$$

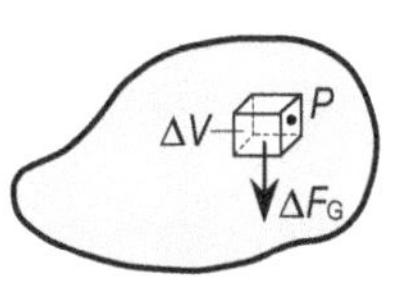

Bild 5.3: Zur Definition der Dichte

Dichte im Punkt P des Körpers.

Ist die Dichte ρ in jedem Punkt eines Körpers gleich groß ($\rho = \rho_0$ = const), so heißt der Körper *homogen*. Ist sie nicht konstant, also eine mit den Koordinaten x, y, z des Punktes P veränderliche Funktion $\rho = \rho\,(x, y, z)$, so heißt der Körper *inhomogen*.

Für einen homogenen Körper mit dem Volumen V, auf den die Gewichtskraft F_G wirkt, gilt nach Gl. (5.7) und Gl. (5.8)

$$F_\mathrm{G} = \rho\, g\, V \qquad \mathrm{d}F_\mathrm{G} = \rho\, g\, \mathrm{d}V \qquad (5.12)$$

Setzt man diese Ausdrücke in Gl. (5.6) ein, so kürzt sich $\rho\, g$ heraus, und man erhält

$$x_\mathrm{s} = \frac{1}{V}\int x\,\mathrm{d}V \qquad y_\mathrm{s} = \frac{1}{V}\int y\,\mathrm{d}V \qquad z_\mathrm{s} = \frac{1}{V}\int z\,\mathrm{d}V \qquad (5.13)$$

mit $\quad V = \int \mathrm{d}V$

> Der Schwerpunkt eines homogenen Körpers ist nur von der geometrischen Gestalt und den Abmessungen des Körpers abhängig.

Im Folgenden beschränken wir uns auf die Betrachtung homogener Körper.

5.2 Schwerpunkte von Flächen und Linien

Wir betrachten einen flächenhaften Körper, z. B. ein gebogenes Blechstück. Solche Körper, die als Schale bezeichnet werden, können durch die Angabe der so genannten Mittelfläche und der *Wanddicke t* an jeder Stelle der *Mittelfläche* beschrieben werden (**Bild 5.4**). Bezeichnen wir mit A den Flächeninhalt der Mittelfläche einer *homogenen Schale* mit *konstanter Wanddicke t*, so ist das Volumen V der Schale und das differenzielle Volumenelement $\mathrm{d}V$ gegeben durch

$$V = t\, A \qquad \mathrm{d}V = t\, \mathrm{d}A$$

Setzt man diese Ausdrücke in die Gl. (5.13) ein, so kürzt sich t heraus und man erhält

$$x_\mathrm{s} = \frac{1}{A}\int x\,\mathrm{d}A \qquad y_\mathrm{s} = \frac{1}{A}\int y\,\mathrm{d}A \qquad z_\mathrm{s} = \frac{1}{A}\int z\,\mathrm{d}A \qquad (5.14)$$

mit $\quad A = \int \mathrm{d}A$

Da die Schwerpunktkoordinaten in Gl. (5.14) nur von der geometrischen Gestalt der gegebenen Fläche (Mittelfläche) abhängen, sagt man, dass durch sie der *Flächenschwerpunkt* gegeben ist.

Hat der Körper die Gestalt eines Balkens (s. Definition des Balkens in Abschn. 9.1) mit konstantem Querschnitt A (z. B. ein Stück Draht) und ist s die Bogenlänge der Balkenachse (**Bild 5.5**), die im Allgemeinen eine Raumkurve ist, so gilt für sein Volumen V und das Volumenelement $\mathrm{d}V$

$$V = A\, s \qquad \mathrm{d}V = A\, \mathrm{d}s$$

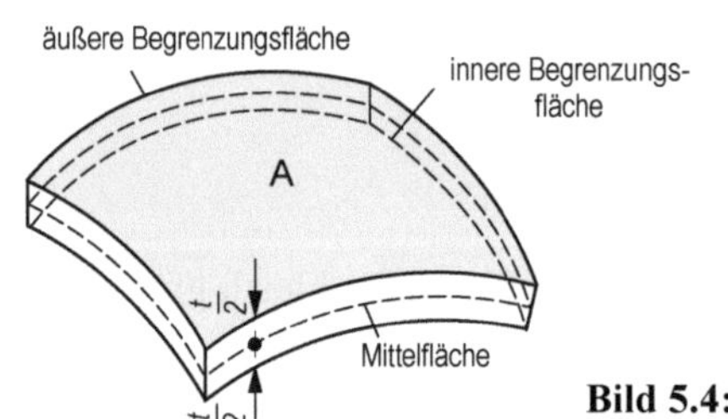

Bild 5.4: Schale

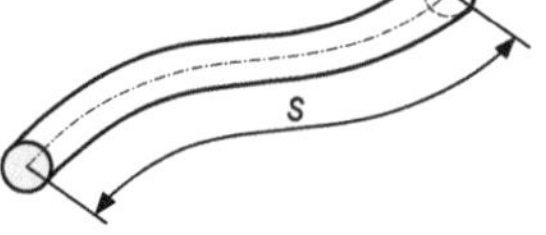

Bild 5.5: Gekrümmter Balken

Mit diesen Beziehungen gehen die Gl. (5.13) nach Herauskürzen von A über in

$$x_s = \frac{1}{s}\int x \, ds \qquad y_s = \frac{1}{s}\int y \, ds \qquad z_s = \frac{1}{s}\int z \, ds \tag{5.15}$$

mit $\quad s = \int ds$

Da die Schwerpunktkoordinaten x_s, y_s, z_s in Gl. (5.15) nur von der geometrischen Gestalt der gegebenen Raumkurve (z. B. Balkenachse) abhängen, bezeichnet man den durch sie gegebenen Punkt als *Kurven-* oder *Linienschwerpunkt*.

Besonders häufig werden die Schwerpunkte von *ebenen* Flächenstücken und *ebenen* Linien bestimmt. Legt man das ebene Flächen- bzw. Kurvenstück in die x, y-Ebene, so ist die Schwerpunktkoordinate $z_s = 0$, d. h., bei ebenen Gebilden entfällt für die Berechnung in Gl. (5.14) und Gl. (5.15) jeweils die letzte Gleichung.

5.3 Schwerpunkte zusammengesetzter Gebilde

Die Begriffe homogener Körper, Fläche, Linie wollen wir im Folgenden unter dem Sammelbegriff *Gebilde* zusammenfassen.

Oft lässt sich ein Gebilde aus einfachen Teilgebilden aufbauen, deren Schwerpunkte bekannt sind. So kann z. B. ein Trapez aus zwei Dreiecken, eine Maschinenwelle aus Zylindern und Kegelstümpfen aufgebaut werden. Der Schwerpunkt solcher zusammengesetzter Gebilde lässt sich nach der Gl. (5.5) berechnen. Sind x_i, y_i, z_i die Schwerpunktkoordinaten der Teilkörper mit den Gewichtskräften F_{Gi} und x_s, y_s, z_s die Schwerpunktkoordinaten des Gesamtkörpers mit der Gewichtskraft $F_G = \sum F_{Gi}$, so gilt nach Gl. (5.5)

$$x_s \sum F_{Gi} = \sum x_i \, F_{Gi} \qquad y_s \sum F_{Gi} = \sum y_i \, F_{Gi} \qquad z_s \sum F_{Gi} = \sum z_i \, F_{Gi} \tag{5.16}$$

Handelt es sich um geometrische Schwerpunkte von Körpern, Flächen und Linien, so ist in Gl. (5.16) F_{Gi} durch V_i, A_i oder s_i zu ersetzen. Bei ebenen, in der x, y-Ebene liegenden Gebilden entfällt bei der Berechnung die letzte Gleichung in Gl. (5.16), da $z_s = 0$.

Die Gl. (5.16) enthalten eine Erweiterung des Begriffes *statisches Moment* auf skalare Größen. Ursprünglich haben wir nämlich diesen Begriff für Kräfte, also für vektorielle Größen, definiert, und in den Gl. (5.16), die aus den Gl. (5.5) bzw. Gl. (5.6) folgten, bedeuten die rechten Seiten Summen der statischen Momente. Wir benutzen aber dieselben Gl. (5.16) zur Berechnung von geometrischen Schwerpunkten, wobei Rauminhalte, Flächeninhalte und Bogenlängen skalare Größen sind. Bei Berechnung eines Flächenschwerpunktes z. B. werden in der ersten Gleichung von Gl. (5.16) die Schwerpunktkoordinaten x_i, also die „positiven und negativen Abstände" der Teilschwerpunkte von der y, z-Ebene, mit den zugehörigen Flächeninhalten A_i multipliziert.

Man bezeichnet das Produkt $x_i A_i$ als statisches Moment oder auch als Moment 1. Grades[1] der Fläche mit dem Inhalt A_i bezüglich der y, z-Ebene bei einer Raumfläche, oder bezüglich der y-Achse bei einem ebenen Flächenstück in der x, y-Ebene.

Entsprechend heißt $y_i A_i$ das statische Moment der Fläche A_i bezüglich der x, z-Ebene, oder bezüglich der x-Achse bei einem ebenen Flächenstück in der x, y-Ebene und $z_i A_i$ das statische Moment der Fläche A_i bezüglich der x, y-Ebene. Genauso spricht man von statischen Momenten bzw. Momenten 1. Grades der Rauminhalte, Bogenlängen und Massen.

Die Gl. (5.16) sind eine Aussage des Momentesatzes (s. Abschn. 4.2.2) und bedeuten in Worten:

Die Summe der statischen Momente der Teilgebilde bezüglich einer Ebene oder Achse ist gleich dem statischen Moment des Gesamtgebildes bezüglich derselben Ebene oder Achse.

Ist die Summe der statischen Momente der Teilgebilde bezüglich einer Ebene oder Geraden gleich Null, so geht die Bezugsebene oder Bezugsgerade durch den Schwerpunkt des Gesamtgebildes.

Ist z. B. $\sum x_i F_{Gi} = 0$, so liegt der Schwerpunkt in der y, z-Ebene.

5.4 Bestimmung von Schwerpunkten

5.4.1 Gebilde mit Symmetrieachsen und Symmetrieebenen

Symmetrieachsen und Symmetrieebenen von Gebilden sind Schwereachsen und Schwereebenen.

Symmetrisch liegende Teile eines Gebildes haben nämlich auch symmetrisch liegende Schwerpunkte S_i und S_i' bezüglich derselben Symmetrieachse bzw. Symmetrieebene (**Bild 5.6**). Da aufgrund der Gleichheit der Teile auch die auf sie wirkenden Gewichtskräfte gleich groß sind, halbiert der Schwerpunkt S des Gesamtgebildes den Abstand zwischen den Teilschwerpunkten und liegt somit auf der Symmetrieachse bzw. in der Symmetrieebene.

Demnach ist bei räumlichen Gebilden mit drei oder mehr Symmetrieebenen der Schwerpunkt als gemeinsamer Punkt dieser Symmetrieebenen festgelegt (z. B. Quader, Kugel, Zylinder, Ellipsoid), bei ebenen Gebilden mit zwei oder mehr Symmetrieachsen als Schnittpunkte dieser Achsen (**Bild 5.7**).

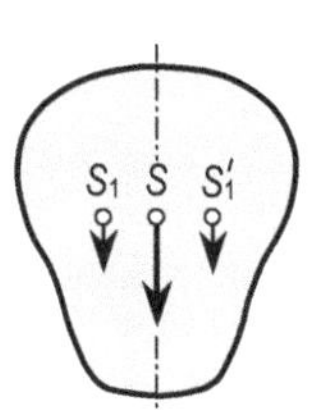

Bild 5.6:
Gebilde mit einer Symmetrieebene bzw. einer Symmetrieachse

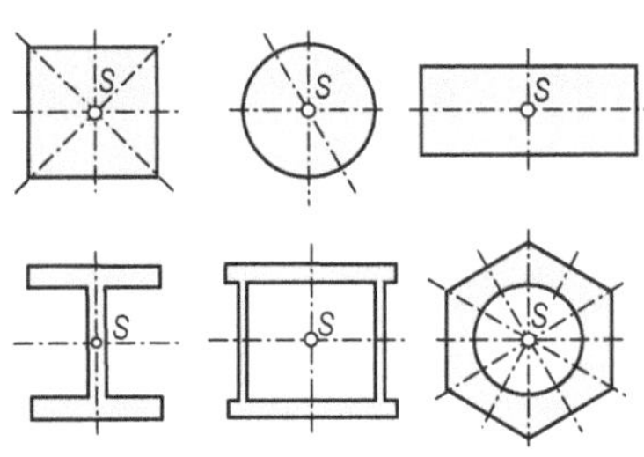

Bild 5.7:
Schwerpunkte von Flächen mit zwei und mehr Symmetrieachsen

---

[1] Siehe Band *Festigkeitslehre*, Abschn. 4.1.

Die Schnittgerade von zwei Symmetrieebenen ist eine Schwerelinie. Der Schwerpunkt eines *Rotationskörpers* oder einer *Rotationsfläche* liegt auf der Rotationsachse, denn diese ist als Schnittgerade von unendlich vielen Symmetrieebenen eine Schwerelinie.

5.4.2 Einige einfache Gebilde

Nachstehend sind die Schwerpunkte einiger einfacher Linien und Flächen angegeben, die durch formelmäßige Integration oder nach Gl. (5.16) bestimmt werden können. Schwerpunkte anderer einfacher Gebilde findet man in Taschenbüchern und Formelsammlungen.

Linienschwerpunkte

Geradenabschnitt (Bild 5.8). Aus Symmetriegründen wird der Geradenabschnitt von seinem Schwerpunkt halbiert.

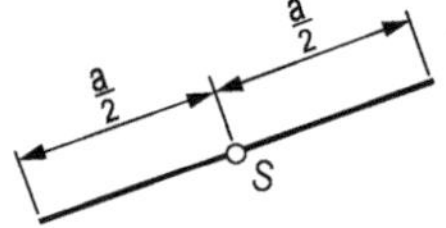

Bild 5.8: Schwerpunkt eines Geradenabschnittes

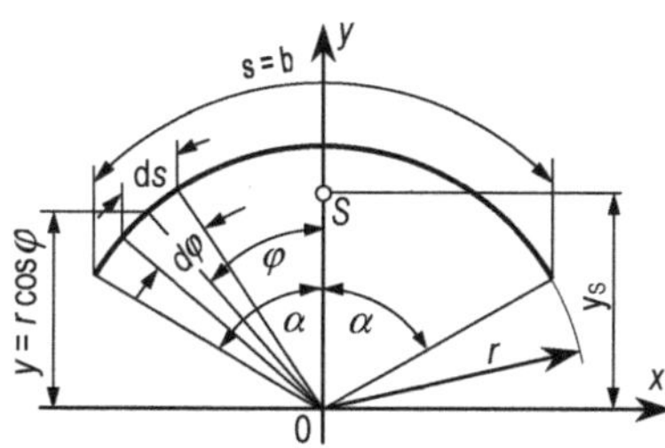

Kreisbogen (Bild 5.9). Der Schwerpunkt eines Kreisbogens liegt auf der Winkelhalbierenden seines Zentriwinkels, die als Symmetrielinie eine Schwerelinie ist. Sein Abstand vom Kreismittelpunkt ist

$$y_S = r\,\frac{\sin\alpha}{\alpha} \qquad (5.17)$$

Bild 5.9: Schwerpunkt eines Kreisbogens

Halbkreis. Hier ist $\alpha = \pi/2$ und $y_S = (2/\pi)\,r = 0{,}637\,r$.

Die y_S-Koordinate berechnet man nach Gl. (5.15). Mit der Gesamtlänge des Bogens $s = b = 2\alpha r$, dem Bogenelement $ds = r\,d\varphi$ und dem Abstand $y = r\cos\varphi$ des Bogenelementes von der x-Achse folgt

$$y_S = \frac{1}{2\,\alpha\,r}\int_{-\alpha}^{\alpha} r\cos\varphi\; r\,d\varphi = \frac{r^2}{2\,\alpha\,r}\,[\sin\varphi]_{-\alpha}^{\alpha} = \frac{r}{2\alpha}\,[\sin\alpha - \sin(-\alpha)] = r\,\frac{\sin\alpha}{\alpha}$$

Flächenschwerpunkte

Dreieck (Bild 5.10). Der Schwerpunkt eines Dreiecks ist der Schnittpunkt seiner Seitenhalbierenden, die Schwerelinien sind. Er hat daher von jeder Dreieckseite den Abstand $h/3$, wenn h jeweils die zugehörige Dreieckhöhe ist.

Dies sieht man wie folgt ein: Zerlegt man das Dreieck in schmale, zu einer Dreieckseite parallele Streifen (in **Bild 5.10a** sind nur einige Streifen eingezeichnet), so liegen die Streifenschwerpunkte jeweils in der Mitte des zugehörigen Streifens, d. h. sie liegen alle auf der Seitenhalbierenden. Dann liegt aber auch der Schwerpunkt des ganzen Dreiecks auf der Seitenhalbierenden, und die Seitenhalbierende ist eine Schwerelinie. In **Bild 5.10b** ist der Schwerpunkt eines *rechtwinkligen Dreiecks* angegeben. Dieser Sonderfall kommt in den Anwendungen sehr häufig vor.

Parallelogramm (Bild 5.11). Der Schwerpunkt eines Parallelogramms ist der Schnittpunkt seiner Diagonalen:

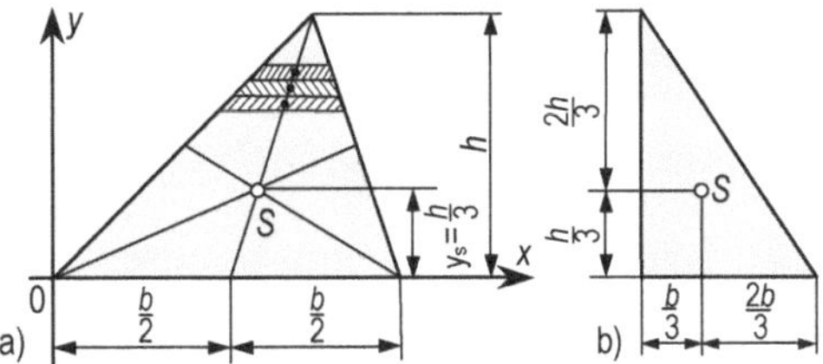

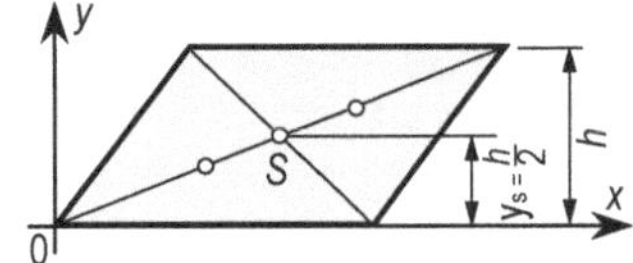

Bild 5.11: Schwerpunkt eines Parallelogramms

Bild 5.10: Schwerpunkt eines Dreiecks

Dies zeigt man z. B. dadurch, dass man das Parallelogramm durch eine Diagonale in zwei Dreiecke zerlegt. Die Dreieckschwerpunkte liegen auf den Seitenhalbierenden der Dreiecke und damit auf der Parallelogrammdiagonalen. Daher liegt auch der Gesamtschwerpunkt, der Schwerpunkt des Parallelogramms, der auf der Geraden durch die beiden Teilschwerpunkte liegen muss, auf der Parallelogrammdiagonalen. Die Diagonale des Parallelogramms ist eine Schwerelinie.

Trapez (Bild 5.12a). Die Verbindungsgerade der Halbierungspunkte der parallelen Seiten des Trapezes ist eine Schwerelinie (das folgt aus einer analogen Betrachtung wie beim Dreieck, indem man das Trapez in Streifen parallel zu seinen parallelen Seiten zerlegt), und der Schwerpunkt liegt über der Basisseite in der Höhe

$$y_S = \frac{h}{3} \cdot \frac{a + 2b}{a + b} \tag{5.18}$$

Bild 5.12:
Schwerpunkt eines
Trapezes
a) rechnerische
Bestimmung
b) zeichnerische
Ermittlung

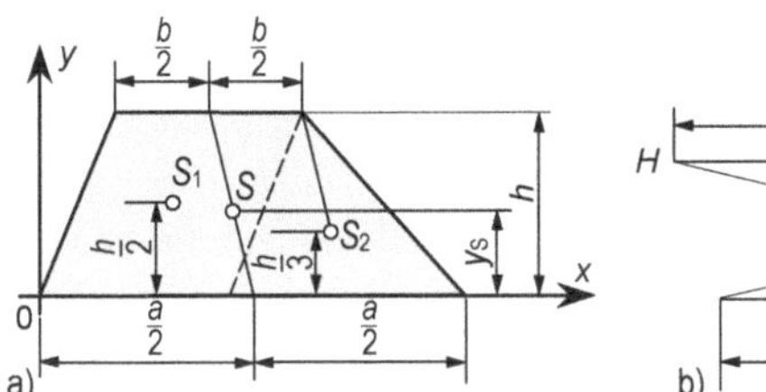

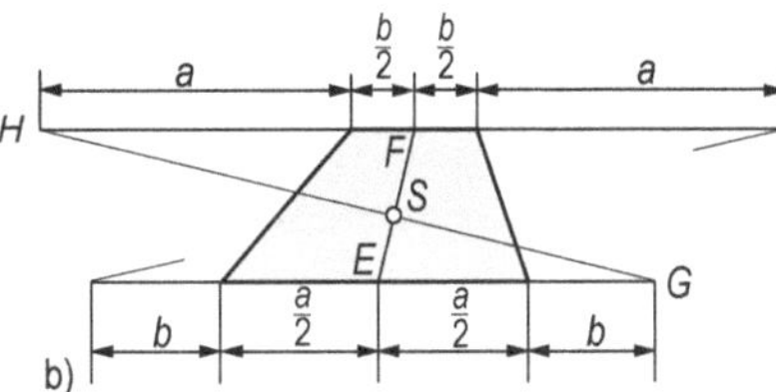

Man erhält diese Formel durch Zerlegung des Trapezes in Teilflächen, deren Schwerpunkte bekannt sind (z. B. Parallelogramm und Dreieck, s. **Bild 5.12a**, oder zwei Dreiecke) und Berechnung des Schwerpunktes des Trapezes aus den Schwerpunkten dieser Teilflächen nach Gl. (5.16) wie folgt:

Parallelogrammfläche: $\qquad A_1 = b\,h \qquad\qquad y_{S1} = \dfrac{h}{2}$

Dreieckfläche: $\qquad A_2 = (a - b)\,\dfrac{h}{2} \qquad\qquad y_{S2} = \dfrac{h}{3}$

$$(A_1 + A_2)\,y_S = A_1\,y_{S1} + A_2\,y_{S2}$$

$$\frac{a + b}{2}\,h\,y_S = b\,h\,\frac{h}{2} + (a - b)\frac{h}{2}\frac{h}{3}$$

Die Auflösung nach y_S ergibt Gl. (5.18).

Auf zeichnerischem Wege kann man den Schwerpunkt eines Trapezes durch die in **Bild 5.12b** angegebene Konstruktion bestimmen.

Die Richtigkeit dieser Konstruktion folgt aus der aufgrund der Ähnlichkeit der Dreiecke *SGE* und *SHF* sich ergebenden Beziehung

$$\frac{y_S}{h - y_S} = \frac{(a/2) + b}{(b/2) + a}$$

deren Auflösung nach y_s die Gl. (5.18) ergibt.

Kreissektor (Bild 5.13). Der Schwerpunkt eines Kreissektors liegt auf der Winkelhalbierenden seines Zentriwinkels, die als Symmetrielinie eine Schwerelinie ist, und sein Abstand vom Kreismittelpunkt ist

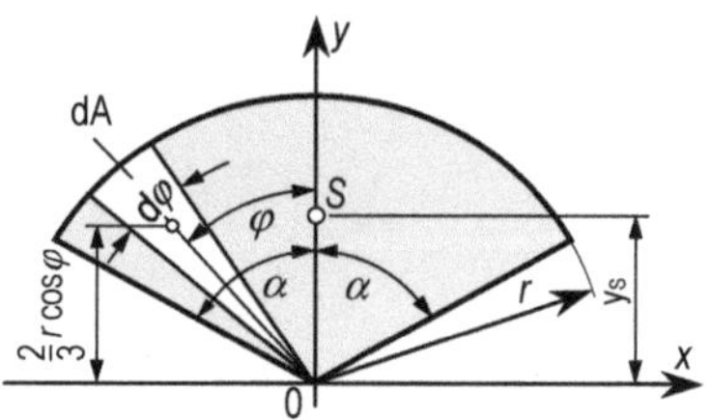

Bild 5.13: Schwerpunkt des Kreissektors

$$y_S = \frac{2}{3} r \frac{\sin \alpha}{\alpha} \tag{5.19}$$

Halbkreisfläche: $\alpha = \dfrac{\pi}{2}$ $y_S = \dfrac{4}{3\pi} r = 0{,}424\, r$

Viertelkreisfläche: $\alpha = \dfrac{\pi}{4}$ $y_S = 0{,}600\, r$

Den Abstand y_S berechnet man nach Gl. (5.14). Die Gesamtfläche des Kreissektors beträgt

$$A = \frac{\pi r^2}{2\pi}\, 2\alpha = r^2 \alpha$$

Die differenziellen Flächenelemente kann man als Dreieckflächen auffassen. Ihr Flächeninhalt beträgt

$$dA = \frac{1}{2} r\, d\varphi\, r = \frac{1}{2} r^2\, d\varphi$$

Der Abstand zwischen dem Schwerpunkt eines differenziellen Flächenelementes und der x-Achse beträgt

$$y = \frac{2}{3} r \cos \varphi$$

Die Auswertung des Integrals Gl. (5.14) liefert

$$y_S = \frac{1}{r^2 \alpha} \int_{-\alpha}^{\alpha} \frac{2}{3} r \cos\varphi \, \frac{1}{2} r^2 \, d\varphi = \frac{r}{3\alpha} \int_{-\alpha}^{\alpha} \cos\varphi\, d\varphi = \frac{r}{3\alpha} \Big[\sin\varphi\Big]_{-\alpha}^{\alpha} = \frac{2}{3} r \frac{\sin\alpha}{\alpha}$$

5.4.3 Zusammengesetzte Gebilde

Bei der Berechnung der Schwerpunktkoordinaten zusammengesetzter Gebilde ist es vorteilhaft, das Koordinatensystem so zu legen, dass der Koordinatenursprung in der Nähe des gesuchten Schwerpunktes liegt und dass die Koordinatenachsen, wenn möglich, durch einige Teilschwerpunkte gehen. Dann haben die Schwerpunktkoordinaten etwa gleiche Größenordnung und einige statische Momente sind gleich Null, wodurch die Berechnung einfacher wird (s. Beispiele). Nach einem anderen Gesichtspunkt ist es auch oft günstig, das Koordinatensystem so zu legen, dass alle Schwerpunktkoordinaten positiv oder gleich Null sind. Dadurch wird die Möglichkeit der Vorzeichenfehler verringert.

Beispiel 5.1: Der Flächenschwerpunkt des in **Bild 5.14** gegebenen Profils soll bestimmt werden. Das Profil wird in sechs Teilflächen mit bekannten Schwerpunkten zerlegt, die Halbkreisringfläche wird dabei als Differenz der zwei Halbkreisflächen $A_5 - A_6$ aufgefasst.

In Spalte 2 der nebenstehenden Tabelle sind die Flächeninhalte dieser Teilflächen, in den Spalten 3 und 4 die Koordinaten ihrer Schwerpunkte für das entsprechend **Bild 5.14** eingeführte Koordinatensystem angegeben. In den Spalten 5 und 6 sind dann die statischen Momente der Teilflächen bezüglich der y- und x-Achse berechnet. Nach Gl. (5.16) erhält man

1	2	3	4	5	6
i	$\dfrac{A_i}{\text{mm}^2}$	$\dfrac{x_i}{\text{mm}}$	$\dfrac{y_i}{\text{mm}}$	$\dfrac{x_i A_i}{\text{mm}^3}$	$\dfrac{y_i A_i}{\text{mm}^3}$
1	18	−8,67	−26	−156	−468
2	44	−8	−17,5	−352	−770
3	80	0	−10	0	−800
4	40	5	10	200	400
5	226	15,09	0	3410	0
6	−101	13,40	0	−1353	0
Σ	307			1749	−1638

$$x_S = \frac{1749 \text{ mm}^3}{307 \text{ mm}^2} = 5{,}70 \text{ mm} \; ;$$

$$y_S = \frac{-1638 \text{ mm}^3}{307 \text{ mm}^2} = -5{,}34 \text{ mm}$$

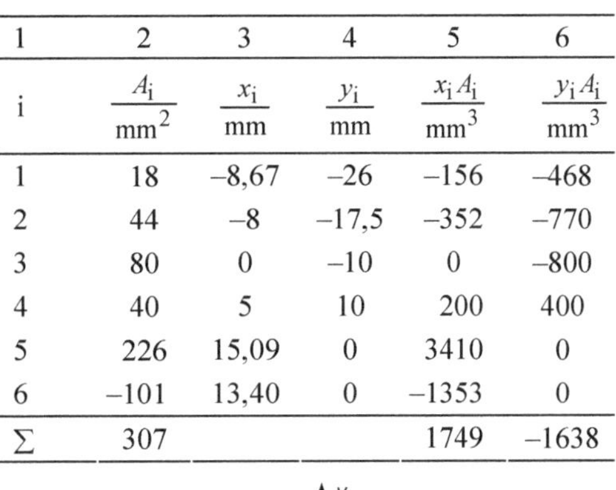

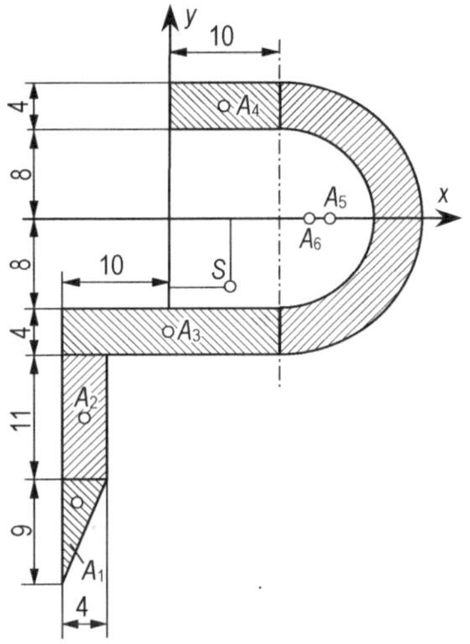

Bild 5.14: Schwerpunkt eines zusammengesetzten Profils

Beispiel 5.2: Der Schwerpunkt des Dachbinders (**Bild 5.15**), der aus Stäben mit gleichem Profil besteht, ist zu bestimmen.
Da die Stabgewichtskräfte den Stablängen proportional sind, wird der gesuchte Schwerpunkt als Linienschwerpunkt ermittelt.
Die in **Bild 5.15** nicht gegebenen Stablängen werden nach Pythagoras berechnet. Das Koordinatensystem legen wir so, dass die Koordinatenachsen durch je zwei Teilschwerpunkte gehen. Die Rechnung erfolgt in der nachstehenden Tabelle.

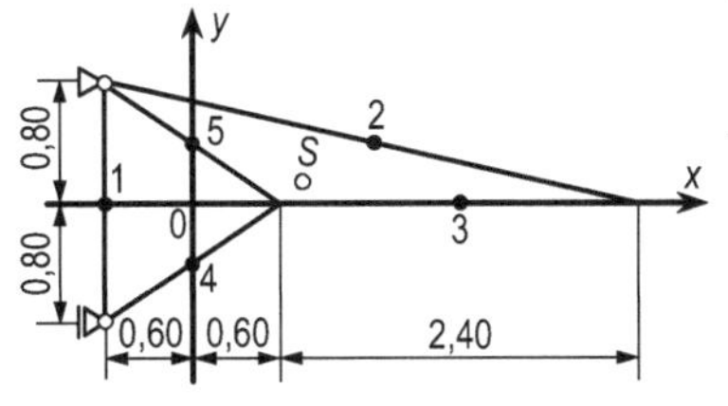

Bild 5.15: Schwerpunkt eines Dachbinders

Stab i	$\dfrac{l_i}{\text{m}}$	$\dfrac{x_i}{\text{m}}$	$\dfrac{y_i}{\text{m}}$	$\dfrac{x_i l_i}{\text{m}^2}$	$\dfrac{y_i l_i}{\text{m}^2}$
1	1,6	−0,6	0	−0,96	0
2	3,69	1,2	0,4	4,43	1,476
3	2,40	1,8	0	4,32	0
4	1,44	0	−0,4	0	−0,576
5	1,44	0	0,4	0	0,576
Σ	10,57			7,79	1,476

$$x_S = \frac{7{,}79 \text{ m}^2}{10{,}57 \text{ m}} = 0{,}737 \text{ m} \qquad y_S = \frac{1{,}476 \text{ m}^2}{10{,}57 \text{ m}} = 0{,}140 \text{ m}$$

5.4.4 Experimentelle und andere Verfahren

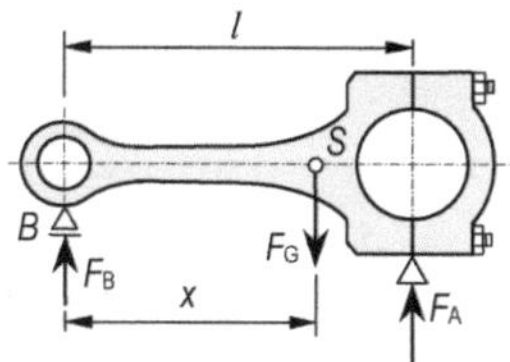

Bild 5.16: Bestimmung des Schwerpunktes einer Pleuelstange

Ist die Bestimmung des Schwerpunktes durch formelmäßige Integration oder durch Zerlegen des Gebildes in einfache Teilgebilde, deren Schwerpunkte bekannt sind, nicht möglich, so ist man auf andere Methoden angewiesen. So lassen sich die Integrale in Gl. (5.13), Gl. (5.14) und Gl. (5.15) durch numerische Integration auswerten. Ferner kann man den Schwerpunkt experimentell bestimmen, z. B. so, wie es in Abschn. 5.1 (**Bild 5.2**) beschrieben wurde. Eine andere experimentell-rechnerische Methode besteht darin, dass man den Körper an zwei Stellen abstützt und eine Auflagerkraft (oder beide) misst. Mit der bekannten Gewichtskraft des Körpers und einer Auflagerkraft (oder mit beiden bekannten Auflagerkräften) lässt sich dann die Lage der Wirkungslinie der auf den Körper wirkenden Gewichtskraft aus den Gleichgewichtsbedingungen berechnen.

Beispiel 5.3: Das Gewicht der Pleuelstange (**Bild 5.16**) ist $F_G = 7{,}65$ N, der Abstand zwischen den Auflagerstellen $l = 152$ mm. Mit Hilfe einer Waage misst man die Auflagerkraft $F_A = 5{,}60$ N. Aus der Momentegleichgewichtsbedingung bezüglich des Punktes B folgt

$$\sum M_{iB} = 0 = -F_G\, x + F_A\, l = -7{,}65\ \text{N} \cdot x + 5{,}60\ \text{N} \cdot 152\ \text{mm}$$

$$x = 111{,}3\ \text{mm}$$

Bei Berücksichtigung der Symmetrien der Pleuelstange ist damit die Lage ihres Schwerpunktes bestimmt.

5.5 Aufgaben zu Abschnitt 5

1. Man bestimme die Flächenschwerpunkte der Querschnitte (**Bild 5.17a** bis **e**).

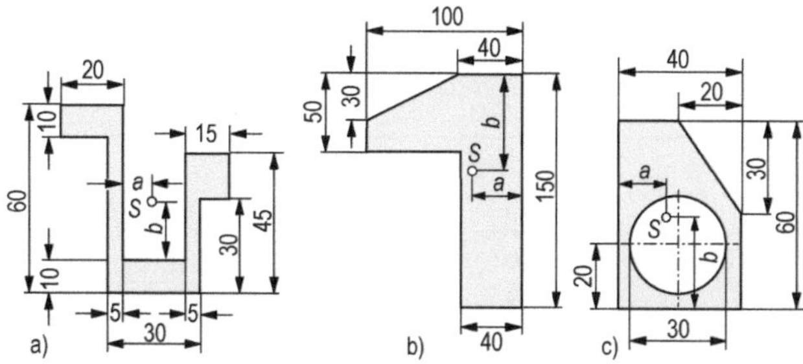

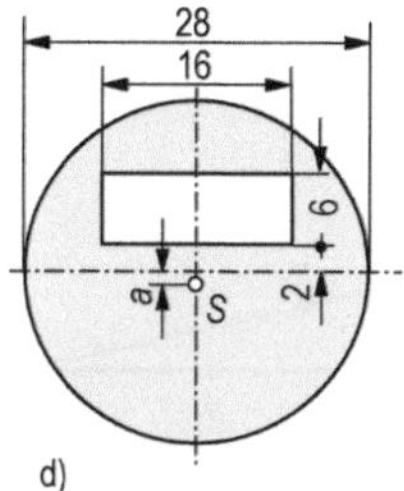

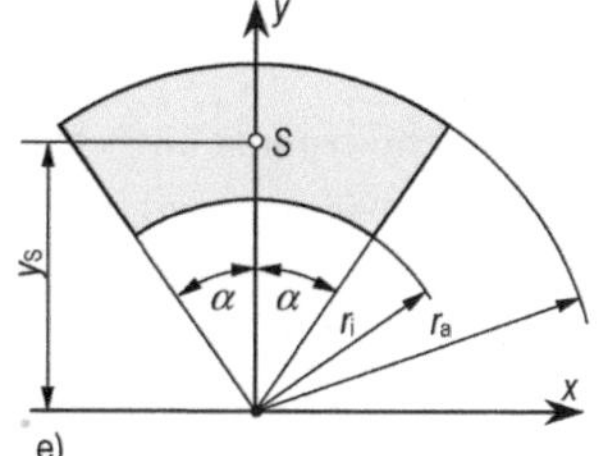

Bild 5.17: Querschnitte

2. Die Profile (Bild **5.17b** und **c**) sollen aus Blech gestanzt werden. Damit längs der Schnittkanten die Schnittkraft konstant ist und der Stempel nicht auf Biegung beansprucht wird, muss die Stempelkraft im Linienschwerpunkt der Profilkante angreifen. Man bestimme die Linienschwerpunkte der Profilkanten.

3. Ein Träger ist aus zwei Trägern mit den Profilen Normalprofil L 100 × 50 × 8 DIN 1029 und Normalprofil ⌶ 180 DIN 1026 zusammengesetzt (**Bild 5.18**).

Man bestimme den Schwerpunkt des zusammengesetzten Querschnittes. Schwerpunkte und Querschnittsflächen der einzelnen Profile entnehme man den entsprechenden Tabellen.

4. Der Drehkran (**Bild 5.19**) besteht aus sieben Stäben mit gleichem Profil. Man bestimme den Abstand a des Schwerpunktes des Drehkranes von der Drehachse.

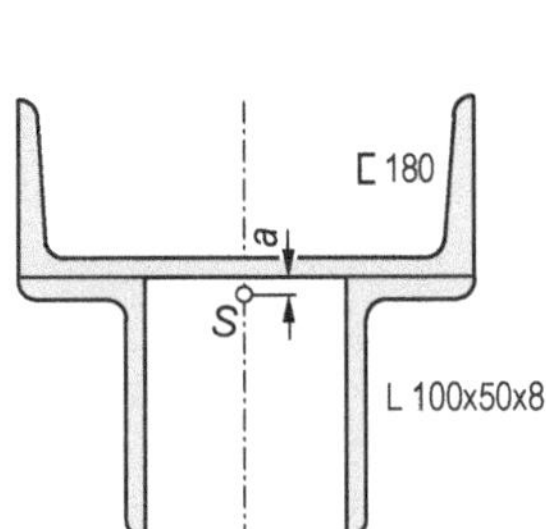

Bild 5.18: Zusammengesetztes Profil

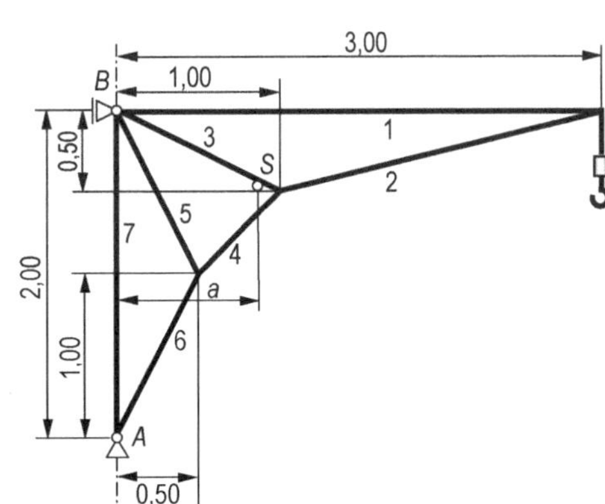

Bild 5.19: Drehkran

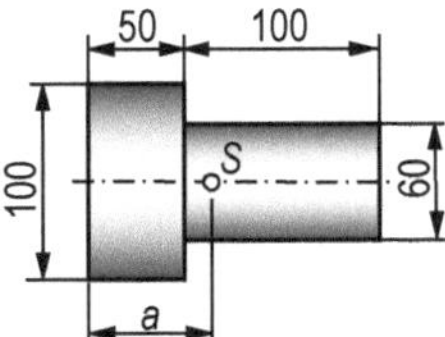

Bild 5.20: Rohrstutzen

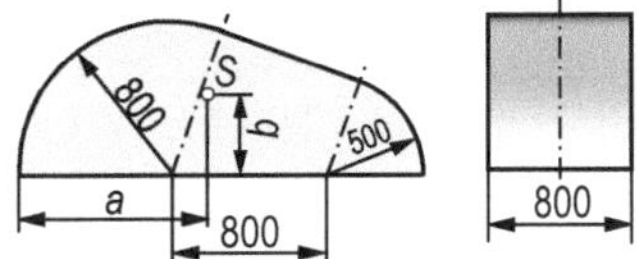

Bild 5.21: Maschinenschutzhaube

5. Wo liegt der Schwerpunkt des dünnwandigen[1] Rohrstutzens (**Bild 5.20**)?

6. In **Bild 5.21** ist eine Maschinenschutzhaube aus Blech in zwei Ansichten dargestellt. Man bestimme ihren Schwerpunkt[1].

---

[1] Die Blechdicke kann gegenüber den anderen Abmessungen vernachlässigt werden.

6 Systeme aus starren Scheiben

6.1 Zwischen- und Auflagerreaktionen. Auflager

Mit den Methoden der Mechanik werden in der Technik Maschinen, Fahrzeuge, Tragwerke und andere Konstruktionen untersucht. Diese bestehen aus verschiedenen Teilen, die durch Gelenke, Führungen und andere Elemente miteinander verbunden sind. Werden die einzelnen Teile als starr angesehen, so stellen solche Konstruktionen mechanische *Systeme aus starren Körpern* dar. Kräfte und Kräftepaare (Momente), mit denen die Teile eines Systems aufeinander wirken, bezeichnet man als *Zwischenreaktionen. Zwischenreaktionen* sind innere Kräfte (s. Abschn. 2.3.2).

Die Statik hat die Aufgabe, außer den Auflagerreaktionen auch die Zwischenreaktionen zu ermitteln. Ihre Kenntnis ist für die Bestimmung der Beanspruchung der Konstruktionsteile notwendig. Die Untersuchung eines mechanischen Systems aus starren Körpern wird auf die Untersuchung einzelner starrer Körper zurückgeführt. Dazu zerlegt man das System durch gedachte Schnitte (Schnittmethode, s. Abschn. 2.3.2) in Teile, von denen jedes als ein starrer Körper aufgefasst werden kann, und fasst die Zwischenreaktionen des Systems als Auflagerreaktionen der jeweiligen Teile auf. Dabei wird das Reaktionsaxiom berücksichtigt, nach dem die Zwischenreaktionen paarweise entgegengesetzt gleich sind.

In diesem Abschnitt beschränken wir uns auf die Untersuchung von mechanischen Systemen, die durch ebene Kräftesysteme beansprucht sind. Einen durch ein ebenes Kräftesystem belasteten Körper bezeichnet man als Scheibe. Zur Unterscheidung von einer Pendelstütze setzt man voraus, dass an einer Scheibe mehr als zwei Kräfte angreifen (s. auch S. 82 f.).

Bereits in Abschn. 2.3.1 haben wir untersucht, welche Kräfte an den Stellen auftreten können, an denen zwei Körper sich berühren. In **Tabelle 6.1** sind die möglichen Fälle zusammengestellt, wobei zu den in Abschn. 2.3.1 betrachteten Fällen der Fall einer Führung hinzugenommen ist. Durch eine Führung zusammenhängende Körper können aufeinander nur Kräfte senkrecht zur Führungsrichtung (Wirkungslinie bekannt) und Kräftepaare (Momente) ausüben. Für jede Anschlussart sind in der Zusammenstellung das Symbol und die möglichen Komponenten der Reaktionen angegeben. Auflagerstellen sind Stellen, an denen Teile eines mechanischen Systems an Körper, die nicht zum System gerechnet werden, anschließen. Man nennt ein Auflager *ein-, zwei-* oder *dreiwertig,* je nachdem, ob am Lager eine, zwei oder drei unabhängige Auflagerreaktionen auftreten können (s. letzte Spalte in **Tabelle 6.1**). Die Feststellung der Art einer Auflager- oder Anschlussstelle wird durch Untersuchung der Bewegungsmöglichkeiten erleichtert, die ein Anschluss zulässt, also durch Betrachtung der Anzahl und Art der *Freiheitsgrade* (s. vorletzte Spalte in **Tabelle 6.1**). Man beachte: Erlaubt ein Anschluss eine gegenseitige Drehung (Gelenk), so ist kein Kräftepaar als Zwischenreaktion möglich, erlaubt ein Anschluss eine gegenseitige Verschiebung (Führung), so kann in Richtung der möglichen Verschiebung keine Kraft als Zwischenreaktion auftreten.

Ein Gelenk kann kein Moment, eine Führung keine Kraft in der Führungsrichtung übertragen.

Tabelle 6.1: Anschluss- und Auflagerarten

	Bezeichnung der Anschlussstelle (des Auflagers)	Symbol	unabhängige Komponenten der Reaktionen	mögliche gegenseitige Bewegung	Wertigkeit des Auflagers
a	Reine Berührung, Verschiebliche Gelenkverbindung			Drehung und Verschiebung in einer Richtung (2 Freiheitsgrade)	1
b	Feste Gelenkverbindung			Nur Drehung (1 Freiheitsgrad)	2
c	Führung			Nur Verschiebung in einer Richtung (1 Freiheitsgrad)	2
d	Feste Einspannung			keine (0 Freiheitsgrade)	3

6.2 Statisch bestimmte und statisch unbestimmte Systeme

Die erste Aufgabe bei der Untersuchung mechanischer Systeme besteht gewöhnlich in der Ermittlung der Auflagerreaktionen. Bereits in Abschn. 3.1.3 wurde darauf hingewiesen, dass es nicht immer möglich ist, Auflagerreaktionen allein mit Hilfe der Gleichgewichtsbedingungen der Statik starrer Körper zu bestimmen.

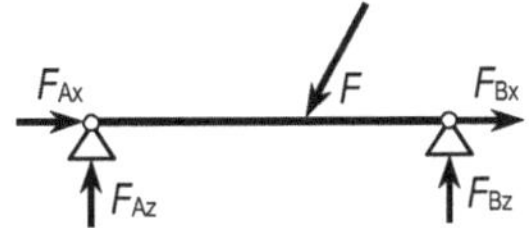

Bild 6.1: Statisch unbestimmt gelagerter Träger

Schon in dem einfachen Fall des Trägers mit zwei festen Gelenklagern (**Bild 6.1**) gelingt dies nicht. Bei der Bestimmung der Auflagerkräfte stehen den vier unbekannten Kraftkomponenten nur drei Gleichgewichtsbedingungen (z. B. Gl. (4.18)) gegenüber, die auf unendlich viele Arten befriedigt werden können. Um in diesem Fall die Auflagerkräfte dennoch bestimmen zu können, muss man die Annahme der Starrheit des Trägers fallen lassen und seine Verformungen infolge der Belastung berücksichtigen. Die Verformungsbedingung (s. Band *Festigkeitslehre*) liefert die fehlende Gleichung.

Ein mechanisches System ist statisch bestimmt gelagert, wenn bei beliebiger Belastung des Systems seine Auflagerreaktionen allein aus den Gleichgewichtsbedingungen bestimmt werden können. Reichen die Gleichgewichtsbedingungen dazu nicht aus, so ist das mechanische System statisch unbestimmt gelagert.

Der Kürze halber bezeichnet man die Systeme selbst, die statisch bestimmt bzw. unbestimmt gelagert sind, als statisch bestimmt bzw. statisch unbestimmt. Das System in **Bild 6.1** ist demnach statisch unbestimmt.

Komplizierten mechanischen Systemen kann man oft nicht unmittelbar ansehen, ob sie statisch bestimmt oder unbestimmt sind. Für den Fall einer rechnerischen Untersuchung kann man jedoch durch Abzählen leicht feststellen, ob wenigstens die Anzahl der Unbekannten mit der Anzahl der zur Verfügung stehenden Gleichungen übereinstimmt, was eine notwendige Bedingung für die Berechnung der Unbekannten ist.

Für die Untersuchung des Gleichgewichts einer starren Scheibe stehen drei rechnerische Gleichgewichtsbedingungen, d. h. drei Gleichungen, zur Verfügung. Daher müssen bei einer statisch bestimmt gelagerten Scheibe genau drei unabhängige Auflagerreaktionen auftreten, entweder drei Kraftkomponenten (**Bild 6.2a** und **b**) oder zwei Kraftkomponenten und ein Moment (**Bild 6.2c** und **d**).

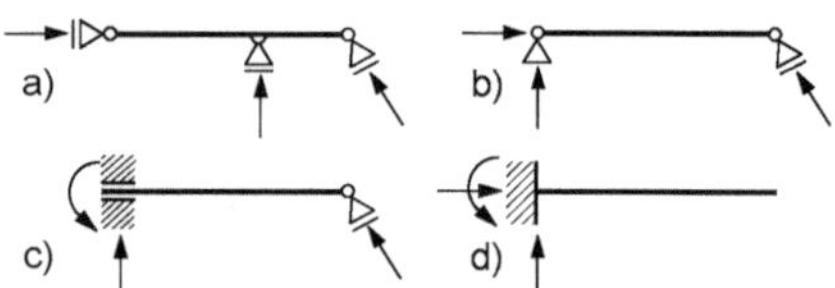

Bild 6.2: Möglichkeiten für statisch bestimmte Lagerung eines Balkens (einer Scheibe)

Ein aus mehreren Scheiben bestehendes mechanisches System kann mehr als drei unabhängige Auflagerreaktionen aufweisen und trotzdem statisch bestimmt gelagert sein. Um dies festzustellen, wendet man die Schnittmethode an, indem man das System durch Schnitte in Teile zerlegt und die Komponenten der Zwischenreaktionen als Unbekannte zusätzlich zu den Auflagerkomponenten einführt. Mit den Bezeichnungen

n Anzahl der Teile, in die das System zerlegt wird,

a Anzahl der unabhängigen Auflagerreaktionen,

z Anzahl der unabhängigen Zwischenreaktionen, wobei die an einer Schnittstelle nach dem Reaktionsaxiom paarweise entgegengesetzt gleich auftretenden Reaktionen einfach gezählt werden, ist $a + z$ die Anzahl der Unbekannten und $3n$ die Zahl der für ihre Bestimmung zur Verfügung stehenden Gleichungen, da für jedes der n Teile drei Gleichgewichtsbedingungen angeschrieben werden können. Folgende drei Fälle sind nun möglich:

1. $a + z = 3n$ (6.1)

Die notwendige Bedingung für die statische Bestimmtheit des Systems ist erfüllt.

2. $a + z > 3n$

Das System ist statisch unbestimmt, wobei die Differenz $(a + z) - 3n = k$ den Grad der statischen Unbestimmtheit angibt: einfach, zweifach, ... k-fach unbestimmt.

3. $a + z < 3n$

Das System ist *verschieblich*.

Bei der Zerlegung des Systems in Teile zur Untersuchung auf statische Bestimmtheit sind nur Schnitte durch Gelenke und Führungen sinnvoll. Zerlegt man etwa ein System in zwei Teile, indem man einen Schnitt durch eine starre Verbindung führt, so gewinnt man wohl 3 zusätzliche Gleichungen, jedoch kommen dann auch 3 unbekannte Schnittreaktionen hinzu.

Beispiel 6.1: Die Lagerungen der Tragwerke in **Bild 6.3** sind im Fall a statisch bestimmt, denn mit $n = 2$, $a = 4$, $z = 2$ (Gelenk) ist

$$4 + 2 = 3 \cdot 2$$

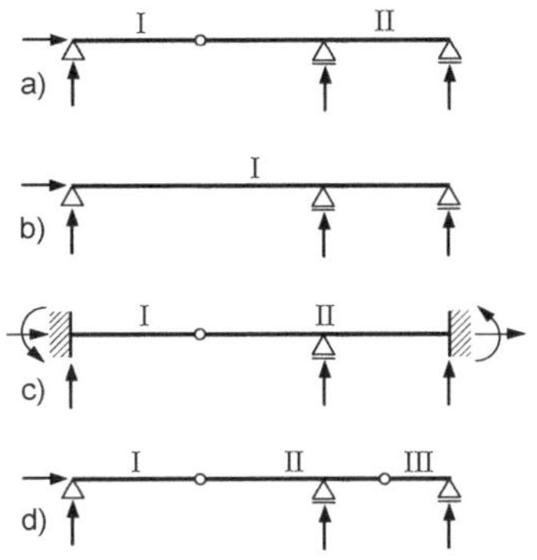

Bild 6.3: Lagerung eines Trägers
   a) statisch bestimmt
   b), c) statisch unbestimmt
   d) verschieblich

im Fall b einfach statisch unbestimmt, denn mit $n = 1$, $a = 4$, $z = 0$ ist $4 > 3 \cdot 1$,

im Fall c dreifach statisch unbestimmt, denn mit $n = 2$, $a = 7$, $z = 2$ ist $7 + 2 > 3 \cdot 2$ und $k = 9 - 6 = 3$,

im Fall d verschieblich, also nicht tragfähig, denn mit $n = 3$, $a = 4$, $z = 2 + 2 = 4$ (zwei Gelenke) ist $4 + 4 < 3 \cdot 3$.

Beispiel 6.2: Zur Untersuchung des Gelenkrahmens in **Bild 6.4a** auf statische Bestimmtheit zerlegen wir ihn durch vier Schnitte, die wir durch die Gelenke führen, in vier Teile. Beim Schnitt durch je ein Gelenk erhält man zwei unbekannte Kraftkomponenten als Zwischenreaktionen.

Mit $a = 4$, $z = 8$, $n = 4$ folgt $4 + 8 = 3 \cdot 4$. Der Rahmen ist also statisch bestimmt gelagert.

Weitere Beispiele s. Abschn. 6.3 und 6.4.

Es sei betont, dass die Abzählbedingung Gl. (6.1) eine notwendige, aber keine hinreichende Bedingung für die Unverschieblichkeit eines Systems ist. So sieht man sofort, dass die Balken in **Bild 6.5a** und **b** verschieblich sind, obwohl sie nach der Abzählbedingung statisch bestimmt sind.

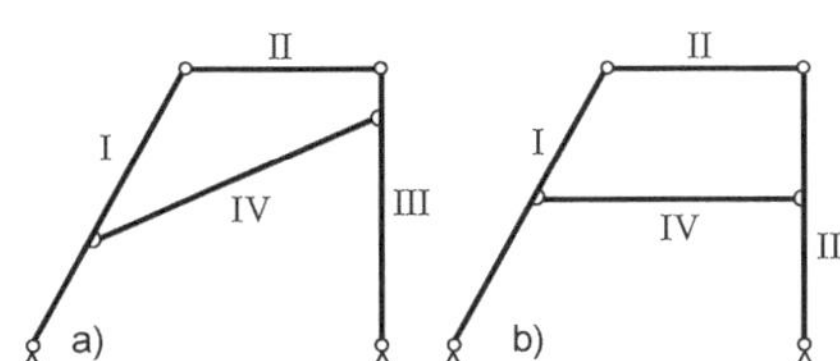

Bild 6.4: Gelenkrahmen
   a) statisch bestimmt   b) wackelig

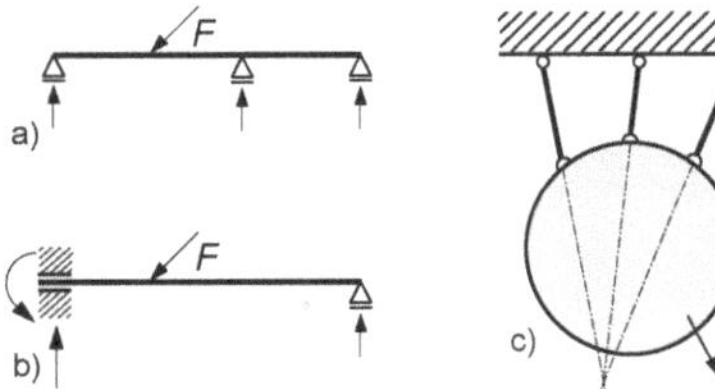

Bild 6.5: Lagerung
   a), b) verschieblich   c) wackelig

Auch in den in **Bild 6.5c** (die Wirkungslinien der Pendelstützkräfte schneiden sich hier in einem Punkt) und in **Bild 6.4b** (die Verbindungsgerade der Auflagerstellen verläuft hier parallel zu den Balken II und IV) dargestellten Fällen ist die Abzählbedingung erfüllt. Die Bestimmung der Auflagerreaktionen aus den Gleichgewichtsbedingungen gelingt jedoch auch hier nicht. Die Systeme sind, wie man sagt, wackelig oder „im Kleinen" verschieblich.[1]

Eine hinreichende Bedingung für die kinematische Unverschieblichkeit liefert die Theorie der linearen Gleichungssysteme. Ein mechanisches System, für das sich nach der Abzählbedingung eine statisch bestimmte Lagerung ergibt, ist unverschieblich, wenn das aus den Gleichgewichtsbedingungen resultierende lineare Gleichungssystem für die Auflager- und Zwischenreaktionen eine eindeutige Lösung hat. Dies ist der Fall, wenn die Koeffizientendeterminante des Gleichungssystems von Null verschieden ist.

---

[1] Einen tieferen Einblick in den mechanischen Sachverhalt gewinnt man in diesen Fällen durch Betrachtung der Kinematik (s. Band *Kinematik und Kinetik*, Abschn. 5), so z. B., wenn man den Schnittpunkt der drei Wirkungslinien in **Bild 6.5c** als Momentanpol erkennt.

Die Auflager- und Zwischenreaktionen lassen sich bei statisch bestimmten Systemen einfacher als bei statisch unbestimmten ermitteln. Deswegen übersieht man die Kräfteverhältnisse bei statisch bestimmten Systemen im Allgemeinen besser als bei statisch unbestimmten. Dies kann als Vorteil der statisch bestimmten Systeme gewertet werden. Ferner können bei statisch bestimmten Systemen keine zusätzlichen Beanspruchungen durch Behinderung der Dehnungen infolge Temperaturveränderungen oder infolge Stützensenkungen entstehen, was häufig als Vorteil zu werten ist. Statisch unbestimmte Systeme haben u.a. den Vorteil, dass beim Ausfall (Bruch) eines Bauteiles das System trotzdem tragfähig bleiben kann. Dies kann durch geschickte Konstruktion zur Erhöhung der Sicherheit des Tragwerkes ausgenutzt werden. Statisch unbestimmte Systeme können im Allgemeinen leichter (geringeres Eigengewicht) als statisch bestimmte ausgeführt werden.

Dreigelenkbogen. Als Dreigelenkbogen bezeichnet man ein Tragwerk, das aus zwei Scheiben (Balken) besteht, die miteinander durch ein Gelenk verbunden sind und von denen jede durch ein festes Gelenk gestützt ist (**Bild 6.6a**). Die **Bilder 6.6b** bis **e** zeigen Beispiele für Dreigelenkbogen, deren Teile als Scheiben oder als gerade bzw. gekrümmte Balken ausgebildet sind. Während ein *Zweigelenkbogen* – eine durch zwei feste Gelenklager gestützte Scheibe (**Bild 6.6f**) – einfach statisch unbestimmt ist ($a = 4$, $z = 0$, $n = 1$), ist der Dreigelenkbogen statisch bestimmt, denn mit $a = 4$ (zwei feste Gelenklager), $z = 2$ (Gelenk) und $n = 2$ ist die notwendige Bedingung für die statische Bestimmtheit nach Gl. (6.1) erfüllt. Nur wenn die drei Gelenke auf einer Geraden liegen, ist das System nicht statisch bestimmt, sondern verschieblich, also nicht tragfähig.

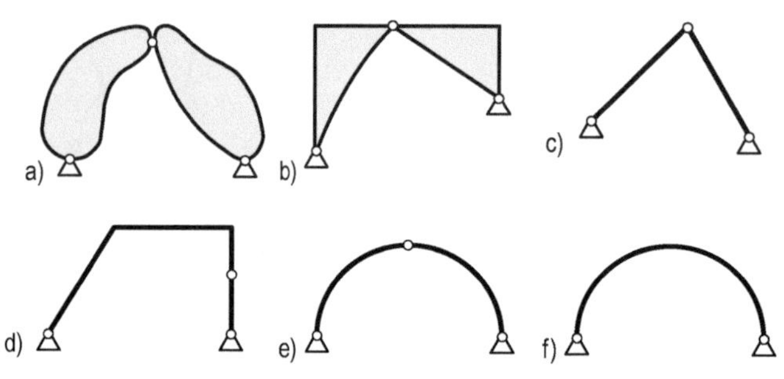

Bild 6.6:
Dreigelenkbogen
(a bis e) und
Zweigelenkbogen (f)

6.3 Bestimmung der Auflager- und Zwischenreaktionen

Allgemeines Vorgehen. Man überzeugt sich zuerst, dass man für die Ermittlung der Unbekannten genügend viele Bestimmungsgleichungen hat, d. h., dass die Abzählbedingung Gl. (6.1) erfüllt ist. Dann empfiehlt es sich, wie folgt vorzugehen:

Nach Zerlegen des Systems in Teile nach der Schnittmethode werden alle bekannten und unbekannten Kräfte in einem eingeführten rechtwinkligen Koordinatensystem in Komponenten zerlegt, so dass man nur Kräfte in zwei Richtungen hat und die Gleichgewichtsbedingungen bequem schreiben kann. Für den *Betrag* jeder Komponente einer unbekannten Kraft (Auflager- und Zwischenreaktion) bzw. für den *Betrag* eines unbekannten Kräftepaares (Momentes) wird ein Symbol (Buchstabe) eingeführt. Ferner nimmt man für jede unbekannte Kraftkomponente bzw. für jedes unbekannte Moment eine Richtung an und kennzeichnet sie durch die Pfeilrichtung des Kraft- bzw. Momentvektors im Lageplan. Dann werden für alle Teile, in die das System zerlegt wurde, die Gleichgewichtsbedingungen (für jedes Teil drei Gleichungen) hingeschrieben. Sie ergeben zusammen ein Gleichungssystem, aus dem die Unbekannten, z. B. nach dem *Gauß*schen Eliminationsverfahren, berechnet werden.

Durch bevorzugte Benutzung der Momentegleichgewichtsbedingungen (statt der Kräftegleichgewichtsbedingungen) mit geschickt gewählten Bezugspunkten kann man oft ein einfacheres Gleichungssystem erhalten und damit den Rechenaufwand verringern. Als Bezugspunkte sind solche Punkte günstig, in denen sich die Wirkungslinien möglichst vieler unbekannter Kräfte schneiden.

Wichtig ist die Vereinbarung, dass man die *Beträge* der Kraftkomponenten als Unbekannte einführt und nicht die Komponenten selbst. Bezüglich der Bezeichnung der Beträge der Kraftkomponenten und der Bedeutung des negativen Vorzeichens einer Unbekannten gilt das unter Verabredung auf S. 57 Gesagte. Nach dieser Verabredung bezeichnen wir auch in den folgenden Beispielen die Beträge der Komponenten der Kräfte $\vec{F}$, $\vec{F}_\mathrm{A}$, ... mit F_x, F_y, F_Ax, F_Ay, ...

Beispiel 6.3: Die Arbeitsbühne in **Bild 6.7** ist in ihrer Höhe hydraulisch verstellbar. Die Kolbenkraft und die Kräfte zwischen den Baugliedern infolge der Gewichtskraft $2\,F_\mathrm{G}$ = 12 kN sollen ermittelt werden. Die Bühne hat eine zur Zeichenebene parallele Symmetrieebene, in der die Gewichtskraft $2\,\vec{F}_\mathrm{G}$ und die Kolbenkraft $2\,\vec{F}_\mathrm{H}$ wirken. Die anderen Kräfte treten paarweise, symmetrisch zu dieser Ebene auf. Daher betrachten wir nur die eine Hälfte der Bühne, die mit der halben Gewichtskraft F_G = 6 kN belastet ist und auf die die halbe Kolbenkraft F_H wirkt. Wir teilen die betrachtete Bühnenhälfte nach der Schnittmethode in drei Scheiben auf und zerlegen die an diesen Scheiben wirkenden Kräfte in Komponenten (**Bild 6.7**), wobei für die inneren Kräfte $\vec{F}_\mathrm{A}$, $\vec{F}_\mathrm{B}$ und $\vec{F}_\mathrm{C}$ das Reaktionsaxiom beachtet wird (so ist z. B. die Komponente F_Cx an den Scheiben II und III mit entgegengesetztem Pfeilsinn einzutragen). Dann werden für jede Scheibe die rechnerischen Gleichgewichtsbedingungen aufgestellt.

Gleichgewicht der Scheibe I

$$\sum F_\mathrm{ix} = 0 = F_\mathrm{Bx}$$

$$\sum M_\mathrm{iA} = 0 = 1{,}6\ \mathrm{m} \cdot F_\mathrm{By} - 0{,}6\ \mathrm{m} \cdot 6\ \mathrm{kN}$$

$$\sum M_\mathrm{iB} = 0 = -1{,}6\ \mathrm{m} \cdot F_\mathrm{A} + 1{,}0\ \mathrm{m} \cdot 6\ \mathrm{kN}$$

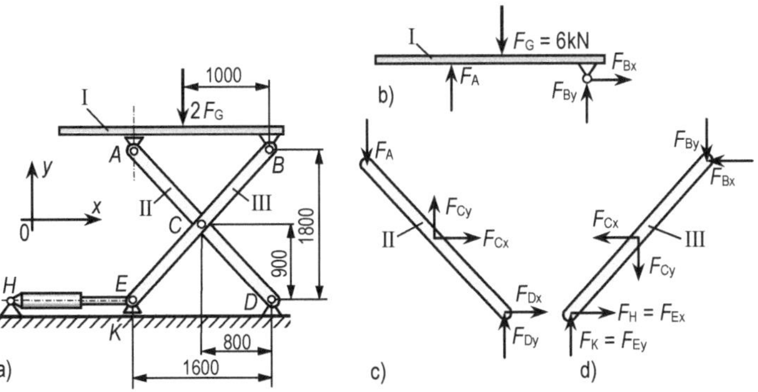

Bild 6.7:
Arbeitsbühne
a) Lageplan
b), c), d) freigemachte Bauteile

Aus diesen Gleichungen ergibt sich

$$F_\mathrm{Bx} = 0 \qquad F_\mathrm{By} = F_\mathrm{B} = 2{,}25\ \mathrm{kN} \qquad F_\mathrm{A} = 3{,}75\ \mathrm{kN}$$

Mit diesen Teilergebnissen folgt für die beiden anderen Scheiben:

Gleichgewicht der Scheibe II (F_A = 3,75 kN)

$$\sum F_\mathrm{ix} = 0 = F_\mathrm{Cx} + F_\mathrm{Dx} \tag{6.2}$$

$$\sum F_{iy} = 0 = F_{Cy} + F_{Dy} - 3{,}75 \text{ kN} \tag{6.3}$$

$$\sum M_{iD} = 0 = -0{,}9 \text{ m} \cdot F_{Cx} - 0{,}8 \text{ m} \cdot F_{Cy} + 1{,}6 \text{ m} \cdot 3{,}75 \text{ kN} \tag{6.4}$$

Gleichgewicht der Scheibe III ($F_{Bx} = 0$, $F_{By} = 2{,}25$ kN)

$$\sum F_{ix} = 0 = -F_{Cx} + F_{H} \tag{6.5}$$

$$\sum F_{iy} = 0 = F_{K} - F_{Cy} - 2{,}25 \text{ kN} \tag{6.6}$$

$$\sum M_{iK} = 0 = 0{,}9 \text{ m} \cdot F_{Cx} - 0{,}8 \text{ m} \cdot F_{Cy} - 1{,}6 \text{ m} \cdot 2{,}25 \text{ kN} \tag{6.7}$$

Die Berechnung der Kräfte an der Scheibe II und der Scheibe III durch Betrachtung jeder Scheibe für sich, wie dies für die Scheibe I geschehen ist, ist nicht möglich, denn an jeder Scheibe sind vier Kraftkomponenten unbekannt und für ihre Berechnung stehen jedes Mal nur drei Gleichungen Gl. (6.2 bis 6.4) bzw. Gl. (6.5 bis 6.7) zur Verfügung. Die Gl. (6.2 bis 6.7) zusammen bilden jedoch ein System von sechs linearen Gleichungen für die sechs unbekannten Kraftkomponenten, das wir wie folgt lösen.

Die Unbekannten F_{Cx} und F_{Cy} lassen sich aus den Gl. (6.1) und (6.7) berechnen. Durch Addieren und Subtrahieren dieser Gleichungen erhält man

$$
\begin{aligned}
0{,}9 \cdot F_{Cx} + 0{,}8 \cdot F_{Cy} &= 6 \text{ kN} \\
0{,}9 \cdot F_{Cx} - 0{,}8 \cdot F_{Cy} &= 3{,}6 \text{ kN} \\
\hline
1{,}8 \cdot F_{Cx} \quad\quad &= 9{,}6 \text{ kN} \qquad F_{Cx} = 5{,}33 \text{ kN}\\
1{,}6 \cdot F_{Cy} &= 2{,}4 \text{ kN} \qquad F_{Cy} = 1{,}5 \text{ kN}
\end{aligned}
$$

Mit diesen Werten berechnet man F_{Dx} aus Gl. (6.2), F_{Dy} aus Gl. (6.3), F_{H} aus Gl. (6.5) und F_{K} aus Gl. (6.6).

Ergebnis: $F_{Cx} = 5{,}33$ kN $\qquad F_{Cy} = 1{,}5$ kN $\qquad F_{C} = \sqrt{F_{Cx}^2 + F_{Cy}^2} = 5{,}54$ kN

$F_{Dx} = -5{,}33$ kN $\qquad F_{Dy} = 2{,}25$ kN $\qquad F_{D} = 5{,}79$ kN

Gesamte Kolbenkraft: $2F_{H} = 2F_{Cx} = 10{,}66$ kN

Das negative Vorzeichen der Komponente F_{Dx} besagt, dass diese Kraftkomponente in Wirklichkeit in entgegengesetzter Richtung wirkt, als sie in **Bild 6.7** angesetzt wurde. Es sei bemerkt, dass die einfache Lösung in diesem Beispiel nicht zuletzt durch die zweckmäßige Wahl der Bezugspunkte für die Momentegleichgewichtsbedingungen Gl. (6.4) und Gl. (6.7) gelang. Dadurch wurde es möglich, die Kraftkomponenten F_{Cx} und F_{Cy} unabhängig von den anderen Unbekannten zu bestimmen.

Beispiel 6.4: Die Laderaupe (**Bild 6.8a**) wird durch die Gewichtskraft $F_{G} = 20$ kN beansprucht. Die durch diese Kraft verursachten Gelenkkräfte sollen berechnet werden. Das System besteht aus den Scheiben I-VI, die in den Gelenkpunkten miteinander verbunden sind. Die Wirkungslinie der Kraft F_{G} steht senkrecht zur Geraden durch die Punkte L und H. Die Koordinaten der Gelenkpunkte in Bezug auf ein Koordinatensystem mit dem Ursprung im Gelenkpunkt H sind in der Tabelle auf Seite 85 angegeben.

Zur Durchführung der Berechnung werden die Scheiben frei geschnitten und die x- und y-Komponenten der Gelenkkräfte unter Beachtung des Reaktionsaxioms angetragen (**Bild 6.8b**). Die Scheiben II und III sind Pendelstäbe gemäß Abschn. 2.3.4. Wir nehmen zunächst an, dass diese Stäbe auf Zug beansprucht werden und tragen die Kraftkomponenten an den Gelenkpunkten so an, dass ihre Resultierende am Gelenkpunkt zieht. Die Scheibe VI ist ebenfalls ein Pendelstab, wobei die Wirkungslinie der Stabkraft horizontal verläuft. Dementsprechend wird im Gelenkpunkt H nur die horizontale Kraftkomponente F_{Hx} angesetzt.

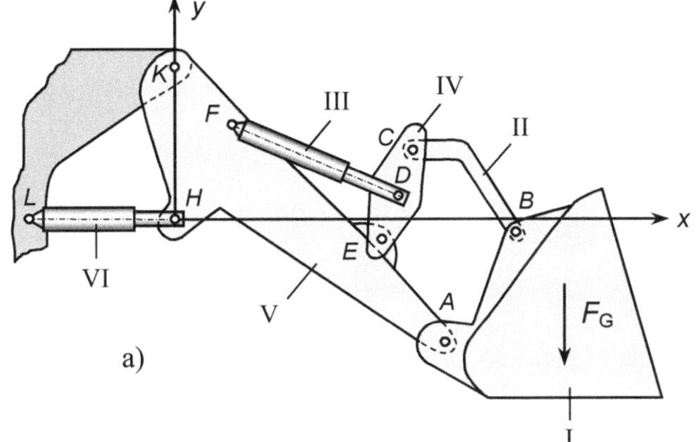

Punkt	x (mm)	y (mm)
A	1285	-730
B	1719	-181
C	1241	345
D	1120	70
E	999	-205
F	277	487
H	0	0
K	0	800

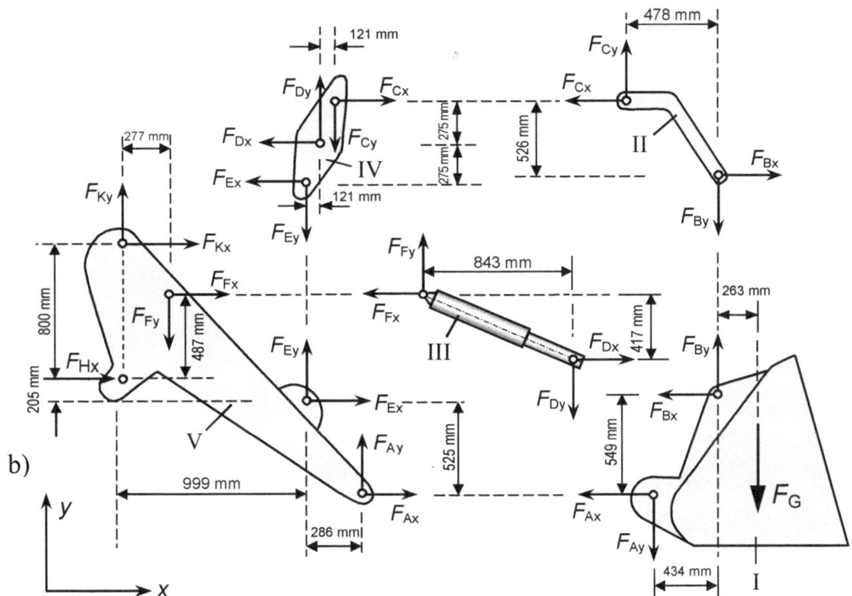

Bild 6.8: Laderaupe
a) Lageplan   b) freigemachte Bauteile

Nun werden mit Hilfe des **Bildes 6.8b** die Gleichgewichtsbedingungen für die Scheiben I bis V aufgestellt:

Scheibe I $\quad \Sigma F_{ix} = 0 = - F_{Bx} - F_{Ax}$ $\hfill (6.8)$

$\quad \Sigma F_{iy} = 0 = - F_{Ay} + F_{By} - F_G$ $\hfill (6.9)$

$\quad \Sigma M_{iA} = 0 = F_{Bx} \cdot 549 \text{ mm} + F_{By} \cdot 434 \text{ mm} - F_G \cdot 697 \text{ mm}$ $\hfill (6.10)$

Scheibe II $\Sigma F_{ix} = 0 = F_{Bx} - F_{Cx}$ $\qquad$ (6.11)

$\Sigma F_{iy} = 0 = -F_{By} + F_{Cy}$ $\qquad$ (6.12)

$\Sigma M_{iC} = 0 = F_{Bx} \cdot 526 \text{ mm} - F_{By} \cdot 478 \text{ mm}$ $\qquad$ (6.13)

Scheibe III $\Sigma F_{ix} = 0 = F_{Dx} - F_{Fx}$ $\qquad$ (6.14)

$\Sigma F_{iy} = 0 = -F_{Dy} + F_{Fy}$ $\qquad$ (6.15)

$\Sigma M_{iF} = 0 = F_{Dx} \cdot 417 \text{ mm} - F_{Dy} \cdot 843 \text{ mm}$ $\qquad$ (6.16)

Scheibe IV $\Sigma F_{ix} = 0 = F_{Cx} - F_{Dx} - F_{Ex}$ $\qquad$ (6.17)

$\Sigma F_{iy} = 0 = -F_{Cy} + F_{Dy} - F_{Ey}$ $\qquad$ (6.18)

$\Sigma M_{iD} = 0 = -F_{Cx} \cdot 275 \text{ mm} - F_{Cy} \cdot 121 \text{ mm} - F_{Ex} \cdot 275 \text{ mm} + F_{Ey} \cdot 121 \text{ mm}$ $\qquad$ (6.19)

Scheibe V $\Sigma F_{ix} = 0 = F_{Ax} + F_{Ex} + F_{Fx} + F_{Hx} + F_{Kx}$ $\qquad$ (6.20)

$\Sigma F_{iy} = 0 = F_{Ay} + F_{Ey} - F_{Fy} + F_{Ky}$ $\qquad$ (6.21)

$\Sigma M_{iH} = 0 = F_{Ay} \cdot 1285 \text{ mm} + F_{Ax} \cdot 730 \text{ mm} + F_{Ex} \cdot 205 \text{ mm} + F_{Ey} \cdot 999 \text{ mm}$

$- F_{Fx} \cdot 487 \text{ mm} - F_{Fy} \cdot 277 \text{ mm} - F_{Kx} \cdot 800 \text{ mm}$ $\qquad$ (6.22)

Zur Lösung des Gleichungssystem stellen wir zunächst Gl. (6.13) nach F_{Bx} um

$$F_{Bx} = F_{By} \cdot \frac{478 \text{ mm}}{526 \text{ mm}} = 0{,}909 \cdot F_{By}$$

Setzt man dieses Zwischenergebnis in die Momentegleichgewichtsbedingung (6.10) ein, so ergibt sich

$0{,}909 \cdot F_{By} \cdot 549 \text{ mm} + F_{By} \cdot 434 \text{ mm} = 20 \text{ kN} \cdot 697 \text{ mm}$

$F_{By} \cdot 933 \text{ mm} = 13940 \text{ kN} \cdot \text{mm}$

$F_{By} = 14{,}94 \text{ kN}$

Damit wird

$F_{Bx} = 0{,}909 \cdot 14{,}94 \text{ kN} = 13{,}58 \text{ kN}$

Aus den Kräftegleichgewichtsbedingungen (6.8) und (6.9) lassen sich nun F_{Ax} und F_{Ay} bestimmen

$F_{Ax} = -F_{Bx} = -13{,}58 \text{ kN}$

$F_{Ay} = F_{By} - F_G = 14{,}94 \text{ kN} - 20 \text{ kN} = -5{,}06 \text{ kN}$

Hiermit bestimmen wir die Gelenkkräfte F_{Cx} und F_{Cy} aus den Gl. (6.11) und (6.12)

$F_{Cx} = F_{Bx} = 13{,}58 \text{ kN} \qquad F_{Cy} = F_{By} = 14{,}94 \text{ kN}$

Aus den Kräftegleichgewichtsbedingungen an der Scheibe III folgt

$F_{Dx} = F_{Fx} \qquad F_{Dy} = F_{Fy}$ $\qquad$ (6.23)

Die Gl. (6.16) liefert folgenden Zusammenhang:

$$F_{Dx} = F_{Dy} \cdot \frac{843 \text{ mm}}{417 \text{ mm}} = 2{,}022 \cdot F_{Dy} \qquad (6.24)$$

Mit den Gleichgewichtsforderungen (6.17) und (6.18) lassen sich die Gelenkkräfte F_{Ex} und F_{Ey} wie folgt ausdrücken:

$F_{Ex} = F_{Cx} - F_{Dx} = 13{,}58 \text{ kN} - 2{,}022 \cdot F_{Dy}$ $\qquad$ (6.25)

$F_{Ey} = -F_{Cy} + F_{Dy} = -14{,}94 \text{ kN} + F_{Dy}$ $\qquad$ (6.26)

Setzen wir diese beiden Beziehungen in Gl. (6.19) ein, so folgt

$$-13{,}58 \text{ kN} \cdot 275 \text{ mm} - 14{,}94 \text{ kN} \cdot 121 \text{ mm} - 13{,}58 \text{ kN} \cdot 275 \text{ mm} + 2{,}022 \cdot F_{Dy} \cdot 275 \text{ mm}$$

$$-14{,}94 \text{ kN} \cdot 121 \text{ mm} + F_{Dy} \cdot 121 \text{ mm} = 0$$

$$F_{Dy} \cdot 677 \text{ mm} = 11084 \text{ kN} \cdot \text{mm}$$

$$F_{Dy} = 16{,}37 \text{ kN}$$

und aus Gl. (6.24)

$$F_{Dx} = 2{,}022 \cdot F_{Dy} = 2{,}022 \cdot 16{,}37 \text{ kN} = 33{,}10 \text{ kN}$$

Die Komponenten der Gelenkkräfte F_F und F_E lassen sich aus den Gl. (6.23) bzw. (6.25) und (6.26) bestimmen

$$F_{Fx} = F_{Dx} = 33{,}10 \text{ kN} \qquad\qquad F_{Fy} = F_{Dy} = 16{,}37 \text{ kN}$$

$$F_{Ex} = 13{,}58 \text{ kN} - 33{,}10 \text{ kN} = -19{,}52 \text{ kN} \qquad F_{Ey} = -14{,}94 \text{ kN} + 16{,}37 \text{ kN} = 1{,}43 \text{ kN}$$

Aus der Momentegleichgewichtsbedingung (6.22) berechnen wir die Komponente F_{Kx}

$$F_{Kx} = \frac{1}{800 \text{ mm}} \cdot (-5{,}06 \text{ kN} \cdot 1285 \text{ mm} - 13{,}58 \text{ kN} \cdot 730 \text{ mm} - 19{,}52 \text{ kN} \cdot 205 \text{ mm}$$

$$+ 1{,}43 \text{ kN} \cdot 999 \text{ mm} - 33{,}10 \text{ kN} \cdot 487 \text{ mm} - 16{,}37 \text{ kN} \cdot 277 \text{ mm})$$

$$F_{Kx} = -49{,}55 \text{ kN}$$

Auflösen der Kräftegleichgewichtsbedingung (6.21) nach F_{Ky} liefert

$$F_{Ky} = F_{Fy} - F_{Ey} - F_{Ay} = 16{,}37 \text{ kN} - 1{,}43 \text{ kN} + 5{,}06 \text{ kN} = 20 \text{ kN}$$

Schließlich erhalten wir aus der Gl. (6.20)

$$F_{Hx} = F_{Lx} = -F_{Ax} - F_{Fx} - F_{Ex} - F_{Kx}$$

$$F_{Hx} = F_{Lx} = -(-13{,}58 \text{ kN}) - 33{,}10 \text{ kN} - (-19{,}52 \text{ kN}) - (-49{,}55 \text{ kN}) = 49{,}55 \text{ kN}$$

In der unten stehenden Tabelle sind alle Ergebnisse noch einmal zusammengefasst, wobei zusätzlich die Beträge der Gelenkkräfte angegeben sind.

	F_A kN	F_B kN	F_C kN	F_D kN	F_E kN	F_F kN	F_H kN	F_K kN	F_L kN
x-Komponente	$-13{,}58$	$13{,}58$	$13{,}58$	$33{,}10$	$-19{,}52$	$33{,}10$	$49{,}55$	$-49{,}55$	$49{,}55$
y-Komponente	$-5{,}06$	$14{,}94$	$14{,}94$	$16{,}37$	$1{,}43$	$16{,}37$	–	$20{,}00$	–
Betrag	$14{,}49$	$20{,}19$	$20{,}19$	$36{,}93$	$19{,}57$	$36{,}93$	$49{,}55$	$53{,}43$	$49{,}55$

Beispiel 6.5: Das Garagentor ist in der gezeichneten Lage im Gleichgewicht (**Bild 6.9**). Man bestimme die Federkraft $\vec{F}_D$, die Auflagerkraft $\vec{F}_A$ und die Gelenkkräfte $\vec{F}_B$ und $\vec{F}_C$, wenn die Eigengewichtskraft $2\,F_G = 800$ N beträgt.

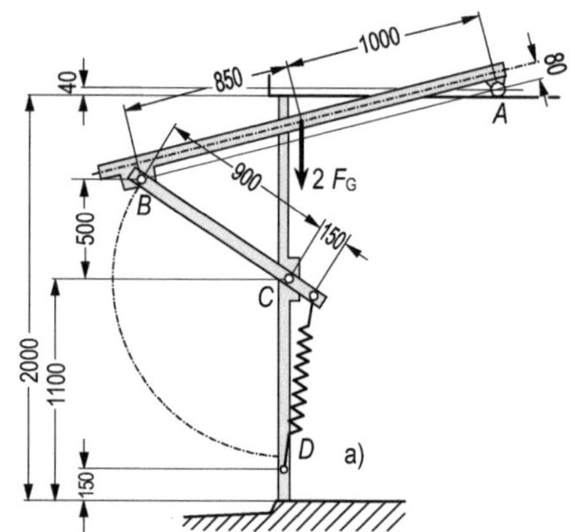

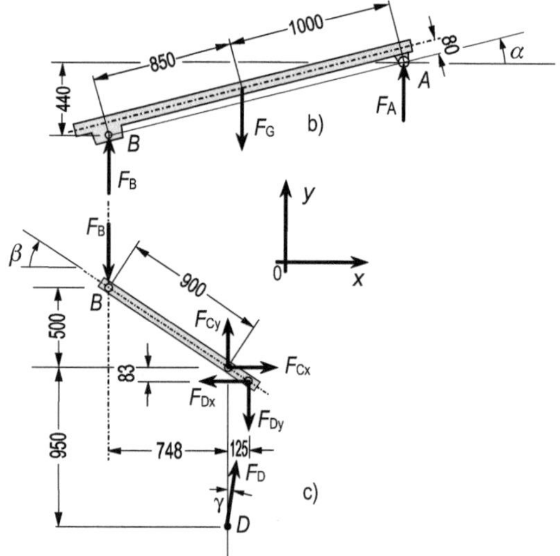

Bild 6.9: Garagentor a) Lageplan
b), c) freigemachte Bauteile

Wir teilen das System nach der Schnittmethode in die Scheiben I und II auf und zerlegen die an diesen Scheiben wirkenden Kräfte in Komponenten. Danach werden für jede Scheibe die rechnerischen Gleichgewichtsbedingungen aufgestellt. Der Eigengewichtsanteil an jeder Seite des Garagentors beträgt $F_G = 400$ N.

Scheibe I (Bild 6.9b): Im Punkt A ist das Garagentor gelenkig und horizontal verschieblich gelagert. Die Auflagerkraft $\vec{F}_A$ besitzt nur eine vertikale Komponente. Da keine horizontalen Belastungskomponenten vorhanden sind, treten keine horizontalen Lagerreaktionen auf. Die Gelenkkraft $\vec{F}_B$ besitzt daher ebenfalls nur eine vertikale Komponente.

$$\sin \alpha = \frac{440\,\text{mm}}{1850\,\text{mm}} = 0,2378 \,; \quad \alpha = 13,8°$$

Gleichgewichtsbedingungen:

$$\Sigma M_{iB} = 0 = F_A \cdot 1850\,\text{mm} \cdot \cos 13,8° - F_G \cdot \cos 13,8° \cdot 850\,\text{mm} + F_G \cdot \sin 13,8° \cdot 80\,\text{mm} \quad (6.27)$$

$$\Sigma F_{iy} = 0 = F_B + F_A - 400\,\text{N} \quad (6.28)$$

Aus Gl. (6.27) ergibt sich

$$F_A = 180\,\text{N}$$

Mit diesem Teilergebnis folgt aus Gl. (6.28)

$$F_B = 220\,\text{N}$$

Scheibe II (Bild 6.9c): Die Gelenkkraft $\vec{F}_B$ wird unter Beachtung des Reaktionsaxioms im Punkt B angetragen. Die Gelenkkraft $\vec{F}_C$ und die Federkraft $\vec{F}_D$ werden in die Komponenten F_{Cx}, F_{Cy} und F_{Dx}, F_{Dy} zerlegt.

$$\sin \beta = \frac{500\,\text{mm}}{900\,\text{mm}} = 0,5556 \,; \quad \beta = 33,8°$$

$$\tan \gamma = \frac{125\,\text{mm}}{950\,\text{mm} - 83\,\text{mm}} = 0,1442 \, ; \quad \gamma = 8,2°$$

Gleichgewichtsbedingungen:

$$\Sigma M_{iC} = 0 = 220\,\text{N} \cdot 748\,\text{mm} - F_{Dx} \cdot 83\,\text{mm} - F_{Dy} \cdot 125\,\text{mm} \tag{6.29}$$

$$\Sigma F_{iy} = 0 = F_{Cy} - F_{Dy} - 220\,\text{N} \tag{6.30}$$

$$\Sigma F_{ix} = 0 = F_{Cx} - F_{Dx} \tag{6.31}$$

Mit

$$F_{Dx} = F_D \cdot \sin \gamma \quad \text{und} \quad F_{Dy} = F_D \cdot \cos \gamma \quad \text{ergibt sich aus Gl. (6.29)}$$

$$F_D = \frac{220\,\text{N} \cdot 748\,\text{mm}}{83\,\text{mm} \cdot \sin 8,2° + 125\,\text{mm} \cdot \cos 8,2°} = 1214\,\text{N} \tag{6.32}$$

Mit diesem Ergebnis berechnen wir F_{Cy} aus Gl. (6.30)

$$F_{Cy} = 220\,\text{N} + 1214\,\text{N} \cdot \cos 8,2° = 1422\,\text{N}$$

Aus Gl. (6.31) ergibt sich schließlich F_{Cx} zu

$$F_{Cx} = 1214\,\text{N} \cdot \sin 8,2° = 173\,\text{N}$$

Zusammenfassung der Ergebnisse:

$$F_A = 180\,\text{N}\,; \quad F_B = 220\,\text{N}\,; \quad F_D = 1214\,\text{N}\,; \quad F_{Cx} = 173\,\text{N}\,; \quad F_{Cy} = 1422\,\text{N}\,;$$

$$F_C = \sqrt{173^2 + 1422^2}\ \text{N} = 1432\,\text{N}$$

6.4 Aufgaben zu Abschnitt 6

1. Der fahrbare Hydraulikuniversalkran (**Bild 6.10**) trägt die Last $F_{G1} = 4,5$ kN. Sein Eigengewicht ist $F_{G2} = 1,7$ kN. Man bestimme

a) die Kolbenkraft $\vec{F}_D$ und die Gelenkkraft $\vec{F}_C$ ohne Berücksichtigung des Eigengewichtes.

b) die Radauflagerkräfte $\vec{F}_A$ und $\vec{F}_B$ mit Berücksichtigung des Eigengewichtes.

2. In **Bild 6.11** ist die Radaufhängung an einem Kfz dargestellt. Die Radauflagerkraft beträgt $F = 4,5$ kN. Man bestimme die Gelenkkräfte $\vec{F}_A$, $\vec{F}_B$, $\vec{F}_C$, $\vec{F}_D$ und die Federkraft $\vec{F}_E$.

3. Für die gezeichnete Stellung des Getriebes zum Antrieb eines Werkzeugschlittens (**Bild 6.12**) bestimme man die Schnittkraft $\vec{F}$ und die Lagerkräfte an den Stellen A, B und C, wenn das Antriebsmoment an der Kurbel $M = 120$ Nm beträgt.

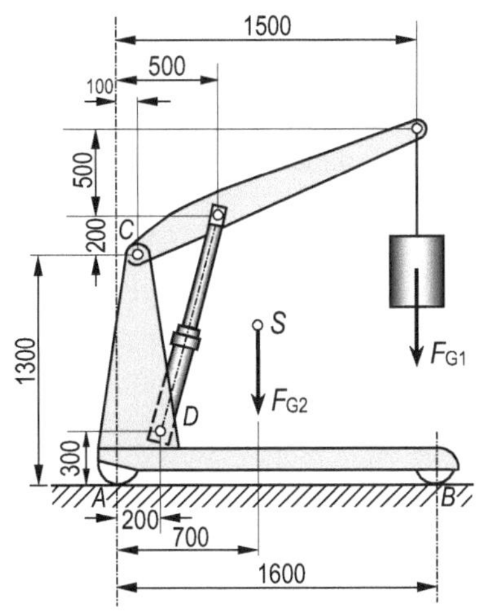

Bild 6.10: Hydraulikuniversalkran

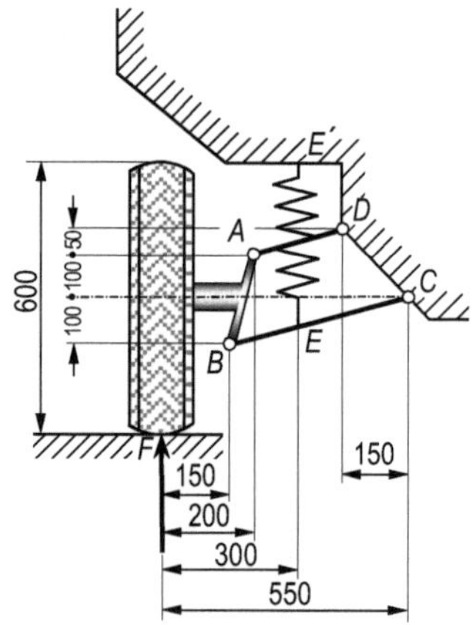

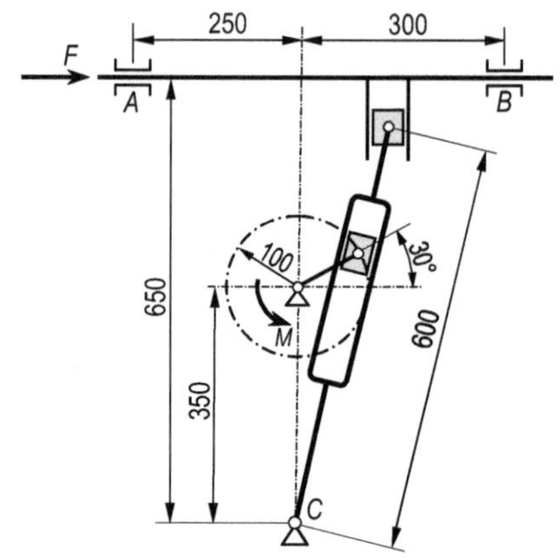

Bild 6.11: Aufhängung eines Kfz-Rades   **Bild 6.12:** Getriebe zum Antrieb einer Werkzeugmaschine

4. Man bestimme die Kolbenkraft und die Kräfte zwischen den Bauteilen des Scherenhubtisches (**Bild 6.13**), der eine Last $2\,F_G = 14$ kN trägt. Der Hubtisch hat zwei symmetrisch angeordnete Kolben.

5. Um den Hebel des Kippsprungwerkes (**Bild 6.14a**) von der Stelle B abzuheben, benötigt man eine Kraft $F_1 = 8$ N, und um ihn in der Stellung (**Bild 6.14b**) zu halten, eine Kraft $F_2 = 16$ N.

Man bestimme

a) die Vorspannkraft der Feder,

b) die Federkonstante,

c) die Kraft an der Stelle B, wenn man den Hebel nicht betätigt ($F_1 = 0$),

d) die Kipplage des Kippsprungwerkes und die Federkraft in der Kipplage,

e) Die Gelenkkraft F_A und die Kräfte an den Stellen D und E in der Stellung (**Bild 6.14b**).

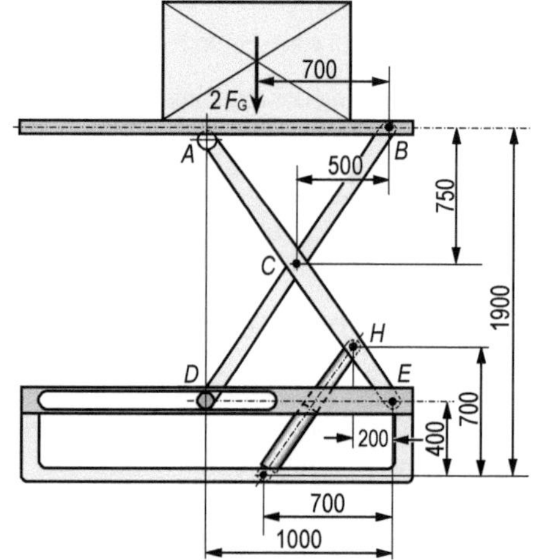

Bild 6.13: Scherenhubtisch

6. Der Ladebaum (**Bild 6.15**) trägt eine Last $F_G = 7{,}5$ kN. Man bestimme die Kräfte in den Seilen 1 und 2, die Auflagerreaktionen an der Einspannstelle A und die Kraft im Gelenk B.

7. a) Welche Beziehung muss zwischen den Abmessungen der Brückenwaage (**Bild 6.16**) bestehen, damit die Lage des zu wiegenden Körpers auf der Brückenwaage (Angriffsstelle der Gewichtskraft $\vec{F}_G$) keinen Einfluss auf die Messkraft $\vec{F}$ hat?

b) Welche weitere Beziehung muss gelten, damit im Gleichgewichtsfall das Verhältnis der Kräfte $F/F_G = 1/10$ ist, d. h. die Brückenwaage eine *Dezimalwaage* ist?

8. Man bestimme die Auflager- und Gelenkkräfte der in den **Bildern 6.17** bis **6.20** dargestellten Tragwerke. Bei dem in **Bild 6.20** dargestellten Tragwerk betrachte man zwei Belastungsfälle: 1. Belastung durch die Kraft $F_1 = 30$ kN; 2. Belastung durch die Kraft $F_2 = 20$ kN

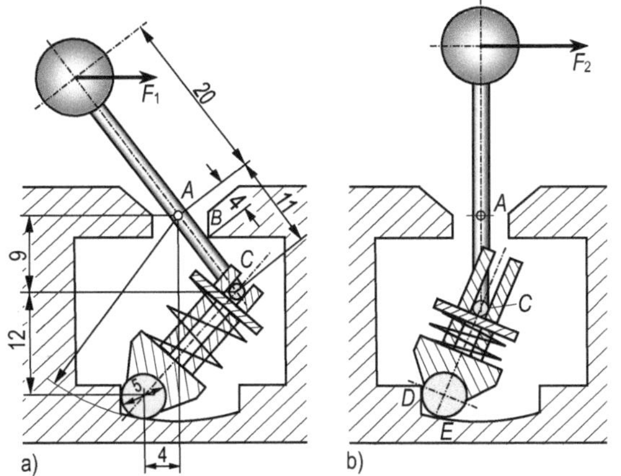

Bild 6.14: Kippsprungwerk

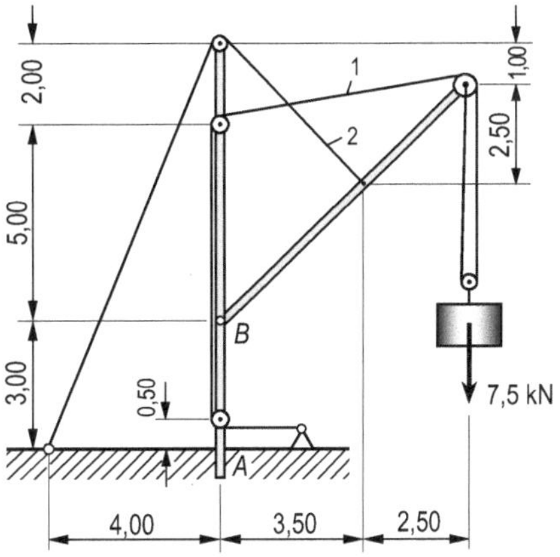

Bild 6.15: Ladebaum

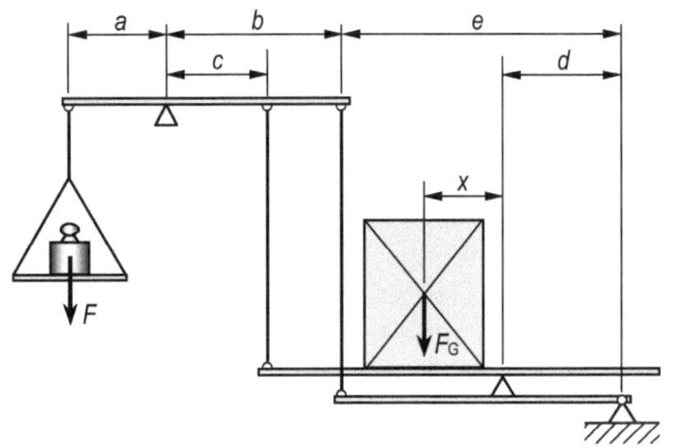

Bild 6.16: Brückenwaage

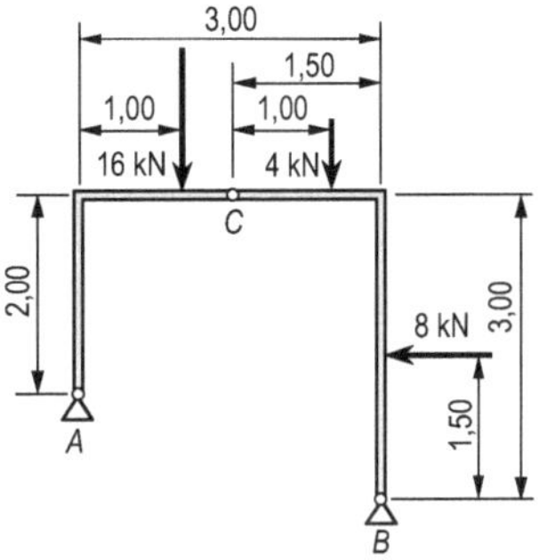

Bild 6.17: Gelenkrahmen

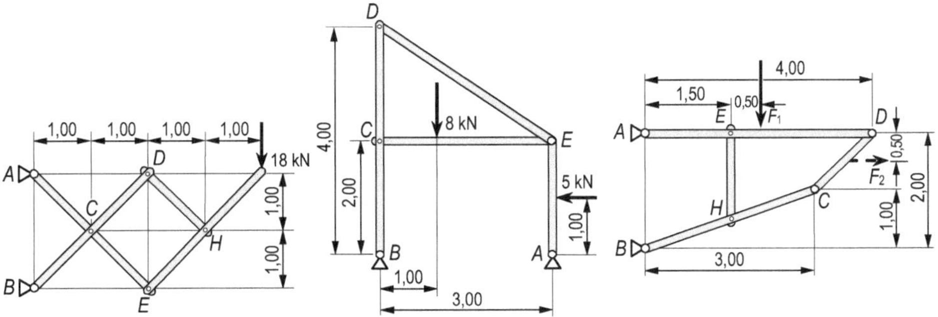

Bild 6.18: Tragkonstruktion   **Bild 6.19:** Tragwerk   **Bild 6.20:** Tragwerk

7 Ebene Fachwerke

7.1 Definitionen, Annahmen und Voraussetzungen

Als Fachwerke bezeichnet man Konstruktionen aus geraden Stäben, die in sich unverschieblich sind.

Fachwerke dienen zur Aufnahme und Übertragung von Lasten. Man verwendet sie z. B. beim Bau von Brücken, Gerüsten, Dachbindern und Kränen. Die Berechnung der in den Fachwerken auftretenden Kräfte vereinfacht sich wesentlich, wenn man folgende Annahmen macht:

1. Die Stäbe sind miteinander durch reibungsfreie Gelenke in den so genannten *Knotenpunkten* des Fachwerkes verbunden.
2. Jeder Stab ist nur an zwei Gelenke (Knotenpunkte) angeschlossen.
3. Die äußeren Kräfte greifen nur in den Knotenpunkten an.

Ein Fachwerk, das diesen Annahmen genügt, nennt man *ideal*. In einem idealen Fachwerk sind alle Stäbe *Pendelstützen* (s. Abschn. 2.3.4). Diese können zwischen den beiden Gelenken nur Normalkräfte, d. h. Kräfte in Stabrichtung, übertragen. Diese Kräfte werden *Stabkräfte* genannt und sind zwischen den Gelenken konstant, weil nach den vorstehend genannten Voraussetzungen zwischen den Gelenken keine Kräfte eingeleitet werden.

In Wirklichkeit gibt es keine idealen Fachwerke. Die Stäbe werden gewöhnlich fest miteinander vernietet, verschraubt oder verschweißt; bei gelenkiger Gestaltung der Verbindung treten Reibungskräfte auf. Oft laufen Stäbe über mehrere Knotenpunkte hinweg. Schließlich greifen auch Kräfte wie Eigengewichtskräfte oder Winddruckkräfte längs der Stäbe, also zwischen den Knoten an. Daher treten in *wirklichen* Fachwerken in den Stäben nicht nur Normalkräfte, sondern auch Querkräfte, Biege- und Torsionsmomente auf, die auch elastische Verformungen zur Folge haben. Diese sind jedoch im Allgemeinen klein gegen die Abmessungen und werden beim idealen Fachwerk vernachlässigt. Die Erfahrung zeigt, dass man ein für praktische Belange ausreichendes Bild über die Kräfteverhältnisse in einem *wirklichen* Fachwerk erhält, wenn man es als *ideales* Fachwerk behandelt. Die Fehler, die man dabei begeht, sind meist gering, die Vorteile der sehr vereinfachten Berechnung (nur Normalkräfte!) jedoch erheblich.

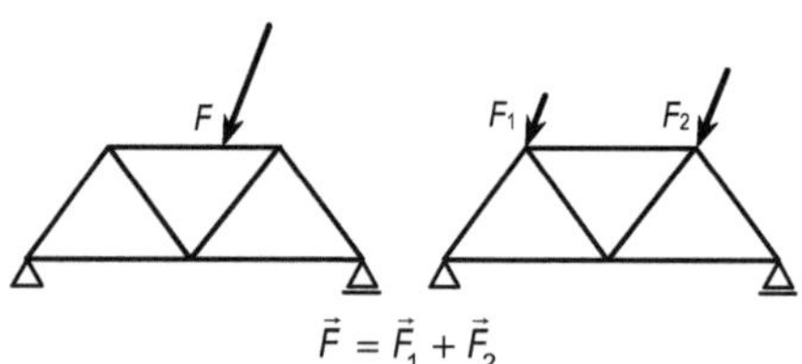

$$\vec{F} = \vec{F}_1 + \vec{F}_2$$

Bild 7.1: Ersatz einer Kraft, die nicht an einem Knotenpunkt angreift, durch zwei an den Knotenpunkten angreifende Kräfte

Eine Kraft, die nicht an einem Knotenpunkt angreift und nicht vernachlässigt werden darf, ersetzt man durch ein gleichwertiges System aus zwei parallelen Kräften an den Stabenden, d. h. an den benachbarten Knotenpunkten (**Bild 7.1**). Dadurch wird die Wirkung des betreffenden Stabes auf das übrige Fachwerk nicht geändert. Die Beanspruchung des Stabes selbst kann nachträglich in einer gesonderten Rechnung berücksichtigt werden.

Als *ebene Fachwerke* bezeichnet man solche Fachwerke, bei denen alle Stabachsen und die Wirkungslinien aller äußeren Kräfte in einer gemeinsamen Ebene liegen. Lassen sich die Auflagerkräfte eines Fachwerks allein aus den Gleichgewichtsbedingungen der Statik ermitteln, so ist das Fachwerk statisch bestimmt gelagert (s. Abschn. 6.2) und man nennt es *äußerlich statisch bestimmt*. Da wir ein Fachwerk als in sich unbeweglich vorausgesetzt haben, kann es als ein starrer Körper angesehen werden. Ein ebenes äußerlich statisch bestimmtes Fachwerk weist demnach drei unabhängige Auflagerreaktionen auf. Ein Fachwerk heißt *innerlich statisch bestimmt*, wenn alle Stabkräfte allein mit Hilfe der Gleichgewichtsbedingungen der Statik bestimmt werden können (**Bild 7.2**).

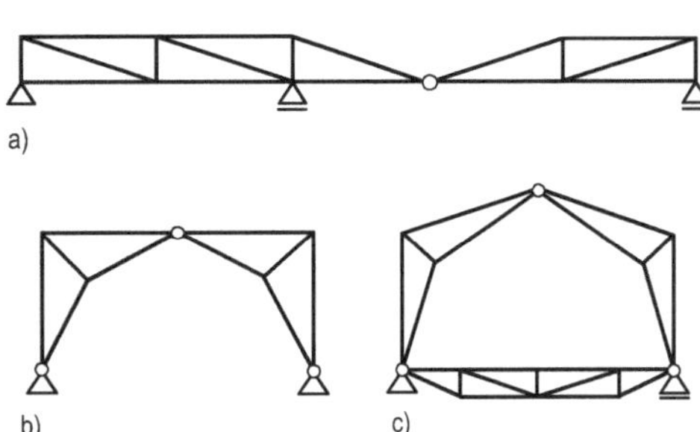

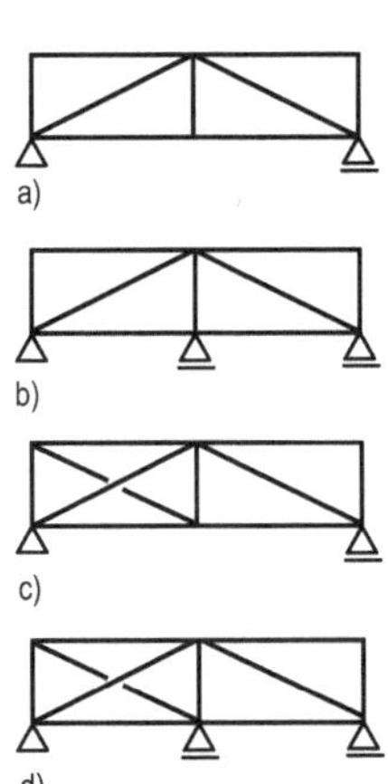

Bild 7.3: Zusammengesetzte Fachwerke

Bild 7.2: Fachwerke
a) äußerlich und innerlich statisch bestimmt
b) äußerlich statisch unbestimmt und innerlich statisch bestimmt
c) äußerlich statisch bestimmt und innerlich statisch unbestimmt
d) äußerlich und innerlich statisch unbestimmt

Aus Fachwerken können Gerber-Träger (**Bild 7.3a**), Dreigelenkbogen (**Bild 7.3b**) und andere, kompliziertere Tragwerke aufgebaut werden. Solche *zusammengesetzten Fachwerke* sind wieder Fachwerke im Sinne unserer Definition.

Ist das ganze ebene Fachwerk im Gleichgewicht, so sind auch die an einem beliebigen freigemachten Knotenpunkt angreifenden Kräfte (Stabkräfte und äußere Kräfte) im Gleichgewicht. Da die Kräfte an einem Knotenpunkt ein *zentrales* Kräftesystem bilden, müssen sie *zwei* Gleichgewichtsbedingungen erfüllen (s. Abschn. 3.2). Wir denken uns diese Gleichgewichtsbedingungen für alle Knoten des Fachwerks hingeschrieben. Mit den Bezeichnungen

k Anzahl der Knotenpunkte des Fachwerks
s Anzahl der Stäbe, die gleichzeitig auch die Anzahl der unbekannten Stabkräfte ist

stehen dann für die Bestimmung der zusammen mit den drei Auflagerkomponenten insgesamt $s + 3$ unbekannten Kräften $2k$ Gleichungen zur Verfügung. Die Unbekannten können nur dann berechnet werden, wenn ihre Anzahl mit der Anzahl der Gleichungen übereinstimmt, also wenn $s + 3 = 2k$ ist.

Die notwendige Bedingung für die innerliche statische Bestimmtheit eines statisch bestimmt gelagerten Fachwerks ist

$$s = 2k - 3 \tag{7.1}$$

Die Abzählbedingung Gl. (7.1) entspricht der Abzählbedingung in Abschn. 6.2 und ist wie diese eine *notwendige*, jedoch *keine hinreichende* Bedingung. Ist $s > 2k - 3$, so ist das Fachwerk *innerlich statisch unbestimmt*, ist $s < 2k - 3$, so ist es *verschieblich*, also nicht tragfähig.

Das Fachwerk in **Bild 7.4a** aus $s = 3$ Stäben mit $k = 3$ Knoten stellt das einfachste Fachwerk dar (Stabdreieck). Es ist innerlich statisch bestimmt, Gl. (7.1) ist erfüllt: $3 = 2 \cdot 3 - 3$. Ergänzt man dieses Fachwerk durch zwei weitere Stäbe an zwei Knotenpunkten entsprechend **Bild 7.4b**, so kommen mit den beiden Stäben zwei unbekannte Stabkräfte hinzu, jedoch mit dem zusätzlichen Knotenpunkt auch zwei weitere Gleichgewichtsbedingungen, so dass Gl. (7.1) wieder erfüllt ist. Dieses „*Aufbauverfahren*" kann man nun mehrmals wiederholen (**7.4c, d**), indem man in jedem Aufbauschritt zwei zusätzliche Stäbe an zwei benachbarte Knotenpunkte, die an den Enden eines Stabes liegen, an-schließt. Da jedes Mal auch ein zusätzlicher Knotenpunkt gewonnen wird, bleibt Gl. (7.1) erfüllt. Man bezeichnet Fachwerke, die sich auf diese Weise aus Dreiecken aufbauen las-sen, als *einfache* Fachwerke. Für einfache Fachwerke ist Gl. (7.1) eine notwendige und hinreichende Bedingung für die statische Be-stimmtheit.

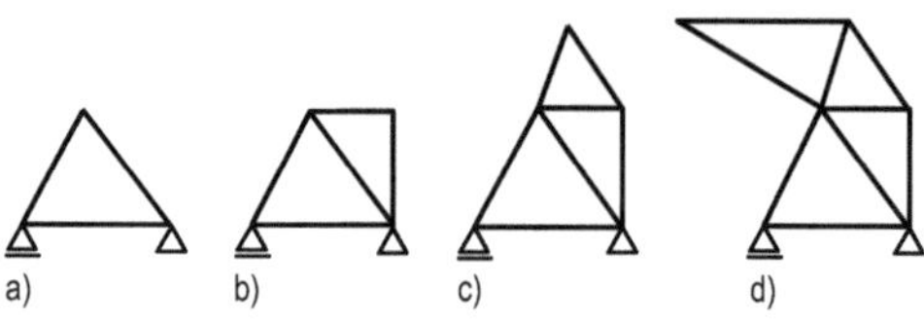

Bild 7.4: Aufbau eines einfachen Fachwerkes

Bild 7.5 zeigt Beispiele für statisch unbestimmte, **Bild 7.6** Beispiele für nicht einfache statisch bestimmte Fachwerke.

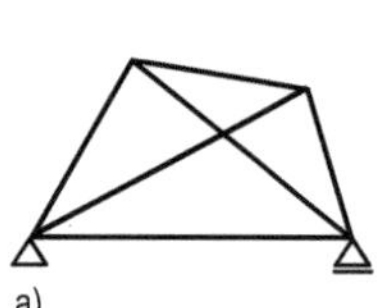

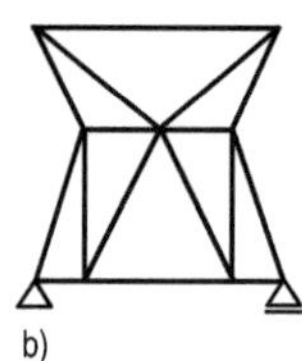

Bild 7.5: Innerlich statisch unbestimmte Fachwerke

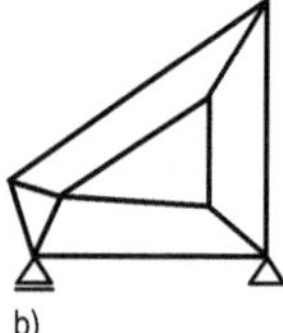

Bild 7.6: Nicht einfache statisch bestimmte Fachwerke

Auch für zusammengesetzte Fachwerke muss die Anzahl der unbekannten Größen gleich der Anzahl der Gleichgewichtsbedingungen sein, damit alle unbekannten Kräfte bestimmt werden können.

Bedeutet s die Anzahl der Stäbe, a die Anzahl der voneinander unabhängigen Auflagerkompo-nenten und k die Knotenanzahl, so muss für die Lösbarkeit der Aufgabe die Bedingung

$$s + a = 2k \tag{7.2}$$

erfüllt sein (s. auch Gl. (6.1)).

So gilt z. B. für das zusammengesetzte Fachwerk in **Bild 7.3b** $s = 10$, $a = 4$ und $k = 7$, also $10 + 4 = 2 \cdot 7 = 14$. Die unbekannten Stab- und Auflagerkräfte können aus den Gleichge-wichtsbedingungen berechnet werden.

Würde man eines der Auflager seitlich *verschieblich*, also einwertig, machen, so wäre $a = 2 + 1 = 3$ und $s + a = 10 + 3 = 13 < 2k = 14$. Das Fachwerk wäre nicht tragfähig, weil sich das Loslager bei Belastung des Fachwerkes seitlich verschieben würde.

Gelegentlich werden zur Aussteifung eines Fachwerkes Stäbe eingesetzt, die bei der gegebenen Belastung des Fachwerkes keine Kräfte übertragen müssen. Man nennt sie *Blindstäbe* oder *Nullstäbe*. Sie dienen lediglich zur Abstützung längerer Stäbe, die sonst bei Druckbelastung knicken könnten (s. Band *Festigkeitslehre*, Abschn. 10).

Es ist zweckmäßig, die Nullstäbe vor Bestimmen der Stabkräfte festzustellen, da sie dann bei der Behandlung des Fachwerkes als *ideales* Fachwerk fortgelassen werden können. **Bild 7.7** zeigt verschiedene Möglichkeiten für das Auftreten der Nullstäbe

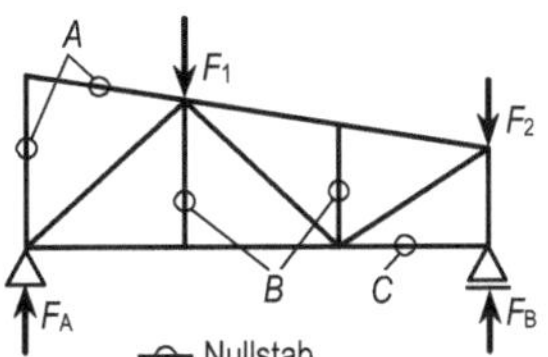

Fall A: Die Stäbe eines *unbelasteten* Knotenpunktes mit zwei nicht gleichgerichteten Stäben sind Nullstäbe.

Fall B: Haben zwei Stäbe eines *unbelasteten* Knotenpunktes mit drei angeschlossenen Stäben dieselbe Richtung, so ist der dritte Stab ein Nullstab.

Bild 7.7: Nullstäbe

Fall C: Hat in einem *belasteten* Knotenpunkt mit zwei Stäben, deren Richtung verschieden ist, der eine Stab die Richtung der äußeren Kraft (der Auflagerkraft oder der gegebenen Belastung), so ist der andere Stab ein Nullstab.

In den aufgezählten Fällen ist nämlich das Kräftegleichgewicht an dem jeweiligen Knotenpunkt nur dann möglich, wenn in den genannten Stäben keine Kräfte auftreten.

7.2 Knotenpunktverfahren

Wir setzen voraus, dass das Fachwerk, dessen Stabkräfte bestimmt werden sollen, ideal und statisch bestimmt ist. Dann greift an jedem Knotenpunkt ein zentrales Kräftesystem an. Das Knotenpunktverfahren besteht darin, dass man sich jeden Knotenpunkt freigeschnitten denkt, für die an ihm angreifenden Kräfte die beiden Gleichgewichtsbedingungen ansetzt und das so entstehende Gleichungssystem löst.

Man setzt zweckmäßig alle Stabkräfte als Zugkräfte an, sodass die (noch unbekannten) Kräfte vom Knotenpunkt weg gerichtet sind, zerlegt diese in Komponenten in Richtung eines frei gewählten x, y – Koordinatensystems und setzt die Gleichgewichtsbedingungen nach Gl. (3.8) für alle Knotenpunkte an.

Vor Beginn der Berechnung werden alle Stäbe und Knotenpunkte gekennzeichnet. Man nummeriert z. B. alle Stäbe mit arabischen Ziffern und benennt alle Knotenpunkte mit römischen Ziffern oder mit Buchstaben (s. **Bild 7.8** und **7.9**). Dabei ist die Reihenfolge grundsätzlich beliebig, es ist aber zweckmäßig, an einem Fachwerkende zu beginnen und zum anderen Ende fortzuschreiten. Das Verfahren wird an folgendem Beispiel gezeigt:

Für den in **Bild 7.8** dargestellten Dachbinder sollen die Stabkräfte mit dem Knotenpunktverfahren berechnet werden. Der Dachbinder ist im Knotenpunkt A einwertig und im Knotenpunkt B zweiwertig gelagert. Man kann die Auflagerkräfte durch Ansetzen der Gleichgewichtsbedingungen für den Binder als ganzen Starrkörper berechnen oder sie auch aus dem Gleichungssystem für die einzelnen Knotenpunkte gewinnen. Hier setzen wir die Gleichgewichtsbedingungen für jeden Knotenpunkt an.

Knotenpunkt I:

Mit $F_{s1x} = \dfrac{2}{\sqrt{5}} F_{s1}$ $F_{s1y} = \dfrac{1}{\sqrt{5}} F_{s1}$

folgt[1]

$$\sum F_{ix} = 0 = \frac{2}{\sqrt{5}} F_{s1} + F_{s2}$$

$$\sum F_{iy} = 0 = \frac{1}{\sqrt{5}} F_{s1} - F_1 \qquad (7.3)$$

Knotenpunkt II:

Mit

$$F_{s3x} = \frac{1}{\sqrt{5}} F_{s3} \qquad F_{s3y} = \frac{2}{\sqrt{5}} F_{s3}$$

$$F_{s4x} = \frac{2}{\sqrt{5}} F_{s4} \qquad F_{s4y} = -\frac{1}{\sqrt{5}} F_{s4}$$

folgt

$$\sum F_{ix} = 0 = -F_{s2} + \frac{1}{\sqrt{5}} F_{s3} + \frac{2}{\sqrt{5}} F_{s4}$$

$$\sum F_{iy} = 0 = \frac{2}{\sqrt{5}} F_{s3} - \frac{1}{\sqrt{5}} F_{s4} - F_2 \qquad (7.4)$$

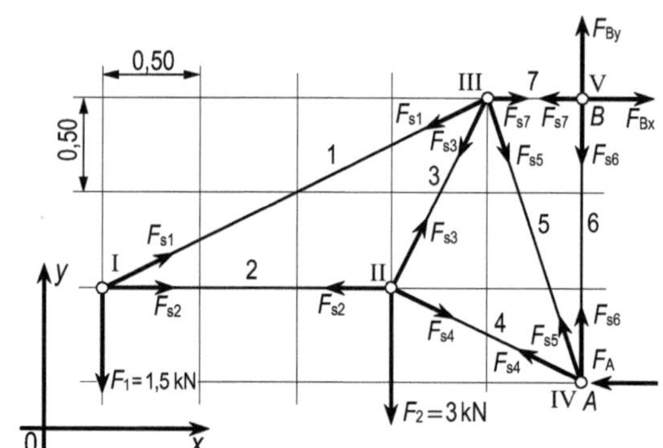

Bild 7.8: Zur Berechnung der Stabkräfte mit dem Knotenpunktverfahren

In entsprechender Weise werden die Gleichgewichtsbedingungen für alle anderen Knotenpunkte aufgestellt. Wurden die Auflagerkräfte nicht vorher bestimmt, so werden sie, wie wir es in diesem Beispiel machen wollen, als zusätzliche Unbekannte eingeführt. Man schreibt nun die Gl. (7.3 und 7.4) usw. nicht gesondert auf, sondern trägt die Koeffizienten dieser Gleichungen sofort in das vorher vorbereitete Rechenschema nach **Tabelle 7.1** ein, das anschließend zur Lösung des erhaltenen linearen Gleichungssystems, z. B. nach dem *Gauß*schen Eliminationsverfahren, verwendet werden kann. Zur *Kontrolle* der Richtigkeit der Eintragungen in das Rechenschema beachte man: Jede *Stabkraftkomponente* kommt im Schema zweimal, jedoch mit verschiedenen Vorzeichen vor. Bei einfachen Fachwerken ist auch das Gleichungssystem sehr einfach. Oft können die Stabkräfte nacheinander bestimmt werden, indem man von Knoten zu Knoten fortschreitet. Die Reihenfolge der Knoten wird dabei so gewählt, dass an jedem neuen Knoten nicht mehr als zwei Stabkräfte noch unbekannt sind, die sich jedes Mal aus den Gleichgewichtsbedingungen für diesen Knoten durch Lösen von zwei Gleichungen mit zwei Unbekannten ermitteln lassen.

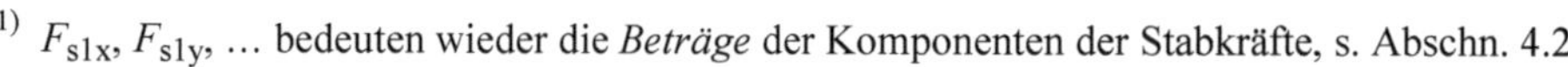

[1] F_{s1x}, F_{s1y}, ... bedeuten wieder die *Beträge* der Komponenten der Stabkräfte, s. Abschn. 4.2

Tabelle 7.1: Rechenschema

Kraft / Knoten	F_{s1}	F_{s2}	F_{s3}	F_{s4}	F_{s5}	F_{s6}	F_{s7}	F_A	F_{Bx}	F_{By}	rechte Seite in kN
I	$2/\sqrt{5}$	1									
	$1/\sqrt{5}$										$1{,}5$
II		-1	$1/\sqrt{5}$	$2/\sqrt{5}$							
			$2/\sqrt{5}$	$-1/\sqrt{5}$							3
III	$-2/\sqrt{5}$		$-1/\sqrt{5}$		$1/\sqrt{10}$	1					
	$-1/\sqrt{5}$		$-2/\sqrt{5}$		$-3/\sqrt{10}$						
IV				$-2/\sqrt{5}$	$-1/\sqrt{10}$			-1			
				$1/\sqrt{5}$	$3/\sqrt{10}$	1					
V								-1	1		
						-1				1	

Die Lösung des Gleichungssystems ergibt

$$F_{s1} = 1{,}5 \cdot \sqrt{5}\ \text{kN} = 3{,}35\ \text{kN} \qquad F_{s2} = -3\ \text{kN}$$

$$F_{s3} = \frac{3}{\sqrt{5}}\ \text{kN} = 1{,}34\ \text{kN} \qquad F_{s4} = -1{,}8 \cdot \sqrt{5}\ \text{kN} = -4{,}02\ \text{kN}$$

$$F_{s5} = -0{,}9 \cdot \sqrt{10}\ \text{kN} = -2{,}85\ \text{kN} \qquad F_{s6} = F_{s7} = F_A = F_{Bx} = F_{By} = 4{,}50\ \text{kN}$$

Da wir alle Stabkräfte als Zugkräfte angesetzt haben, liefert die Rechnung zwangsläufig für die Druckkräfte negative Vorzeichen.

Die Vorteile des Knotenpunktverfahrens liegen in der Möglichkeit eines sehr schematischen Vorgehens bei der Aufstellung und Lösung des Gleichungssystems.

Bei komplizierten Fachwerken kann die Berechnung der Stabkräfte unter Umständen sehr mühselig werden. Hier bietet sich der Einsatz von Computeralgebrasystemen (CAS) oder von Finite-Element-Programmen an. Diese werden z. B. in [5] benutzt.

Cremonaplan. Bei einfachen Fachwerken kann man die Komponentendarstellung der Knotenkräfte auch durch die Zeichnung der Kraftvektoren, deren Richtungen durch die Stabrichtungen ja gegeben sind, ersetzen.

In **Bild 7.9** sind für jeden Knotenpunkt die Stabkraftvektoren gezeichnet. Da die Kräfte im Gleichgewicht sind, ergibt sich für jeden Knotenpunkt die Vektorsumme Null, also nach Abschn. 3.1.3 ein geschlossenes Kräftepolygon.

Man beginnt die zeichnerische Ermittlung der Stabkräfte an einem Knotenpunkt, an dem nur zwei unbekannte Stabkräfte auftreten. Hier ist am Knotenpunkt I die äußere Knotenkraft mit den beiden Stabkräften F_{s1} und F_{s2} der Stäbe 1 und 2 ins Gleichgewicht zu bringen. Es ergibt sich ein Kräftedreieck, aus dem die Stabkräfte dieser Stäbe abzumessen sind. Für den Knotenpunkt II sind nun die vom Stab 2 her angreifende Kraft und die äußere Kraft F_2 bekannt. Sie sind mit den Stabkräften der Stäbe 3 und 4 im Gleichgewicht und bilden zusammen das in **Bild 7.9b** für den Knotenpunkt II gezeichnete Kräfteviereck.

So kann man von Knotenpunkt zu Knotenpunkt fortschreiten und erhält die in **Bild 7.9b** gezeichneten Figuren. Bei Beachtung mehrerer Regeln kann man alle Kräftepolygone zu einer Figur, dem *Cremonaplan* (**Bild 7.9c**), zusammenschieben. Der Cremonaplan wurde vor Einführung der Computer in jedem Statikbüro zur Bestimmung der Stabkräfte eines Fachwerks gern benutzt.

Die Aneignung und Benutzung solcher spezieller zeichnerischer Regeln lohnt sich allerdings nur für jemanden, der täglich Stabkräfte von relativ einfachen Fachwerken bestimmen muss und dem kein passendes Computerprogramm zur Verfügung steht.

Für die rechnerische Methode genügt dagegen das Zerlegen von Kräften in Komponenten und das Aufstellen der bekannten Gleichgewichtsbedingungen als theoretischer Hintergrund. Deshalb haben die rechnerischen Verfahren die zeichnerischen Verfahren weitgehend ersetzt.

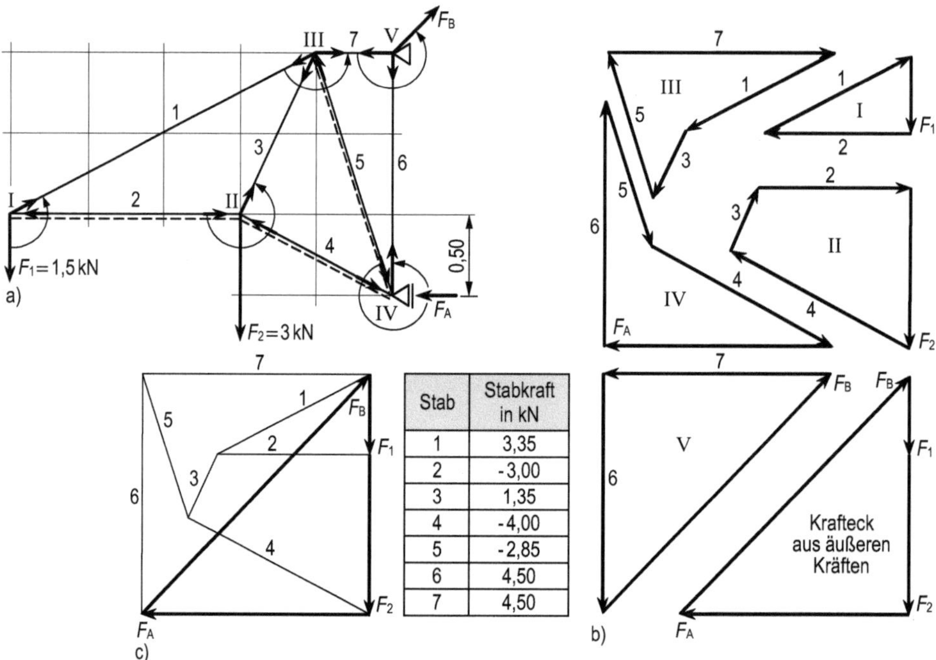

Stab	Stabkraft in kN
1	3,35
2	-3,00
3	1,35
4	-4,00
5	-2,85
6	4,50
7	4,50

Bild 7.9: Dachbinder
   a) Lageplan
   b) Kraftecke für die einzelnen Knotenpunkte und das Krafteck der äußeren Kräfte;
      m_F = 1,5 kN/cm$_Z$
   c) Cremonaplan; m_F = 1,5 kN/cm$_Z$

7.3 Schnittverfahren

Die Berechnung nach dem Knotenpunktverfahren mit Computer-Programmen kann, insbesondere bei großen Datenmengen, Eingabefehler enthalten. Deshalb ist es zweckmäßig, die Größe einzelner Stabkräfte mit einem einfachen Hilfsverfahren zu überprüfen. Das Schnittverfahren von *Ritter* beruht auf folgendem Gedanken:

Man berechnet zunächst die Auflagerkräfte. Dann zerlegt man das Fachwerk durch einen gedachten Schnitt durch höchstens drei Stäbe, unter denen der Stab mit der zu untersuchenden Stabkraft enthalten ist, in zwei Teile. Jeder Teilkörper kann als starre Scheibe angesehen werden und steht unter der Wirkung der äußeren Kräfte (einschließlich der Auflagerkräfte) und der Stabkräfte der durchgeschnittenen Stäbe im Gleichgewicht.

Die gesuchten Stabkräfte berechnet man also durch Ansetzen der Gleichgewichtsbedingungen für eines dieser Fachwerkteile. Dabei verwendet man vorwiegend Momentegleichgewichtsbedingungen und wählt als Bezugspunkt möglichst den Schnittpunkt der Wirkungslinien zweier unbekannter Stabkräfte. Dann tritt in der Gleichung nur die dritte Stabkraft als einzige Unbekannte auf. Deshalb dürfen sich die Kraftwirkungslinien der geschnittenen Stäbe nicht alle in einem Punkt schneiden, weil sonst die Momentegleichgewichtsbedingung für diesen Bezugspunkt keine verwendbare Aussage ergibt. Alle drei Stabkräfte hätten dann für diesen Punkt den Hebelarm Null.

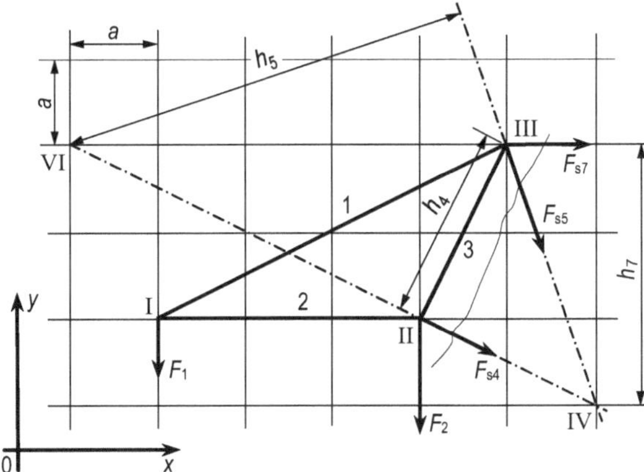

Bild 7.10:
Zur Berechnung der Stabkräfte mit dem Schnittverfahren nach Ritter

Wir bestimmen die Stabkräfte F_{s4}, F_{s5} und F_{s7} für das in **Bild 7.9a** dargestellte Fachwerk. Durch den Ritterschen Schnitt, der durch die Stäbe 4, 5 und 7 geht, zerlegen wir das Fachwerk in zwei Teile, setzen die gesuchten Stabkräfte wieder als Zugkräfte an und betrachten das linke Fachwerkteil (**Bild 7.10**).

Die gesuchten Stabkräfte erhält man aus den für die Bezugspunkte III, VI und IV aufgestellten Momentegleichgewichtsbedingungen wie folgt

$$\sum M_{i,\,III} = 0 = F_{s4} \cdot h_4 + F_2 \cdot a + F_1 \cdot 4a$$

$$\sum M_{i,\,VI} = 0 = F_{s5} \cdot h_5 + F_2 \cdot 4a + F_1 \cdot a$$

$$\sum M_{i,\,IV} = 0 = F_{s7} \cdot h_7 - F_2 \cdot 2a - F_1 \cdot 5a$$

Mit

$$F_1 = 1{,}5 \text{ kN} \qquad F_2 = 3 \text{ kN} \qquad a = 0{,}5 \text{ m}$$

$$h_4 = \sqrt{5} \cdot a \qquad h_5 = \frac{3}{2}\sqrt{10} \cdot a \quad h_7 = 3a$$

ergibt sich aus diesen Gleichungen in Übereinstimmung mit den Ergebnissen des Knotenpunktverfahrens

$$F_{s4} = -1{,}8 \cdot \sqrt{5} \text{ kN} = -4{,}02 \text{ kN}$$

$$F_{s5} = -0{,}9 \cdot \sqrt{10} \ \text{kN} = -2{,}85 \ \text{kN} \qquad F_{s7} = 4{,}5 \ \text{kN}$$

Die Stäbe 4 und 5 sind Druckstäbe (negative Vorzeichen!).

Oft ist es einfacher, nicht den Hebelarm h_i der Stabkraft $\vec{F}_{si}$ zu bestimmen, sondern diese Stabkraft so in Komponenten zu zerlegen, dass die Hebelarme der Komponenten aus der Zeichnung leicht abgelesen werden können.

Die Stabkraft $\vec{F}_{s4}$ (**Bild 7.10**) kann z. B. auch wie folgt berechnet werden:

Für die Beträge der Komponenten der Kraft F_{s4} gilt

$$\frac{F_{s4y}}{F_{s4x}} = \frac{1}{2} \qquad \text{oder} \qquad 2 \cdot F_{s4y} - F_{s4x} = 0 \tag{7.5}$$

Die Momentegleichgewichtsbedingung für den Bezugspunkt III lautet

$$\sum M_{i,\,\text{III}} = 0 = F_{s4y} \cdot a + F_{s4x} \cdot 2a + F_1 \cdot 4a + F_2 \cdot a \tag{7.6}$$

Gl. (7.5) und Gl. (7.6) ergeben mit den gegebenen Werten für die Kräfte F_1 und F_2 das Gleichungssystem

$$2 \cdot F_{s4y} - F_{s4x} = 0$$

$$F_{s4y} + 2 \cdot F_{s4x} = -9 \ \text{kN}$$

Seine Lösung ist

$$F_{s4x} = -3{,}6 \ \text{kN} \qquad F_{s4y} = -1{,}8 \ \text{kN}$$

$$|\vec{F}_{s4}| = \sqrt{F_{s4x}^2 + F_{s4y}^2} = 1{,}8 \cdot \sqrt{5} \ \text{kN} = 4{,}02 \ \text{kN}$$

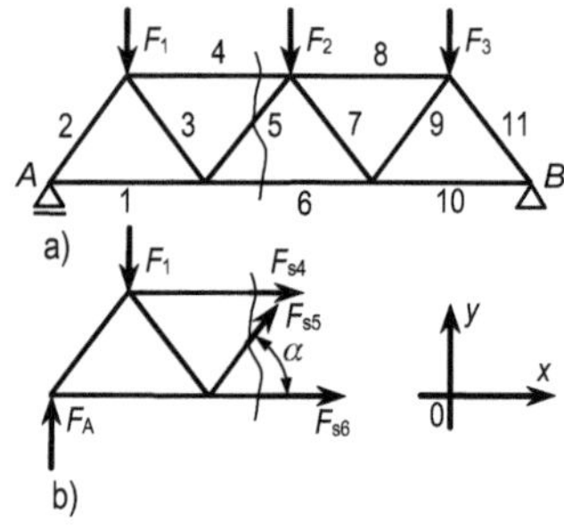

Ein Sonderfall tritt auf, wenn zwei von den drei geschnittenen Stäben parallel verlaufen (**Bild 7.11**). Die Stabkraft des nicht parallel verlaufenden Stabes berechnet man dann aus der Kräftegleichgewichtsbedingung für die zu beiden parallelen Stäben senkrechten Richtung. So erhält man die Stabkraft im Diagonalstab 5 des Fachwerks in **Bild 7.11** aus

Bild 7.11: Zur Berechnung der Stabkräfte mit dem Schnittverfahren in dem Fall, dass zwei geschnittene Stäbe parallel verlaufen

$$\sum F_{iy} = 0 = F_A - F_1 + F_{s5} \sin \alpha$$

$$F_{s5} = \frac{F_1 - F_A}{\sin \alpha}$$

Das Rittersche Schnittverfahren wird nicht nur dann angewendet, wenn einzelne Stabkräfte interessieren oder einzelne der aus Computer-Berechnungen gewonnenen Stabkräfte nachgeprüft werden sollen, sondern man kann mit seiner Hilfe alle Stabkräfte eines Fachwerkes berechnen.

Die Anwendung dieses Verfahrens ist besonders dann vorteilhaft, wenn das Fachwerk aus vielen gleichartig konstruierten Teilen, wie z. B. in **Bild 7.17** besteht und die Festlegung der Bezugspunkte für die Momentegleichgewichtsbedingungen damit besonders einfach ist. Im Vergleich zu dem Knotenpunktverfahren hat das Schnittverfahren den Vorteil sehr einfacher Gleichungen, die es erlauben, die Stabkräfte unabhängig voneinander zu berechnen.

7.4 Aufgaben zu Abschnitt 7

In den Aufgaben 1 bis 6 sollen alle Stabkräfte der gegebenen Fachwerke nach verschiedenen Verfahren bestimmt werden, in Aufgabe 7 nur die Kräfte in den Stäben 1, 2 und 3 nach dem Schnittverfahren von Ritter

1. Kran in **Bild 5.19** (s. Abschn. 5.5, Aufgabe 4) mit der Last F_G = 15 kN am Lasthaken. Das Eigengewicht des Kranes wird nicht berücksichtigt.

2. Fachwerkträger (**Bild 7.12**).

3. Fachwerkbrücke (**Bild 7.13**).

4. Fachwerkträger (**Bild 7.14**).

5. Fachwerktragwerk (**Bild 7.15**).

6. Dachbinder (**Bild 7.16**).

7. Man bestimme die Stabkräfte in den Stäben 1, 2 und 3 des Fachwerkträgers (**Bild 7.17**) nach dem Schnittverfahren von Ritter.

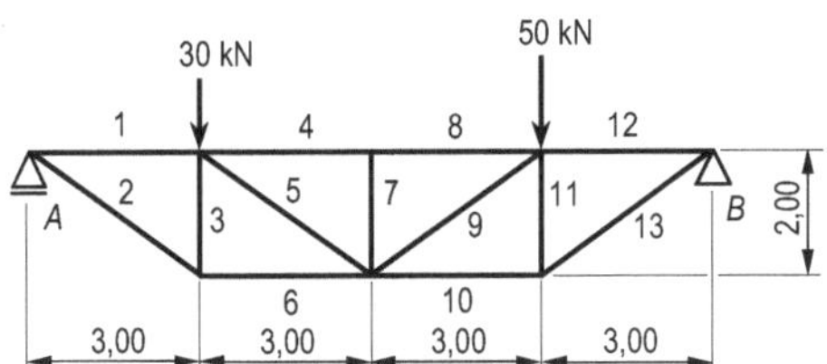

Bild 7.12: Fachwerkträger

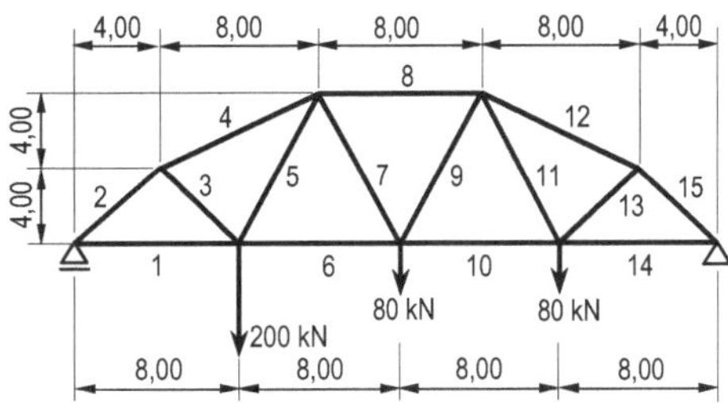

Bild 7.13: Fachwerkbrücke

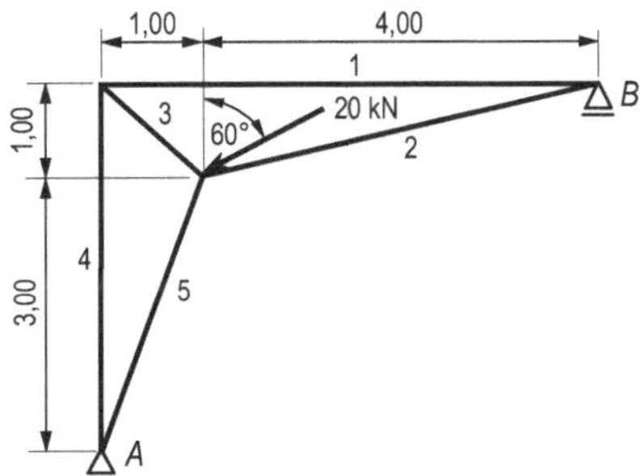

Bild 7.14: Fachwerkträger

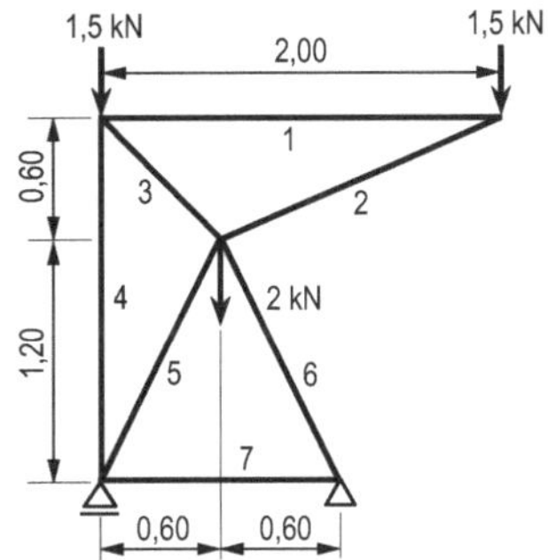

Bild 7.15: Fachwerktragwerk

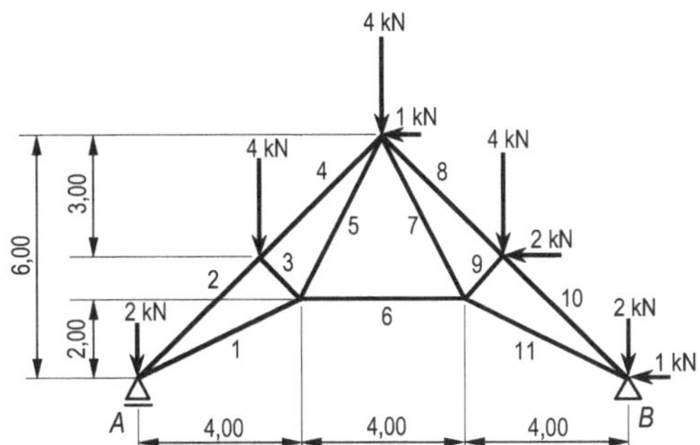

Bild 7.16: Dachbinder

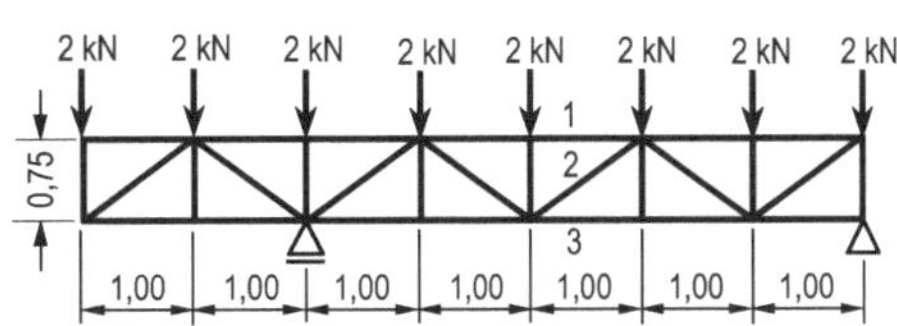

Bild 7.17: Fachwerkträger

8 Einführung in die räumliche Statik

Da die zeichnerische Behandlung von räumlichen Kräftesystemen umständlich ist, beschränken wir uns auf die *rechnerische Behandlung* solcher Kräftesysteme.

8.1 Kraft im Raum

Für die Beschreibung der Kräfte im Raum benutzen wir ein rechtwinkliges, rechtshändiges x, y, z-Koordinatensystem mit den Eins-Vektoren $\vec{e}_x, \vec{e}_y, \vec{e}_z$ (**Bild 8.1**). Der *Angriffspunkt A* (ein Punkt der Wirkungslinie) einer Kraft $\vec{F}$ wird in diesem Koordinatensystem durch seine Koordinaten x, y, z festgelegt, die wir zu dem *Ortsvektor* $\vec{r}$ zusammenfassen. Wir geben den Ortsvektor in der Form an

$$\vec{r} = \vec{e}_x x + \vec{e}_y y + \vec{e}_z z$$

oder kürzer, in der Schreibweise als Zeilen- oder Spaltenvektor

$$\vec{r} = (x\,;y\,;z) \quad \text{oder} \qquad \vec{r} = \begin{Bmatrix} x \\ y \\ z \end{Bmatrix}$$

Den Kraftvektor $\vec{F}$ zerlegen wir in die drei vektoriellen Komponenten $\vec{F}_x, \vec{F}_y, \vec{F}_z$. Das Kräftesystem aus diesen drei vektoriellen Komponenten ist der Kraft $\vec{F}$ gleichwertig.

Setzt man nämlich etwa zuerst die Komponenten $\vec{F}_x$ und $\vec{F}_y$ zu der Teilresultierenden $\vec{F}_{xy}$ und dann die Teilresultierende $\vec{F}_{xy}$ mit der Komponente $\vec{F}_z$ nach dem Parallelogrammaxiom zusammen, so ergibt sich die Kraft.

Mit Hilfe der Eins-Vektoren, $\vec{e}_x, \vec{e}_y, \vec{e}_z$ und den *skalaren* Komponenten, F_x, F_y, F_z erhält man für die Kraft im Raum eine entsprechende Darstellung wie in der Ebene (s. Abschn. 3.2 und 4.2)

$$\vec{F} = \vec{e}_x F_x + \vec{e}_y F_y + \vec{e}_z F_z$$

oder kürzer geschrieben

$$\vec{F} = (F_x\,;F_y\,;F_z) \quad \text{oder} \qquad \vec{F} = \begin{Bmatrix} F_x \\ F_y \\ F_z \end{Bmatrix}$$

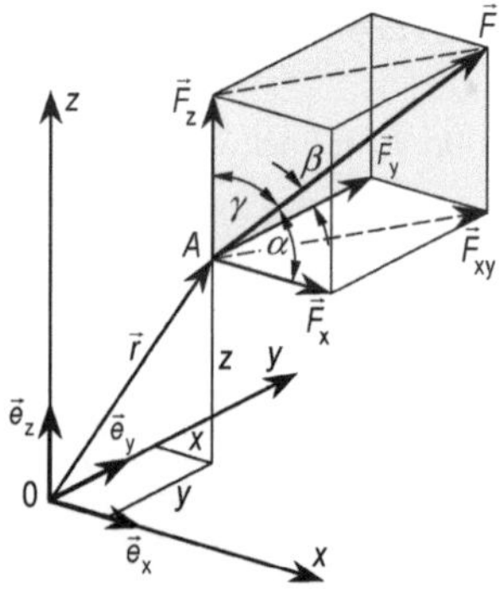

Bild 8.1: Kraft im Raum

Die Kraftkomponenten legen die Kraft nach Betrag und Richtung fest. Den Betrag erhält man nach dem *räumlichen Pythagoras*

$$F = \sqrt{F_x^2 + F_y^2 + F_z^2} \tag{8.1}$$

und die Richtung ergibt sich zwangsläufig durch Zusammensetzen der vektoriellen Komponenten, deren Richtungen ja bekannt sind.

Die Kraft im Raum ist somit durch die Angabe der sechs skalaren Größen

$$x, y, z \text{ (Angriffspunkt)} \qquad F_x, F_y, F_z \text{ (Kraftvektor)} \tag{8.2}$$

vollständig bestimmt.

Man kann die Richtung der Kraft auch durch die Winkel α, β, γ angeben, die der Kraftvektor mit den positiven Koordinatenachsen x, y, z bildet (**Bild 8.1**). Für die Größen $\cos\alpha$, $\cos\beta$, $\cos\gamma$, die man als *Richtungskosinus* bezeichnet, gilt nach Abschn. 1.4

$$\cos\alpha = F_x/F \quad \cos\beta = F_y/F \quad \cos\gamma = F_z/F \tag{8.3}$$

Drückt man die Komponenten mit Hilfe dieser Beziehungen durch den Betrag und die Richtungskosinus der Kraft aus und setzt sie in Gl. (8.1) ein, so folgt

$$F = \sqrt{F^2 \cos^2\alpha + F^2 \cos^2\beta + F^2 \cos^2\gamma} = F \cdot \sqrt{\cos^2\alpha + \cos^2\beta + \cos^2\gamma}$$

$$1 = \cos^2\alpha + \cos^2\beta + \cos^2\gamma \tag{8.4}$$

Die drei Winkel sind also nicht unabhängig voneinander. Gibt man z. B. α und β vor, so kann $\cos\gamma$ nach Gl. (8.4) berechnet werden. Das Vorzeichen von $\cos\gamma$ ergibt sich aus Gl. (8.3). Der Winkel γ ist spitz oder stumpf, je nachdem, ob $\cos\gamma$ positiv oder negativ ist.

Nach den obigen Ausführungen ist eine Kraft im Raum auch durch Angabe der folgenden sechs skalaren Größen bestimmt

$$x, y, z \text{ (Angriffspunkt)} \quad F, \alpha, \beta \text{ (Kraftvektor)} \tag{8.5}$$

8.2 Das zentrale räumliche Kräftesystem

Ein zentrales räumliches Kräftesystem liegt vor, wenn sich die Wirkungslinien aller zum System gehörenden Kräfte $\vec{F_i}$ ($i = 1, 2, \ldots, n$) in einem Punkt des Raumes schneiden. Die Resultierende $\vec{F_R}$ ergibt sich wie im ebenen Fall (s. Abschn. 3.2) durch vektorielle Addition der Kräfte $\vec{F_i}$

$$\vec{F_R} = \sum_{i=1}^{n} \vec{F_i} \tag{8.6}$$

Zerlegt man die Kräfte $\vec{F_i}$ in Komponenten in Richtung der x, y, z-Koordinatenachsen, so resultieren aus der Vektorgleichung (8.6) die drei skalaren Gleichungen

$$F_{Rx} = \sum_{i=1}^{n} F_{ix} \qquad F_{Ry} = \sum_{i=1}^{n} F_{iy} \qquad F_{Rz} = \sum_{i=1}^{n} F_{iz} \tag{8.7}$$

Für den Betrag und die Richtungswinkel α_R, β_R, γ_R der Resultierenden gilt nach Gl. (8.3) bzw. Gl. (8.4)

$$|\vec{F}_R| = F_R = \sqrt{F_{Rx}^2 + F_{Ry}^2 + F_{Rz}^2} \tag{8.8}$$

bzw.

$$\cos \alpha_R = \frac{F_{Rx}}{F_R} \qquad \cos \beta_R = \frac{F_{Ry}}{F_R} \qquad \cos \gamma_R = \frac{F_{Rz}}{F_R} \tag{8.9}$$

Analog zum ebenen Fall (s. Abschn. 3.2) befindet sich ein zentrales räumliches Kräftesystem im Gleichgewicht, wenn seine Resultierende $\vec{F}_R$ gleich Null wird.

$$\vec{F}_R = \sum_{i=1}^{n} \vec{F}_i = \vec{0} \tag{8.10}$$

Bei Zerlegung der Kräfte in Komponenten entsprechen dieser Gleichgewichtsbedingung in Vektorform die drei skalaren Gleichungen

$$F_{Rx} = \sum_{i=1}^{n} F_{ix} = 0 \qquad F_{Ry} = \sum_{i=1}^{n} F_{iy} = 0 \qquad F_{Rz} = \sum_{i=1}^{n} F_{iz} = 0 \tag{8.11}$$

Sie besagen:

> Für das Gleichgewicht eines zentralen räumlichen Kräftesystems ist es notwendig und hinreichend, dass bei Verwendung eines beliebigen x, y, z-Koordinatensystems die Summe der x-Komponenten, die Summe der y-Komponenten und die Summe der z-Komponenten aller Kräfte jede für sich gleich Null wird.

Beispiel 8.1: An einem als unsymmetrisches Dreibein ausgeführten Ausleger wirkt eine Kraft $F = 60$ kN (**Bild 8.2a**). Die infolge dieser Kraft auftretenden Stabkräfte sollen bestimmt werden. Die Wirkungslinien der Stabkräfte sind bekannt, da die Stäbe Pendelstützen sind. Ihre Richtungen können aus dem Lageplan entnommen werden. Wir machen das Gelenk an der Spitze des Auslegers frei (**Bild 8.2b**) und setzen alle Stabkräfte als Zugkräfte (am Gelenk ziehend, s. Abschn. 7) an. Die vier Kräfte bilden ein zentrales Kräftesystem. Ihre Komponentendarstellung schreiben wir in der Form

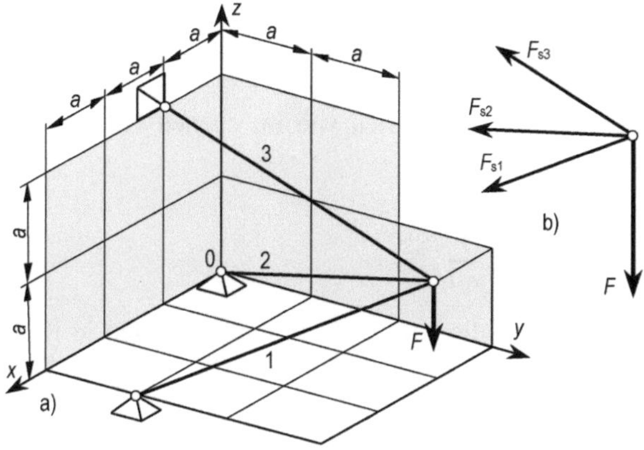

Bild 8.2: Ausleger

$$\vec{F}_{s1} = \overline{S}_1 \left\{ \begin{array}{c} 2 \\ -2 \\ -1 \end{array} \right\} \qquad \vec{F}_{s2} = \overline{S}_2 \left\{ \begin{array}{c} -1 \\ -3 \\ -1 \end{array} \right\} \qquad \vec{F}_{s3} = \overline{S}_3 \left\{ \begin{array}{c} 0 \\ -3 \\ 1 \end{array} \right\} \qquad \vec{F} = \left\{ \begin{array}{c} 0 \\ 0 \\ -60 \text{ kN} \end{array} \right\}$$

$\overline{S}_1$, $\overline{S}_2$, $\overline{S}_3$ – Proportionalitätsfaktoren

Die Gleichgewichtsbedingungen (Gl. 8.11) für das zentrale Kräftesystem lauten

$$\sum F_{ix} = 0 = 2\,\overline{S}_1 - \overline{S}_2$$

$$\sum F_{iy} = 0 = -2\,\overline{S}_1 - 3\,\overline{S}_2 - 3\,\overline{S}_3$$

$$\sum F_{iz} = 0 = -\overline{S}_1 - \overline{S}_2 + \overline{S}_3 - 60 \text{ kN}$$

Wir lösen diese Gleichungen mit dem *Gaußschen Eliminationsverfahren*. Dazu benutzen wir das unten stehende Rechenschema. Die Zahlen in den Klammern am linken Rand des Schemas kennzeichnen die so genannten *Leitzeilen-Gleichungen*, die zusammen das gestaffelte Gleichungssystem bilden. Auf dem rechten Rand des Schemas sind die Faktoren angegeben, mit denen die Gleichungen bei der Durchführung des Verfahrens multipliziert werden. Außerdem ist durch Pfeile angedeutet, welche Gleichungen man miteinander kombiniert hat und an welche Stelle die kombinierte Gleichung gebracht worden ist

	$\overline{S}_1$	$\overline{S}_2$	$\overline{S}_3$	rechte Seite in kN	Zeilensumme
	2	-1			1
	2	3	3		8
(1)	1	1	-1	-60	-59
	5	6		-180	-169
(2)	2	-1			1
(3)	17			-180	-163
	-10,6	-21,2	28,2		

$$\overline{S}_1 = -\frac{180 \text{ kN}}{17} = -10{,}6 \text{ kN}$$

$$\overline{S}_2 = -21{,}2 \text{ kN}$$

$$\overline{S}_3 = 28{,}2 \text{ kN}$$

Die negativen Vorzeichen der Faktoren $\overline{S}_1$ und $\overline{S}_2$ bedeuten, dass die wahre Richtung der Kräfte $\vec{F}_{s1}$ und $\vec{F}_{s2}$ der in **Bild 8.2b** eingezeichneten entgegengesetzt ist (die Stäbe 1 und 2 sind *Druckstäbe*, s. Abschn. 7). Die Beträge der Stabkräfte sind

$$F_{s1} = 10{,}6 \text{ kN} \cdot \sqrt{2^2 + 2^2 + 1^2} = 10{,}6 \text{ kN} \cdot \sqrt{9} = 31{,}8 \text{ kN}$$

Entsprechend erhält man:

$$F_{s2} = 70{,}3 \text{ kN} \qquad F_{s3} = 89{,}2 \text{ kN}$$

8.3 Das allgemeine räumliche Kräftesystem

Ein allgemeines räumliches Kräftesystem liegt vor, wenn die Wirkungslinien der zum System gehörenden Kräfte $\vec{F}_i$ ($i = 1, 2,..., n$) sich nicht in einem Punkt schneiden. Dieser Fall tritt auf, wenn die Wirkungslinien der Kräfte $\vec{F}_i$ windschief im Raum verlaufen, d. h. keinen gemeinsamen Schnittpunkt besitzen oder die Wirkungslinien der Kräfte $\vec{F}_i$ sich in mehr als einem Punkt schneiden.

8.3.1 Das Moment einer Kraft in Bezug auf einen Punkt

Wir betrachten eine beliebige Kraft $\vec{F}$, deren Betrag und Richtung gegeben sei. Der Angriffspunkt A der Kraft besitzt die Koordinaten x, y, z, die wir zum Ortsvektor $\vec{r} = (x; y; z)$ zusammenfassen (**Bild 8.3a**). Wir ermitteln die Momente der Kraft $\vec{F}$ in Bezug auf die Koordinatenachsen x, y, z. Zur Vereinfachung der Rechnung zerlegen wir die Kraft $\vec{F}$ in ihre Komponenten $\vec{F}_x, \vec{F}_y, \vec{F}_z$ und betrachten zunächst die Kraftkomponente $\vec{F}_x$, die entlang ihrer Wirkungslinie vom Punkt A in den Punkt B verschoben wird. Das Moment dieser Kraft bezüglich der y-Achse hat den Betrag $z\,F_x$. Der zugehörige, nach der Rechtsschraubenregel gebildete Momentvektor weist in Richtung der positiven y-Achse (**Bild 8.3b**). In Bezug auf die z-Achse erzeugt die Kraftkomponente $\vec{F}_x$ ein Moment vom Betrag $y\,F_x$, wobei der zugehörige Momentvektor in negative z-Richtung weist. Das Moment von $\vec{F}_x$ bezüglich der x-Achse ist Null, weil die Wirkungslinie der Kraftkomponente parallel zur Bezugsachse verläuft.

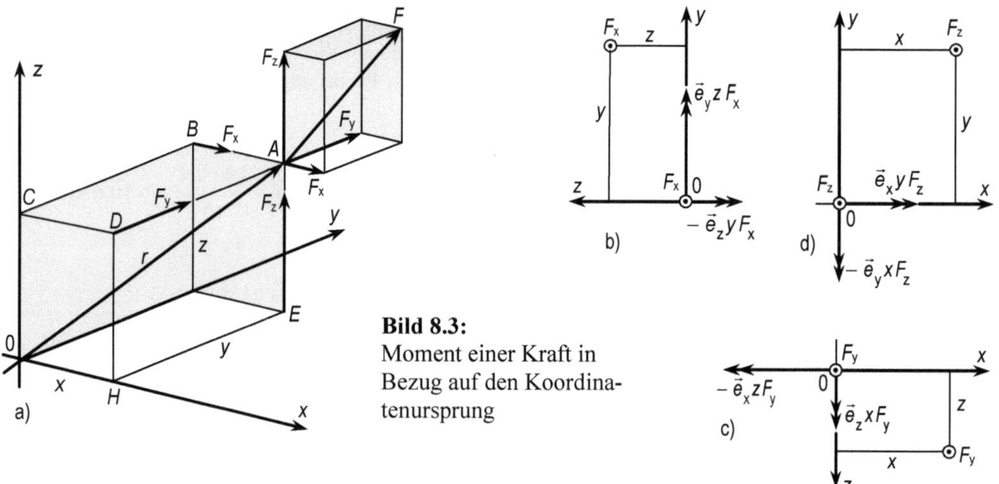

Bild 8.3:
Moment einer Kraft in
Bezug auf den Koordina-
tenursprung

Auf analogem Wege lassen sich die Momente von $\vec{F}_y$ bezüglich der x und z-Achse sowie von $\vec{F}_z$ bezüglich der x und y-Achse ermitteln (**Bild 8.3c** und **d**). Wir fassen schließlich die Momentbeiträge in den drei Koordinatenrichtungen zu den Momentvektoren $\vec{M}_x = \vec{e}_x M_x$, $\vec{M}_y = \vec{e}_y M_y$ und $\vec{M}_z = \vec{e}_z M_z$ zusammen, deren skalare Komponenten lauten:

$$M_x = y\,F_z - z\,F_y$$
$$M_y = z\,F_x - x\,F_z \qquad (8.12)$$
$$M_z = x\,F_y - y\,F_x$$

Die Momentvektoren $\vec{M}_x$, $\vec{M}_y$ und $\vec{M}_z$ bilden zugleich die vektoriellen Komponenten des im Koordinatenursprung 0 angreifenden Momentvektors

$$\vec{M} = \vec{M}_x + \vec{M}_y + \vec{M}_z = \vec{e}_x M_x + \vec{e}_y M_y + \vec{e}_z M_z = (M_x; M_y; M_z) \qquad (8.13)$$

Die Komponenten M_x, M_y und M_z in Gl. (8.12) bezeichnet man als statische Momente der Kraft $\vec{F}$ bezüglich der x, y und z-Achse, den Vektor $\vec{M}$ als das statische Moment der Kraft $\vec{F}$ bezüglich des Koordinatenursprungs.

Die in Gl. (8.12) angegebenen Rechenvorschriften zur Bestimmung der skalaren Komponenten M_x, M_y und M_z entsprechen den Regeln zur Berechnung der Komponenten des Vektors $\vec{r} \times \vec{F}$ (s. Abschn. 1.4.3)

$$\vec{r} \times \vec{F} = \begin{bmatrix} x \\ y \\ z \end{bmatrix} \times \begin{bmatrix} F_x \\ F_y \\ F_z \end{bmatrix} = \begin{bmatrix} \vec{e}_x & \vec{e}_y & \vec{e}_z \\ x & y & z \\ F_x & F_y & F_z \end{bmatrix} = \vec{e}_x\,(y\,F_z - z\,F_y) + \vec{e}_y\,(z\,F_x - x\,F_z) + \vec{e}_z\,(x\,F_y - y\,F_x) \qquad (8.14)$$

Wir können also das Moment $\vec{M}$ der Kraft $\vec{F}$ in Bezug auf den Koordinatenursprung durch das Vektorprodukt

$$\vec{M} = \vec{r} \times \vec{F} \qquad (8.15)$$

darstellen. Aufgrund dieses Zusammenhangs steht der Momentvektor $\vec{M}$ senkrecht auf der von $\vec{r}$ und $\vec{F}$ aufgespannten Ebene und bildet mit $\vec{r}$ und $\vec{F}$ ein Rechtssystem (**Bild 8.4**).

Der Betrag des Momentvektors $\vec{M}$ sowie die Richtungswinkel α_M, β_M und γ_M (**Bild 8.4**) ergeben sich in bekannter Weise aus (s. Abschn. 1.4):

$$|\vec{M}| = M = \sqrt{M_x^2 + M_y^2 + M_z^2} \qquad (8.16)$$

$$\cos \alpha_M = \frac{M_x}{M} \qquad (8.17)$$

$$\cos \beta_M = \frac{M_y}{M} \qquad (8.18)$$

$$\cos \gamma_M = \frac{M_z}{M} \qquad (8.19)$$

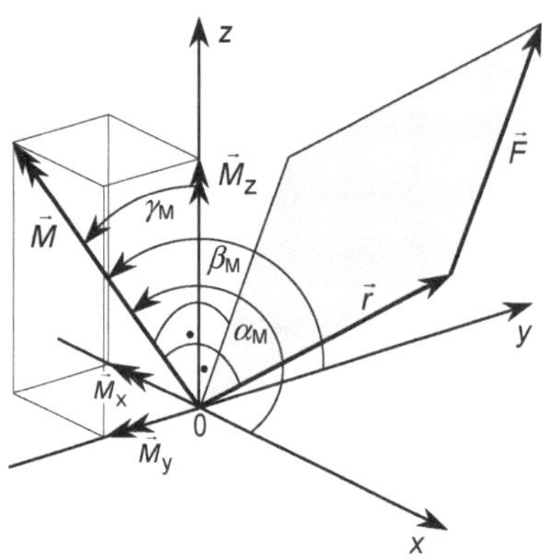

Bild 8.4: Vektorielle Darstellung des Momentes

8.3.2 Kräftepaar im Raum

Verschiebbarkeit von Kräftepaaren

In Abschn. 4.1.1 haben wir gezeigt, dass es erlaubt ist, ein Kräftepaar *in seiner Ebene* beliebig zu verschieben und zu drehen. Wir zeigen nun, dass ein Kräftepaar auch in eine beliebige zu seiner Ebene *parallele* Ebene verschoben werden darf, ohne dass sich seine Wirkung auf einen starren Körper ändert.

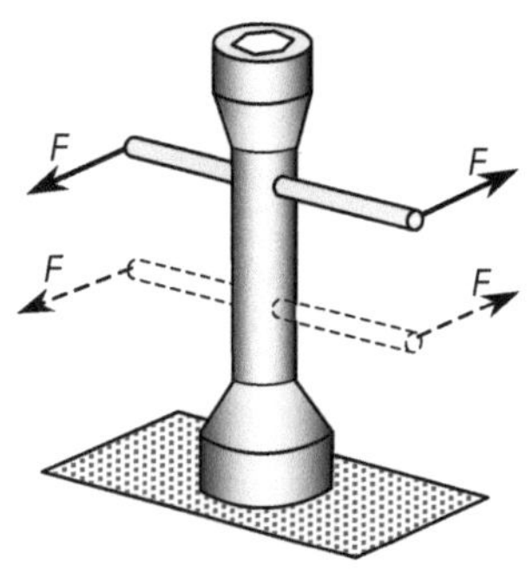

Bild 8.5: Steckschlüssel

Diese Vermutung ist naheliegend. Die Wirkung des Steckschlüssels in **Bild 8.5** auf die Mutter ist offenbar unabhängig davon, durch welche Löcher man den Dorn steckt, wenn nur jedesmal Betrag und Drehsinn des angreifenden Kräftepaares dieselben bleiben.

Zum Beweis betrachten wir ein Kräftepaar $\vec{F}$, $-\vec{F}$ in der Ebene E sowie das gleiche Kräftepaar in der zu E parallelen Ebene E^* (**Bild 8.6**). Das Moment des in der Ebene E gelegenen Kräftepaares kann mit Gl. (8.15) berechnet werden

$$\vec{M} = \vec{r}_A \times \vec{F} + \vec{r}_B \times (-\vec{F}) = \vec{r}_A \times \vec{F} - \vec{r}_B \times \vec{F} = (\vec{r}_A - \vec{r}_B) \times \vec{F} \tag{8.20}$$

Das Moment des in der Ebene E^* gelegenen Kräftepaares lässt sich darstellen als

$$\vec{M}^* = \vec{r}_{A^*} \times \vec{F} - \vec{r}_{B^*} \times \vec{F} = (\vec{r}_A + \Delta\vec{r}_A) \times \vec{F} - (\vec{r}_B + \Delta\vec{r}_B) \times \vec{F} \tag{8.21}$$

Mit dem distributiven Gesetz wird hieraus

$$\vec{M}^* = \vec{r}_A \times \vec{F} - \vec{r}_B \times \vec{F} + \Delta\vec{r}_A \times \vec{F} - \Delta\vec{r}_B \times \vec{F} \tag{8.22}$$

Wegen der Parallelität der Ebenen E und E^* gilt

$$\Delta\vec{r}_A = \Delta\vec{r}_B \tag{8.23}$$

Damit wird

$$\vec{M}^* = \vec{r}_A \times \vec{F} - \vec{r}_B \times \vec{F} = (\vec{r}_A - \vec{r}_B)\vec{F} = \vec{M} \tag{8.24}$$

Bei Verschiebung eines Kräftepaares aus einer Ebene in eine zu dieser parallelen Ebene bleibt also das Moment des Kräftepaares unverändert.

> Ein Kräftepaar darf in seiner Ebene und in eine zu seiner Ebene parallele Ebene verschoben werden.

Wir haben das Kräftepaar durch den Momentvektor $\vec{M}$ versinnbildlicht (s. Abschn. 4.1.1). Während der Kraftvektor $\vec{F}$ nur auf seiner Wirkungslinie verschoben werden darf (bei Parallelverschiebung muss ein Versatzmoment hinzugefügt werden), darf der Momentvektor in der von ihm festgelegten Richtung und parallel zu sich selbst verschoben werden. Man bezeichnet den Momentvektor als *freien*, den Kraftvektor als *linienflüchtigen* Vektor.

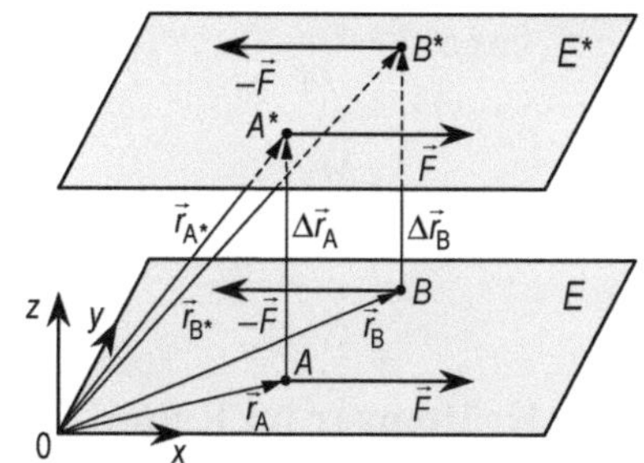

Bild 8.6: Verschiebung des Kräftepaares in eine parallele Ebene

Zusammensetzen von Kräftepaaren

Wir betrachten zwei Kräftepaare, die in zwei verschiedenen nicht parallelen Ebenen E_1 und E_2 wirken (**Bild 8.7a**). Durch Verschiebung jedes Kräftepaares in seiner Ebene und Veränderung des Abstandes der Kräfte auf jeweils denselben Abstand b nach der Regel in Abschn. 4.1.1 bringen wir die beiden Kräftepaare in die in **Bild 8.7a** dargestellte Lage. Setzt man nun die Kräfte $\vec{F_1}$ und $\vec{F_2}$ zu der Teilresultierenden $\vec{F}_R$ und die Kräfte $-\vec{F_1}$ und $-\vec{F_2}$ zu der Teilresultierenden $-\vec{F}_R$ zusammen, so erhält man ein einziges resultierendes Kräftepaar $\vec{F}_R$, $-\vec{F}_R$, das in der von den Diagonalen der Kräfteparallelogramme bestimmten Ebene wirkt.

In **Bild 8.7b** ist die Ansicht der räumlichen Darstellung (**Bild 8.7a**) in Richtung der Schnittgeraden der beiden Ebenen zu sehen. In dieser Ansicht sieht man die Schnittgerade als Punkt, und die Längen der Vektoren erscheinen unverzerrt, der Kraftvektor $-\vec{F_1}$ liegt z. B. im Abstand b hinter dem Kraftvektor $\vec{F_1}$. Außer den Kraftvektoren sind in das Bild die Momentvektoren der Kräftepaare eingezeichnet, die jeweils auf der Ebene des zugehörigen Kräftepaares senkrecht stehen. Für die Beträge der Momentvektoren gilt

$$M_1 = b\,F_1 \qquad M_2 = b\,F_2 \qquad M_R = b\,F_R \tag{8.25}$$

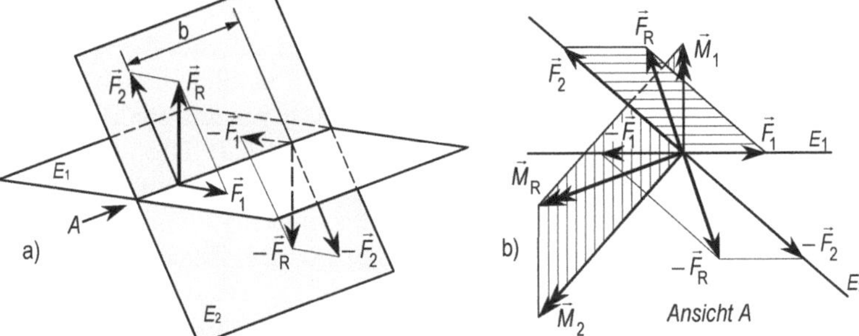

Bild 8.7:
Zusammenfassen von Kräftepaaren

Die Beträge der Momentvektoren sind also den Beträgen der Kräfte der zugehörigen Kräftepaare proportional. Da die Vektoren $\vec{F_1}$ und $\vec{M_1}$, $\vec{F_2}$ und $\vec{M_2}$, $\vec{F}_R$ und $\vec{M}_R$ jeweils aufeinander senkrecht stehen und ihre Längen nach Gl. (8.25) einander proportional sind, folgt aus der Ähnlichkeit der in **Bild 8.7b** schraffierten Parallelogramme, dass der Vektor $\vec{M}_R$ die Diagonale des von den Vektoren $\vec{M_1}$ und $\vec{M_2}$ aufgespannten Parallelogramms bildet. Es gilt also:

Zwei Kräftepaare werden zu einem resultierenden Kräftepaar dadurch zusammengesetzt, dass man ihre Momentvektoren addiert.

Kräftepaare können also genau wie Kräfte durch Parallelogrammkonstruktion zusammengefasst werden. Diese Tatsache erleichtert erheblich die Behandlung der räumlichen Kräftesysteme. Das resultierende Kräftepaar von vielen Kräftepaaren lässt sich durch Konstruktion eines (im Allgemeinen räumlichen) *Momentecks* finden, genau so, wie die Resultierende von mehreren Kräften durch Konstruktion eines Kraftecks erhalten wird.

8.3.3 Reduktion eines räumlichen Kräftesystems in Bezug auf einen Punkt

Zwei Kräfte im Raum lassen sich nur dann unmittelbar zu einer Resultierenden zusammenfassen, wenn ihre Wirkungslinien in einer Ebene liegen, d. h., sich schneiden oder parallel verlaufen. Im Allgemeinen verlaufen jedoch die Wirkungslinien zweier Kräfte im Raum windschief, sodass eine Zusammenfassung der Kräfte nicht ohne weiteres möglich ist. Verschiebt man die Kraftvektoren solcher Kräfte parallel zu sich selbst, sodass ihre (neuen) Wirkungslinien sich schneiden und das Zusammenfassen zu einer Resultierenden möglich ist, so muss man nach Abschn. 4.2.4 dieser Resultierenden ein *Versatzmoment* hinzufügen, damit das veränderte Kräftesystem dem ursprünglichen gleichwertig bleibt.

Nach dieser Überlegung über das Zusammensetzen zweier windschiefer Kräfte sieht man leicht ein, dass ein allgemeines räumliches System aus mehr als zwei Kräften sich immer auf ein gleichwertiges System reduzieren lässt, das aus nur *einer resultierenden Kraft* und nur *einem resultierenden Kräftepaar* besteht. Die resultierende Kraft findet man durch geometrische Addition der parallel zu sich selbst verschobenen Kraftvektoren des gegebenen Systems, das resultierende Kräftepaar durch Addition der Momentvektoren der Versatzkräftepaare und der etwa von vornherein vorhandenen Kräftepaare. Die zeichnerische Durchführung dieser Reduktion ist recht umständlich. Daher beschränken wir uns auf die Beschreibung der rechnerischen Methode.

Reduktion einer Kraft in Bezug auf den Koordinatenursprung

Eine Kraft $\vec{F}$, die im Punkt A mit dem Ortsvektor $\vec{r}_A$ angreift, soll parallel zu sich selbst in den Koordinatenursprung 0 verschoben werden. Zu diesem Zweck ergänzen wir im Punkt 0 die gegebene Kraft $\vec{F}$ sowie die ihr entgegengerichtete Kraft $-\vec{F}$ (**Bild 8.8**). Dieses erweiterte Kräftesystem ist dem ursprünglichen System, bestehend aus der Kraft $\vec{F}$ im Punkt A, äquivalent. Die Kraft $\vec{F}$ im Punkt A sowie die Kraft $-\vec{F}$ im Punkt 0 fassen wir zu einem Kräftepaar zusammen. Da die Kraft $-\vec{F}$ im Koordinatenursprung angreift, ist der Ortsvektor $\vec{r}_0$ ihres Kraftangriffspunktes gleich dem Nullvektor. Das Moment des Kräftepaares wird damit (s. Gl. (8.20)):

$$\vec{M} = (\vec{r}_A - \vec{r}_0) \times \vec{F} = \vec{r}_A \times \vec{F} \qquad (8.26)$$

Es gilt somit:

> Das Versatzmoment bei Parallelverschiebung einer Kraft ist gleich dem statischen Moment der nichtverschobenen Kraft bezüglich des Punktes, in den sie verschoben wird.

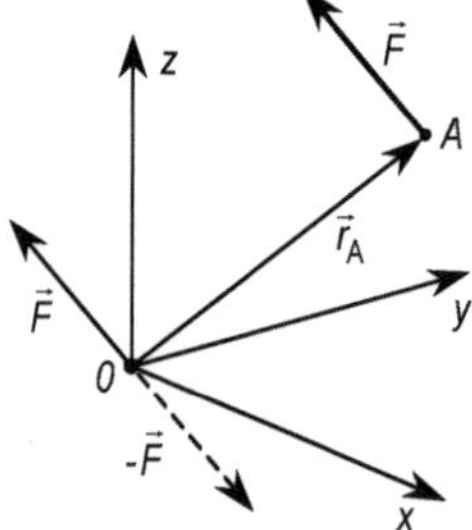

Bild 8.8: Parallelverschiebung einer Kraft

Es verbleibt schließlich die in den Koordinatenursprung 0 verschobene Kraft $\vec{F}$ und das Kräftepaar mit dem Moment $\vec{M}$.

Reduktion eines Kräftesystems aus *n* Kräften in Bezug auf den Koordinatenursprung. Dyname und Kraftschraube

Besteht ein räumliches System aus n Kräften, so reduzieren wir erst alle Kräfte $\vec{F_i}$ ($i = 1, 2,$ ..., n) einzeln unter Hinzunahme der Versatzmomente $\vec{M_i}$ auf den Koordinatenursprung. Durch vektorielle Addition der Kräfte $\vec{F_i}$ einerseits und der Momente $\vec{M_i}$ andererseits wird dann das gegebene Kräftesystem auf ein äquivalentes System zurückgeführt, das aus einer resultierenden Kraft $\vec{F}_R$ mit dem Koordinatenursprung als Angriffspunkt und einem resultierenden Kräftepaar $\vec{M}_R$ besteht. Es ist

$$\vec{F}_R = \sum \vec{F_i} \qquad \vec{M}_R = \sum \vec{M_i} \qquad\qquad (8.27)$$

Den zwei vektoriellen Beziehungen der Gl. (8.27) entsprechen sechs skalare Gleichungen, die unter Berücksichtigung der Gl. (8.12) lauten

$$F_{Rx} = \sum F_{ix} \qquad F_{Ry} = \sum F_{iy} \qquad F_{Rz} = \sum F_{iz} \qquad (8.28)$$

$$M_{Rx} = \sum (y_i\, F_{iz} - z_i\, F_{iy}) \quad M_{Ry} = \sum (z_i\, F_{ix} - x_i\, F_{iz}) \quad M_{Rz} = \sum (x_i\, F_{iy} - y_i\, F_{ix})$$

Für den Betrag F_R und die Richtungswinkel α_R, β_R und γ_R der Resultierenden gilt nach Gl. (8.8) bzw. (8.9)

$$F_R = \sqrt{F_{Rx}^2 + F_{Ry}^2 + F_{Rz}^2}$$

$$\cos \alpha_R = F_{Rx}/F_R \qquad \cos \beta_R = F_{Ry}/F_R \qquad \cos \gamma_R = F_{Rz}/F_R \qquad (8.29)$$

und da Momente genau wie Kräfte zusammengesetzt werden (Abschn. 8.3.2), gelten für die Berechnung des Betrages M_R und der Richtungswinkel α_M, β_M, γ_M des resultierenden Kräftepaares entsprechende Formeln

$$M_R = \sqrt{M_{Rx}^2 + M_{Ry}^2 + M_{Rz}^2}$$

$$\cos \alpha_M = M_{Rx}/M_R \qquad \cos \beta_M = M_{Ry}/M_R \qquad \cos \gamma_M = M_{Rz}/M_R \qquad (8.30)$$

Die Vektoren $\vec{F}_R$ und $\vec{M}_R$ fassen wir wieder unter dem Begriff Dyname (s. Abschn. 4.2.4) zusammen.

Ein allgemeines räumliches Kräftesystem lässt sich stets auf eine Dyname $\vec{F}_R$, $\vec{M}_R$ bezüglich eines beliebig gewählten Punktes reduzieren.

Der Bezugspunkt kann zum Ursprung eines Koordinatensystems gemacht werden. Während bei Reduktion einer Einzelkraft oder eines ebenen Kräftesystems in Bezug auf einen Punkt die Vektoren $\vec{F}_R$ und $\vec{M}_R$ der Dyname stets aufeinander senkrecht stehen, schließen sie bei der Dyname eines räumlichen Kräftesystems einen beliebigen Winkel ein.

Wir zerlegen den Momentvektor $\vec{M}_R$ der Dyname in Komponenten $\vec{M}_{Rp}$ und $\vec{M}_{Rs}$ parallel und senkrecht zum Kraftvektor $\vec{F}_R$ (**Bild 8.9**). Verschiebt man die Dyname in einen anderen Bezugspunkt, so ändert sich dabei nur die Komponente M_{Rs}, da der Momentvektor $\vec{M}_R$ der Dyname beliebig verschoben werden darf und bei der Verschiebung der resultierenden *Einzelkraft* $\vec{F}_R$ der Vektor des hinzukommenden *Versatzmomentes* auf dem Kraftvektor senkrecht steht. Die parallele Komponente $\vec{M}_{Rp}$ ist von der Verschiebung unabhängig. Man kann nun durch Verschiebung der Dyname in einen anderen Bezugspunkt erreichen, dass die zur Kraft senkrechte Komponente des Momentvektors verschwindet. Der Betrag des hinzukommenden Versatzkräftepaares $F_R\,b$ (**Bild 8.9**) muss in

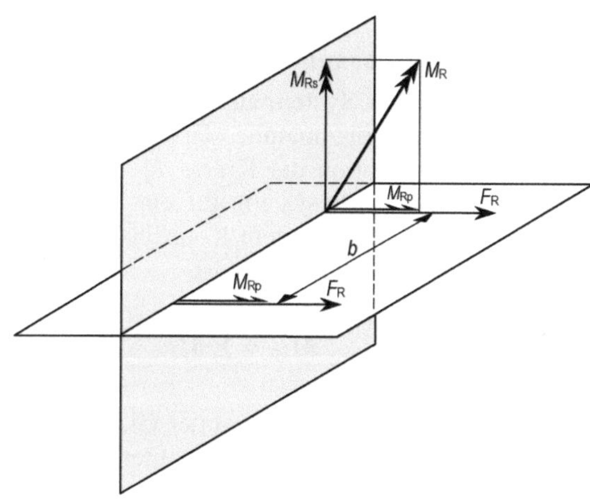

Bild 8.9: Reduktion auf eine Kraftschraube

diesem Fall gleich dem Betrag der nichtverschobenen Momentkomponente $\vec{M}_{Rs}$ und sein Drehsinn dem Drehsinn von $\vec{M}_{Rs}$ entgegengesetzt sein.

Eine Dyname, bei der Kraft- und Momentvektor parallel sind, bezeichnet man als *Kraftschraube*, die Wirkungslinie der Kraft einer Kraftschraube als *Zentralachse* (**Bild 8.10**).

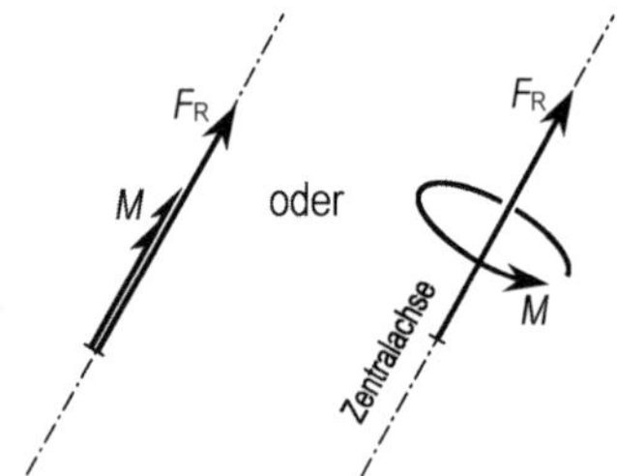

> Ein allgemeines räumliches Kräftesystem lässt sich immer auf eine Kraftschraube zurückführen.

Die Reduktion auf nur eine Kraft bzw. nur ein Kräftepaar, wie es beim ebenen Kräftesystem war, ist beim räumlichen Kräftesystem im Allgemeinen nicht möglich. Nur in Sonderfällen kann die Kraft oder das Moment oder Kraft und Moment der Kraftschraube gleich Null sein.

Bild 8.10: Kraftschraube

8.3.4 Gleichgewichtsbedingungen

Wir haben gesehen, dass das einfachste System, auf das sich ein allgemeines räumliches System reduzieren lässt, die Dyname bzw. die Kraftschraube ist. Eine weitere Vereinfachung ist, abgesehen von Sonderfällen, nicht möglich. Daraus folgt:

> Für das Gleichgewicht eines allgemeinen räumlichen Kräftesystems ist es notwendig und hinreichend, dass die Kraft $\vec{F}_R$ und das Kräftepaar $\vec{M}_R$ des auf eine Dyname bezüglich eines beliebigen Punktes reduzierten Kräftesystems gleich Null sind.

Für die praktische Feststellung des Gleichgewichtes ist die folgende Formulierung der Gleichgewichtsbedingungen vorteilhaft:

Ein allgemeines räumliches Kräftesystem ist im Gleichgewicht, wenn die Summe der Kräfte und die Summe der statischen Momente der Kräfte in Bezug auf einen beliebig gewählten Punkt jede für sich gleich Null ist

$$\sum \vec{F}_i = \vec{F}_R = \vec{0} \qquad \sum \vec{M}_i = \vec{M}_R = \vec{0} \tag{8.31}$$

Den zwei Vektorgleichungen Gl. (8.31) entsprechen sechs skalare Gleichungen als Gleichgewichtsbedingungen:

Kräftegleichgewicht

$$\left. \begin{aligned} \sum F_{ix} &= 0 \\ \sum F_{iy} &= 0 \\ \sum F_{iz} &= 0 \end{aligned} \right\} \tag{8.32}$$

Momentegleichgewicht

$$\left. \begin{aligned} \sum M_{ix} &= \sum (y_i\, F_{iz} - z_i\, F_{iy}) = 0 \\ \sum M_{iy} &= \sum (z_i\, F_{ix} - x_i\, F_{iz}) = 0 \\ \sum M_{iz} &= \sum (x_i\, F_{iy} - y_i\, F_{ix}) = 0 \end{aligned} \right\} \tag{8.33}$$

Die Bedingungen für das Kräftegleichgewicht Gl. (8.31) können entsprechend wie im ebenen Fall (s. Abschn. 4.2.5) durch weitere Momentegleichgewichtsbedingungen bezüglich anderer Achsen als in Gl. (8.33) ersetzt werden.

Ein Körper oder ein mechanisches System befindet sich im Gleichgewicht, wenn das an ihm angreifende Kräftesystem im Gleichgewicht ist. Da im Raum zur Ermittlung des Gleichgewichts sechs Gleichungen zur Verfügung stehen, muss die Lagerung eines *statisch bestimmt* gelagerten Körpers so beschaffen sein, dass bei seiner Belastung mit einem *beliebigen* räumlichen Kräftesystem genau sechs unabhängige Auflagerreaktionen auftreten. Ist der Körper so belastet und seine Lagerung so beschaffen, dass auf ihn ein *spezielles* Kräftesystem (z. B. ein ebenes oder ein zentrales) einwirkt, so sind einige der Gleichgewichtsbedingungen in Gl. (8.32) und (8.33) *identisch* erfüllt, da in den betreffenden Richtungen oder bezüglich der betreffenden Achsen überhaupt keine Kräfte oder Momente wirken. In solchen Sonderfällen muss die Anzahl der unbekannten Auflagerreaktionen gleich der Zahl der nicht identisch erfüllten Gleichgewichtsbedingungen (d. h. weniger als sechs) sein, wenn die Auflagerreaktionen sich allein aus den Gleichgewichtsbedingungen berechnen lassen sollen, d. h. der Körper statisch bestimmt gelagert ist. Solche Sonderfälle sind:

Ebenes Kräftesystem (die Wirkungslinien aller Kräfte liegen in einer Ebene). Eine Kraft- und zwei Momentegleichgewichtsbedingungen sind identisch erfüllt. 6 – 3 = 3 unabhängige Auflagerreaktionen bei statisch bestimmter Lagerung.

Zentrales Kräftesystem (die Wirkungslinien aller Kräfte schneiden sich in einem Punkt). Die drei Momentebedingungen sind identisch erfüllt. 6 – 3 = 3 unabhängige Auflagerreaktionen bei statisch bestimmter Lagerung.

Paralleles Kräftesystem (die Wirkungslinien aller Kräfte sind parallel). Zwei Kräftegleichgewichtsbedingungen und eine Momentegleichgewichtsbedingung sind identisch erfüllt. 6 – 3 = 3 unabhängige Auflagerreaktionen bei statisch bestimmter Lagerung.

Axiales Kräftesystem (die Wirkungslinien aller Kräfte schneiden eine Gerade, die Achse). Beispiele: Maschinenwelle oder durch Kugelgelenk gelagerter und abgespannter Mast. Die Momentegleichgewichtsbedingung bezüglich der Achse ist identisch erfüllt. $6 - 1 = 5$ unabhängige Auflagerreaktionen bei statisch bestimmter Lagerung.

Wie für das ebene Kräftesystem bereits gesagt (s. Abschn. 6.2), sind die obigen Abzählbedingungen notwendige, jedoch keine hinreichende Bedingungen für die statische Bestimmtheit. Ist z. B. ein Körper so durch sechs Pendelstäbe gestützt, dass die Wirkungslinien aller sechs Stützkräfte eine Gerade schneiden, so ist die notwendige Abzählbedingung für statisch bestimmte Lagerung erfüllt. Würde man jedoch den Körper mit einem Kräftepaar (Moment) belasten, das in einer zu dieser Geraden senkrechten Ebene wirkt, so könnten die Stützkräfte kein Gegenkräftepaar ergeben, das das Gleichgewicht herstellt, und der Körper würde sich drehen.

Beispiel 8.2: Auf das Großrad 2 der Vorgelegewelle eines zweistufigen Stirnradgetriebes mit Schrägverzahnung (**Bild 8.11a**) wird von dem treibenden Kleinrad der Antriebswelle eine Umfangskraft $F_{u2} = 2$ kN übertragen (**Bild 8.11b**). Die Wirkungslinien der Zahnkräfte $\vec{F}_1$ und $\vec{F}_2$ stehen senkrecht auf den Zahnflanken. Bei allen Rädern beträgt der *Schrägungswinkel* $\beta_0 = 15°$ und der *Normaleingriffswinkel* $\alpha_{n0} = 20°$. Gesucht werden die Zahnkräfte, die auf die Stirnräder der Vorgelegewelle wirken, und ihre Komponenten (Umfangskräfte F_u, Radialkräfte F_r, Axialkräfte F_a), ferner die Auflagerkräfte der Vorgelegewelle.

In **Bild 8.11b** ist die freigemachte Vorgelegewelle dargestellt und in **Bild 8.11c** ihre Projektionen auf die Koordinatenebenen. Aus der bekannten Umfangskraft F_{u2} und den bekannten Winkeln β_0 und α_{no} berechnen sich die anderen Komponenten der Zahnkraft $\vec{F}_2$ und ihr Betrag wie folgt

$$
\left.
\begin{aligned}
F_{a2} &= F_{u2} \tan \beta_0 = 2 \text{ kN} \cdot 0{,}268 = 0{,}536 \text{ kN} \\[2mm]
F_{r2} &= F_{u2} \frac{\tan \alpha_{no}}{\cos \beta_0} = 2 \text{ kN} \cdot \frac{0{,}364}{0{,}966} = 0{,}754 \text{ kN} \\[2mm]
F_2 &= \sqrt{0{,}536^2 + 2^2 + 0{,}754^2} \text{ kN} = 2{,}20 \text{ kN}
\end{aligned}
\right\} \qquad (8.34)
$$

Für die Beträge der Komponenten der Zahnkraft $\vec{F}_1$ gilt

$$
\left.
\begin{aligned}
F_{u1} &= F_1 \cos \alpha_{no} \cdot \cos \beta_0 = 0{,}908 \, F_1 \\[2mm]
F_{a1} &= F_1 \cos \alpha_{no} \cdot \sin \beta_0 = 0{,}243 \, F_1 \\[2mm]
F_{r1} &= F_1 \sin \alpha_{no} = 0{,}342 \, F_1
\end{aligned}
\right\} \qquad (8.35)
$$

Die 6 unbekannten Kräfte F_{Ay}, F_{Az}, F_{Bx}, F_{By}, F_{Bz}, F_1 bestimmen wir aus den Gleichgewichtsbedingungen Gl. (8.32 und 8.33), wobei wir als Bezugspunkt für die statischen Momente der Kräfte den Koordinatenursprung wählen. Für das Momentegleichgewicht bezüglich der y-Achse folgt z. B. unter Berücksichtigung der Gl. (8.34) und (8.35) und Zusammenfassen

$$
\begin{aligned}
\sum M_{iy} = 0 &= 11 \text{ cm} \cdot F_{Bz} - 2{,}64 \text{ cm} \cdot F_{a1} - 8 \text{ cm} \cdot F_{r1} + 4{,}20 \text{ cm} \cdot F_{a2} - 4 \text{ cm} \cdot F_{r2} \\[2mm]
&= 11 \text{ cm} \cdot F_{Bz} - 2{,}64 \text{ cm} \cdot 0{,}243 \, F_1 - 8 \text{ cm} \cdot 0{,}342 \, F_1 + 4{,}20 \text{ cm} \cdot 0{,}536 \text{ kN} - 4 \text{ cm} \cdot 0{,}754 \text{ kN} \\[2mm]
&= 11 \text{ cm} \cdot F_{Bz} - 3{,}38 \text{ cm} \cdot F_1 - 0{,}765 \text{ kNcm}
\end{aligned}
$$

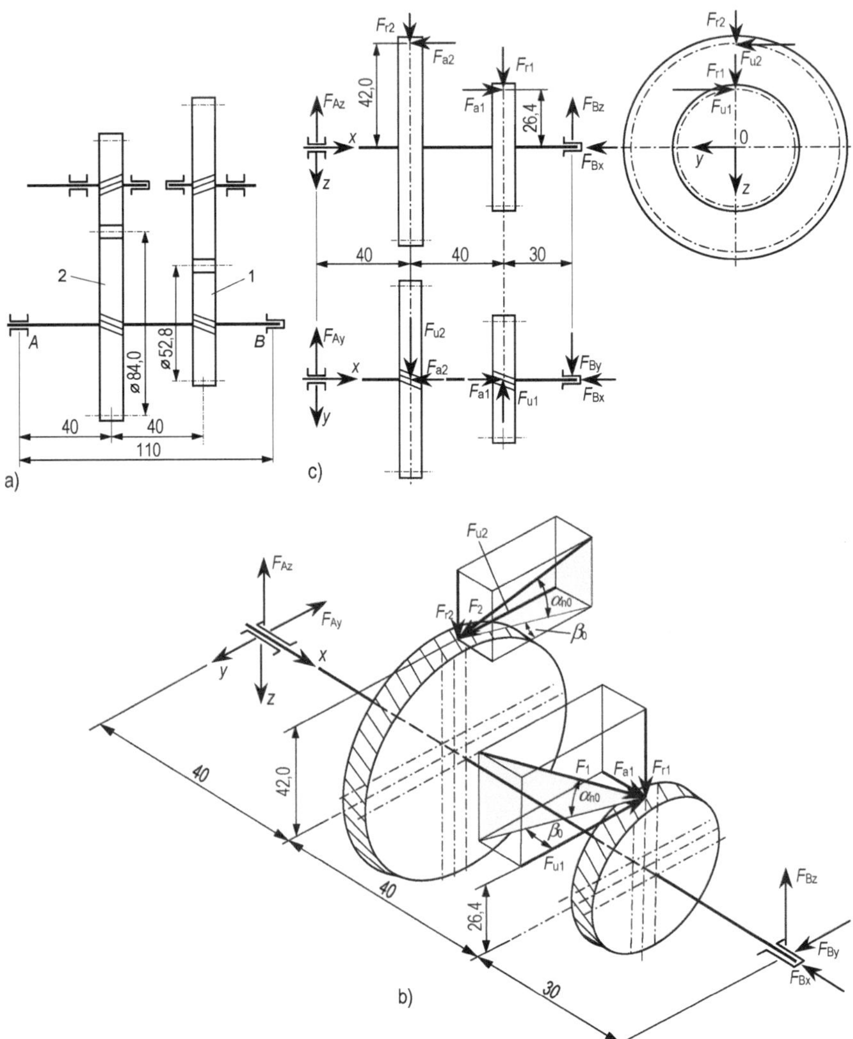

Bild 8.11: Zweistufiges Schrägstirnradgetriebe
a) Gesamtanordnung
b) Vorgelegewelle
c) Projektionen der Vorgelegewelle in die Koordinatenebenen

Entsprechend stellt man die anderen Gleichgewichtsbedingungen Gl. (8.32) und (8.33) auf und erhält zusammenfassend die nachstehenden Gleichungen

$$\sum F_{ix} = 0 = -F_{Bx} + 0{,}243\,F_1 - 0{,}536\ \text{kN} \tag{8.36}$$

$$\sum F_{iy} = 0 = -F_{Ay} + F_{By} - 0{,}908\,F_1 + 2\ \text{kN} \tag{8.37}$$

$$\sum F_{iz} = 0 = -F_{Az} - F_{Bz} + 0{,}342\,F_1 + 0{,}754\ \text{kN} \tag{8.38}$$

$$\sum M_{ix} = 0 = -2{,}40\ \text{cm} \cdot F_1 + 8{,}40\ \text{kNcm} \tag{8.39}$$

$$\sum M_{iy} = 0 = 11\ \text{cm} \cdot F_{Bz} - 3{,}38\ \text{cm} \cdot F_1 - 0{,}765\ \text{kNcm} \tag{8.40}$$

$$\sum M_{iz} = 0 = 11\ \text{cm} \cdot F_{By} - 7{,}26\ \text{cm} \cdot F_1 + 8{,}00\ \text{kNcm} \tag{8.41}$$

Aus Gl. (8.39) folgt	$F_1 = 3{,}500\ \text{kN}$
Dann folgt aus Gl. (8.40)	$F_{Bz} = 1{,}145\ \text{kN}$
aus Gl. (8.41)	$F_{By} = 1{,}583\ \text{kN}$
und aus Gl. (8.36)	$F_{Bx} = 0{,}315\ \text{kN}$
Schließlich berechnet man aus Gl. (8.37)	$F_{Ay} = 0{,}405\ \text{kN}$
und aus Gl. (8.38)	$F_{Az} = 0{,}806\ \text{kN}$

Mit $F_1 = 3{,}5$ kN ergibt sich aus Gl. (8.35) für die Beträge der Komponenten der Kraft F_1

$$F_{u1} = 3{,}178\ \text{kN} \qquad F_{a1} = 0{,}851\ \text{kN} \qquad F_{r1} = 1{,}197\ \text{kN}$$

und die Beträge der Kräfte F_A und F_B sind nach Gl. (8.29)

$$F_A = 0{,}902\ \text{kN} \qquad F_B = 1{,}979\ \text{kN}$$

Die Aufstellung der Gl. (8.36 bis 8.38) und besonders der Gl. (8.39 bis 8.41) wird durch Anwendung der Vektorrechnung erleichtert. Nachdem die Kraftvektoren

$$\vec{F}_1 = (\quad 0{,}243 \cdot F_1; \quad -0{,}908 \cdot F_1; \quad 0{,}342 \cdot F_1)$$
$$\vec{F}_2 = (-0{,}536\ \text{kN}; \quad 2\ \text{kN}; \quad 0{,}754\ \text{kN})$$
$$\vec{F}_A = (\quad\quad 0; \quad -F_{Ay}; \quad -F_{Az})$$
$$\vec{F}_B = (\quad -F_{Bx}; \quad F_{By}; \quad -F_{Bz})$$

und die Ortsvektoren der Angriffspunkte dieser Kräfte

$$\vec{r}_1 = (8\ \text{cm}; \quad 0; \quad -2{,}64\ \text{cm})$$
$$\vec{r}_2 = (4\ \text{cm}; \quad 0; \quad -4{,}20\ \text{cm})$$
$$\vec{r}_A = (\quad 0; \quad 0; \quad 0)$$
$$\vec{r}_B = (11\ \text{cm}; \quad 0; \quad 0)$$

festgelegt sind, läuft die weitere Rechnung *formal* ab, ohne dass man die Vorzeichen der statischen Momente aufgrund der *räumlichen Anschauung* festlegen muss. Man rechnet

$$\vec{M}_1 = \vec{r}_1 \times \vec{F}_1$$

$$= \begin{vmatrix} \vec{e}_x & \vec{e}_y & \vec{e}_z \\ 8\ \text{cm} & 0 & -2{,}64\ \text{cm} \\ 0{,}243\ F_1 & -0{,}908\ F_1 & 0{,}342\ F_1 \end{vmatrix} = (-2{,}40\ \text{cm} \cdot F_1;\ -3{,}38\ \text{cm} \cdot F_1;\ -7{,}26\ \text{cm} \cdot F_1)$$

$$\vec{M}_2 = \vec{r}_2 \times \vec{F}_2$$

$$= \begin{vmatrix} \vec{e}_x & \vec{e}_y & \vec{e}_z \\ 4\ \text{cm} & 0 & -4{,}20\ \text{cm} \\ -0{,}536\ \text{kN} & 2\ \text{kN} & 0{,}754\ \text{kN} \end{vmatrix} = (0{,}840\ \text{kNcm};\ -0{,}765\ \text{kNcm};\ 8{,}00\ \text{kNcm})$$

$$\vec{M}_A = \vec{r}_A \times \vec{F}_A$$

$$= \begin{vmatrix} \vec{e}_x & \vec{e}_y & \vec{e}_z \\ 0 & 0 & 0 \\ 0 & -F_{Ay} & -F_{Az} \end{vmatrix} = (0;\ 0;\ 0)$$

$$\vec{M}_B = \vec{r}_B \times \vec{F}_B$$

$$= \begin{vmatrix} \vec{e}_x & \vec{e}_y & \vec{e}_z \\ 11\,\text{cm} & 0 & 0 \\ -F_{Bx} & F_{By} & -F_{Bz} \end{vmatrix} = (0\,;\quad 11\,\text{cm} \cdot F_{Bz}\,;\quad 11\,\text{cm} \cdot F_{By})$$

Durch Addition und Nullsetzen der x, y und z-Komponenten der Kräfte und Momente erhält man dann die Gl. (8.36 bis 8.41).

8.4 Aufgaben zu Abschnitt 8

1. Ein Körper, auf den die Gewichtskraft $F_G = 4$ kN wirkt, ist an drei Seilen aufgehängt (**Bild 8.12**). Man berechne die Seilkräfte.

2. Eine homogene Kreisplatte mit konstanter Dicke, auf die die Eigengewichtskraft $F_G = 500$ N wirkt, ist entsprechend **Bild 8.13** an drei parallelen Seilen aufgehängt. Man berechne die Seilkräfte.

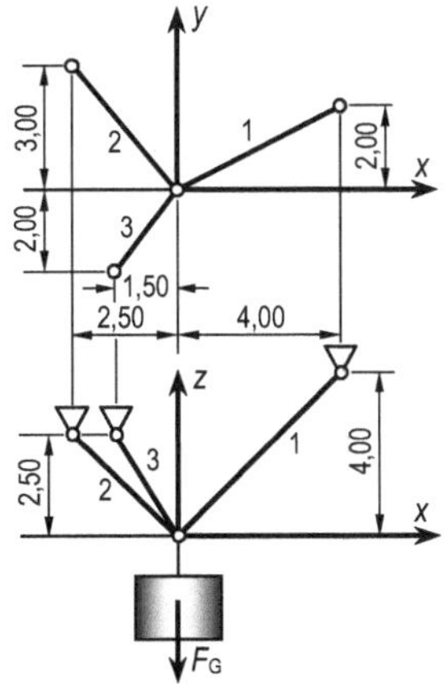

Bild 8.12: Körper an drei Seilen

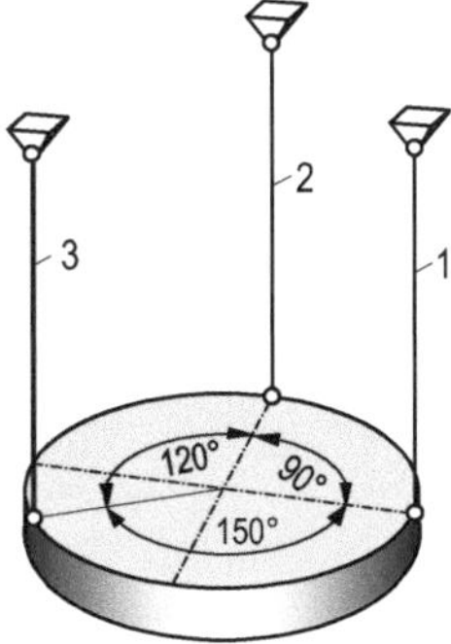

Bild 8.13: Kreisscheibe an drei parallelen Seilen

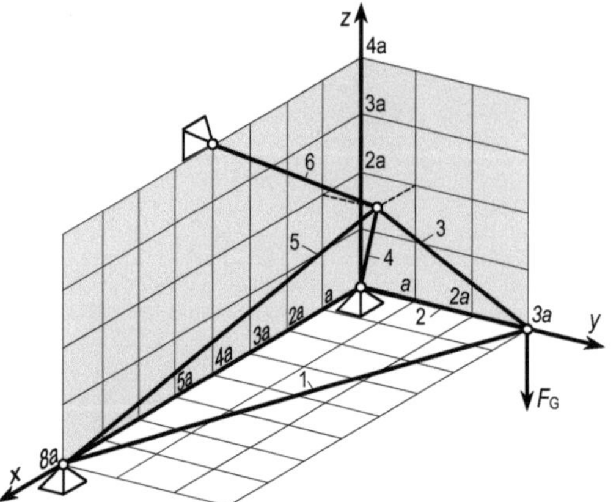

Bild 8.14: Räumliches Fachwerk

3. Das räumliche Fachwerk in **Bild 8.14** ist mit einer Last $F_G = 48$ kN belastet. Man berechne die Stabkräfte.

4. Das Maschinenteil in **Bild 8.15** wird mit der Kraft $F = 300$ N belastet. Man bestimme die Auflagerreaktionen an der Einspannstelle A.

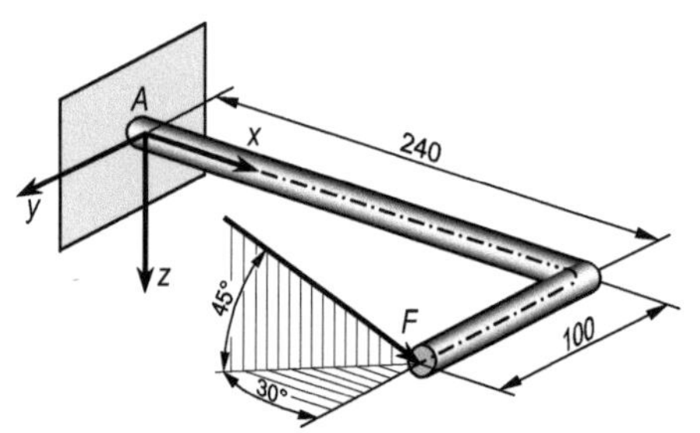

Bild 8.15: Maschinenteil

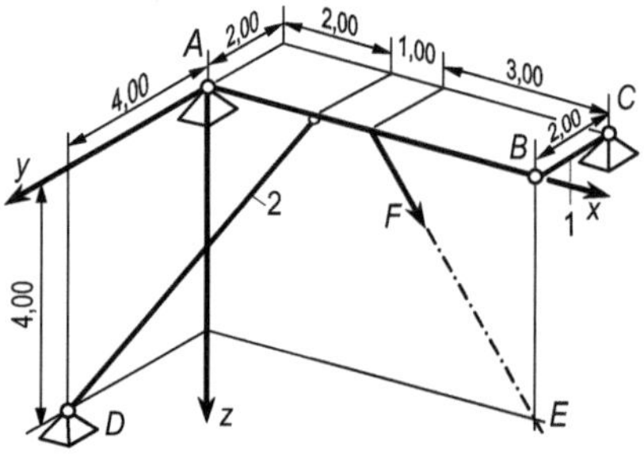

Bild 8.16: Balken

5. Ein Balken mit der Länge 6 m ist nach **Bild 8.16** gelagert und mit der Kraft $F = 25$ kN belastet. Die Wirkungslinie der Kraft $\vec{F}$ verläuft durch den Punkt E, $\vec{r}_E = (6\ \text{m}; 0; 4\ \text{m})$. Man berechne die Auflagerkraft $\vec{F}_A$ und die Stabkräfte F_{s1} und F_{s2}.

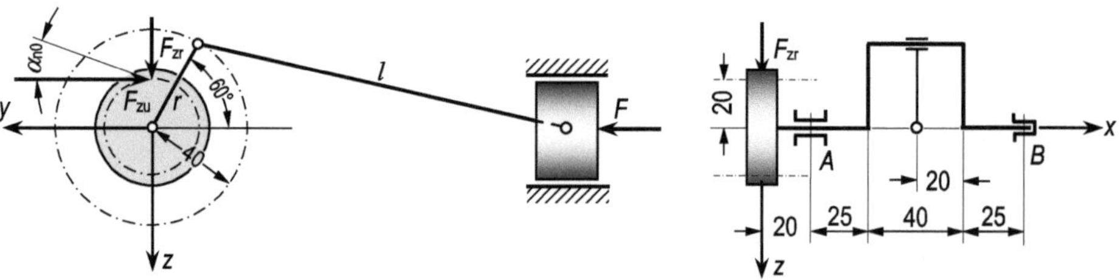

Bild 8.17: Schubkurbelgetriebe

6. Für den Kurbelwinkel $\varphi = 60°$ des Schubkurbelgetriebes mit dem Schubstangenverhältnis $\lambda = r/l = 1/4$ (**Bild 8.17**) beträgt die Kolbenkraft $F = 1,5$ kN. Das Zahnrad am Ende der Kurbelwelle ist gerade verzahnt (Normaleingriffswinkel $\alpha_{no} = 20°$; F_{zr}, F_{zu} – Komponenten der Zahnkraft). Man berechne die Zahnkraft $\vec{F}_z$ und die Auflagerkräfte $\vec{F}_A$ und $\vec{F}_B$.

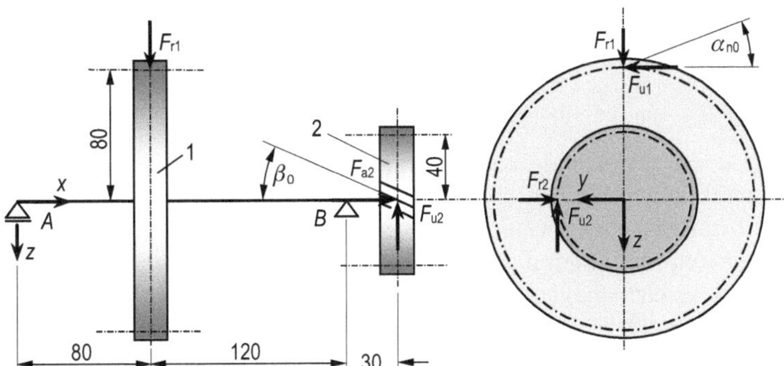

Bild 8.18:
Getriebewelle

7. Eine Getriebewelle (**Bild 8.18**) überträgt ein Moment von 120 Nm. Das Rad 1 ist gerade, das Rad 2 schräg verzahnt. Der Normaleingriffswinkel beträgt bei beiden Rädern $\alpha_{n0} = 20°$, der Schrägungswinkel bei Rad 2 $\beta_0 = 25°$ (s. Beispiel 8.2, S. 114). Man bestimme die Zahnkräfte $\vec{F}_1$ und $\vec{F}_2$, ihre Komponenten (Umfangskraft F_u, Radialkraft F_r, Axialkraft F_a) und die Auflagerkräfte $\vec{F}_A$ und $\vec{F}_B$.

8. Bild 8.19 zeigt eine vereinfachte Darstellung einer Schräglenkeraufhängung des Hinterrades eines PKW. Das Lager A lässt nur eine Verschiebung in der x-Richtung zu. Das Lager B ist ein festes Gelenklager. Bei einer Kurvenfahrt wirkt auf das Rad von der Fahrbahn her eine Kraft, deren Normalkomponente $F_n = 6{,}4$ kN und deren Tangentialkomponente – die Haftkraft (s. Abschn. 10) – $F_h = 3{,}8$ kN ist.

Für diese Belastung berechne man die Lagerkräfte $\vec{F}_A$ und $\vec{F}_B$ sowie die Federkraft $\vec{F}_C$.

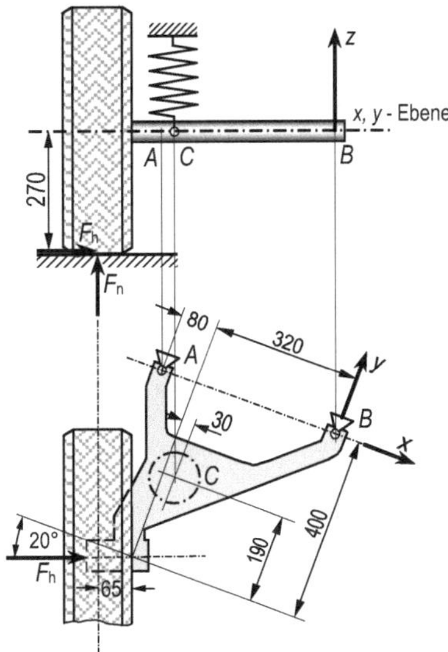

Bild 8.19: Schräglenkeraufhängung

9 Schnittgrößen des Balkens

Bei der Untersuchung mechanischer Systeme haben wir uns bis jetzt darauf beschränkt, Auflagerreaktionen und Zwischenreaktionen zwischen den als starr angenommenen Teilen des Systems zu bestimmen. Die Kenntnis dieser Kräfte allein genügt jedoch nicht, um Konstruktionsteile zu bemessen und ihnen die notwendige Gestalt zu geben, sodass sie den Beanspruchungen, denen sie ausgesetzt sind, standhalten. Vielmehr ist es erforderlich, auch alle inneren Kräfte zu kennen, die innerhalb eines Teiles wirken. Mit Hilfe der Statik starrer Körper lassen sich nach der Schnittmethode nur die Resultierenden der inneren Kräfte (**Bild 9.1b**) bestimmen, nicht aber ihre Verteilung auf die Schnittfläche (**Bild 9.1c**). Die Untersuchung dieser Verteilung ist Aufgabe der Festigkeits- bzw. Elastizitätslehre. Sie ist bei einer beliebigen Gestalt des Konstruktionsteils sehr kompliziert. Daher werden in der Festigkeitslehre Körper mit speziellen einfachen Formen, die bei den Konstruktionselementen häufig vorkommen, gesondert behandelt. Die Berücksichtigung der speziellen Gestalt führt zu wesentlichen Vereinfachungen.

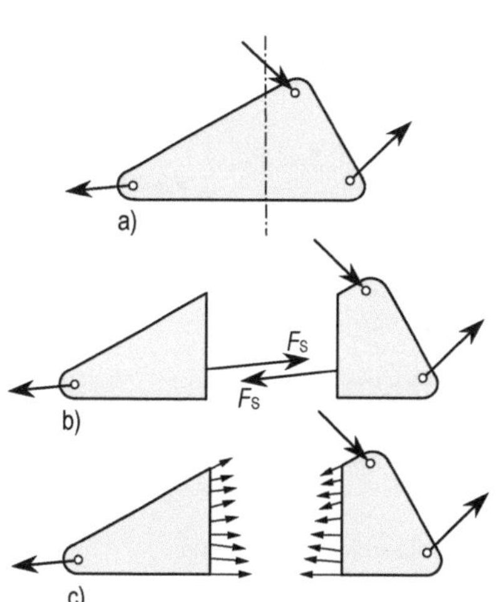

Ein wichtiges Bauelement der Technik ist der Balken. Zur vollständigen Bestimmung der inneren Kräfte in einem Balken ist es zunächst erforderlich, die resultierenden Wirkungen der auf bestimmte Querschnittsflächen verteilten inneren Kräfte zu kennen. Diese resultierenden Kräfte bzw. Kräftepaare können nach der Schnittmethode, also allein mit Hilfe der Statik starrer Körper, ermittelt werden. Ihrer systematischen Bestimmung, die neben der Ermittlung der Auflagerreaktionen eine wichtige Aufgabe der Statik ist, wenden wir uns in den folgenden Abschnitten zu.

Bild 9.1:
Schnittmethode
a) nicht zerschnittenes Konstruktionsteil
b) Resultierende der inneren Kräfte für einen Schnitt
c) auf die Schnittfläche verteilte innere Kräfte

9.1 Normalkraft, Querkraft, Biegemoment

Einen *Balken* beschreibt man durch seine *Achse* – eine Gerade oder eine beliebig geformte Raumkurve – und die jedem Punkt der Achse zugeordneten *Querschnitte*, die man durch ebene Schnitte senkrecht zur Balkenachse erhält. Die Balkenachse verbindet die Flächenschwerpunkte der Querschnitte[1], und ihre Länge ist im Vergleich zu den Abmessungen der Querschnitte groß. Man verlangt gewöhnlich, dass die Länge der Balkenachse mindestens das

---

[1] Man beachte, dass die *Balkenachse* und der *Balkenquerschnitt* erst durch ihre Lage zueinander erklärt sind. Man kann diese Begriffe nicht unabhängig voneinander definieren.

Zehnfache der Querabmessungen des Balkens beträgt. Von einem Balken wird ferner gefordert, dass er einer Verbiegung Widerstand entgegensetzt, also *biegesteif* ist. Ein Seil ist demnach kein Balken; Maschinenwellen, Träger, Schienen, Bretter sind Balken.

Wir betrachten zunächst einen Balken mit gerader Achse. Der Balkenquerschnitt kann längs der Achse entweder konstant sein, dann ist der Balken ein Prisma oder ein Zylinder, oder auch veränderlich. Ferner setzen wir voraus, dass der Balken mit einem ebenen Kräftesystem belastet ist, dessen Ebene – die *Lastebene* – die Balkenachse enthält (**Bild 9.2**). Zur Beschreibung der auftretenden Größen führen wir ein rechtwinkliges x, y, z-System ein, dessen x-Achse mit der Balkenachse zusammenfällt und dessen x, z-Ebene die Lastebene ist.

In **Bild 9.3** ist ein Balken auf zwei Stützen dargestellt, der mit einer Kraft $\vec{F}$ belastet ist. Zur Erfüllung des Gleichgewichts (s. Abschn. 4.2.5) müssen die drei Kräfte $\vec{F}_A$, $\vec{F}_B$ und $\vec{F}$ ein zentrales Kräftesystem mit geschlossenem Krafteck bilden (**Bild 9.3a, b**). Nachdem die Auflagerkräfte $\vec{F}_A$ und $\vec{F}_B$ bestimmt sind, denken wir uns den Balken an einer Stelle x, die wir untersuchen wollen, mit einer Ebene senkrecht zur Balkenachse ge-

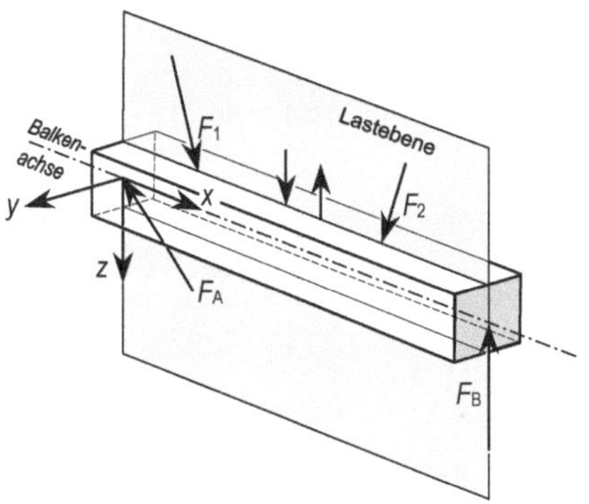

Bild 9.2: Balken

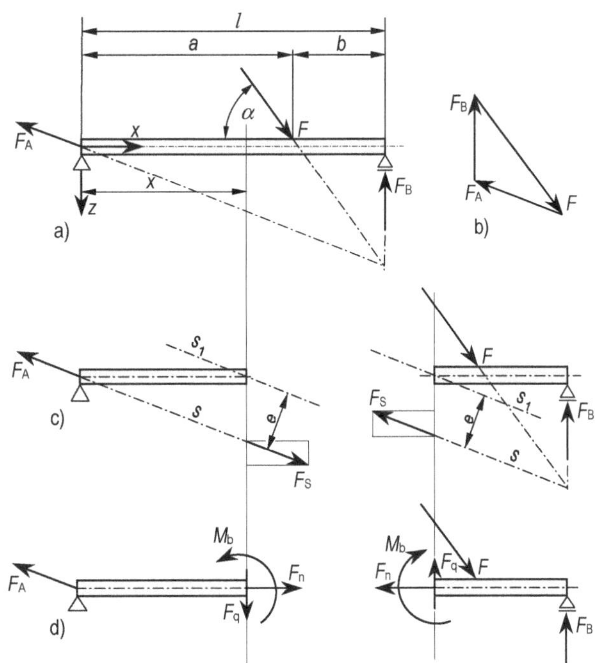

Bild 9.3: Definition der Schnittgrößen

schnitten und dann das Gleichgewicht der beiden Balkenteile durch Anbringen der Schnittkräfte wiederhergestellt (**Bild 9.3c**). Nach dem Reaktionsaxiom sind die zur Herstellung des Gleichgewichtes am linken und rechten Balkenteil anzubringenden Kräfte entgegengesetzt gleich und haben dieselbe Wirkungslinie (in **Bild 9.3c** sind die beiden Balkenteile auseinander gerückt gezeichnet). Die am linken Balkenteil angreifende Schnittkraft $\vec{F}_\text{S}$ stellt die Wirkung des rechten Balkenteils auf den linken dar. Sie ist die Resultierende der auf die Schnittfläche verteilten Kräfte, ihre Wirkungslinie braucht jedoch an der Schnittstelle nicht durch die Querschnittsfläche des Balkens zu gehen! Wir reduzieren die Schnittkraft $\vec{F}_\text{S}$ auf eine Dyname (s. Abschn. 4.2.4) in Bezug auf den Schwerpunkt der Schnittfläche und zerlegen dort die Kraft $\vec{F}_\text{S}$ der Dyname in Komponenten $F_{\text{Sx}} = F_\text{n}$ und $F_{\text{Sz}} = F_\text{q}$ parallel und senkrecht zur Balkenachse. Das Moment der Dyname $\vec{M}_\text{b}$ hat den Betrag $|\vec{M}_\text{b}| = e\,F_\text{S}$ (**Bild 9.3c, d**)

Man nennt die Größen

F_n Normalkraft (oder Längskraft)

F_q Querkraft

M_b Biegemoment

$F_\text{n}, F_\text{q}, M_\text{b}$ Schnittgrößen, Beanspruchungsgrößen oder Schnittreaktionen[1]

Die auf den rechten Balkenteil wirkende Schnittkraft lässt sich ebenfalls auf den Querschnittsschwerpunkt reduzieren und dort in Komponenten zerlegen (**Bild 9.3d**). Bei einer Schnittstelle unterscheidet man das positive und das negative *Schnittufer*.

Ein Schnittufer heißt positiv, wenn der Vektor der äußeren Flächennormale[2] $\vec{n}$ der Schnittfläche dieselbe Richtung wie die x-Achse hat (**Bild 9.4**). Ist seine Richtung der Richtung der x-Achse entgegengesetzt, so heißt das Schnittufer negativ.

Da die Schnittgrößen am positiven und negativen Schnittufer nach dem Reaktionsaxiom paarweise entgegengesetzt gleich sind (**Bild 9.3d**), genügt es, entweder die Schnittgrößen am positiven oder die am negativen Schnittufer anzugeben. Wir verabreden:

Als Schnittgrößen F_n, F_q, M_b für eine Stelle x der Balkenachse geben wir stets die skalaren Komponenten der Vektoren der Schnittgrößen am positiven Schnittufer an. Demnach sind die Schnittgrößen dann positiv, wenn die zugehörigen Vektoren am positiven Schnittufer in Richtung positiver Koordinatenachsen weisen (**Bild 9.4**)

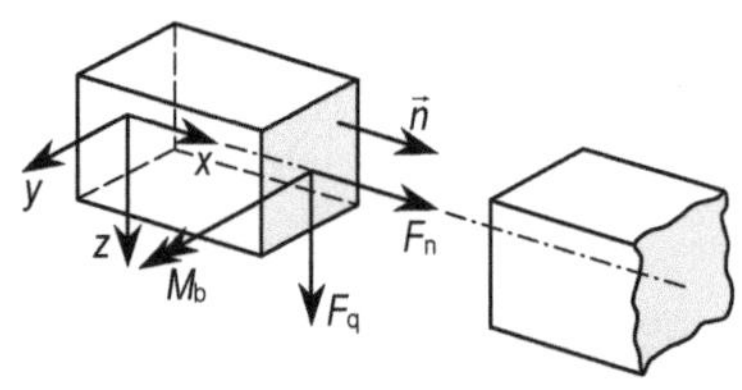

Bild 9.4: Positive Schnittgrößen am
positiven Schnittufer

---

[1] In der Festigkeitslehre wird gezeigt, dass sich mit Hilfe der Schnittgrößen die Beanspruchung des Balkens an der Schnittstelle feststellen lässt.

[2] Als äußere Flächennormale bezeichnet man einen Vektor, der auf der Oberfläche des Körpers senkrecht steht und vom Körperinnern nach außen weist.

Bei dem Balken in **Bild 9.3** sind für jede Schnittstelle x im Intervall $0 < x < a$ alle drei Schnittgrößen positiv. Die Normalkraft F_n und die Querkraft F_q ändern sich in diesem Intervall nicht, sind also konstant. Das Biegemoment M_b ist linear veränderlich, da der Hebelarm e des Versatzkräftepaares sich proportional zu dem Abstand x der Schnittstelle vom Auflager A ändert; es ist gleich Null am Auflager A und erreicht seinen größten Wert für $x = a$. Entsprechend kann man überlegen, wie sich die Schnittgrößen im Intervall $a < x < l$ ändern (s. Beispiel 9.1, S. 124).

Die anhand des speziellen Beispiels gegebene Definition der Schnittgrößen gilt allgemein. Um die Schnittgrößen an einer Stelle eines beliebig belasteten und beliebig gelagerten Balkens zu bestimmen, geht man wie folgt vor (**Bild 9.5**):

Zuerst werden die *Auflagerreaktionen* bestimmt, denn zur Bestimmung der Schnittgrößen ist i. Allg. die Kenntnis aller am Balken angreifenden äußeren Kräfte, also auch der Auflagerkräfte, erforderlich.

Nur für Schnitte durch *Kragteile* kann man die Schnittgrößen ohne vorherige Ermittlung der Auflagerreaktionen bestimmen, da ja an Kragteilen keine Auflagerkräfte angreifen. Beispiel: einseitig eingespannter Balken (s. Beispiel 9.3, S. 126).

Sind die Auflagerreaktionen bestimmt, so braucht man für die anschließende Untersuchung keinen Unterschied zwischen Auflagerreaktionen und von vornherein gegebenen Kräften zu machen. Es ist z. B. dann nicht wichtig, ob die Kraft $\vec{F}_A$ in **Bild 9.5** eine Auflagerkraft oder eine gegebene Gewichtskraft ist.

Zur Ermittlung der *Schnittgrößen* an einer Stelle denkt man sich dann den Balken an dieser Stelle durchgeschnitten und bestimmt die Dyname bezüglich des Schwerpunktes der Schnittfläche, die das Gleichgewicht des abgeschnittenen Balkenteiles herstellt (in den **Bildern 9.5b, c** ist jeweils nur der linke Balkenteil gezeichnet). Die skalaren Komponenten F_n, F_q, M_b dieser Dyname sind die gesuchten Beanspruchungsgrößen.

Bei rechnerischer Behandlung setzt man die Schnittgrößen an der Schnittstelle positiv entsprechend **Bild 9.5c** an, sodass ihre Vektoren am positiven Schnittufer in Richtung positiver Koordinatenachsen zeigen, und berechnet sie dann aus den Gleichgewichtsbedingungen für den abgeschnittenen Balkenteil

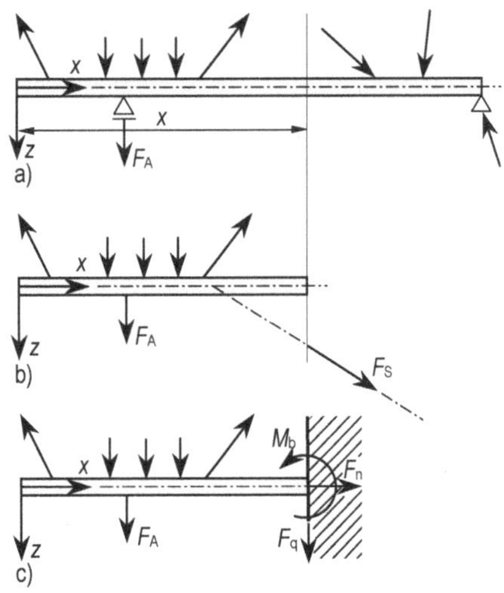

$$F_n + \sum F_{ix} = 0 \qquad (9.1)$$

$$F_q + \sum F_{iz} = 0 \qquad (9.2)$$

$$M_b + \sum M_i = 0 \qquad (9.3)$$

Bild 9.5: Schnittgrößen eines beliebig belasteten Balkens

Als *Bezugspunkt für die Momente* in Gl. (9.3) wählt man zweckmäßig den *Schwerpunkt* der Schnittfläche. Dann kommen in Gl. (9.3) Normalkraft und Querkraft nicht vor (denn ihre Wirkungslinien gehen durch den Bezugspunkt und ihre statischen Momente sind daher gleich Null), und das Biegemoment M_b kann unabhängig von den anderen Schnittgrößen allein aus dieser Gleichung berechnet werden.

Die Schnittgrößen hängen von der Lage der Schnittstelle ab, d. h. sie sind Funktionen der x-Koordinate

$$F_\mathrm{n} = F_\mathrm{n}\,(x) \qquad F_\mathrm{q} = F_\mathrm{q}\,(x) \qquad M_\mathrm{b} = M_\mathrm{b}\,(x)$$

Um einen besseren Überblick über diese Funktionen zu haben, veranschaulicht man sie als Kurven in rechtwinkligen Koordinatensystemen. Wir wollen die positiven Richtungen der F_n-, F_q- und M_b-Achse gleich der positiven Richtung der z-Achse wählen, dann werden positive Schnittgrößen von der x-Achse aus „nach unten" abgetragen (s. die folgenden Beispiele).

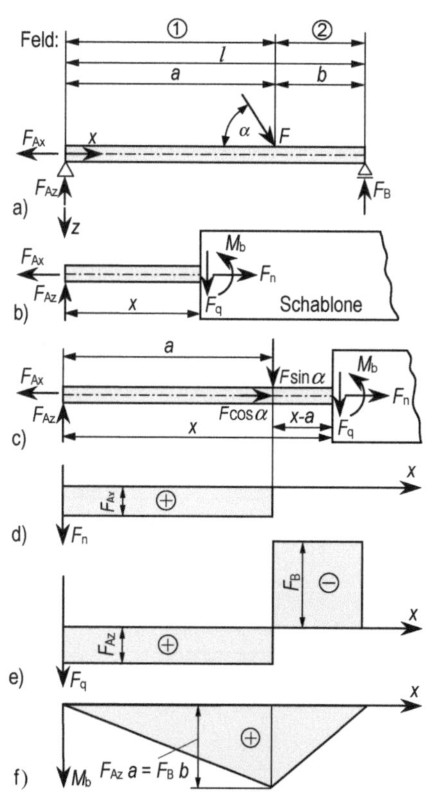

Bild 9.6: Balken mit Einzellast
a) Lageplan
b) Schnitt in Feld ①
c) Schnitt in Feld ②
d) Normalkraftverlauf
e) Querkraftverlauf
f) Biegemomentverlauf

Es sei angemerkt, dass es sich bei der Bestimmung der Schnittgrößen eigentlich immer um die gleiche Aufgabe handelt, nämlich die Auflagerreaktionen eines einseitig eingespannten Balkens zu bestimmen (**Bild 9.5c**), d. h. eine ganz spezielle Aufgabe der Bestimmung der Auflagerreaktionen zu lösen.

Eine *Hilfe* beim *Aufschreiben* der Gleichgewichtsbedingungen Gl. (9.1 bis 9.3) kann dem Anfänger ein Papierstreifen (Schablone) leisten, auf dessen Rand man die Symbole für positive Schnittgrößen zeichnet (**Bild 9.6b, c**). Legt man den Papierstreifen so auf die Zeichnung, dass der Papierrand mit den eingezeichneten Symbolen mit der Stelle zusammenfällt, an der die Beanspruchungsgrößen bestimmt werden sollen, und der rechte Teil des Balkens vom Papierstreifen verdeckt ist, so sind auf der Zeichnung nur diejenigen Kräfte und Momente zu sehen, die im Gleichgewicht sind. Durch Verschieben des Papierstreifens von links nach rechts erfasst man nacheinander alle Balkenstellen.

Beispiel 9.1: Wir bestimmen rechnerisch die Schnittgrößen des Balkens auf zwei Stützen in **Bild 9.6**, den wir bereits betrachtet haben (**Bild 9.3**).
Zuerst berechnen wir die Auflagerreaktionen. Aus den Gleichgewichtsbedingungen

$$\sum F_\mathrm{ix} = 0 = -F_\mathrm{Ax} + F \cos \alpha$$

$$\sum M_\mathrm{iA} = 0 = F_\mathrm{B}\, l - (F \sin \alpha)\, a$$

$$\sum M_\mathrm{iB} = 0 = -F_\mathrm{Az}\, l + (F \sin \alpha)\, b$$

folgt $\quad F_\mathrm{Ax} = F \cos \alpha$

$$F_\mathrm{Az} = F \sin \alpha \cdot \frac{b}{a+b}$$

$$F_\mathrm{B} = F \sin \alpha \cdot \frac{a}{a+b}$$

Zur Berechnung der Auflagerkräfte eines Balkens auf zwei Stützen verwendet man zweckmäßig zwei Momentegleichgewichtsbedingungen. Dann tritt in jeder Gleichung nur eine Unbekannte auf, sodass die Auflagerkräfte unabhängig voneinander ermittelt werden können. Die Gleichgewichtsbedingung $\sum F_{iz} = 0$ kann zur Rechenkontrolle herangezogen werden. Für das betrachtete Beispiel ergibt sie

$$\sum F_{iz} = F \sin \alpha - F_{Az} - F_B = F \sin \alpha - F \sin \alpha \cdot \frac{b}{a+b} - F \sin \alpha \cdot \frac{a}{a+b}$$

$$= F \sin \alpha \cdot \left(1 - \frac{a+b}{a+b} \right) = 0$$

Schneidet man den Balken an der Stelle x im Feld ① : $0 < x < a$ (**Bild 9.6b**), so ergibt sich nach Gl. (9.1 bis 9.3)

$$F_{n1} - F_{Ax} = 0 \qquad F_{q1} - F_{Az} = 0 \qquad M_{b1} - F_{Az}\, x = 0$$

Aus diesen Gleichungen folgt durch Einsetzen der berechneten Werte für die Auflagerkräfte

$$F_{n1} = F \cos \alpha \qquad F_{q1} = F \sin \alpha \cdot \frac{b}{a+b} \qquad M_{b1} = \left(F \sin \alpha \cdot \frac{b}{a+b} \right) x$$

Für eine Schnittstelle im Feld ② : $a < x < l$ (**Bild 9.6c**), folgt nach Gl. (9.1 bis 9.3) entsprechend

$$F_{n2} - F_{Ax} + F \cos \alpha = 0$$

$$F_{q2} - F_{Az} + F \sin \alpha = 0$$

$$M_{b2} - F_{Az}\, x + F \sin \alpha \cdot (x - a) = 0$$

und nach Einsetzen der Werte für F_{Ax} und F_{Az} und Umformen

$$F_{n2} = 0$$

$$F_{q2} = - F \sin \alpha \cdot \frac{a}{a+b} = - F_B$$

$$M_{b2} = - \left(F \sin \alpha \cdot \frac{a}{a+b} \right) x + (F \sin \alpha)\, a$$

In den **Bildern 9.6d, e, f** ist der Verlauf der Schnittgrößen grafisch dargestellt. Das maximale Biegemoment tritt an der Stelle $x = a$ auf

$$M_{b\,max} = F_{Az}\, a = F_B\, b = F \sin \alpha \cdot \frac{a\, b}{a+b}$$

Die von der x-Achse und den Kurven $F_n(x)$, $F_q(x)$ und $M_b(x)$ eingeschlossenen, in den **Bildern 9.6d** bis **f** dargestellten Flächen bezeichnet man als *Normalkraft-*, *Querkraft-* und *Biegemomentfläche*.

Ist ein Balken durch eine auf ihn stetig verteilte, senkrecht zu seiner Achse wirkende Kraft belastet (z. B. durch sein Eigengewicht), und wirkt auf ein Balkenelement mit der Länge Δx eine Kraft ΔF (**Bild 9.9a**), so heißt der Quotient

$$\frac{\Delta F}{\Delta x} \quad \textbf{durchschnittliche Belastungsintensität des Balkenelementes}$$

und der Grenzwert

$$\lim_{\Delta x \to 0} \frac{\Delta F}{\Delta x} = \frac{dF}{dx} = q(x) \quad \textbf{Belastungsintensität an der Stelle } x \textbf{ des Balkens}$$

Die Belastung eines Balkens durch eine längs seiner Achse verteilte Kraft wird durch die Belastungsintensitätsfunktion, kurz die *Belastungsintensität* $q(x)$, beschrieben. Ist $q(x) = $ const, so spricht man von einer *konstanten Streckenlast*.

Beispiel 9.2: Ein Balken auf zwei Stützen hat die Länge l und ist mit einer konstanten Streckenlast (Belastungsintensität $q_0 = $ const) belastet (**Bild 9.7a**). Da keine Kräfte in der x-Richtung wirken, ist die x-Komponente der Auflagerkraft F_A gleich Null, und aufgrund der symmetrischen Belastung folgt

$$F_A = F_B = \frac{q\,l}{2}$$

Schneidet man den Balken zur Bestimmung der Schnittgrößen an einer beliebigen Stelle x (**Bild 9.7b**), so kann die Streckenlast, die auf den linken Balkenteil wirkt, durch eine ihr statisch gleichwertige Einzelkraft mit dem Betrag $q\,x$ und dem Angriffspunkt an der Stelle $x/2$ ersetzt werden.

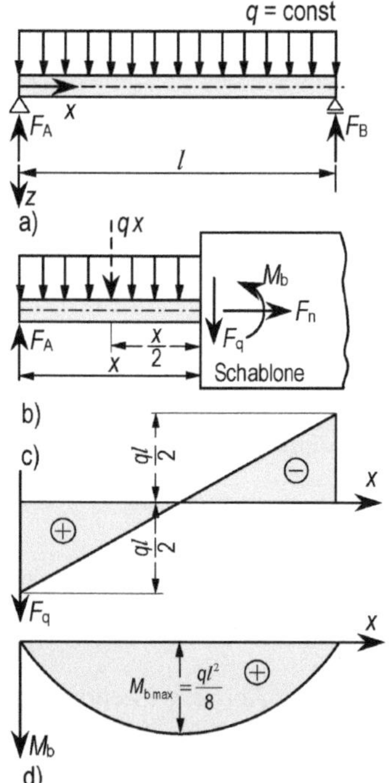

Die Gleichgewichtsbedingungen Gl. (9.1 bis 9.3) ergeben

$$F_n = 0$$
$$F_q - F_A + q\,x = 0$$
$$M_b - F_A\,x + q\,x\,\frac{x}{2} = 0$$

woraus für die Schnittgrößen mit $F_A = ql/2$ folgt

$$\left.\begin{array}{l} F_n = 0 \\[2mm] F_q = q\left(\dfrac{l}{2} - x\right) \\[4mm] M_b = \dfrac{q}{2}\,x\,(l - x) \end{array}\right\} \tag{9.4}$$

In den **Bildern 9.7c, d** ist der Querkraft- und Biegemomentverlauf gezeichnet. Die F_q-Linie ist eine Gerade, die M_b-Linie eine Parabel. Das maximale Biegemoment $M_{b\,max} = ql^2/8$ tritt an der Stelle $x = l/2$ auf. An dieser Stelle ist die Querkraft $F_q = 0$.

Bild 9.7:
Balken mit konstanter Streckenlast
a) Lageplan   b) Schnitt durch den Balken
c) Querkraftverlauf   d) Biegemomentverlauf

Beispiel 9.3: Der einseitig eingespannte Träger in **Bild 9.8a** ist mit einer dreieckförmig verteilten Streckenlast belastet. Die Belastungsintensität ist durch die Gleichung $q(x) = (q_0/l)\,x$ gegeben, wobei q_0 die Belastungsintensität an der Stelle $x = l$ ist. Die Bestimmung der Auflagerreaktionen ist hier nicht erforderlich, da für eine beliebige Schnittstelle x (**Bild 9.8b**) am linken Balkenteil keine Auflagerkräfte wirken.

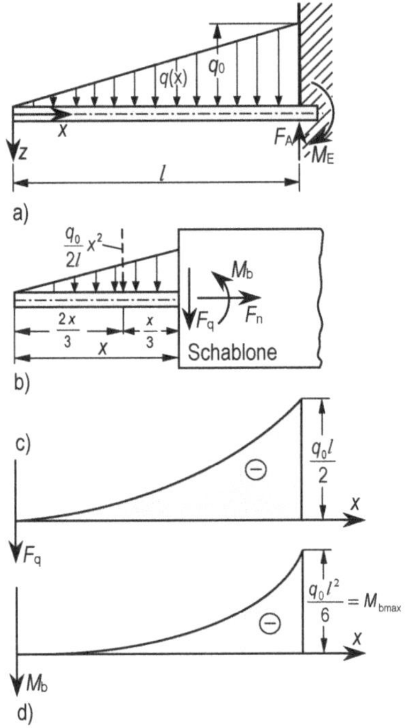

Bild 9.8: Balken mit konstanter
Dreieckslast
a) Lageplan
b) Schnitt durch den Balken
c) Querkraftverlauf
d) Biegemomentverlauf

Die Streckenlast des linken Balkenteils ist statisch äquivalent einer Einzelkraft, deren Betrag $(1/2)\,(q_0/l)\,x^2$ der Dreiecksfläche unter der Kurve der Belastungsintensität $q(x)$ proportional ist und deren Wirkungslinie durch den geometrischen Schwerpunkt der Dreiecksfläche geht und damit den Abstand $x/3$ von der Schnittstelle x hat. Nach Gl. (9.1 bis 9.3) folgt

$$F_n = 0$$

$$F_q + \frac{q_0}{2\,l}\,x^2 = 0$$

$$M_b + \frac{q_0}{2\,l}\cdot x^2 \cdot \frac{x}{3} = 0$$

und man erhält für die Schnittgrößen (s. **Bilder 9.8c, d**)

$$F_n = 0 \quad F_q\,(x) = -\frac{q_0}{2\,l}\,x^2 \quad M_b\,(x) = -\frac{q_0}{6\,l}\cdot x^3 \quad (9.5)$$

Die Auflagerreaktionen stehen mit den Schnittgrößen am negativen (rechten) Schnittufer an der Einspannstelle im Gleichgewicht. Ihre Beträge sind

$$F_A = |\,F_q\,(l)\,| = \frac{1}{2}\,q_0\,l \qquad M_E = |\,M_b\,(l)\,| = \frac{1}{6}\,q_0\,l^2$$

und ihre Richtungen sind im **Bild 9.8a** angegeben.

9.2 Beziehungen zwischen Belastung, Querkraft und Biegemoment

Leitet man die für die Querkraft und das Biegemoment in Beispiel 9.2, S. 126 erhaltenen Gl. (9.4) nach der x-Koordinate ab, so ergibt sich

$$\frac{dF_q}{dx} = -q \qquad\qquad \frac{dM_b}{dx} = \frac{q\,l}{2} - q\,x = F_q$$

Die Ableitung der Querkraft ergibt also die negative Belastung und die Ableitung des Biegemomentes die Querkraft. Dasselbe stellt man fest durch Ableitung der Gl. (9.5) für das Beispiel 9.3, S. 126. Wie wir nun zeigen wollen, gelten diese Beziehungen zwischen der Belastung und den Schnittgrößen nicht nur für die speziellen Beispiele, sondern ganz allgemein.

Zum Beweis denken wir uns aus einem durch eine Streckenlast mit der Belastungsintensität $q(x)$ beliebig belasteten und beliebig gelagerten Balken (**Bild 9.9a**) ein Balkenstück der Länge Δx herausgeschnitten und das Gleichgewicht durch Anbringen der Schnittgrößen wieder hergestellt. In **Bild 9.9b** ist dieses Balkenelement vergrößert herausgezeichnet.

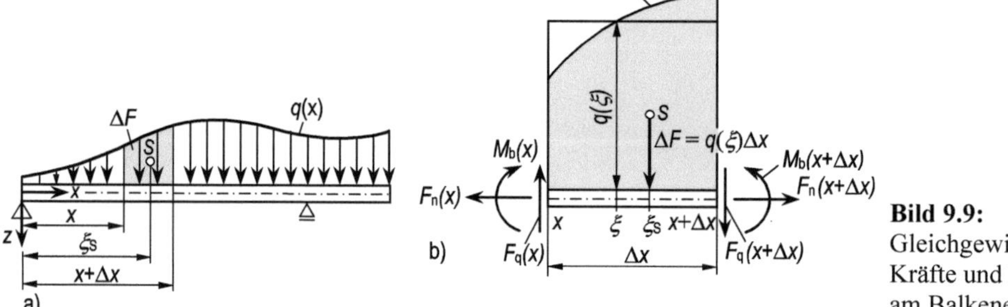

Bild 9.9: Gleichgewicht der Kräfte und Momente am Balkenelement

Die Streckenlast, die auf das Balkenelement wirkt, ersetzen wir durch eine statisch gleichwertige Einzelkraft $\Delta \vec{F}$, für deren Betrag geschrieben werden kann

$$\Delta F = q(\xi)\,\Delta x$$

wobei ξ eine Stelle zwischen x und $x + \Delta x$ bedeutet. Der Betrag dieser Einzelkraft ist dem Inhalt der in **Bild 9.9a** grau angelegten Fläche unter der Kurve $q(x)$ bzw. dem Inhalt des in **Bild 9.9b** eingezeichneten und dieser Fläche inhaltsgleichen Rechtecks proportional. Die Wirkungslinie von $\Delta \vec{F}$ geht durch den Schwerpunkt der Fläche unter der Kurve $q(x)$, dessen x-Koordinate mit ξ_S bezeichnet ist. Die Gleichgewichtsbedingungen für das Balkenelement lauten, wenn wir die Stelle $x + \Delta x$ als Bezugspunkt für die Momentegleichgewichtsbedingung wählen

$$\begin{aligned}
\sum F_{ix} &= 0 = F_n\,(x + \Delta x) - F_n\,(x) \\
\sum F_{iz} &= 0 = F_q\,(x + \Delta x) - F_q\,(x) + q(\xi)\,\Delta x \\
\sum M_i &= 0 = M_b\,(x + \Delta x) - M_b\,(x) - F_q\,(x)\,\Delta x + q(\xi)\,\Delta x\,(x + \Delta x - \xi_S)
\end{aligned} \qquad (9.6)$$

Die erste Gleichgewichtsbedingung besagt, dass sich bei Fehlen der äußeren Kräfte in der x-Richtung die Normalkraft mit x nicht ändert

$$F_n\,(x) = \text{const.}$$

Division der beiden anderen Gleichgewichtsbedingungen durch Δx liefert

$$\frac{F_q\,(x + \Delta x) - F_q\,(x)}{\Delta x} + q(\xi) = 0 \qquad (9.7)$$

$$\frac{M_b\,(x + \Delta x) - M_b\,(x)}{\Delta x} - F_q\,(x) + q(\xi)(x + \Delta x - \xi_S) = 0$$

Lässt man in Gl. (9.7) $\Delta x \to 0$ gehen, so streben $\xi \to x$ und $\xi_s \to x$, also $(x + \Delta x - \xi_s) \to 0$, und die Grenzwerte der Differenzenquotienten der Funktionen F_q und M_b sind die Ableitungen dieser Funktionen an der Stelle x, so dass aus Gl. (9.7) die nachstehenden Beziehungen folgen, die wir bereits an speziellen Beispielen erkannt haben

$$\frac{dF_q}{dx} = -q(x) \qquad \frac{dM_b}{dx} = F_q(x) \tag{9.8}$$

Die Ableitung der Querkraft nach der Ortskoordinate x ist gleich der negativen Belastungsintensität.

Die Ableitung des Biegemomentes nach der Ortskoordinate x ist gleich der Querkraft.

Die Ableitung einer Funktion kann geometrisch als Steigung der Tangente an die Funktionskurve gedeutet werden. Aufgrund dieser geometrischen Deutung folgen über die Beziehungen zwischen Kurvenverlauf der Belastungsintensität, der Querkraft und des Biegemomentes nachstehende Aussagen, die die Ermittlung der Schnittgrößen erleichtern und für Kontrollen herangezogen werden können.

1. An den Stellen, an denen die Querkraft gleich Null wird, nimmt das Biegemoment Extremwerte an (**Bild 9.10a**).[1]

2. An Stellen, an denen die Belastungsintensität gleich Null wird, nimmt die Querkraft Extremwerte an (**Bild 9.10a**).[1]

3. In den Feldern, in denen keine Lasten angreifen, also $q(x) \equiv 0$ ist, ist die Querkraft konstant (Kurvenbild: eine zur x-Achse parallele Gerade) und das Biegemoment linear veränderlich (Kurvenbild: Gerade, deren Steigung der Querkraft proportional ist, s. z. B. **Bild 9.6**).

Beim Überschreiten einer Balkenstelle, an der eine Einzelkraft angreift, ändert sich die Summe in Gl. (9.2) sprunghaft um den Betrag der zur Balkenachse senkrechten Komponente dieser Kraft. Ebenso ändert sich beim Überschreiten einer Stelle, an der ein äußeres Einzelmoment angreift, die Summe in Gl. (9.3) sprunghaft um den Betrag des Einzelmomentes. Aus dieser Überlegung und unter Berücksichtigung der geometrischen Deutung der Querkraft als Steigung der Tangente an die Biegemomentlinie folgt:

4. An der Angriffsstelle einer zur Balkenachse senkrechten Einzelkraft hat die Querkraftlinie einen Sprung, der dem Betrage der Einzelkraft proportional ist, und die Biegemomentlinie einen Knick (sprunghafte Änderung der Tangentensteigung, s. **Bild 9.10b**).

---

[1] Es sei denn, es liegt ein Sattelpunkt vor, der in der Praxis kaum vorkommt.

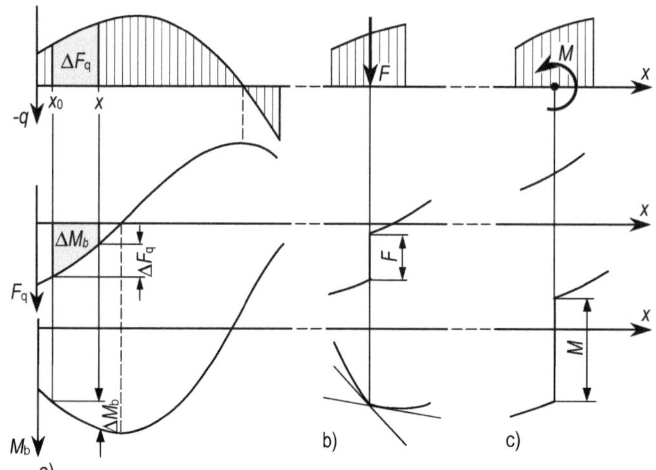

Bild 9.10:
Beziehungen zwischen Belastung, Querkraft und Biegemoment
a) Streckenlast
b) Einzelkraft
c) Einzelmoment

5. An der Angriffsstelle eines Einzelmomentes hat die Biegemomentlinie einen Sprung, der dem Betrag des Einzelmomentes proportional ist (**Bild 9.10c**).

Für ein Balkenende, das frei (also nicht gelagert) oder gelenkig gelagert ist und an dem keine Einzelkräfte und Einzelmomente außer der Auflagerkraft angreifen, gilt:

$$\text{freies Balkenende} \qquad F_q = 0 \qquad M_b = 0 \tag{9.9}$$

$$\text{gelenkig gelagertes Balkenende} \qquad M_b = 0 \tag{9.10}$$

Dies folgt unmittelbar aus der Definition der Schnittgrößen.

Da die Integration als Umkehroperation der Differenziation aufgefasst werden kann, können die Beziehungen Gl. (9.8) auch in der Integralform geschrieben werden. In **Bild 9.10a** ist die Kurve $M_b(x)$ die Integralkurve von $F_q(x)$ und die Kurve $F_q(x)$ wiederum die Integralkurve von $-q(x)$. Sind $F_q(x_0) = F_{q0}$ und $M_b(x_0) = M_{b0}$ die Werte der Querkraft und des Biegemomentes an der Stelle $x = x_0$, so sind die Änderungen $\Delta F_q = F_q(x) - F_{q0}$ und $\Delta M_b = M_b(x) - M_{b0}$, die die Querkraft und das Biegemoment beim Fortschreiten zu einer Stelle x erfahren, aufgrund der geometrischen Deutung des Integrals als Fläche den in **Bild 9.10a** grau angelegten Flächen unter den Kurven $F_q(x)$ und $-q(x)$ proportional.

Demnach gelten mit u als Integrationsvariable die Beziehungen

$$\Delta F_q = F_q(x) - F_{q0} = -\int_{x_0}^{x} q(u)\,\mathrm{d}u \tag{9.11}$$

$$\Delta M_b = M_b(x) - M_{b0} = \int_{x_0}^{x} F_q(u)\,\mathrm{d}u \tag{9.12}$$

Sie entsprechen den Beziehungen Gl. (9.8).

Ist die Streckenlast durch die Belastungsintensitätsfunktion $q(x)$ gegeben, so können der Querkraft- und Biegemomentverlauf durch Integration aus den Gl. (9.11) und (9.12) ermittelt werden.

Beispiel 9.4: Am freien Ende des Freiträgers in Beispiel 9.3, S. 126, sind die Querkraft und das Biegemoment gleich Null. Mit $F_q(0) = F_{q0} = 0$, $M_b(0) = M_{b0} = 0$ und $q(x) = (q_0/l)\,x$ folgt nach Gl. (9.11) und Gl. (9.12)

$$F_q(x) = -\int_0^x \frac{q_0}{l}\, u\, du = -\frac{q_0}{l}\frac{x^2}{2}$$

$$M_b(x) = -\int_0^x \frac{q_0}{l}\frac{u^2}{2}\, du = -\frac{q_0}{6\,l}x^3$$

Ist ein Balken mit der Länge l an seinen Enden entweder nicht gelagert (freies Ende) oder gelenkig gelagert (s. Beispiele 9.1 (**Bild 9.6**), 9.2 (**Bild 9.7**) und 9.5 (**Bild 9.12**)), so ist das Biegemoment an seinen Enden nach Gl. (9.9) und Gl. (9.10) gleich Null. Greifen ferner an diesem Balken keine Einzelmomente an, sodass die Biegemomentfunktion $M_b(x)$ stetig ist und als Flächeninhaltsfunktion der Fläche unter der Querkraftkurve $F_q(x)$ aufgefasst werden kann, so folgt aus Gl. (9.12) mit $x_0 = 0$, $x = l$, $M_b(0) = M_{b0} = 0$ und $M_b(l) = 0$

$$\int_0^l F_q(x)\, dx = 0 \tag{9.13}$$

Gl. (9.13) besagt, dass in diesem Fall die positiven und negativen Flächenanteile unter der Querkraftlinie einander gleich sind (s. Beispiele 9.1, 9.2 und 9.5). Im allgemeinen Fall, wenn am Balken auch Einzelmomente angreifen, ist das Integral in Gl. (9.13) i. Allg. nicht Null, sondern gleich der Summe der am Balken angreifenden Einzelmomente

$$\int_0^l F_q(x)\, dx = \sum M_i \tag{9.14}$$

Die positiven und negativen Flächenanteile unter der Querkraftlinie sind in diesem Fall i. Allg. nicht einander gleich (s. Beispiele 9.3 und 9.6). Dies kann wie folgt gezeigt werden.

Da die Schnittreaktionen mit Hilfe der Gleichgewichtsbedingungen der Statik berechnet werden, gilt für sie sinngemäß der Überlagerungssatz aus Abschn. 4.3, S. 62:

Schnittreaktionen für Teilbelastungen überlagern sich additiv.

Für einen mit einem Einzelmoment M_i belasteten Balken (**Bild 9.11**) gilt

$$\int_0^l F_{qMi}(x)\, dx = \int_0^{l_1} \frac{M_i(x)}{l_1}\, dx + \int_{l_1}^l 0\, dx = \frac{M_i}{l_1}l_1 = M_i$$

$$\int_0^l F_{qMi}(x)\,dx = M_i \qquad (9.15)$$

Ist ein Balken durch Kräfte und Einzelmomente M_1, M_2, ..., M_i, ..., M_n belastet, so gilt für die Teilbelastung allein durch Kräfte nach Gl. (9.13)

$$\int_0^l F_{qF}(x)\,dx = 0 \qquad (9.16)$$

und für die Teilbelastungen jeweils mit einem Einzelmoment M_i die Gl. (9.15) mit $i = 1, 2, ..., n$. Addiert man die linken und rechten Seiten der Beziehungen Gl. (9.16) und Gl. (9.15) für $i = 1, 2, ..., n$, so folgt unter Beachtung der Integrationsregeln

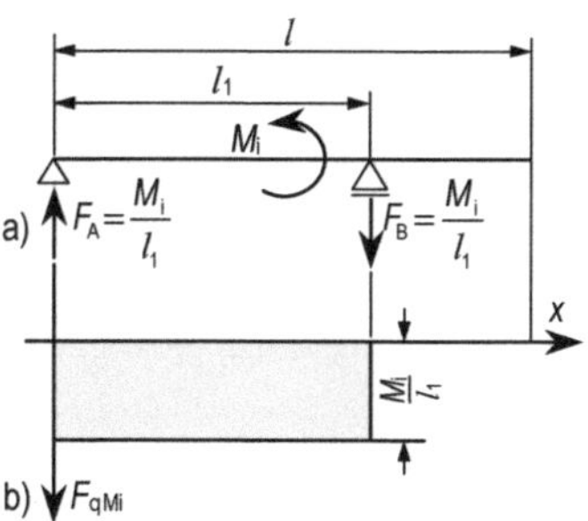

Bild 9.11: Mit einem Einzelmoment belasteter Balken
a) Lageplan b) Querkraftlinie

$$\int_0^l F_{qF}(x)\,dx + \int_0^l F_{qM_1}(x)\,dx + ... + \int_0^l F_{qM_n}(x)\,dx = \sum_{i=1}^n M_i$$

$$\int_0^l \left(F_{qF}(x) + F_{qM_1}(x) + ... + F_{qM_n}(x)\right) dx = \sum_{i=1}^n M_i$$

$$\int_0^l F_q(x)\,dx = \sum_{i=1}^n M_i$$

wobei

$$F_q(x) = F_{qF}(x) + F_{qM_1}(x) + ... + F_{qM_n}(x)$$

nach dem Überlagerungssatz die Querkraftfunktion für die Gesamtbelastung ist. Damit ist die Richtigkeit der Aussage Gl. (9.14) gezeigt.

Die Gl. (9.11) und (9.12) zusammen mit den Gl. (9.1) bis (9.3) bilden die Grundlage zur Bestimmung des Verlaufs der Schnittgrößen. Die Beachtung der in diesem Abschnitt aufgestellten Beziehungen erspart bei der Ermittlung der Querkraft- und Biegemomentlinie viel Arbeit. Aufgrund dieser Beziehungen kann zuerst der grundsätzliche Verlauf der Schnittgrößen festgestellt werden. Zur Festlegung ihres genauen Verlaufes braucht man dann oft nur für wenige Stellen die Werte der Schnittgrößen nach Gl. (9.1) bis (9.3) zu berechnen.

Beispiel 9.5: Die Schnittgrößen des Trägers auf zwei Stützen mit Kragarm sollen bestimmt werden (**Bild 9.12**). Zur Berechnung der Auflagerkräfte ersetzen wir die Streckenlast durch eine statisch gleichwertige Einzelkraft $F_2 = (4\ \text{kN/m}) \cdot 6\ \text{m} = 24\ \text{kN}$. Da keine Kräfte in der x-Richtung vorhanden sind, ist $F_{Ax} = 0$. Die Auflagerkräfte berechnen wir wie folgt:

$$\sum M_{iB} = 0 = -F_A \cdot 6\ \text{m} + 30\ \text{kN} \cdot 4\ \text{m} - 24\ \text{kN} \cdot 1\ \text{m} \qquad F_A = 16\ \text{kN}$$

$$\sum M_{iA} = 0 = F_B \cdot 6\ \text{m} - 30\ \text{kN} \cdot 2\ \text{m} - 24\ \text{kN} \cdot 7\ \text{m} \qquad F_B = 38\ \text{kN}$$

Probe: $\sum F_{iz} = 0 = (-16 + 30 - 38 + 24)\ \text{kN}$

Grundsätzlicher Verlauf der Schnittgrößen

Normalkraft: $F_n = 0$, da keine Kräfte in der x-Richtung auftreten.

Querkraft: In den Feldern ① und ② konstant (keine Lasten), in den Feldern ③ und ④ geradlinig veränderlich (konstante Streckenlast), an der Stelle 4 gleich Null (freies Ende). An den Stellen 0, 1 und 3 Sprünge (Angriffspunkte von Einzelkräften).

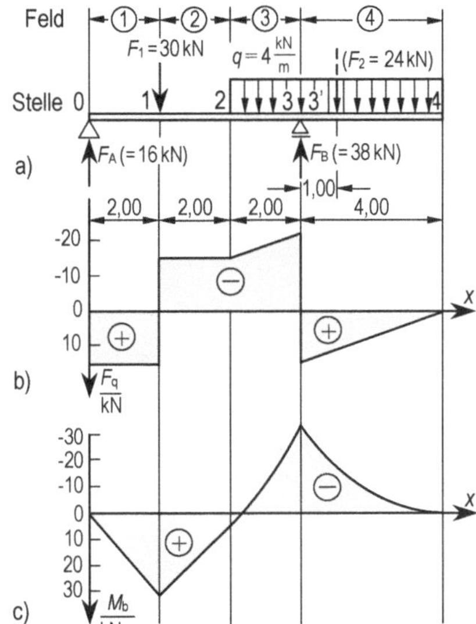

Biegemoment: In den Feldern ① und ② geradlinig (keine Lasten) und in den Feldern ③ und ④ parabolisch (konstante Streckenlast) veränderlich, an den Balkenenden gleich Null (Gelenklager und freies Ende), Knicke an den Stellen 1 und 3 (Einzelkräfte), keine Sprünge, da keine Einzelmomente angreifen.

Zur genauen Festlegung der Querkraft- und der Biegemomentlinie genügt es, die Werte der Schnittgrößen an den Stellen 1, 2 und 3 nach Gl. (9.2 und 9.3) zu berechnen (s. Wertetabelle).

Bild 9.12:
Balken mit Kragarm
a) Lageplan
b) Querkraftlinie
c) Biegemomentlinie

Stelle	F_q / kN	M_b / kNm
1	16	32
2	−14	4
3	−22	−32
3'	16	−32

Man berechnet z. B. die Schnittgrößen für die Stelle 3 wie folgt:

$$F_q - 16\ kN + 30\ kN + 2\ m \cdot 4\ kN/m = 0$$

$$M_b - 16\ kN \cdot 6\ m + 30\ kN \cdot 4\ m + 2\ m\,(4\ kN/m) \cdot 1\ m = 0$$

Daraus folgt:

$$F_q = -22\ kN \qquad M_b = -32\ kNm$$

oder kürzer, durch Betrachtung des Gleichgewichtes am rechten Trägerteil

$$-F_q - 38\ kN + 4\ m\,(4\ kN/m) = 0 \qquad F_q = -22\ kN$$
$$-M_b - 4\ m\,(4\ kN/m) \cdot 2\ m = 0 \qquad M_b = -32\ kNm$$

Man beachte: Die Geraden der Querkraftlinie haben in den Feldern ③ und ④ dieselbe Steigung (da in beiden Feldern q = const denselben Wert hat). An der Stelle 2 geht die Gerade der Biegemomentlinie ohne Knick in den Parabelbogen über. Das Biegemoment nimmt an den Stellen 1 und 3 Extremwerte an. An diesen Stellen schneidet die Querkraftlinie die x-Achse.

Beispiel 9.6: Für die Tragkonstruktion in **Bild 9.13**, die aus einem Hauptträger mit einem steif angeschlossenen Arm und einer Pendelstütze besteht, soll der Verlauf der Schnittgrößen im Hauptträger bestimmt werden.

Zuerst werden die Auflagerkräfte ermittelt. Da die Wirkungslinie der Pendelstützkraft F_B bekannt ist, gilt

$$\frac{F_{Bz}}{F_{Bx}} = \frac{0,8 \text{ m}}{1 \text{ m}}$$

Aus dieser Gleichung zusammen mit der Momentegleichgewichtsbedingung

$$\sum M_{iA} = 0 = F_{Bx} \cdot 0,4 \text{ m} + F_{Bz} \cdot 1 \text{ m} - 6 \text{ kN} \cdot 2 \text{ m}$$

berechnet man zuerst

$$F_{Bx} = 10 \text{ kN} \qquad\qquad F_{Bz} = 8 \text{ kN}$$

Mit den bekannten Werten für die Komponenten F_{Bx} und F_{Bz} folgt dann aus den Kräftegleichgewichtsbedingungen

$$\sum F_{ix} = 0 = -F_{Ax} + F_{Bx} \qquad\qquad F_{Ax} = F_{Bx} = 10 \text{ kN}$$

$$\sum F_{iz} = 0 = -F_{Az} + F_{Bz} - 6 \text{ kN} \qquad\qquad F_{Az} = 2 \text{ kN}$$

Zur Berechnung der Beanspruchungsgrößen eines Balkens ist es zweckmäßig, alle an ihm nicht direkt angreifenden Kräfte auf seine Achse zu reduzieren. Durch Reduktion der Kraft $\vec{F}_B$ in unserem Beispiel auf die Stelle 1 kommt ein Versatzmoment 4 kNm hinzu. Anders aufgefasst, sind die in **Bild 9.13b** an der Stelle 1 des Hauptträgers eingezeichneten Kräfte und Momente die Schnittreaktionen, die man erhält, wenn man den steif angeschlossenen Arm unmittelbar unterhalb der Stelle 1 vom Hauptträger abtrennt. Sie stellen die Wirkung des Arms auf den Hauptträger dar.

Grundsätzlicher Verlauf der Schnittgrößen

Querkraft und Normalkraft: In den Feldern ① und ② jeweils konstant (keine Lasten), Sprünge an den Stellen 0, 1 und 2 (Einzelkräfte)

Biegemoment: In den Feldern ① und ② geradlinig veränderlich (keine Lasten), Null an den Stellen 0 und 2 (ein gelenkig gelagertes und ein freies Balkenende), Sprung an der Stelle 1 (Einzelmoment).

Zur genauen Festlegung des Schnittgrößenverlaufs reicht die Berechnung der Schnittgrößen an der Stelle 1 nach Gl. (9.1 bis 9.3) aus.

Bild 9.13:
Tragkonstruktion
a) Lageplan
b) auf den Hauptträger reduzierte Belastung
c) Normalkraftlinie
d) Querkraftlinie
e) Biegemomentlinie

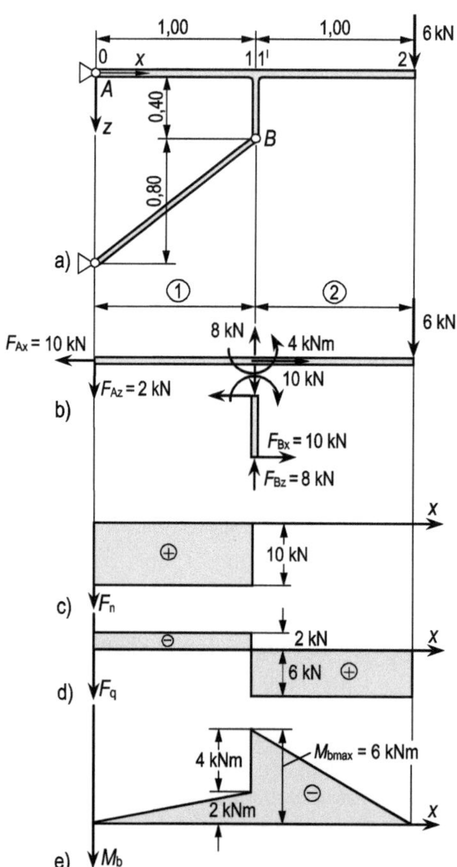

Beispiel 9.7: Für den einseitig eingespannten Träger (**Bild 9.14**) soll der Schnittgrößenverlauf bestimmt werden. Die Aufgabe wird durch Überlagerung von Dreieckslast und Einzelkraft gelöst. Nach Beispiel 9.3, S. 126, gilt für die Dreieckslast

$$F_{q1}(x) = -\frac{q_0 x^2}{2\,l} \qquad\qquad M_{b1}(x) = -\frac{q_0 x^3}{6\,l}$$

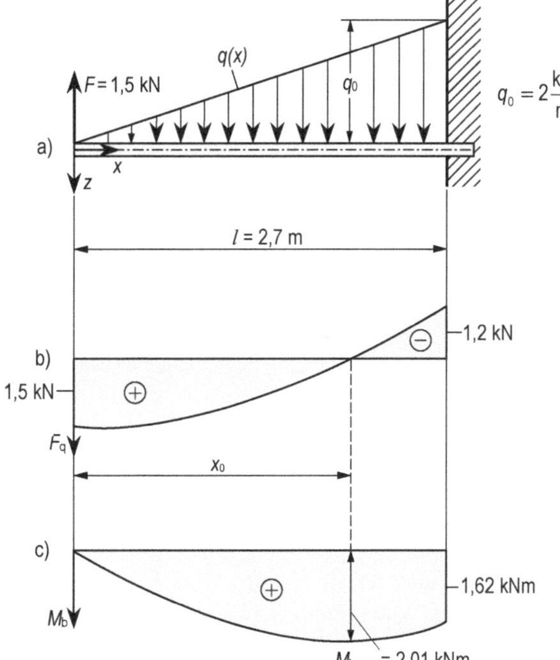

Bild 9.14:
Eingespannter Träger
a) Belastung
b) Querkraft
c) Biegemoment

Bei der Einzelkraft am Ende des Balkens ist die Querkraft konstant und nach Gl. (9.8) das Biegemoment linear verteilt

$$F_{q2}(x) = F \qquad\qquad M_{b2}(x) = F\,x$$

Die Überlagerung beider Anteile ergibt

$$F_q(x) = F_{q1}(x) + F_{q2}(x) = -\frac{q_0\,x^2}{2\,l} + F \tag{9.17}$$

$$M_b(x) = M_{b1}(x) + M_{b2}(x) = -\frac{q_0\,x^3}{6\,l} + F\,x \tag{9.18}$$

An der Einspannstelle $x = l$ ist

$$F_q(l) = -\frac{q_0\,l}{2} + F = \left(-\frac{2\cdot 2,7}{2} + 1,5\right) \mathrm{kN} = -1,2\ \mathrm{kN}$$

$$M_b(l) = -\frac{q_0\,l^2}{6} + F\,l = \left(-\frac{2\cdot 2,7^2}{6} + 1,5\cdot 2,7\right) \mathrm{kNm} = 1,62\ \mathrm{kNm}$$

Ein Maximum des Biegemomentes ergibt sich wegen $M_b' = F_q$ an der Nullstelle der Querkraft. Gl. (9.17) liefert

$$F_{\mathrm{q}}(x_0) = 0 = -\frac{q_0 x_0^{\,2}}{2\,l} + F \qquad\qquad x_0 = \sqrt{\frac{2\,Fl}{q_0}} = \sqrt{\frac{2\cdot 1{,}5\cdot 2{,}7}{2}}\;\mathrm{m} = 2{,}01\ \mathrm{m}$$

Durch Einsetzen dieses Wertes in Gl. (9.18) ergibt sich das größte Feld-Biegemoment

$$M_{\mathrm{b\,max}} = M_{\mathrm{b}}(x_0) = -\frac{q_0 x_0^{\,3}}{6\,l} + F x_0 = x_0\left(F - \frac{1}{3}\cdot\frac{q_0 x_0^{\,2}}{2\,l}\right) = x_0\left(F - \frac{1}{3}F\right) = \frac{2}{3}F x_0$$

$$M_{\mathrm{b\,max}} = \frac{2}{3}F\sqrt{\frac{2\,Fl}{q_0}} = \frac{2}{3}\cdot 1{,}5\ \mathrm{kN}\cdot 2{,}01\ \mathrm{m} = 2{,}01\ \mathrm{kNm}$$

Das maximale Feld-Biegemoment ist größer als das Einspann-Biegemoment und deshalb für die Bemessung des Balkens maßgebend (s. Band *Festigkeitslehre*).

Querkraftkurve und Biegemomentkurve sind in **Bild 9.14** gezeichnet.

9.3 Ebene Tragwerke aus Balken

Die Schnittgrößen eines Tragwerkes oder einer anderen Konstruktion aus Balken sind dann vollständig bekannt, wenn man den Schnittgrößenverlauf in allen Teilen (Balken) der Konstruktion kennt. Man bestimmt zuerst die Auflager- und Zwischenreaktionen und ermittelt dann die Schnittgrößen in den einzelnen Balken genau so, wie es in den vorangegangenen Abschnitten gezeigt wurde. In den nachfolgenden Beispielen ist der Schnittgrößenverlauf in einem *Gelenkträger* (Beispiel 9.8) und einem Rahmen (Beispiel 9.9) bestimmt.

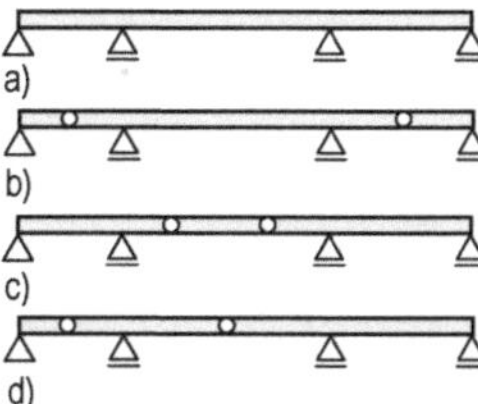

Bild 9.15: a) statisch unbestimmter Durchlaufträger
b), c), d) statisch bestimmte Gelenkträger

Gelenk- oder Gerberträger. Einen durch mehr als zwei Gelenklager statisch unbestimmt gestützten Balken bezeichnet man als *Durchlaufträger*. Der Durchlaufträger in **Bild 9.15a** ist zweifach statisch unbestimmt (s. Abschn. 6.2). Durch Einbau von Zwischengelenken lässt sich ein dem Durchlaufträger entsprechendes Tragwerk aus mehreren durch Gelenke zusammengeschlossenen geraden Balken erzeugen, das jedoch statisch bestimmt ist. Ein solches Tragwerk wird als *Gelenk-* oder *Gerber-Träger* bezeichnet (**Bild 9.15b, c** und **d**).

Rahmen und Bogenträger nennt man Tragwerke aus Balken mit geknickten und gekrümmten Achsen (**Bild 6.6d** bis **f**).

Beispiel 9.8: Die Schnittgrößen des Gerber-Trägers (**Bild 9.16a**) sollen bestimmt werden.

Als Erstes ermitteln wir die Auflagerkräfte. Dazu zerlegen wir das Tragwerk in drei Scheiben und machen diese unter Beachtung des Reaktionsaxioms für die Gelenkkräfte frei (**Bild 9.16b**). Da das Tragwerk nur durch senkrechte Kräfte belastet ist, haben auch die Auflagerkraft $\vec{F}_{\mathrm{A}}$ und die Gelenkkräfte $\vec{F}_{\mathrm{E}}$ und $\vec{F}_{\mathrm{H}}$ senkrechte Richtung.

Die Scheibe I lässt sich als Balken auf zwei Stützen berechnen. Aus den Gleichgewichtsbedingungen folgt:

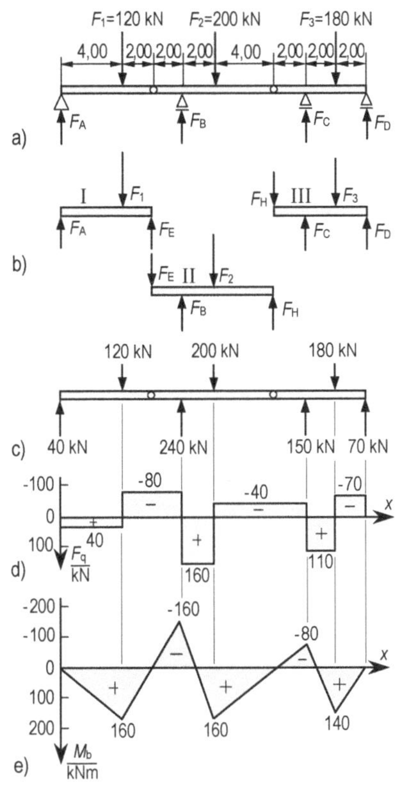

Bild 9.16: Gerber-Träger

$$\sum M_{iA} = 6\ \text{m} \cdot F_E - 4\ \text{m} \cdot 120\ \text{kN} = 0$$

$$F_E = 80\ \text{kN}$$

$$\sum M_{iE} = -6\ \text{m} \cdot F_A + 2\ \text{m} \cdot 120\ \text{kN} = 0$$

$$F_A = 40\ \text{kN}$$

Mit der bekannten Gelenkkraft F_E können nun die unbekannten Kräfte an der Scheibe II ermittelt werden

$$\sum M_{iB} = 0 = 6\ \text{m} \cdot F_H - 2\ \text{m} \cdot 200\ \text{kN} + 2\ \text{m} \cdot 80\ \text{kN}$$

$$F_H = 40\ \text{kN}$$

$$\sum M_{iH} = 0 = -6\ \text{m} \cdot F_B + 4\ \text{m} \cdot 200\ \text{kN} + 8\ \text{m} \cdot 80\ \text{kN}$$

$$F_B = 240\ \text{kN}$$

Schließlich folgt mit der bekannten Gelenkkraft F_H aus den Gleichgewichtsbedingungen für die Scheibe III

$$\sum M_{iD} = 0 = -4\ \text{m} \cdot F_C + 6\ \text{m} \cdot 40\ \text{kN} + 2\ \text{m} \cdot 180\ \text{kN}$$

$$F_C = 150\ \text{kN}$$

$$\sum M_{iC} = 0 = 4\ \text{m} \cdot F_D + 2\ \text{m} \cdot 40\ \text{kN} - 2\ \text{m} \cdot 180\ \text{kN}$$

$$F_D = 70\ \text{kN}$$

Kontrolle: $F_A + F_B + F_C + F_D = F_1 + F_2 + F_3 = 500\ \text{kN}$

Nachdem die Auflagerkräfte bestimmt sind, denken wir uns die drei Scheiben wieder durch Gelenke zu einem Tragwerk zusammengeschlossen und betrachten den Gerber-Träger als einen einzigen Balken, der sich unter der Wirkung der sieben Kräfte $\vec{F}_1$, $\vec{F}_2$, $\vec{F}_3$, $\vec{F}_A$, $\vec{F}_B$, $\vec{F}_C$ und $\vec{F}_D$ im Gleichgewicht befindet (**Bild 9.16c**). Ausgehend von diesem Bild sind in den **Bildern 9.16d** und **e** der Querkraft- und Biegemomentverlauf gezeichnet. Beachtet man, dass an den Gelenkstellen E und H das Biegemoment verschwinden muss[1], so genügt es, für die Zeichnung der Biegemomentlinie die Biegemomente an den drei Angriffsstellen der Kräfte $\vec{F}_1$, $\vec{F}_2$ und $\vec{F}_3$ zu berechnen.

Beispiel 9.9: Wir bestimmen den Schnittgrößenverlauf im Rahmen **Bild 9.17a** mit $l = 3$ m, $F = 6$ kN, $q = 1,2$ kN/m.

Für die Berechnung der Auflagerkräfte ersetzen wir die Streckenbelastung (Winddruck) durch ihre Resultierende $F_w = 1,2$ kN/m $\cdot$ 3 m $= 3,6$ kN. Aus den Gleichgewichtsbedingungen folgt:

$$\sum M_{iA} = 0 = 6\ \text{m} \cdot F_{BY} - 4\ \text{m} \cdot 6\ \text{kN} + 1,5\ \text{m} \cdot 3,6\ \text{kN} \qquad F_{BY} = 3,1\ \text{kN}$$

---

[1] Das sieht man am besten aus **Bild 9.16b**. Alle Enden der drei Balkenteile können als gelenkig gelagert aufgefasst werden. An einem gelenkig gelagerten Ende ist aber $M_b = 0$, s. S. 130.

$$\sum M_{iB} = 0 = -6\text{ m} \cdot F_A + 2\text{ m} \cdot 6\text{ kN} + 1{,}5\text{ m} \cdot 3{,}6\text{ kN} \qquad\qquad F_A = 2{,}9\text{ kN}$$

$$\sum F_{iX} = 0 = F_{BX} - 3{,}6\text{ kN} \qquad\qquad F_{BX} = 3{,}6\text{ kN}$$

Zur Beschreibung der Schnittgrößen ordnen wir jedem Punkt der Balkenachse ein rechtwinkliges x, y, z-Koordinatensystem zu, dessen x-Achse mit der Tangente an die Balkenachse und dessen z-Achse mit deren Normale zusammenfällt (**Bild 9.17a**); die y-Achse ergänzt das System zu einem Rechtssystem. Die Schnittgrößen sind positiv, wenn ihre Vektoren am positiven Schnittufer in Richtung der positiven x-, y- und z-Achse weisen.

Zuerst berechnen wir die Schnittgrößen im Feld ① des Rahmens, wobei wir die Schnittstelle durch den Winkel φ festlegen. Die Schnittgrößen werden an der Schnittstelle positiv angesetzt (**Bild 9.17b**) und die Gleichgewichtsbedingungen für den abgeschnittenen Trägerteil angeschrieben.

<table>
<tr><td>φ</td><td>$\dfrac{F_n}{\text{kN}}$</td><td>$\dfrac{F_q}{\text{kN}}$</td><td>$\dfrac{M_b}{\text{kNm}}$</td></tr>
<tr><td>0°</td><td>−2,90</td><td>0</td><td>0</td></tr>
<tr><td>15°</td><td>−2,80</td><td>0,75</td><td>0,30</td></tr>
<tr><td>30°</td><td>−2,51</td><td>1,45</td><td>1,17</td></tr>
<tr><td>45°</td><td>−2,05</td><td>2,05</td><td>2,55</td></tr>
<tr><td>60°</td><td>−1,45</td><td>2,51</td><td>4,35</td></tr>
<tr><td>75°</td><td>−0,75</td><td>2,80</td><td>6,45</td></tr>
<tr><td>90°</td><td>0</td><td>2,90</td><td>8,70</td></tr>
</table>

$$\sum F_{ix} = 0 = F_n \sin\varphi + F_q \cos\varphi$$

$$\sum F_{iy} = 0 = F_n \cos\varphi - F_q \sin\varphi + F_A$$

$$\sum M_i = 0 = M_b - F_A\, l\, (1 - \cos\varphi)$$

Aus diesen Gleichgewichtsbedingungen ergibt sich

$$\left.\begin{aligned} F_n &= -F_A \cos\varphi \\ F_q &= F_A \sin\varphi \\ M_b &= F_A\, l\, (1 - \cos\varphi) \end{aligned}\right\} \qquad (9.19)$$

In der nebenstehenden Tabelle sind die Schnittgrößen für einige Schnittstellen nach Gl. (9.19) berechnet.

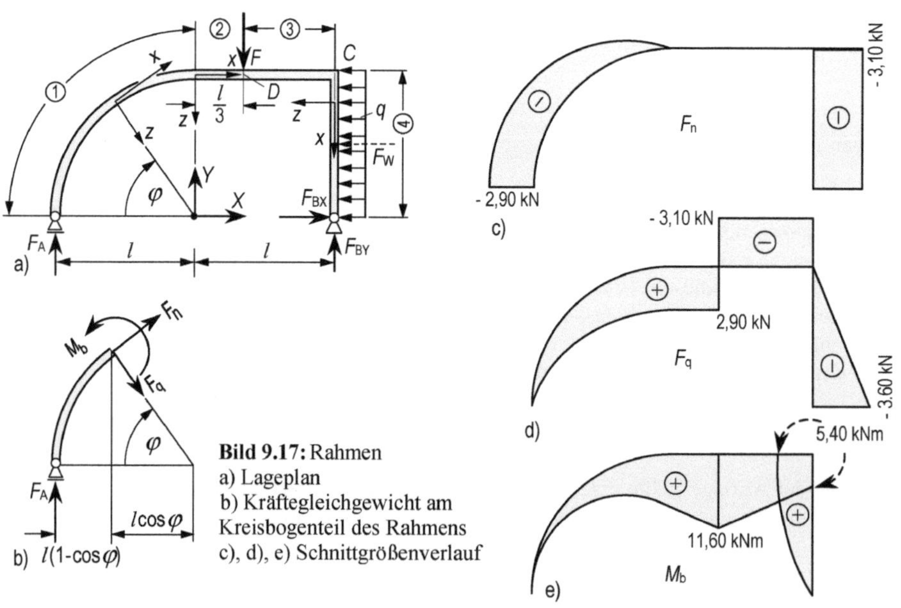

Die resultierende Schnittkraft $\vec{F}_S = \vec{F}_n + \vec{F}_q$ ist im kreisbogenförmigen Teil des Rahmens von der Lage der Schnittstelle, d. h. vom Winkel φ, unabhängig. Für jeden Schnitt gilt: $\vec{F}_S = \vec{F}_n + \vec{F}_q = -\vec{F}_A$. Ihre Komponenten – die Normalkraft F_n und die Querkraft F_q – ändern sich jedoch mit der Lage der Schnittstelle, da sich das x, y, z-Koordinatensystem, in dem die Zerlegung in Komponenten durchgeführt wird, mit der Lage der Schnittstelle ändert.

In den Feldern ②, ③ und ④ ist die Balkenachse jeweils eine Gerade. In den Feldern ② und ③ greifen keine Lasten an, daher sind dort die Normalkraft und die Querkraft jeweils konstant und das Biegemoment geradlinig veränderlich. Im Feld ④ mit konstanter Streckenbelastung verlaufen die Normalkraft- und Querkraftlinie geradlinig und die Biegemomentlinie ist eine Parabel. Ferner ist das Biegemoment an der Stelle B gleich Null (Gelenk). Für die Festlegung des Schnittgrößenverlaufs in den Feldern ② bis ④ genügt es, die Schnittgrößen an den Stellen C und D zu berechnen. In den **Bildern 9.17c, d** und **e** ist der Verlauf der Schnittgrößen grafisch dargestellt, indem jeweils die betreffende Schnittgröße als Ordinate senkrecht zur Balkenachse positiv in Richtung der positiven z-Achse abgetragen wurde.

9.4 Schnittgrößen eines räumlich beanspruchten Balkens

Die Schnittgrößen eines Balkens, dessen Achse eine beliebige Raumkurve ist und der sich unter der Wirkung eines räumlichen Kräftesystems im Gleichgewicht befindet, werden in derselben Weise wie im ebenen Fall definiert (s. Abschn. 9.1).

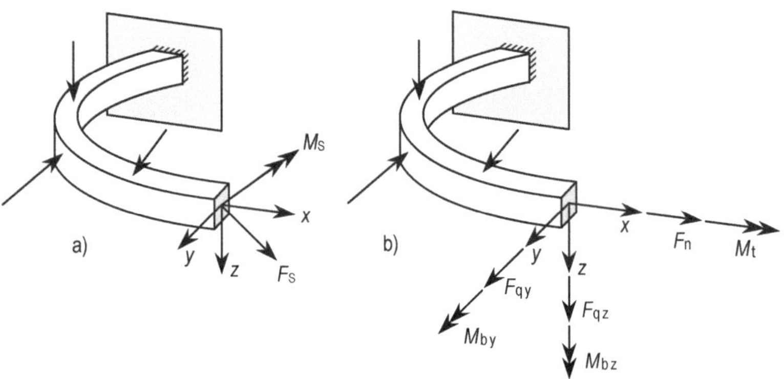

Bild 9.18: Schnittgrößen eines räumlich beanspruchten Balkens

Um die Schnittgrößen an einer Balkenstelle zu bestimmen, denken wir uns den Balken an dieser Stelle mit einer Ebene senkrecht zur Balkenachse geschnitten und bestimmen die *Dyname* $\vec{F}_S$, $\vec{M}_S$ bezüglich des Schwerpunktes der Schnittfläche, die das Gleichgewicht des abgeschnittenen Balkenteils wiederherstellt (**Bild 9.18a**). Jedem Punkt der Balkenachse ordnen wir ein rechtwinkliges x, y, z-Koordinatensystem zu, dessen x-Achse mit der Tangente an die Balkenachse zusammenfällt und dessen y- und z-Achse in der Balkenquerschnittsebene liegen. Die skalaren Komponenten der Vektoren $\vec{F}_S$ und $\vec{M}_S$ der Dyname bezüglich dieses Koordinatensystems nennt man *Schnittgrößen*. Der räumlich beanspruchte Balken hat sechs Schnittgrößen, die im Einzelnen wie folgt bezeichnet werden (**Bild 9.18b**):

$$F_{Sx} = F_n \qquad\qquad\qquad\qquad \text{Normalkraft}$$
$$F_{Sy} = F_{qy} \qquad F_{Sz} = F_{qz} \qquad \text{Querkräfte}$$
$$M_{Sx} = M_t \qquad\qquad\qquad\qquad \text{Torsionsmoment}$$
$$M_{Sy} = M_{by} \qquad M_{Sz} = M_{bz} \qquad \text{Biegemomente}$$

Die Schnittgrößen sind positiv, wenn die zugehörigen Vektoren am positiven Schnittufer in Richtung positiver Koordinatenachsen weisen (s. auch Abschn. 9.1).

Rechnerisch bestimmt man die Schnittgrößen dadurch, dass man sie an der Schnittstelle positiv entsprechend **Bild 9.18b** ansetzt und dann aus den Gleichgewichtsbedingungen Gl. (8.32 und 8.33) für den abgeschnittenen Balkenteil berechnet. Als Bezugspunkt für die statischen Momente bei der Aufstellung der Gleichungen für das Momentegleichgewicht wählt man zweckmäßig den Schwerpunkt der Schnittfläche.

Beispiel 9.10: Ein halbkreisförmiger Balken mit dem Radius a ist an einem Ende eingespannt und an seinem anderen Ende mit einer Kraft $\vec{F}_1$ in Richtung der Balkenachse und einer Kraft $\vec{F}_2$ senkrecht zur Ebene, in der die Balkenachse liegt belastet (**Bild 9.19a**)[1]. Die Schnittgrößen des Balkens sollen bestimmt werden.

Die Schnittstelle legen wir zweckmäßig durch den Winkel φ fest. In **Bild 9.19b** ist der abgeschnittene Balkenteil mit den an der Schnittstelle positiv angesetzten Schnittgrößen in zwei Ansichten gezeichnet. Die Gleichgewichtsbedingungen für den abgeschnittenen Balkenteil, bezogen auf das der Schnittstelle zugeordnete x, y, z-Koordinatensystem, lauten

Bild 9.19:
Halbkreisförmiger einseitig
eingespannter Balken
a) Lageplan
b) Kräfte und Momente am
    abgeschnittenen Balkenteil

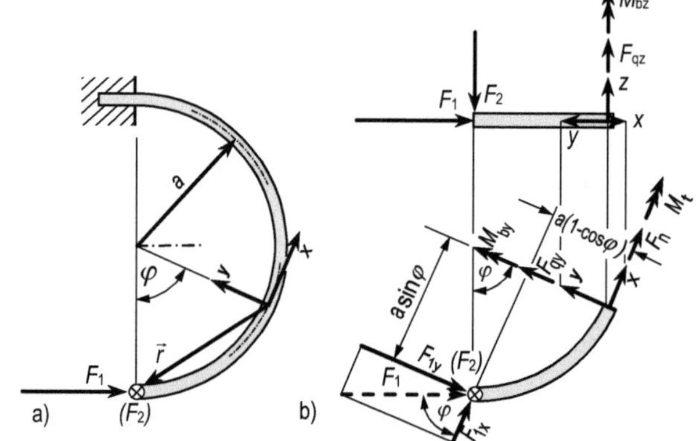

$$\sum F_{ix} = 0 = F_n + F_{1x} \qquad\qquad \sum M_{ix} = 0 = M_t - F_2\, a\,(1 - \cos\varphi)$$
$$\sum F_{iy} = 0 = F_{qy} - F_{1y} \qquad\qquad \sum M_{iy} = 0 = M_{by} - F_2\, a \sin\varphi$$
$$\sum F_{iz} = 0 = F_{qz} - F_2 \qquad\qquad \sum M_{iz} = 0 = M_{bz} + F_1\, a\,(1 - \cos\varphi)$$

Mit $\quad F_{1x} = F_1 \cos\varphi \quad$ und $\quad F_{1y} = F_1 \sin\varphi$

erhält man aus diesen Gleichungen für die Schnittgrößen als Funktionen des Winkels φ

$$
\left.
\begin{aligned}
F_n &= -F_1 \cos\varphi & M_t &= F_2\, a\,(1 - \cos\varphi) \\
F_{qy} &= F_1 \sin\varphi & M_{by} &= F_2\, a \sin\varphi \\
F_{qz} &= F_2 & M_{bz} &= -F_1\, a\,(1 - \cos\varphi)
\end{aligned}
\right\}
\qquad (9.20)
$$

---

[1] Die Symbole $\odot$ bzw. $\otimes$ in den **Bildern 9.19** und **9.20** bedeuten Kräfte, deren Vektoren senkrecht auf der Zeichenebene stehen und die auf den Betrachter zu bzw. vom Betrachter weg gerichtet sind. Die Betragsangaben für diese Kräfte sind in Klammern gesetzt.

Aus Gl. (9.20) folgt insbesondere, dass die Beträge des Torsionsmomentes M_t und des Biegemomentes M_{bz} an der Einspannstelle ($\varphi = \pi$, $\cos \pi = -1$), der Betrag des Biegemomentes M_{by} für $\varphi = \pi/2$, $\sin (\pi/2) = 1$, am größten sind.

Wir wollen die gestellte Aufgabe noch einmal mit Hilfe der Vektorrechnung lösen. Dazu legen wir den gemeinsamen Angriffspunkt der Kräfte $\vec{F_1}$ und $\vec{F_2}$ durch den Ortsvektor

$$\vec{r} = \left\{ \begin{array}{c} -a\sin\varphi \\ a\,(1-\cos\varphi) \\ 0 \end{array} \right\}$$

fest (**Bild 9.19a**) und fassen die Kräfte $\vec{F_1}$ und $\vec{F_2}$ zu der Resultierenden

$$\vec{F}_R = \left\{ \begin{array}{c} F_1 \cos\varphi \\ -F_1 \sin\varphi \\ -F_2 \end{array} \right\}$$

zusammen.

Die weitere Rechnung verläuft formal ohne Zuhilfenahme der räumlichen Anschauung. Das statische Moment der Kraft $\vec{F}_R$ bezüglich der Schnittstelle ist

$$\vec{M}_R = \vec{r} \times \vec{F}_R = \begin{vmatrix} \vec{e}_x & \vec{e}_y & \vec{e}_z \\ -a\sin\varphi & a\,(1-\cos\varphi) & 0 \\ F_1 \cos\varphi & -F_1 \sin\varphi & -F_2 \end{vmatrix} = \left\{ \begin{array}{c} -F_2\, a\,(1-\cos\varphi) \\ -F_2\, a \sin\varphi \\ F_1\, a\,(1-\cos\varphi) \end{array} \right\}$$

Mit $\quad \vec{F}_S = \left\{ \begin{array}{c} F_n \\ F_{qy} \\ F_{qz} \end{array} \right\} \qquad \vec{M}_S = \left\{ \begin{array}{c} M_t \\ M_{by} \\ M_{bz} \end{array} \right\}$

lauten die Gleichgewichtsbedingungen für den abgeschnittenen Balkenteil in Vektorform

$$\vec{F}_S + \vec{F}_R = \vec{0} \qquad \vec{M}_S + \vec{M}_R = \vec{0}$$

Es ist also

$$\vec{F}_S = -\vec{F}_R \qquad \vec{M}_S = -\vec{M}_R$$

Diesen zwei vektoriellen Beziehungen entsprechen die sechs skalaren Beziehungen Gl. (9.20).

Beispiel 9.11: Wir bestimmen den Schnittgrößenverlauf in der Vorgelegewelle aus Beispiel 8.2, S. 114 (**Bild 8.11a** bis **c**). Alle äußeren Kräfte, die auf die Welle wirken, haben wir in diesem Beispiel bereits berechnet, sie sind in **Bild 9.20** noch einmal zusammengestellt[1].

Für die Untersuchung des grundsätzlichen Schnittgrößenverlaufs in einem durch eine *räumliche Kräftegruppe* belasteten Balken mit *gerader Achse* gelten entsprechende allgemeine Regeln, wie wir sie in Abschn. 9.2 für den ebenen Belastungsfall aufgestellt haben. Insbesondere gilt, dass in den Feldern, in denen keine Lasten angreifen, die Schnittkräfte F_n, F_{qy}, F_{qz} und das Torsionsmoment M_t konstant sind und die Biegemomente M_{by} und M_{bz} sich linear ändern. Zur Festlegung des genauen Verlaufs der Schnittgrößen in unserem Beispiel genügt es daher, die Schnittgrößen an den Feldgrenzen der drei Felder der Vorgelegewelle zu

---

[1] Siehe Fußnote S. 140.

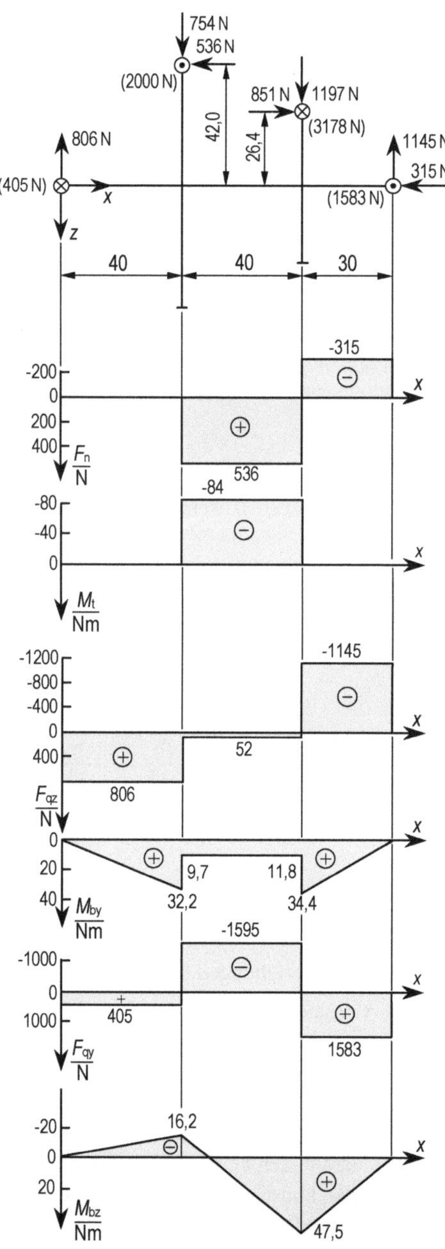

Bild 9.20: Schnittgrößen der Vorgelegewelle eines zweistufigen Schrägstirnradgetriebes

berechnen. Da die Welle gelenkig gelagert ist, sind die Schnittmomente an den Wellenenden gleich Null. Man beachte ferner, dass zwischen der Belastung in der z-Richtung, der Querkraft F_qz und dem Biegemoment M_by Gl. (9.8) bzw. Gl. (9.11 und 9.12) und zwischen der Belastung in der y-Richtung, der Querkraft F_qy und dem Biegemoment M_bz analoge Beziehungen ($\mathrm{d}F_\mathrm{qy}/\mathrm{d}x = -\,q_\mathrm{y}$, $\mathrm{d}M_\mathrm{bz}/\mathrm{d}x = -\,F_\mathrm{qy}$) bestehen. In den **Bildern 9.20** ist der Schnittgrößenverlauf grafisch dargestellt.

Die M_t-Linie und die M_by-Linie haben an den inneren Feldgrenzen Sprünge, da an diesen Stellen Einzelmomente in der x- und y-Richtung angreifen. Für die Bemessung des Querschnitts eines Balkens (speziell einer Welle) und die Berechnung der Verformungen interessieren häufig auch Resultierende der Schnittgrößen (s. Festigkeitslehre). Für den Schnitt unmittelbar links vom Kleinrad ($x = 80$ mm) erhält man z. B. für die Beträge des resultierenden Biegemomentes und der resultierenden Querkraft

$$M_{\mathrm{b\,res}} = \sqrt{M_\mathrm{by}^2 + M_\mathrm{bz}^2} = \sqrt{11{,}8^2 + 47{,}5^2}\,\mathrm{Nm}$$

$$= 48{,}9\ \mathrm{Nm}$$

$$F_{\mathrm{q\,res}} = \sqrt{F_\mathrm{qy}^2 + F_\mathrm{qz}^2} = \sqrt{52^2 + 1595^2}\,\mathrm{N} = 1596\ \mathrm{N}$$

Die Beträge des resultierenden Schnittmomentes und der resultierenden Schnittkraft an dieser Stelle sind

$$M_\mathrm{S} = \sqrt{M_\mathrm{t}^2 + M_\mathrm{by}^2 + M_\mathrm{bz}^2}$$

$$= \sqrt{84^2 + 11{,}8^2 + 47{,}5^2}\,\mathrm{Nm} = 97{,}2\ \mathrm{Nm}$$

$$F_\mathrm{S} = \sqrt{F_\mathrm{n}^2 + F_\mathrm{qy}^2 + F_\mathrm{qz}^2} = \sqrt{536^2 + 52^2 + 1595^2}\,\mathrm{N}$$

$$= 1683\ \mathrm{N}$$

9.5 Aufgaben zu Abschnitt 9

In den nachstehenden Aufgaben ist jeweils für das angegebene Tragwerk oder Bauteil der Schnittgrößenverlauf zu ermitteln.

1. Balken mit Einzellasten (**Bild 9.21**).

2. Kransäule in Aufgabe 5, S. 65 (**Bild 4.33**).

3. Stößel in Aufgabe 4, S. 65 (**Bild 4.32**).

4. Waagerechter Balken des Tragwerkes (**Bild 9.22**).

5. Träger mit Streckenlast (**Bild 9.23**).

6. Kragbalken mit Dreieckslast und Einzelkraft (**Bild 9.24**).

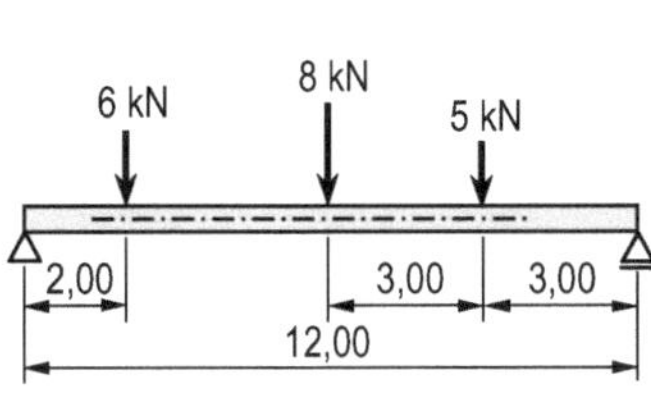

Bild 9.21: Balken

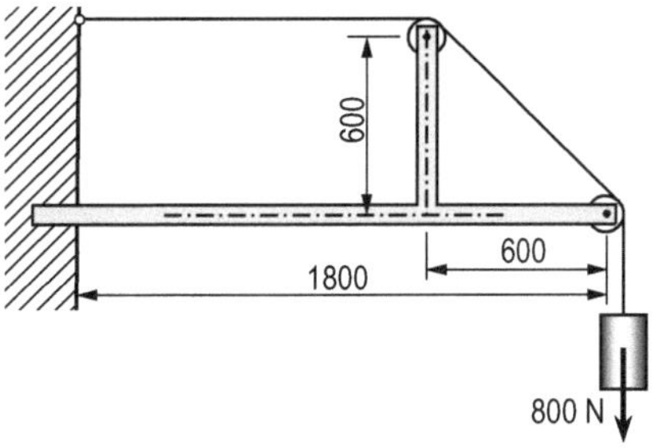

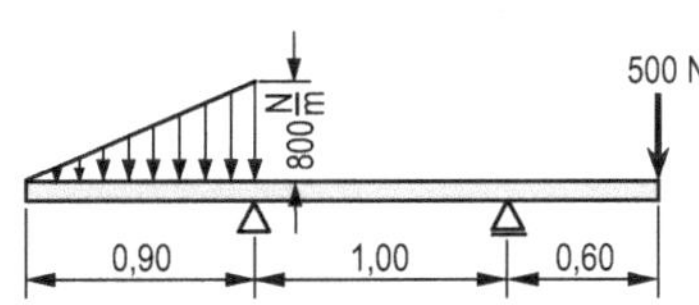

Bild 9.22: Tragwerk

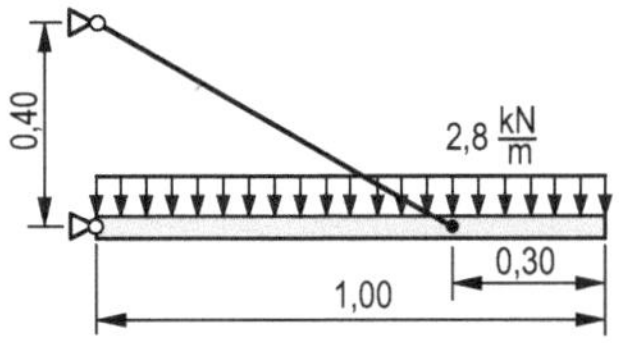

Bild 9.23: Träger

Bild 9.24: Kragbalken

7. Träger mit Streckenlasten (**Bild 9.25**).

8. Waagerechter Balken des Rahmenträgers (**Bild 9.26**).

9. Kragbalken mit Einzellasten (**Bild 9.27**) für folgende drei Belastungsfälle:
a) $F = 100$ N,   b) $F = 200$ N,   c) $F = 400$ N

10. Gelenkträger mit Einzellasten (**Bild 9.28**).

11. Gelenkbrückenträger (**Bild 9.29**).

12. Rahmen mit Streckenlast und Einzellasten (**Bild 9.30**).

13. Gelenkrahmen in Aufgabe 8, S. 90 (**Bild 6.17**).

14. Sicherungsring (Seegerring) für Bohrungen (**Bild 9.31**), der zur Verhinderung der Längsverschiebung
einer lose gelagerten Welle dient. $F = 120$ N.

15. Balken AB in Aufgabe 5, S. 118 (**Bild 8.16**).

16. Getriebewelle in Aufgabe 7, S. 119 (**Bild 8.18**).

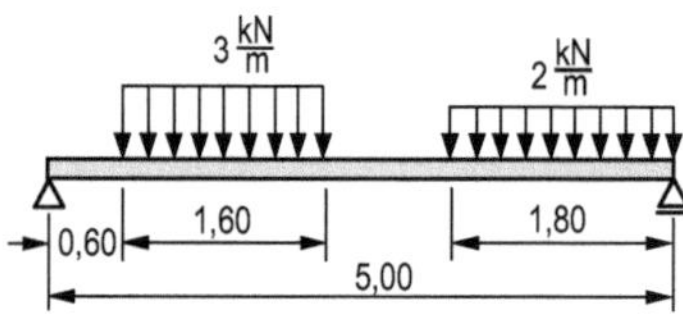

Bild 9.25: Träger mit Streckenlasten

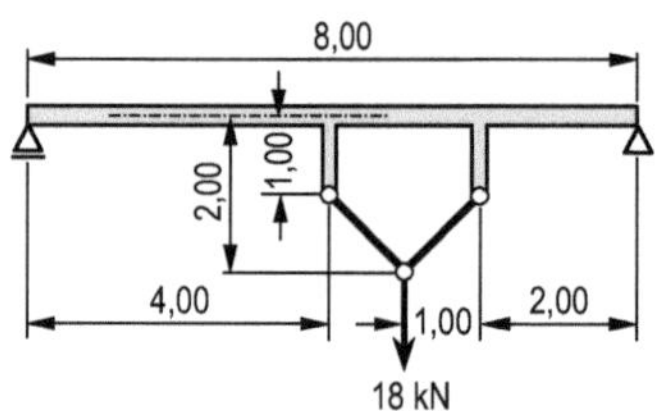

Bild 9.26: Rahmenträger

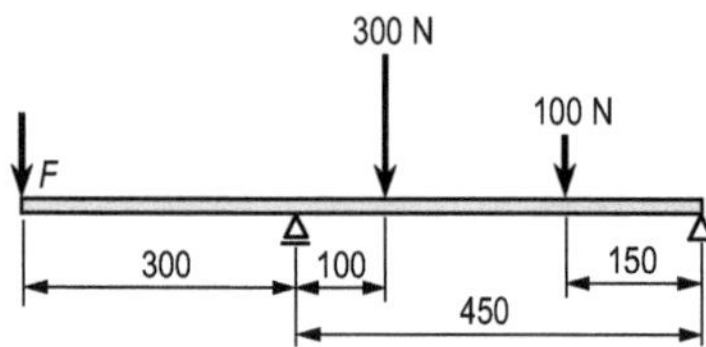

Bild 9.27: Kragbalken

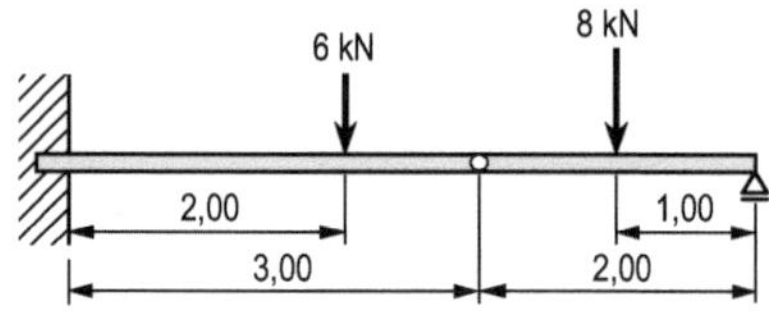

Bild 9.28: Gelenkträger

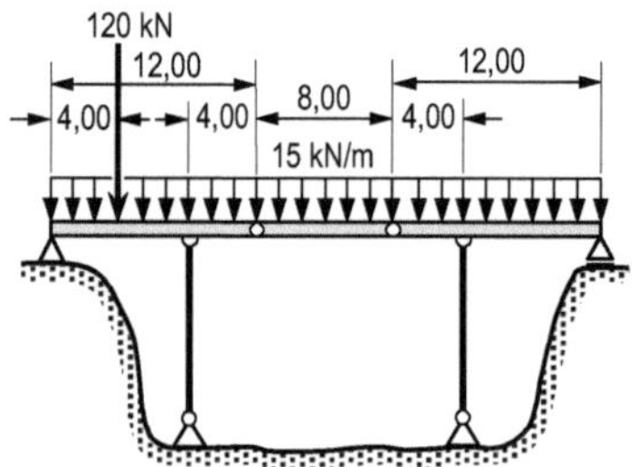

Bild 9.29: Gelenkbrückenträger

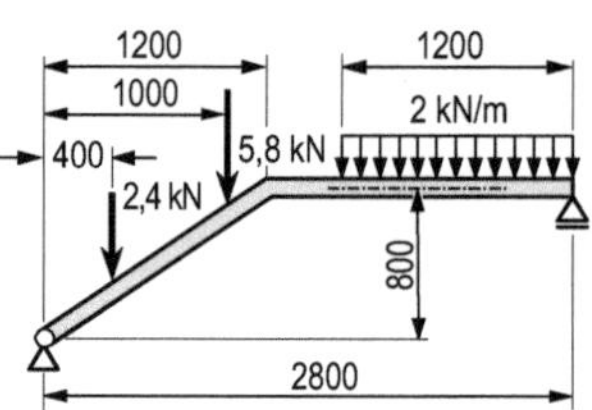

Bild 9.30: Rahmen

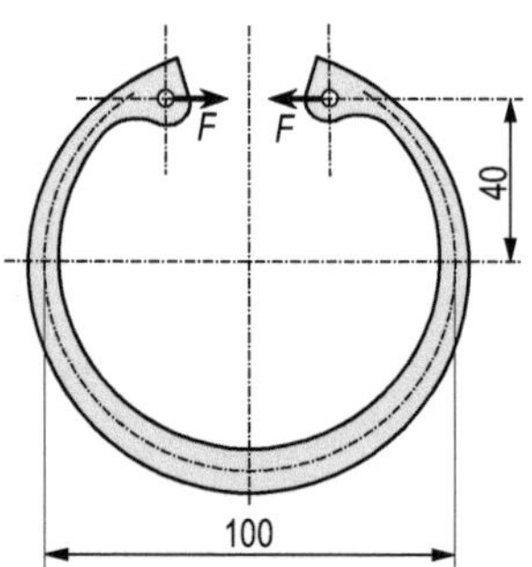

Bild 9.31: Sicherungsring

10 Haftung und Reibung

10.1 Allgemeines

Bei der Berührung zweier Körper werden an der Berührungsstelle Kräfte von einem Körper auf den anderen übertragen. In den vorangehenden Abschnitten haben wir stets angenommen, dass die gemeinsame Wirkungslinie dieser Kräfte mit der Flächennormale im Berührungspunkt zusammenfällt (s. Abschn. 2.3.1), d. h., wir haben die in der Tangentialebene wirkenden Komponenten dieser Kräfte gegenüber den Normalkomponenten vernachlässigt. Diese idealisierte Berührung ist annähernd erreicht, wenn die sich berührenden Flächen glatt sind. Bei vielen praktischen Problemstellungen sind jedoch die Kontaktflächen rau, und die Vernachlässigung der Horizontalkräfte in der Berührungsfläche ist nicht zulässig. Eine Leiter kann z. B. schräg an der Wand stehen, ohne abzurutschen, und das Drehen einer Welle in ihren Lagern erfordert ein Moment.

Berühren sich zwei Körper in einer Fläche (**Bild 10.1a**), so ist über die Verteilung der Kräfte auf die Berührungsfläche keine genaue Aussage möglich (**Bild 10.1b**).

Bild 10.1:
a) Berührung zweier Körper
b) mögliche Verteilung der Berührungskräfte
c) Resultierende der Berührungskräfte
d) Zerlegung in Normalkraft und Tangentialkraft

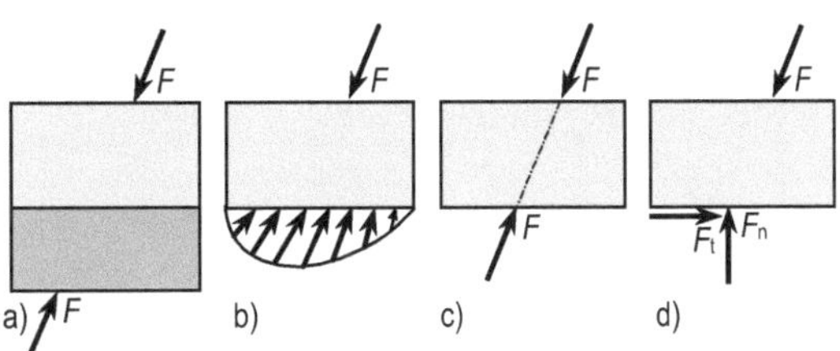

Jedoch lässt sich die Resultierende dieser Kräfte aus den Gleichgewichtsbedingungen für den Körper bestimmen: die resultierende Berührungskraft steht mit der Resultierenden der anderen am Körper angreifenden Kräfte im Gleichgewicht (**Bild 10.1c**).

Wir zerlegen die resultierende Berührungskraft in die Normalkomponente F_n und in die Tangentialkomponente F_t (**Bild 10.1d**). Die Tangentialkomponente wird *Reibungskraft* genannt. Man unterscheidet Haftreibungskräfte, die als Stützkräfte zwischen zwei relativ zueinander ruhenden, und Gleitreibungskräfte, die als bewegungshemmende Kräfte zwischen zwei gegeneinander bewegten Berührungsflächen auftreten.

Im Sprachgebrauch wird das Wort „Reibung" nur dann verwendet, wenn sich die beteiligten Berührungsflächen relativ zueinander bewegen. Deshalb wollen wir hier von *Haftkräften* F_h bei sog. Haftreibung und von *Reibungskräften* F_r bei sog. Gleitreibung sprechen.

Haftkräfte können erwünscht oder sogar notwendig sein, wenn sie als Stützkräfte oder zur relativen Fortbewegung (z. B. des Fahrzeugs auf der Straße) dienen. Dagegen sind Reibungskräfte im Allgemeinen unerwünscht, weil sie die Bewegung einer Maschine behindern.

Die Reibungskräfte könnten auch in der Kinetik als bewegungshemmende Kräfte behandelt werden, jedoch kann man Bewegungen mit konstanter Geschwindigkeit auch als Gleichgewichtsproblem ansehen und in der Statik untersuchen.

10.2 Haftung

Man weiß aus Erfahrung, dass ein Körper auf waagerechter Ebene durch eine horizontale Kraft nicht in jedem Fall bewegt wird. Wenn der Körper ruht, so ist die in der Berührungsfläche auf ihn wirkende tangentiale Kraft, die Haftkraft F_h (**Bild 10.2**), dem Betrage nach gleich der angreifenden Zugkraft, weil nur dann die Bedingung des Kräftegleichgewichtes in horizontaler Richtung erfüllt ist. Solange der Körper ruht, ist also z. B. $F_h = 10$ N, wenn mit $F = 10$ N an ihm gezogen wird und $F_h = 20$ N, wenn die Zugkraft $F = 20$ N beträgt.

Auf einer schwach geneigten Ebene bleibt ein Körper liegen, obwohl eine Gewichtskraftkomponente in Richtung der schiefen Ebene wirkt (**Bild 10.3**). Auch hieraus schließt man aufgrund der Gleichgewichtsbedingungen, dass die geneigte Ebene auf den Körper eine Kraft ausübt, die dieselbe Wirkungslinie wie die Gewichtskraft hat. Sie kann in Komponenten parallel und senkrecht zur schiefen Ebene zerlegt werden. Die Parallelkomponente ist die Haftkraft.

Solange der Gegenstand relativ zur schiefen Ebene ruht, lauten die Gleichgewichtsbedingungen für die Kräfte parallel und senkrecht zur schiefen Ebene am freigemachten Körper

$$F_h - F_G \sin \alpha = 0$$

$$F_n - F_G \cos \alpha = 0$$

Aus der ersten dieser Gleichgewichtsbedingungen folgt für die Haftkraft

$$F_h = F_G \sin \alpha$$

Ändert man den Neigungswinkel der schiefen Ebene, wobei der Körper in Ruhe bleibt, so ändert sich auch die Größe der Haftkraft. Dabei sind die Gleichgewichtsbedingungen jedesmal erfüllt.

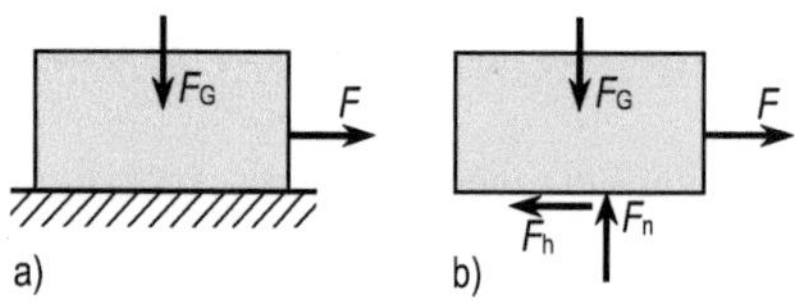

Bild 10.2: Freimachen des Körpers von der Unterlage

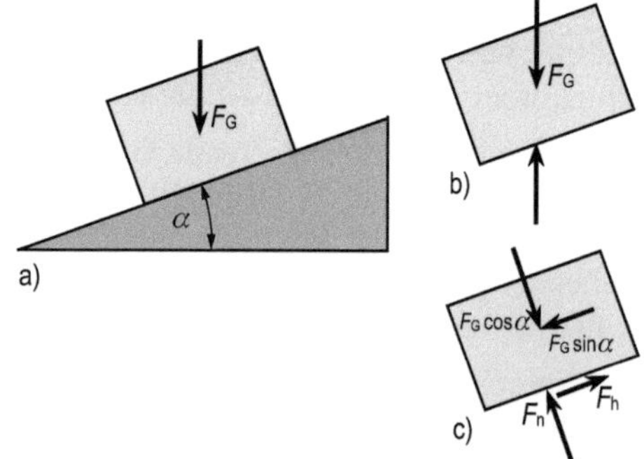

Bild 10.3: Kräfte an einem auf schiefer Ebene liegenden Körper

Beispiel 10.1: Eine Leiter steht an einer Wand (**Bild 10.4**). Sie trägt an ihrem oberen Ende eine Rolle und ist daher an dieser Stelle so gelagert, dass bei guter Schmierung des Rollenlagers keine Tangentialkraft übertragen werden kann und die Stützkraft senkrecht zur Wand wirkt. Man bestimme die Haftkraft an der Stelle A.

Zeichnerische Lösung. Die Gewichtskraft $\vec{F}_G$ und die beiden Auflagerkräfte $\vec{F}_A$ und $\vec{F}_B$ sind miteinander im Gleichgewicht, ihre Wirkungslinien schneiden sich also in einem Punkt (**Bild 10.4b**), s. Abschn. 4.2.5. Damit ist die Wirkungslinie der Kraft $\vec{F}_A$ festgelegt. Aus dem Kräfteplan (**Bild 10.4c**) liest man die Auflagerkräfte ab. Die waagerechte Komponente von $\vec{F}_A$ ist die Haftkraft, die senkrechte die Normalkraft.

Rechnerische Lösung. Rechnerisch bestimmt man die Haftkraft aus den Gleichgewichtsbedingungen für die freigemachte Leiter (**Bild 10.4d**).

$$\sum F_{ix} = 0 = F_B - F_{Ax}$$

$$\sum F_{iy} = 0 = F_{Ay} - F_G$$

$$\sum M_{iA} = 0 = F_G \, (l/2) \sin\beta - F_B \, l \cos\beta$$

Aus der zweiten Gleichung folgt $F_{Ay} = F_G$, und mit $F_B = (F_G/2)\tan\beta$ aus der dritten Gleichung ergibt die erste Gleichung die gesuchte Haftkraft

$$F_h = F_{Ax} = (F_G/2)\tan\beta$$

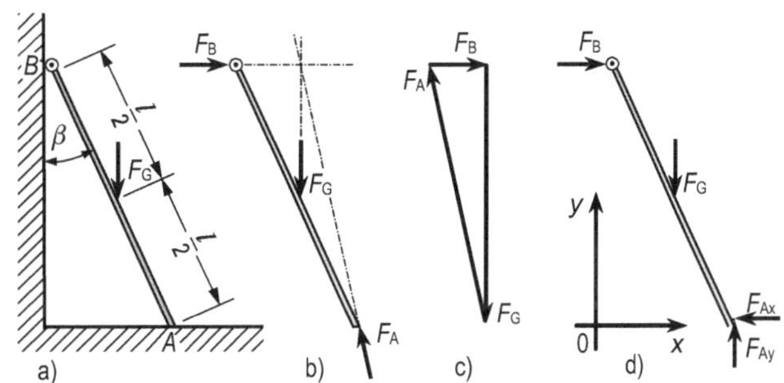

Bild 10.4:
a) Leiter an der Wand
b) freigemachte Leiter
c) Kräfteplan
d) Kräfte in Komponenten

Maximum der Haftkraft

Aus Experimenten kann man nicht nur auf die Existenz einer Haftkraft, sondern auch darauf schließen, dass diese nicht beliebig groß werden kann. Steigert man nämlich die Zugkraft F (**Bild 10.2**) oder vergrößert den Neigungswinkel α (**Bild 10.3**), so wächst auch die Haftkraft, bis bei einer bestimmten Größe der Zugkraft oder der Gewichtskraftkomponente eine Gleitbewegung eintritt, d. h. die Haftkraft reicht dann nicht mehr aus, das Gleichgewicht der Kräfte aufrechtzuerhalten. *Coulomb* (1736–1806) fand durch Versuche, dass der Betrag der größtmöglichen Haftkraft im Wesentlichen von der Beschaffenheit der Berührungsflächen, dem Werkstoff der Körper und der senkrecht zur Berührungstangentialebene wirkenden Anpresskraft (Normalkraft) abhängt, und dass das Verhältnis F_h/F_n von Haftkraft und Normalkraft einen bestimmten Wert nicht überschreiten kann.

Coulombsches Gesetz: Die maximale Haftkraft $F_{h\,max}$ ist der Normalkraft F_n proportional

$$F_{h\,max} = \mu_0 \, F_n \qquad\qquad F_h \le \mu_0 \, F_n \tag{10.1}$$

Der Proportionalitätsfaktor μ_0 heißt *Haftzahl* und ist hauptsächlich vom Werkstoff und von der Oberflächenbeschaffenheit der sich berührenden Körper abhängig. Die Größe der Kontaktfläche spielt keine wesentliche Rolle.

Werkstoffpaar	μ_0		
Stahl auf Stahl (blank)	0,1	…	0,15
Stahl auf Stahl (rostig)	0,3	…	0,8
Lederriemen auf Grauguss	0,2	…	0,3
Lederdichtung auf Metall	0,2	…	0,6
Gummi auf Asphalt	0,7	…	0,8

Die Haftzahlen μ_0 werden durch Bestimmen der Kräfte $F_{h\,max}$ und F_n und Berechnen des Quotienten $\mu_0 = F_{h\,max}/F_n$ aus dem Coulombschen Reibungsgesetz bestimmt. Da die Messergebnisse sehr streuen, können für die Haftzahlen μ_0 nur grobe Mittelwerte angegeben werden. Die nebenstehende Tabelle gibt einige Beispiele für die Größenordnung von μ_0. Eine genauere Angabe muss durch Experimente im Spezialfall gestützt sein.

In Beispiel 10.1, S. 147, lautet die Bedingung für das Haften mit $F_h = F_{Ax} = (F_G/2)\tan\beta$ und $F_n = F_{Ay} = F_G$

$$\frac{F_G}{2}\tan\beta \le \mu_0\,F_G$$

$$\tan\beta \le 2\,\mu_0$$

Bei einer Stahlleiter auf Betonboden ($\mu_0 = 0,4$) ist z. B. $\tan\beta \le 2 \cdot 0,4 = 0,8$, d. h. für die angegebene Lage der Gewichtskraft rutscht die Leiter nicht, falls $\beta \le 38,6°$ gewählt wird.

Nehmen wir $F_G = 800$ N an, so tritt die maximale Haftkraft bei dem Anstellwinkel $\beta = 38,6°$ auf und hat den Wert $F_{h\,max} = 400$ N $\cdot$ 0,8 = 320 N, während die Haftkraft bei $\beta = 30°$ $F_h = 400$ N $\cdot$ tan 30° = 400 N $\cdot$ 0,577 = 231 N und bei $\beta = 15°$ nur $F_h = 400$ N $\cdot$ tan 15° = 400 N $\cdot$ 0,268 = 107 N beträgt.

Reibungswinkel. Als Haft(reibungs)winkel ρ_0 bezeichnet man den Winkel zwischen der Normalkraft und der aus Normalkraft und maximaler Haftkraft gebildeten resultierenden Auflagerkraft (**Bild 10.5**). Es ist

$$\tan\rho_0 = \frac{F_{h\,max}}{F_n} = \mu_0 \qquad (10.2)$$

Der Haftwinkel gibt anschaulich die maximal mögliche Abweichung der Wirkungslinie der Auflagerkraft von der Normalenrichtung an, bei der noch Gleichgewicht herrscht. Er kann ferner als derjenige Neigungswinkel α_{max} einer schiefen Ebene gedeutet werden, bei dem ein nur der Gewichtskraft unterworfener Gegenstand gerade noch auf dieser Ebene (**Bild 10.3**) liegen bleibt.

In Beispiel 10.1, S. 147, muss bei Gleichgewicht sowohl

$$F_h = (F_G/2)\tan\beta$$

als auch

$$F_h \le \mu_0\,F_n = F_G\tan\rho_0$$

erfüllt sein, d. h., es ist nur dann Gleichgewicht möglich, wenn

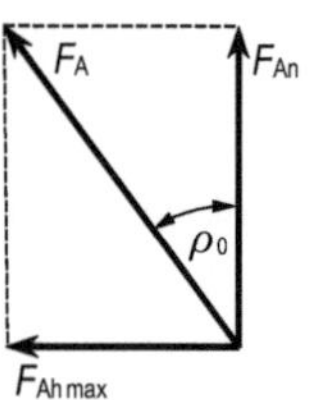

Bild 10.5: Zur Definition des Haftwinkels

$$\frac{F_G}{2}\tan\beta \le F_G\tan\rho_0$$

d. h. $\tan\rho_0 \ge \dfrac{1}{2}\tan\beta$

ist. Um diesen Winkel ρ_0 darf im Gleichgewichtsfall die Wirkungslinie der resultierenden Auflagerkraft $\vec{F}_A$ höchstens von der Senkrechten abweichen. Andererseits muss die Wirkungslinie der Kraft durch den Schnittpunkt der Wirkungslinien der Kräfte $\vec{F}_B$ und $\vec{F}_G$ gehen (**Bild 10.4b**). Demnach kann nur dann Gleichgewicht herrschen, wenn dieser Schnittpunkt innerhalb des Winkels $2\rho_0$ (**Bild 10.6**) liegt.

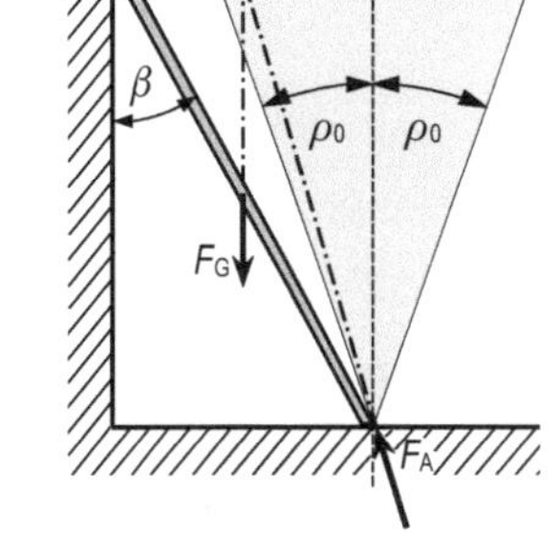

Bild 10.6:
Statisch bestimmt gelagerte Leiter

Statisch unbestimmte Lagerung. Bildet man das obere Ende der Leiter (**Bild 10.4**) nicht als Rolle aus, sondern lässt auch hier eine Haftkraft als Stützkraftkomponente zu, so hat die Leiter vier unbekannte Auflagerkomponenten (je zwei Normal- und Haftkräfte), ist also statisch unbestimmt gelagert, d. h., die Auflagerkräfte lassen sich nicht allein aus den drei Gleichgewichtsbedingungen bestimmen. Es lässt sich aber ermitteln, für welche Lagen und Belastungen die Leiter im Gleichgewicht bleibt.

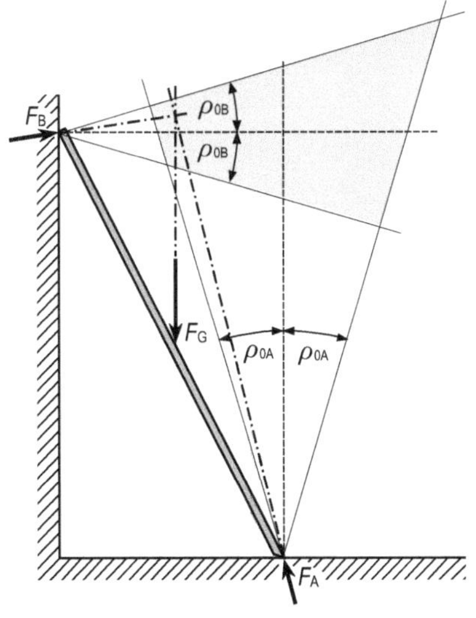

Man trägt im Lager B den Haftwinkel an (**Bild 10.7**) und grenzt damit den Bereich für die möglichen Lagen der Wirkungslinien der Kraft $\vec{F}_B$ ab. Da sich bei Gleichgewicht die Wirkungslinien von $\vec{F}_G$, $\vec{F}_A$ und $\vec{F}_B$ in einem Punkt schneiden müssen, kann dieser Punkt nur in dem in **Bild 10.7** grau gezeichneten Gebiet liegen. Für jede Lage des Schnittpunktes in diesem Gebiet herrscht Gleichgewicht. Die Leiter rutscht erst ab, wenn die Wirkungslinie der Resultierenden aus Eigengewichtskraft und Belastung der Leiter außerhalb dieses Gebietes liegt.

Bild 10.7:
Statisch unbestimmt gelagerte Leiter

Beispiel 10.2: *Haftung auf der Straße.* Welche Steigung kann ein hinterradgetriebener Kraftwagen mit der Gewichtskraft $F_G = 12$ kN und mit dem Radstand $l = 2{,}64$ m bei einer Haftzahl $\mu_0 = 0{,}6$ zwischen Rad und Straße höchstens mit konstanter Geschwindigkeit befahren? Schwerpunktlage: $a = 1{,}10$ m hinter dem Vorderrad und $h = 0{,}71$ m über dem Boden (**Bild 10.8a**).

Bei kleiner Geschwindigkeit kann man den bewegungshemmenden Luftwiderstand (s. Band, *Kinematik und Kinetik*, Abschn. 2.3) vernachlässigen. Dann muss im Wesentlichen die bahnparallele Komponente der Gewichtskraft durch die Haftkraft ausgeglichen werden.

Die Haftkraft zwischen Treibrädern und Straße treibt den Wagen. Sie ist am Wagen nach vorn gerichtet und ergibt sich aus dem Antriebsmoment M der Treibachse (**Bild 10.8b**) und dem Radradius r

$$F_h = \frac{M}{r}$$

Sie ist durch das Coulombsche Gesetz $F_h \leq \mu_0 F_n$ begrenzt. Bei Steigerung des Antriebsmomentes über die Größe $r\,F_{h\,max}$ hinaus würden die Räder durchdrehen.

Zur Berechnung der gesuchten maximalen Steigung machen wir den Kraftwagen frei und zerlegen die auftretenden Kräfte (Treibräder: Index T, Laufräder: Index L) in Komponenten parallel und senkrecht zur Bahn: Die Gleichgewichtsbedingungen für den freigemachten Wagen lauten mit dem Punkt L als Momentebezugspunkt (**Bild 10.8a**).

$$\sum F_{ix} = 0 = F_G \sin\alpha - F_h \tag{10.3}$$

$$\sum F_{iy} = 0 = F_{Ln} + F_{Tn} - F_G \cos\alpha \tag{10.4}$$

$$\sum M_{iL} = 0 = -F_G\, a \cos\alpha - F_G\, h \sin\alpha + F_{Tn}\, l \tag{10.5}$$

Ferner muss nach dem Coulombschen Gesetz gelten

$$F_h \leq \mu_0 F_{Tn} \tag{10.6}$$

In diesem System von drei Gleichungen und einer Ungleichung sind die Größen F_{Ln}, F_{Tn}, F_h und α unbekannt. Setzt man $F_h = F_G \sin\alpha$ aus Gl. (10.3) und $F_{Tn} = F_G\,[(h/l)\sin\alpha + (a/l)\cos\alpha]$ in die Ungleichung (10.6) ein, so erhält man

$$F_G \sin\alpha \leq \mu_0 F_G \left(\frac{h}{l} \sin\alpha + \frac{a}{l} \cos\alpha \right)$$

Da der Fall $\cos\alpha = 0$ technisch ausgeschlossen ist, kann man durch $F_G \cos\alpha$ dividieren und erhält aus der Ungleichung

$$\tan\alpha \leq \mu_0 \left(\frac{h}{l} \tan\alpha + \frac{a}{l} \right)$$

durch Umformen

$$\tan\alpha \leq \frac{\mu_0 \dfrac{a}{l}}{1 - \mu_0 \dfrac{h}{l}} \tag{10.7}$$

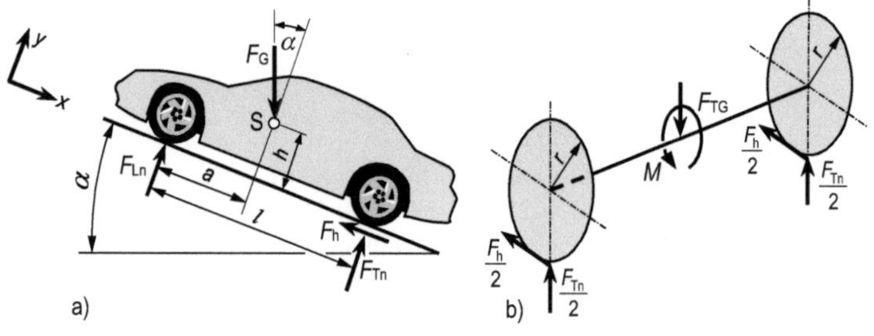

Bild 10.8:
a) Kraftwagen auf steigender Straße
b) Gleichgewicht der Kräfte an der Treibachse

Mit den angegebenen Maßen ist $a/l = 1{,}1/2{,}64 = 0{,}417$ und $h/l = 0{,}269$, also $\tan\alpha = 0{,}250/0{,}839 = 0{,}298 \approx 0{,}3$. Die Steigung darf also 30% nicht überschreiten, und der Steigungswinkel darf höchstens $\alpha = 16{,}6°$ sein.

Beispiel 10.3: *Keilreibung.* Eine Last mit der Gewichtskraft $F_G = 100$ kN soll mit vier gleichzeitig eingetriebenen Keilen gehoben werden.

a) Wie groß darf der Keilwinkel α höchstens sein, wenn die Keile nach dem Einschlagen nicht wieder herausspringen sollen?

b) Welche Schlagkraft ist zum Eintreiben eines Keiles mindestens erforderlich?

Die Haftzahlen betragen zwischen Keil und Last $\mu_{01} = 0{,}04$ und zwischen Keil und Boden $\mu_{02} = 0{,}10$.

Die Lösung ergibt sich hier sehr einfach aus grafischen Überlegungen. Die auf einen der vier Keile wirkenden Kräfte werden am freigemachten Keil eingetragen (**Bilder 10.9b, c, e**). Sie sind miteinander im Gleichgewicht.

a) Soll der Keil nach dem Einschlagen nicht herausspringen, so muss er allein unter der Wirkung der Kräfte $\vec{F}_1$ zwischen Last und Keil und $\vec{F}_2$ zwischen Keil und Boden im Gleichgewicht stehen. Falls zwischen Keil und Boden keine Haftkraft wirkt (z. B. bei gedachter idealer Schmierung), so ist die Kraft $\vec{F}_2$ zwischen Keil und Boden vertikal nach oben gerichtet (**Bild 10.9b**). Dann kann die Kraft $\vec{F}_1$ zwischen

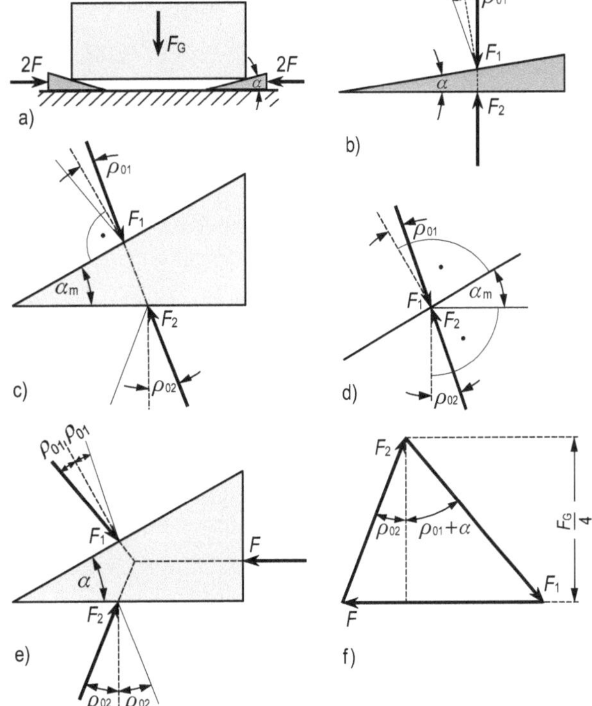

Bild 10.9:
a) Heben einer Last mit Keilen
b) Ruhelage ohne Bodenhaftung
c) Ruhelage mit Bodenhaftung
d) Grenze der Ruhelage
e) Keil mit minimaler Schlagkraft
f) Kräfteplan für die Kräfte am Keil

Last und Keil bei Gleichgewicht auch nur vertikal gerichtet sein. In diesem Sonderfall ist der größte Keilwinkel $\alpha = \rho_{01}$.

Lässt man zwischen Keil und Boden ebenfalls eine Haftkraft zu, so kann die Kraft $\vec{F}_1$ sich nach links (vgl. **Bilder 10.9b** und **c**) neigen, d. h., der Winkel α darf größer als ρ_{01} sein. Im Grenzfall größter Haftkräfte liest man aus **Bild 10.9d** ab

$$(90° - \rho_{01}) + \alpha_m + (90° - \rho_{02}) = 180°$$

$$\alpha_m = \rho_{01} + \rho_{02}$$

Mit den Werten $\tan\rho_{01} = \mu_{01} = 0{,}04$, $\rho_{01} = 2{,}3°$ und $\tan\rho_{02} = \mu_{02} = 0{,}1$, $\rho_{02} = 5{,}7°$ ergibt sich $\alpha_m = 8{,}0°$.

b) die zum Anheben der Last erforderliche Schlagkraft muss alle ihr entgegenstehenden Kräfte übertreffen, die Mindestkraft muss mit ihnen im Gleichgewicht stehen (Grenzfall) (**Bild 10.9e**).

Aus der Gleichgewichtsbedingung für die vertikalen Kräfte am ganzen System folgt $|F_{2y}| = |F_{1y}| = F_G/4$, und aus dem Kräfteplan (**Bild 10.9f**) liest man ab, dass die Kraft aus den Horizontalkomponenten der Kräfte $\vec{F}_2$ und $\vec{F}_1$ zusammengesetzt werden kann

$$F = F_{2x} + F_{1x} = |F_{2y}| \cdot \tan \rho_{02} + |F_{1y}| \cdot \tan (\rho_{01} + \alpha_m)$$

$$F = \frac{F_G}{4} [\tan \rho_{02} + \tan (\rho_{01} + \alpha_m)] \tag{10.8}$$

Mit $\tan \rho_{02} = 0{,}10$ und $\rho_{01} + \alpha_m = 2{,}3° + 8{,}0° = 10{,}3°$, $\tan 10{,}3° = 0{,}182$ erhält man für den Grenzwinkel α_m die zum Anheben erforderliche Kraft

$$F = \frac{100 \text{ kN}}{4} (0{,}10 + 0{,}182) = 25 \text{ kN} \cdot 0{,}282 = 7 \text{ kN}$$

10.3 Reibung

Reicht beim Kontakt zweier Körper die maximale Haftkraft nicht aus, das System im Gleichgewicht zu halten, ist also zur Erhaltung des Gleichgewichtes eine größere Kraft als $\mu_0 F_n$ erforderlich, so tritt Gleiten ein, die Körper bewegen sich gegeneinander. Bei dieser Gleitbewegung tritt zwischen den Körpern eine Widerstandskraft auf. Sie wird *Reibungskraft* genannt. Ihre Richtung ist immer *der relativen Bewegungsrichtung entgegengesetzt*.

Gleitet z. B. ein Körper auf einer Unterlage (**Bild 10.10**), so wird er durch die Kraft F_{12r} in seiner Bewegung gehemmt, während auf die Unterlage eine Kraft F_{21r} in Richtung der Bewegung des Körpers, also entgegengesetzt zur Relativbewegung der Unterlage gegen den Körper, ausgeübt wird.

Körper und Unterlage bewegen sich mit konstanter Geschwindigkeit gegeneinander, wenn Reibungskraft F_{12r} und Zugkraft F gleich groß sind. Ein Kraft*überschuss* der Zugkraft über die Reibungskraft würde den Körper beschleunigen. *Coulomb* fand 1781, dass bei trockenen Oberflächen die Reibungskraft von der Größe der Berührungsfläche und bei kleinen Gleitgeschwindigkeiten (0,5 ⋯ 10 m/s) auch von der Geschwindigkeit unabhängig ist. Er fand für die Reibungskraft das Gesetz:

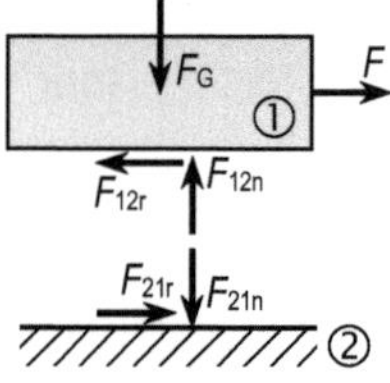

Bild 10.10: Gleitreibung

Die Reibungskraft ist der Normalkraft proportional

$$F_r = \mu F_n \tag{10.9}$$

worin F_n die Normalkraft und μ der Koeffizient der Reibung oder auch die Reibungszahl ist. Die Reibungszahl wird durch Experimente bestimmt. Sie ist etwas kleiner als die Haftzahl μ_0 für dasselbe Stoffpaar. Bei trockener Reibung von Stahl auf Stahl ist z. B. $\mu = 0{,}1$ und $\mu_0 = 0{,}15$. Reibungszahlen für verschiedene Stoffpaare findet man in den Taschenbüchern.

10.3.1 Reibung zwischen ebenen Flächen

Horizontale Bewegung. Zur gleichförmigen horizontalen Bewegung einer Last auf einer Ebene ist eine Kraft erforderlich, die mit der Reibungskraft im Gleichgewicht steht: $F = F_R = \mu F_n$. Eine Zugkraft $F < \mu_0 F_n$ bewegt die Last nicht, eine Kraft $F > \mu_0 F_n$ ist Ursache für beschleunigte Bewegung.

Beispiel 10.4: Auf den Klotz in **Bild 10.10** wirkt die Gewichtskraft $F_G = 1000$ N, und es ist $\mu_0 = 0,15$ und $\mu = 0,12$. Zieht man mit einer Kraft $F = 120$ N an dem ruhenden Klotz, so ist

$$F_h = F = 120 \text{ N} < F_{h\max} = \mu_0 F_n = 0,15 \cdot 1000 \text{ N} = 150 \text{ N}$$

Die Zugkraft reicht zur Überwindung der Haftkraft nicht aus, der Körper bleibt in Ruhe. Auch bei einer Zugkraft von 150 N stellt sich die Haftkraft so ein, dass die Gleichgewichtsbedingung $F = F_h$ erfüllt ist. Erst bei $F > 150$ N kommt der Klotz in Bewegung. Zur Aufrechterhaltung der Bewegung genügt dann eine kleinere Kraft. Für gleichförmige Bewegung muss die Gleichung

$$F = F_r = \mu F_n = 0,12 \cdot 1000 \text{ N} = 120 \text{ N}$$

erfüllt sein.

Beispiel 10.5: Welche schräg angreifende Kraft $\vec{F_1}$ (**Bild 10.11**) ist erforderlich, um eine Holzkiste mit der Länge $l = 1$ m, der Höhe $h = 0,4$ m und der Gewichtskraft $F_G = 400$ N mit gleichförmiger Geschwindigkeit über einen Betonfußboden zu ziehen ($\mu = 0,3$, $\alpha = 25°$)?

Man macht den Körper frei und setzt die Gleichgewichtsbedingungen an

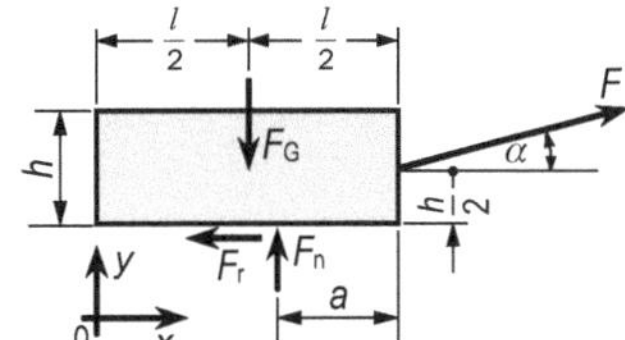

Bild 10.11: Gleitreibung

$$\sum F_{ix} = 0 = F \cos \alpha - F_r \tag{10.10}$$

$$\sum F_{iy} = 0 = F_n + F \sin \alpha - F_G \tag{10.11}$$

Ferner gilt nach dem Coulombschen Reibungsgesetz

$$F_r = \mu F_n \tag{10.12}$$

Diese drei Gleichungen bilden zusammen ein Gleichungssystem, aus dem die drei unbekannten Kräfte F, F_n und F_r berechnet werden können.

Will man außerdem den Angriffspunkt der Normalkraft bestimmen, so fügt man diesem System als vierte Gleichung die Gleichgewichtsbedingung der Momente hinzu. Man wählt z. B. die vordere Berührungskante der Kiste als Bezugsachse und erhält

$$\sum M_i = 0 = -F \cos\alpha \cdot \frac{h}{2} - F_n a + F_G \frac{l}{2} \tag{10.13}$$

Durch Einsetzen von F_r aus Gl. (10.10) und F_n aus Gl. (10.11) (man beachte, dass hier $F_n \neq F_G$ ist) in Gl. (10.12) erhält man die Bestimmungsgleichung für die Zugkraft F

$$F \cos \alpha = \mu (F_G - F \sin\alpha)$$

$$F = \frac{\mu F_G}{\cos \alpha + \mu \sin \alpha} = \frac{0,3 \cdot 400 \text{ N}}{\cos 25° + 0,3 \sin 25°} = \frac{120 \text{ N}}{1,033} = 116 \text{ N}$$

Damit wird $F_r = 105$ N, $F_n = 351$ N aus den Gl. (10.10) und (10.11) und $a = 0{,}51$ m aus Gl. (10.13) gewonnen.

Beispiel 10.6: *Reibung in einer Keilnut.* Führungen von Werkzeugmaschinen sind häufig als Keilnuten ausgebildet, in denen der mit der Gewichtskraft F_G belastete Schlitten gleitet (**Bild 10.12a**).

Welche Kraft F in der Bewegungsrichtung ist für eine Bewegung des Schlittens mit konstanter Geschwindigkeit notwendig?

Die Normalkraft F_n wirkt unter dem Winkel $90° - \alpha$ zur Senkrechten, die Reibungskräfte wirken in der Berührungsebene und sind der Bewegungsrichtung entgegengerichtet (**Bild 10.12b** und **c**).

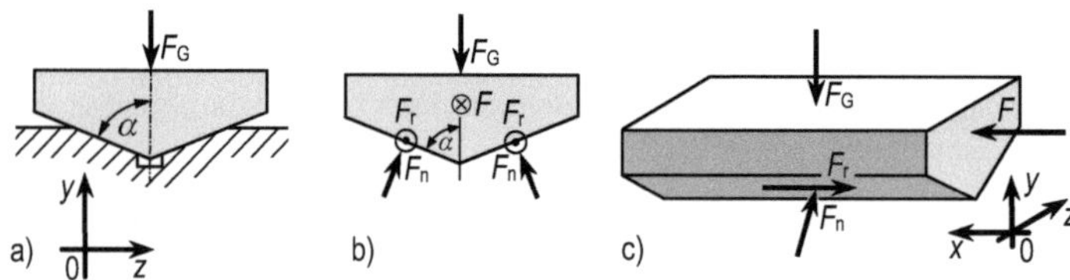

Bild 10.12:
Keilnutreibung

Bewegung mit konstanter Geschwindigkeit ist nur bei Gleichgewicht der Kräfte möglich. Aus der Gleichgewichtsbedingung für die am Schlitten in der Bewegungsrichtung angreifenden Kräfte erhält man

$$\sum F_{ix} = 0 = F - 2 F_r \qquad F = 2 F_r \tag{10.14}$$

und aus dem Gleichgewicht der senkrechten Kräfte am Schlitten folgt

$$\sum F_{iy} = 0 = 2 F_n \sin \alpha - F_G \qquad F_G = 2 F_n \sin \alpha \tag{10.15}$$

Nach dem Reibungsgesetz ist ferner

$$F_r = \mu F_n \tag{10.16}$$

Mit F_r aus Gl. (10.16) und F_n aus Gl. (10.15) folgt aus Gl. (10.14)

$$F = 2 F_r = 2\mu F_n = \frac{\mu F_G}{\sin \alpha}$$

Gelegentlich wird $\mu / \sin \alpha = \mu'$ gesetzt und als *Reibungszahl der Keilnut* bezeichnet. Ist z. B. $\mu = 0{,}04$ und $\alpha = 65°$, so ist die so genannte Keilnutreibungszahl $\mu' = 0{,}04 / \sin 65° = 0{,}044$ und mit $F_G = 10$ kN die Kraft $F = \mu' F_G = 440$ N.

Beispiel 10.7: *Backenbremse.* Welche Kraft $\vec{F}$ ist erforderlich, um mit der in **Bild 10.13** gezeigten Backenbremse eine Trommel, auf die ein Moment $\vec{M}$ wirkt, abzubremsen?

Ein Moment, das auf die Trommel wirkt, ruft im Allgemeinen eine beschleunigte Drehbewegung hervor. Eine *gleichmäßige* Drehbewegung tritt ein, wenn das durch die Bremse ausgeübte Moment mit dem Drehmoment im Gleichgewicht ist.

Man macht Hebel und Trommel frei (**Bild 10.13b**) und berechnet die unbekannten Kräfte und Momente aus den Gleichgewichtsbedingungen.

Momentegleichgewicht um die Trommelachse 0 liefert

$$\sum M_{i0} = 0 = F_r\, r - M \tag{10.17}$$

Momentegleichgewicht am Hebel bezüglich des Auflagers A ergibt

$$\sum M_{iA} = 0 = -F\,(a+b) + F_n\, b + F_r\, c \tag{10.18}$$

Als dritte Gleichung zur Bestimmung der unbekannten Kräfte F, F_n und F_r steht das Coulombsche Reibungsgesetz

$$F_r = \mu\, F_n \tag{10.19}$$

zur Verfügung. Man setzt $F_r = M/r$ nach Gl. (10.17) und $F_n = F_r/\mu = M/(\mu\, r)$ nach Gl. (10.19) in Gl. (10.18) ein und erhält

$$F = \frac{M}{r} \cdot \frac{b + \mu\, c}{\mu\,(a+b)} \tag{10.20}$$

zur Aufrechterhaltung einer konstanten Drehbewegung.

Durch eine Kraft, die größer als F in Gl. (10.20) ist, wird die Trommel abgebremst.

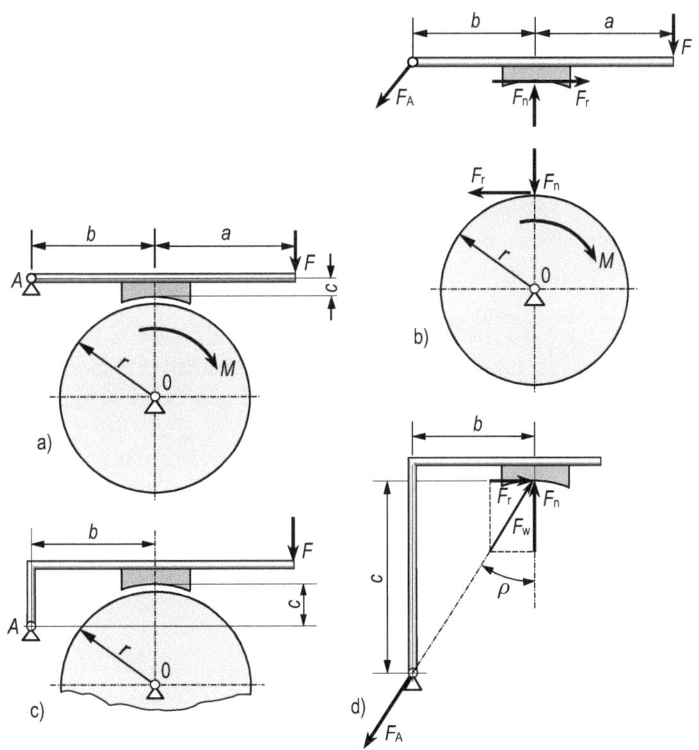

Bild 10.13:
a) Backenbremse
b) Hebel und Trommel freigemacht
c), d) Selbstsperrung

Man braucht eine kleinere Kraft zum Abbremsen, wenn Reibungskraft und Normalkraft am Hebel entgegengesetzt drehende Momente bezüglich des Auflagers A haben, d. h., wenn entweder der Auflagerpunkt A tiefer als der Berührungspunkt liegt (**Bild 10.13c**) oder das Moment entgegengesetzten Drehsinn und damit auch die Reibungskraft entgegengesetzte Richtung hat.

Anstatt Gl. (10.20) erhält man dann

$$F = \frac{M}{r} \cdot \frac{b - \mu c}{\mu(a + b)} \tag{10.21}$$

Im Zähler dieser Gleichung steht eine Differenz. Für $b = \mu c$ wird $F = 0$. Diese Resultierende $\vec{F}_W$ aus Reibungs- und Normalkraft (**Bild 10.13d**) und die Auflagerkraft $\vec{F}_A$ sind dann miteinander im Gleichgewicht. Für $b < \mu c$ bremst die Bremse von selbst. Man spricht dann von einer *selbstsperrenden* Bremse. Die Grenzbeziehung

$$\frac{b}{c} = \mu = \tan \rho$$

für die selbstsperrende Bremse kann aus **Bild 10.13d** abgelesen werden.

Der zwischen dem Normalkraftvektor und dem Vektor der gesamten, von der Trommel auf den Hebel übertragenen Kraft liegende Winkel ρ heißt Reibungswinkel. Er ist kleiner als der auf S. 148 definierte Haftwinkel ρ_0.

Wählt man $r = 25$ cm, $a = 60$ cm, $b = 40$ cm und $c = 15$ cm bei einem Auflager oberhalb des Berührungspunktes (**Bild 10.13a**), so kann für $\mu = 0{,}6$ und $M = 7500$ Ncm die Trommel durch die Handkraft, die größer als

$$F = \frac{7500 \text{ Ncm}}{25 \text{ cm}} \cdot \frac{40 \text{ cm} + 0{,}6 \cdot 15 \text{ cm}}{0{,}6 \cdot 100 \text{ cm}} = 245 \text{ N}$$

ist, abgebremst werden. Für Selbstsperrung muss man den Auflagerpunkt des Hebels um den Betrag $c > b/\mu = 40$ cm $/ 0{,}6 = 66{,}7$ cm unterhalb des Berührungspunktes anbringen.

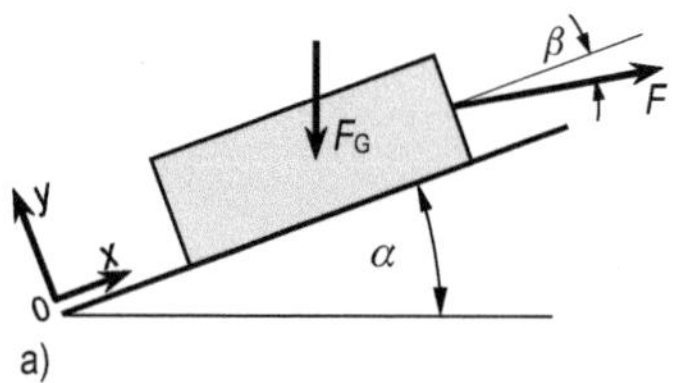

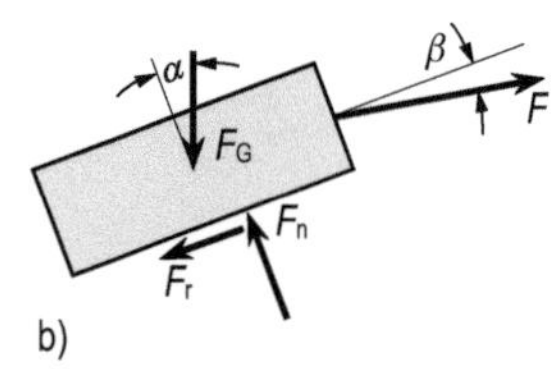

Bild 10.14: Schiefe Ebene

Schiefe Ebene

Welche Kraft $\vec{F}$ ist erforderlich, um einen Körper mit der Gewichtskraft F_G eine schiefe Ebene mit dem Neigungswinkel α mit konstanter Geschwindigkeit heraufzuziehen? Die Kraft greift unter einem Winkel β gegen die schiefe Ebene an (**Bild 10.14**).

Man macht den Körper von der Unterlage frei, setzt also Normalkraft und Reibungskraft als äußere Kräfte an und formuliert die Gleichgewichtsbedingungen für die Kräfte in den Richtungen parallel und senkrecht zur schiefe Ebene

$$\sum F_{ix} = 0 = -F_r - F_G \sin \alpha + F \cos \beta \tag{10.22}$$

$$\sum F_{iy} = 0 = F_n - F_G \cos \alpha - F \sin \beta \tag{10.23}$$

Mit $F_r = \mu F_n$ $\qquad\qquad$ (10.24)

aus dem Coulombschen Reibungsgesetz und F_n aus der Gleichgewichtsbedingung für die y-Richtung folgt aus der Gleichgewichtsbedingung für die x-Richtung

$$F \cos\beta - F_G \sin\alpha = \mu \left(F_G \cos\alpha + F \sin\beta\right)$$

Diese Gleichung wird nach der unbekannten Zugkraft F aufgelöst

$$F\left(\cos\beta - \mu \sin\beta\right) = F_G \left(\sin\alpha + \mu \cos\alpha\right)$$

$$F = F_G \frac{\sin\alpha + \mu \cos\alpha}{\cos\beta - \mu \sin\beta} \qquad\qquad (10.25)$$

Bei bahnparalleler Kraft ist $\beta = 0$ und

$$F = F_G \left(\sin\alpha + \mu \cos\alpha\right) \qquad\qquad (10.26)$$

Wirkt die Kraft waagerecht, so ist $\beta = \alpha$ und

$$F = F_G \frac{\sin\alpha + \mu \cos\alpha}{\cos\alpha - \mu \sin\alpha} = F_G \frac{\tan\alpha + \mu}{1 - \mu \tan\alpha} \qquad\qquad (10.27)$$

Die Gleichung wird einfacher, wenn man den Reibungswinkel ρ durch $\mu = \tan\rho$ einführt und das Additionstheorem

$$\tan\left(\alpha + \rho\right) = \frac{\tan\alpha + \tan\rho}{1 - \tan\alpha \, \tan\rho}$$

benutzt. Dann erhält Gl. (10.27) die Form

$$F = F_G \tan\left(\alpha + \rho\right) \qquad\qquad (10.28)$$

Bewegt sich der Körper mit konstanter Geschwindigkeit hangabwärts, so ist die Reibungskraft hangaufwärts gerichtet und unterstützt mit ihrer Wirkung die Haltekraft $\vec{F}$. Die Gleichgewichtsbedingungen für diesen Fall unterscheiden sich von den Gl. (10.22) und (10.23) nur durch das Vorzeichen der Reibungskraft in Gl. (10.22). Daher erhält man die den Gl. (10.25) und (10.28) entsprechenden Beziehungen formal aus diesen Gleichungen dadurch, dass man in ihnen μ durch $(-\mu)$ und ρ durch $(-\rho)$ ersetzt. Insbesondere erhält man aus Gl. (10.28) für die Haltekraft

$$F = F_G \tan\left(\alpha - \rho\right) \qquad\qquad (10.29)$$

Diese Haltekraft wird negativ, wenn der Neigungswinkel α kleiner als der Reibungswinkel ρ wird. In diesem Falle ist für Abwärtsbewegung eine abwärts gerichtete Kraftkomponente erforderlich. Ohne Zugkraft würde der Körper auf der schiefen Ebene liegen bleiben. Man spricht dann von Selbsthemmung.

10.3.2 Schraubenreibung

Eine Last wird mit Hilfe einer *Flachgewindeschraube* mit der Steigung h und dem Flankendurchmesser d_2 gleichmäßig gehoben. Das dafür erforderliche Anzugsmoment $\vec{M}$ soll berechnet werden.

Wir machen die Schraube frei (**Bild 10.15a**). Auf die Schraube wirken das Anzugsmoment $\vec{M}$, die Gewichtskraft $\vec{F}_G$ und von der Mutter her je Flächeneinheit die Normalkraft $\Delta\vec{F}_n$ und die Reibungskraft $\Delta\vec{F}_r$. Die Resultierende dieser Kräfte wird nach **Bild 10.15b** in Komponenten parallel und senkrecht zur Schraubenachse (z-Achse) zerlegt. Zwischen ihnen besteht die Beziehung

$$\Delta F_x = \Delta F_z \tan(\alpha + \rho) \qquad (10.30)$$

Hierin ist ρ der Reibungswinkel und $\tan\rho = \mu$.

Die Bedingungen für das Gleichgewicht der Kräfte in Achsenrichtung und das Gleichgewicht der Momente um die Schraubenachse lauten

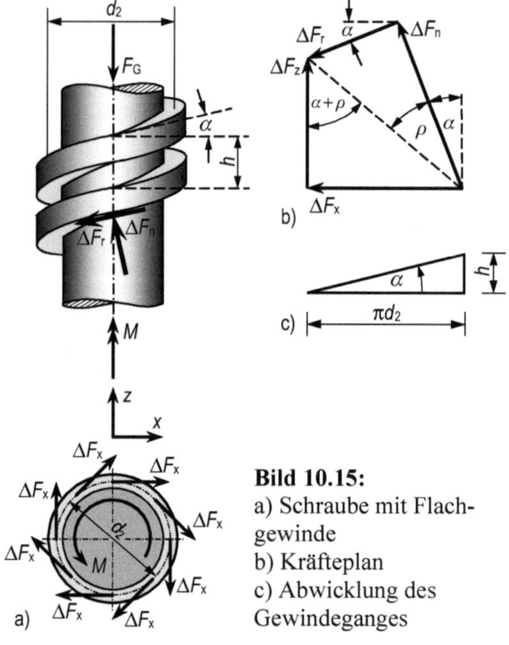

Bild 10.15:
a) Schraube mit Flachgewinde
b) Kräfteplan
c) Abwicklung des Gewindeganges

$$\sum F_{iz} = 0 = F_G - \sum \Delta F_z \qquad (10.31)$$

$$\sum M_{iz} = 0 = M - \sum \Delta F_x\, d_2/2 \qquad (10.32)$$

Setzt man in Gl. (10.32) zunächst nach Gl. (10.30) $\Delta F_x = \Delta F_z \tan(\alpha + \rho)$ und dann nach Gl. (10.31) $\sum \Delta F_z = F_G$ ein und berücksichtigt, dass nach **Bild 10.15c** $\tan\alpha = h/(\pi\, d_2)$ ist, so ergibt sich

$$M = \frac{d_2}{2} F_G \tan(\alpha + \rho) = \frac{F_G\, h}{2\pi} \frac{\tan(\alpha + \rho)}{\tan\alpha} \qquad (10.33)$$

Die an den Enden eines Kreuzschlüssels der Länge l aufzubringenden Kräfte F müssen bezüglich der Schraubenachse das gleiche Moment ergeben

$$F = \frac{M}{l} = \frac{F_G\, h}{2\pi\, l} \frac{\tan(\alpha + \rho)}{\tan\alpha} \qquad (10.34)$$

Der Wirkungsgrad η ist das Verhältnis von Nutzarbeit W_n zu aufgewendeter Arbeit W_z

$$\eta = \frac{W_n}{W_z} = \frac{F_G \cdot h}{M \cdot 2\pi} = \frac{\tan \alpha}{\tan (\alpha + \rho)} \tag{10.35}$$

Schrauben, die sich unter Belastung nicht von selbst zurückdrehen, heißen selbsthemmend. Ihr Steigungswinkel α ist kleiner als der Reibungswinkel ρ. Im Grenzfall ist $\alpha = \rho$

Der Wirkungsgrad einer selbsthemmenden Schraube ist demnach kleiner als $0{,}5$, denn im Grenzfall ist

$$\eta = \frac{\tan \alpha}{\tan (\alpha + \rho)} = \frac{\tan \rho}{\tan 2\rho} = \frac{\tan \rho \,(1 - \tan^2 \rho)}{2 \tan \rho} = \frac{1 - \tan^2 \rho}{2} < 0{,}5$$

Bei Schrauben mit Spitzgewinde (**Bild 10.16a**) ist die Normalkraft außer um den Winkel α gegen die y, z-Ebene noch um den Winkel β gegen die x, z-Ebene geneigt. Aus **Bild 10.16b** liest man die geometrischen Beziehungen

$$\Delta F_{nx} / \Delta F_{nz} = \tan \alpha \qquad\qquad \Delta F_{ny} / \Delta F_{nz} = \tan \beta \tag{10.36}$$

und $\quad \Delta F_n = \sqrt{\Delta F_{nx}^2 + \Delta F_{ny}^2 + \Delta F_{nz}^2} = \Delta F_{nz} \cdot \sqrt{1 + \tan^2 \alpha + \tan^2 \beta}$

ab.

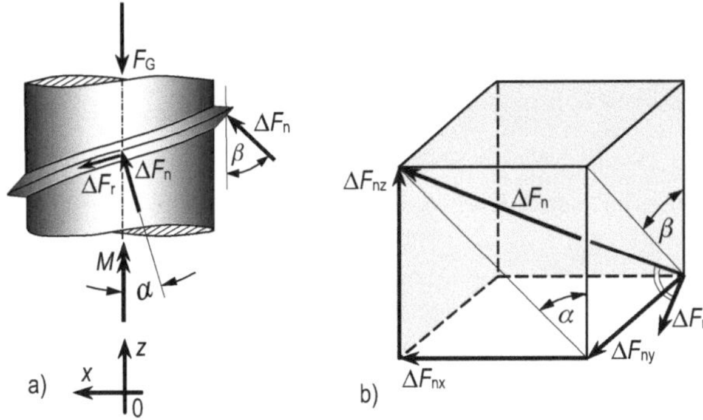

Bild 10.16:
a) Schraube mit Spitzgewinde
b) Zerlegung der Normalkraft

Die Gleichgewichtsbedingungen für die Kräfte parallel zur Schraubenachse und die Momente um diese Achse ergeben mit dem Anzugsmoment M

$$\sum F_{iz} = 0 = F_G + \sum \Delta F_r \sin \alpha - \sum \Delta F_{nz} \tag{10.37}$$

$$\sum M_{iz} = 0 = M - \sum \Delta F_{nx} \frac{d_2}{2} - \sum \Delta F_r \cos \alpha \cdot \frac{d_2}{2} \tag{10.38}$$

Die Gl. (10.37 und 10.38) und Gl. (10.36) bilden zusammen mit dem Coulombschen Gesetz

$$\Delta F_r = \mu \,\Delta F_n = \mu \,\Delta F_{nz} \cdot \sqrt{1 + \tan^2 \alpha + \tan^2 \beta}$$

ein Gleichungssystem, aus dem nach Eliminieren von ΔF_{nx}, ΔF_{nz} und ΔF_r die Beziehung

$$M = \frac{d_2}{2} F_{\mathrm{G}} \cdot \frac{\tan \alpha + \mu \cos \alpha \sqrt{1 + \tan^2 \alpha + \tan^2 \beta}}{1 - \mu \sin \alpha \sqrt{1 + \tan^2 \alpha + \tan^2 \beta}}$$

folgt. Mit $1 + \tan^2 \alpha = 1/\cos^2 \alpha$ bringt man diese Gleichung in die Form

$$M = \frac{d_2}{2} F_{\mathrm{G}} \cdot \frac{\tan \alpha + \mu \sqrt{1 + \cos^2 \alpha \, \tan^2 \beta}}{1 - \mu \tan \alpha \sqrt{1 + \cos^2 \alpha \, \tan^2 \beta}} \tag{10.39}$$

Man nennt $\mu \sqrt{1 + \cos^2 \alpha \, \tan^2 \beta} = \mu' = \tan \rho'$ und erhält die der Gl. (10.33) entsprechende Gleichung

$$M = \frac{d_2}{2} F_{\mathrm{G}} \tan (\alpha + \rho') = \frac{F_{\mathrm{G}} h}{2 \pi} \cdot \frac{\tan (\alpha + \rho')}{\tan \alpha} \tag{10.40}$$

Da der Winkel α häufig so klein ist, dass $\cos \alpha \approx 1$ gesetzt werden kann, gilt näherungsweise

$$\mu' = \mu \sqrt{1 + \cos^2 \alpha \, \tan^2 \beta} \approx \mu \sqrt{1 + \tan^2 \beta} = \frac{\mu}{\cos \beta}$$

d. h., die Reibungskräfte werden gegenüber denjenigen bei Schrauben mit Flachgewinde ungefähr um den Faktor $1/\cos \beta$ größer. Deshalb werden die scharfgängigen Schrauben als Befestigungsschrauben benutzt, während man als Bewegungsschrauben hauptsächlich flachgängige Schrauben verwendet.

Beispiel 10.8: Mit welchen Kräften $\vec{F}$ muss man an einem Kreuzschlüssel mit der Länge $l = 500$ mm ziehen, damit in einer Schraube M 48 eine Längskraft $F_{\mathrm{G}} = 20$ kN entsteht ($\mu = 0{,}15$)?

Die Kraft am Schlüssel beträgt nach Gl. (10.34) mit ρ' anstatt ρ

$$F = \frac{F_{\mathrm{G}} h}{2 \pi l} \cdot \frac{\tan (\alpha + \rho')}{\tan \alpha} \tag{10.41}$$

Nach DIN 13 ist die Gewindesteigung $h = 5$ mm, der Flankendurchmesser $d_2 = 44{,}752$ mm und der Winkel $\beta = 30°$. Der Flankensteigungswinkel α ergibt sich aus

$$\tan \alpha = \frac{h}{\pi \, d_2} = \frac{5 \text{ mm}}{\pi \cdot 44{,}752 \text{ mm}} = 0{,}0356 \qquad \alpha = 2{,}04°$$

Der Reibungswinkel ρ' für Spitzgewinde wird wegen des kleinen Winkels α aus der Gleichung

$$\tan \rho' = \frac{\mu}{\cos \beta} = \frac{0{,}15}{\cos 30°} = 0{,}173 \qquad \rho' = 9{,}8°$$

berechnet. Die gesuchte Kraft beträgt also nach Gl. (10.41)

$$F = \frac{20 \text{ kN} \cdot 5 \text{ mm}}{2\pi \cdot 500 \text{ mm}} \cdot \frac{\tan 11{,}84°}{\tan 2{,}04°} = 188 \text{ N}$$

10.3.3 Zapfenreibung

Bei der Drehung des Tragzapfens einer Welle im Lager treten Tangentialkräfte zwischen Zapfen und Lagerschale auf, die als Reibungskräfte die Drehung bremsen (**Bild 10.17a**). Die Reibungskräfte üben auf die Wellenachse ein Moment (Reibungsmoment)

$$M_r = \sum r\, \Delta F_r = r \sum \Delta F_r$$

aus. Eine konstante Drehzahl kann also nur dann aufrechterhalten werden, wenn an der Welle ein zusätzliches Kräftepaar angreift, dessen Moment mit dem Reibungsmoment im Gleichgewicht ist.

Das Reibungsmoment kann nur dann aus Gleichgewichtsbedingungen bestimmt werden, wenn über die Verteilung der Normal- und Reibungskräfte Aussagen gemacht werden können. Diese Kraftverteilung hängt von der Art der Lagerschmierung ab. Bei schnelllaufenden, gut geschmierten Wellen tritt Flüssigkeitsreibung auf, weil Zapfen und Lager durch einen Ölfilm voneinander getrennt sind. Die Reibungskräfte hängen von der Zähigkeit des Schmiermittels und damit von der Temperatur ab. Sie nehmen mit wachsender Temperatur ab. Die theoretische Behandlung der Flüssigkeitsreibung ist sehr kompliziert und geht über den Rahmen dieses Buches hinaus.

Bei geringer Schmierung können die Gesetze der trockenen Reibung benutzt werden. Da die Verteilung der Auflagerkräfte unbekannt ist, begnügt man sich mit der Kenntnis der resultierenden Auflagerkraft und zerlegt diese in Normalkraft und Reibungskraft (**Bild 10.17b**). Aus dem Gleichgewicht der waagerechten Kräfte, das bei konstanter Drehzahl

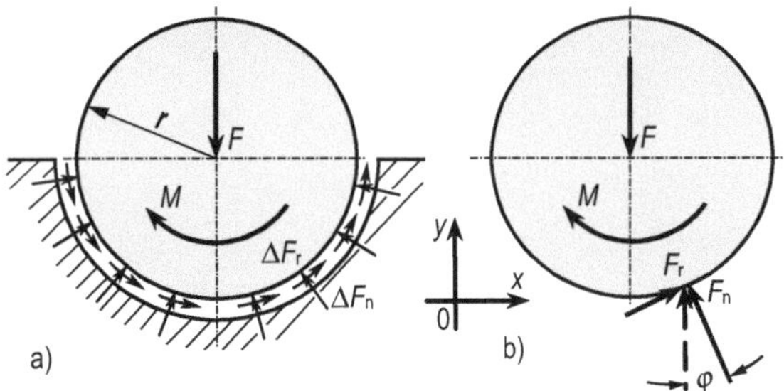

Bild 10.17:
Reibungskräfte am Querlager

erfüllt sein muss, ergibt sich, dass die resultierende Normalkraft eine der resultierenden Reibungskraft entgegenwirkende und gleich große waagerechte Komponente haben muss. Das ist nur möglich, wenn die Auflagerkraft nicht am tiefsten Punkt der Welle, sondern an einem der Drehung entgegen gelegenen höheren Wellenpunkt angreift. Messungen haben ergeben, dass die Lagerreibungskraft bei kleinen Drehzahlen (z. B. einigen hundert Umdrehungen in der Minute) von der Geschwindigkeit nahezu unabhängig ist und dass das Coulombsche Reibungsgesetz

$$F_r = \mu F_n \tag{10.42}$$

gilt. Die Abweichung φ der resultierenden Normalkraft von der Senkrechten ist nur sehr klein. Aus **Bild 10.17b** liest man die Gleichgewichtsbedingungen ab

$$\sum F_{ix} = 0 = F_r \cos \varphi - F_n \sin \varphi \qquad\qquad (10.43)$$

$$\sum F_{iy} = 0 = F_r \sin \varphi + F_n \cos \varphi - F \qquad\qquad (10.44)$$

$$\sum M_i = 0 = F_r r - M_r \qquad\qquad (10.45)$$

Hierbei ist $\vec{F}$ die Kraft, die der Tragzapfen im Ruhezustand auf das Lager ausübt. Das Gleichungssystem Gl. (10.42) bis Gl. (10.45) für die vier unbekannten Größen φ, F_n, F_r und M_r hat die Lösung

$$\tan \varphi = \mu \qquad\qquad \sin \varphi = \frac{\mu}{\sqrt{1+\mu^2}} \qquad\qquad \cos \varphi = \frac{1}{\sqrt{1+\mu^2}}$$

$$F_n = F / \sqrt{1+\mu^2} \qquad F_r = \mu F / \sqrt{1+\mu^2} \qquad M_r = r\, F_r = r F \mu / \sqrt{1+\mu^2}$$

In dem Ausdruck für das Reibungsmoment fasst man den Faktor von $r \cdot F$ zur *Zapfenreibungszahl* $\mu_z = \mu / \sqrt{1+\mu^2}$ zusammen und erhält für ein Lager

$$\boldsymbol{M_r = r\, F_r = \mu_z\, r\, F} \qquad\qquad (10.46)$$

Der Kreis mit dem verminderten Radius $r' = \mu_z\, r$ wird *Reibungskreis* genannt.

Das gesamte Reibungsmoment der Welle ist die Summe der Reibungsmomente der einzelnen Lager. Bei abgesetzten Wellen (verschiedenen Lagerdurchmessern) muss das Reibungsmoment für jedes Lager getrennt berechnet werden.

Multipliziert man die Summe der Reibungsmomente mit der Winkelgeschwindigkeit der Welle, so erhält man die zur Drehung der Welle mit konstanter Winkelgeschwindigkeit erforderliche Leistung (Verlustleistung)

$$P = \omega \sum M_{ri} = 2\pi\, n \sum M_{ri} = \mu_z\, \pi\, n \sum d_i\, F_i \qquad\qquad (10.47)$$

mit den Wellendurchmessern d_i und der Drehzahl n.

Beispiel 10.9: Das Schaufelrad einer Turbine, dessen Gewichtskraft $F_G = 10$ kN beträgt, sitzt in der Mitte einer in Gleitlagern laufenden Welle. Die Welle hat den Durchmesser $d = 120$ mm. Die Drehzahl beträgt $n = 1200/\text{min}$ und die Zapfenreibungszahl $\mu_z = 0{,}02$.

Wie groß sind Reibungsmoment und Verlustleistung?

Die Summe der Auflagerkräfte ist gleich der Gewichtskraft. Aus Gl. (10.46) ergibt sich

$$M_r = 0{,}02 \cdot 60 \text{ mm} \cdot 10 \text{ kN} = 12 \text{ kNmm} = 12 \text{ Nm}$$

und aus Gl. (10.47) mit $\omega = 2\pi\, n = 2\pi \cdot 1200/\text{min} = 2\pi \cdot 20/\text{s} = 125{,}7/\text{s}$

$$P = 12 \text{ Nm} \cdot 125{,}7/\text{s} = 1508 \text{ Nm/s} = 1{,}5 \text{ kW}$$

Wegen der Ungenauigkeit der Reibungszahl μ_z muss das Endergebnis gerundet werden.

Spurzapfen. Bei senkrecht stehenden Wellen (**Bild 10.18**) überträgt das untere Lager die gesamte Wellenlängskraft. Die horizontale Kreisfläche in der Mitte wird als unbelastet angenommen. Über die Verteilung der Normalkräfte ΔF_n auf den konischen Teil der Welle lässt sich keine genaue Aussage machen. Vereinfachend nimmt man für sie eine gleichmäßige Verteilung an, die sich für neue Lager bestätigt.

Die in Umfangsrichtung auf die Welle wirkenden Reibungskräfte ΔF_r behindern die Wellendrehung. Sie haben bezüglich der Wellenachse statische Momente $\Delta M = \Delta F_r \cdot d_r/2$.
Zur Aufrechterhaltung einer Drehung mit konstanter Winkelgeschwindigkeit ist deshalb ein Drehmoment M erforderlich, dessen Größe sich aus den Gleichgewichtsbedingungen
an der freigemachten Welle (**Bild 10.18**) ergibt.

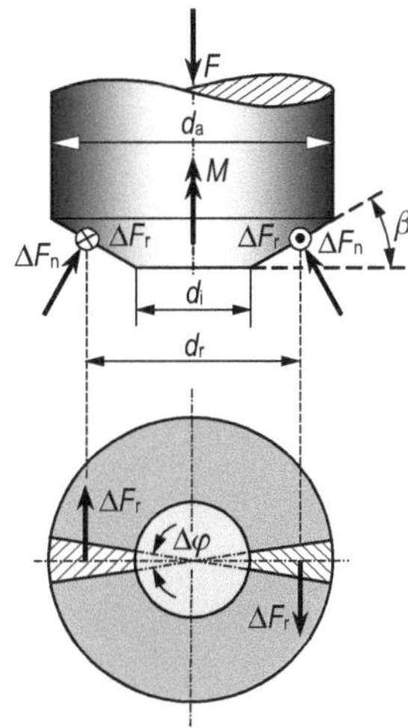

Zusammen mit dem Coulombschen Reibungsgesetz ergeben
sich folgende Gleichungen

$$\Delta F_r = \mu\, \Delta F_n \tag{10.48}$$

$$\sum F_z = 0 = \sum (\Delta F_n \cos \beta) - F \tag{10.49}$$

$$\sum M_z = 0 = M - \sum \left(\Delta F_r \frac{d_r}{2} \right) \tag{10.50}$$

Bild 10.18: Konisches Stützlager
(freigemacht)

Hierin ist $d_r/2$ der Abstand des Angriffspunktes der resultierenden Normalkraft ΔF_n und der
resultierenden Reibungskraft ΔF_r eines Kegelstumpfmantelsektors von der Wellenachse. Bei
der angenommenen gleichmäßigen Verteilung der Normalkräfte liegt dieser Angriffspunkt im
Flächenschwerpunkt der genannten Fläche, der bei genügend feiner Einteilung der Flächen den
gleichen Abstand von der Drehachse hat wie der Schwerpunkt des bei der Projektion auf die
Horizontalebene entstehenden Kreisringsektors.

Der Abstand des Schwerpunktes beträgt (s. Aufgabe 1e zu Abschn. 5)

$$\frac{d_r}{2} = \frac{d_a}{3} \cdot \frac{\sin (\Delta\varphi/2)}{\Delta\varphi/2} \cdot \frac{1 + \dfrac{d_i}{d_a} + \left(\dfrac{d_i}{d_a} \right)^2}{1 + \dfrac{d_i}{d_a}} \tag{10.51}$$

Lässt man in dieser Gleichung $\Delta\varphi$ gegen Null gehen, so erhält man mit

$$\lim_{\Delta\varphi \to 0} \frac{\sin (\Delta\varphi/2)}{\Delta\varphi/2} = 1$$

(s. [6]) und $r_a = d_a/2$ sowie $r_r = \lim\limits_{\Delta\varphi \to 0} d_r/2$

$$r_r = \frac{2}{3} r_a \cdot \frac{1 + \dfrac{d_i}{d_a} + \left(\dfrac{d_i}{d_a} \right)^2}{1 + \dfrac{d_i}{d_a}} \tag{10.52}$$

Diesen Radius wollen wir den Radius der Reibungskraft nennen, weil wir uns die gesamte Reibungskraft auf einem Kreis mit dem Radius r_r verteilt denken können.

Bei der Berechnung des Drehmomentes aus Gl. (10.50) zusammen mit Gl. (10.52) kann man sich von der willkürlichen Sektorgröße freimachen, wenn man den Grenzwert bildet

$$M = \lim_{\Delta\varphi\to 0} \Sigma\left(\Delta F_\mathrm{r}\,\frac{d_\mathrm{r}}{2}\right) = \Sigma\left(\lim_{\Delta\varphi\to 0}\Sigma\Delta F_\mathrm{r}\cdot\lim_{\Delta\varphi\to 0}\frac{d_\mathrm{r}}{2}\right) = \Sigma\left(\lim_{\Delta\varphi\to 0}\Delta F_\mathrm{r}\cdot r_\mathrm{r}\right) = r_\mathrm{r}\,\Sigma\lim_{\Delta\varphi\to 0}\Delta F_\mathrm{r}$$

Ersetzt man nun $\Delta F_\mathrm{r} = \mu\,\Delta F_\mathrm{n}$ aus Gl. (10.48) und berechnet aus Gl. (10.49)

$$\Sigma\,\Delta F_\mathrm{n}\cos\beta = \cos\beta\cdot\Sigma\,\Delta F_\mathrm{n} = F$$

$$\Sigma\,\Delta F_\mathrm{n} = \frac{F}{\cos\beta}$$

so erhält man endgültig

$$M = \frac{\mu F}{\cos\beta}\,r_\mathrm{r} = \frac{2}{3}\,\frac{\mu F r_\mathrm{a}}{\cos\beta}\cdot\frac{1+\dfrac{d_\mathrm{i}}{d_\mathrm{a}}+\left(\dfrac{d_\mathrm{i}}{d_\mathrm{a}}\right)^2}{1+\dfrac{d_\mathrm{i}}{d_\mathrm{a}}} \tag{10.53}$$

Das Reibungsmoment wird umso kleiner, je kleiner der Flankenwinkel β ist. Bei $\beta = 0$ hat es bezüglich β ein Minimum.

Der vom Durchmesserverhältnis abhängige Faktor wird 1,5 bei $d_\mathrm{i} = d_\mathrm{a}$ und 1 bei $d_\mathrm{i} = 0$. Im ersten Fall ist die Gesamtkraft auf einen schmalen Außenring verteilt, hat also mit $r_\mathrm{r} \approx d_\mathrm{a}/2$ einen größeren Hebelarm als bei $d_\mathrm{i} = 0$, wo die resultierende Reibungskraft eines jeden Sektors nur den Hebelarm $r_\mathrm{r} = d_\mathrm{a}/3$ hat.

10.4 Seilreibung und -haftung

Über einen feststehenden Zylinder mit dem Radius r ist ein Seil gelegt und an seinen Enden durch die Kräfte $\vec{F}_1$ und $\vec{F}_2$ belastet (**Bild 10.19a**). Das Seil soll *vollkommen biegsam* sein, d. h., in ihm können keine Querkräfte und Biegemomente als Schnittgrößen auftreten. Werden die zwischen Seil und Zylinder wirksamen Reibungskräfte vernachlässigt, so ist nur dann Gleichgewicht möglich, wenn $F_1 = F_2$ ist (s. Abschn. 2.3.4). Bei Berücksichtigung der Reibungskräfte kann jedoch auch dann Gleichgewicht herrschen, wenn z. B. $F_2 > F_1$ ist, wobei wir von der Vorstellung ausgehen, dass das Seil über den Zylinder in Richtung der Kraft $\vec{F}_2$ gleichförmig gezogen wird. Den Zusammenhang zwischen den Kräften F_1 und F_2 wollen wir untersuchen.

Dazu denken wir uns aus dem Seil ein Seilstück mit der Länge $\Delta s = r\cdot\Delta\varphi$ herausgeschnitten und freigemacht (**Bild 10.19b**). ΔF_n und ΔF_r sind die von der Trommel auf das Seilstück wirkende Normalkraft und Reibungskraft, $F(\varphi)$ und $F(\varphi + \Delta\varphi)$ die Seilkräfte (Schnittkräfte) an den durch die Winkel φ und $\varphi + \Delta\varphi$ festgelegten Seilstellen. Die Kräfte am Seilstück erfüllen die folgenden für die Tangential- und Normalrichtung angeschriebenen Gleichgewichtsbedingungen

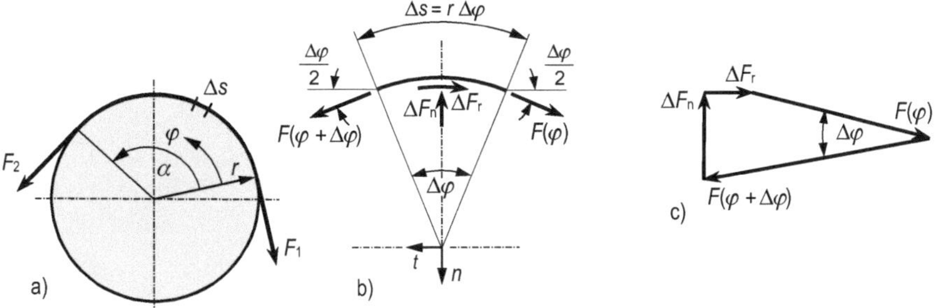

Bild 10.19: a) Seilreibung
 b) Gleichgewicht am Seilelement   c) Kräfteplan

$$\sum F_{\text{it}} = 0 = F\,(\varphi + \Delta\varphi)\cdot\cos\frac{\Delta\varphi}{2} - F\,(\varphi)\cdot\cos\frac{\Delta\varphi}{2} - \Delta F_{\text{r}} \tag{10.54}$$

$$\sum F_{\text{in}} = 0 = F\,(\varphi + \Delta\varphi)\cdot\sin\frac{\Delta\varphi}{2} + F\,(\varphi)\cdot\sin\frac{\Delta\varphi}{2} - \Delta F_{\text{n}} \tag{10.55}$$

Ferner besteht nach dem Coulombschen Gesetz die Beziehung

$$\Delta F_{\text{r}} = \mu\,\Delta F_{\text{n}} \tag{10.56}$$

Aus diesen drei Gleichungen werden ΔF_{n} und ΔF_{r} eliminiert, indem man in Gl. (10.54) für ΔF_{r} nach (10.56) $\mu\Delta F_{\text{n}}$ setzt, die Gl. (10.55) mit μ multipliziert und sie von Gl. (10.54) subtrahiert. Die so erhaltene und durch $\Delta\varphi/2$ dividierte Beziehung lautet

$$\frac{F(\varphi + \Delta\varphi) - F(\varphi)}{\Delta\varphi/2}\cdot\cos\frac{\Delta\varphi}{2} - \mu\,[F(\varphi + \Delta\varphi) + F(\varphi)]\cdot\frac{\sin\,(\Delta\varphi/2)}{(\Delta\varphi/2)} = 0 \tag{10.57}$$

Lässt man in dieser Beziehung $\Delta\varphi \to 0$ gehen, so strebt

$$\cos\frac{\Delta\varphi}{2} \to 1 \qquad \frac{\sin\,(\Delta\varphi/2)}{(\Delta\varphi/2)} \to 1 \qquad F(\varphi + \Delta\varphi) \to F(\varphi)$$

und der Grenzwert des Differenzenquotienten $\dfrac{F(\varphi + \Delta\varphi) - F(\varphi)}{\Delta\varphi}$ ist die Ableitung $dF/d\varphi$, so dass sich aus Gl. (10.57) nach Dividieren durch den Faktor 2 die Gleichung[1]

$$\frac{dF}{d\varphi} = \mu\,F \tag{10.58}$$

ergibt. Diese Gleichung wird *Differenzialgleichung der Seilreibung* genannt. Die Seilkraft F ist eine Funktion der Winkelkoordinate φ und erfüllt an jeder Stelle φ diese Gleichung. Gl. (10.58) besagt, dass die Ableitung der Funktion $F(\varphi)$ der Funktion $F(\varphi)$ proportional ist. Die

---

[1] Siehe Abschn. 9.2, wo eine entsprechende Umformung und Grenzwertbildung bei der Herleitung der Beziehung $dM/dx = F_{\text{q}}$ durchgeführt wurde, und [6].

Funktion, die diese Eigenschaft besitzt, ist die Exponentialfunktion. Daher ist die Lösung der Gl. (10.58)

$$F = C\, e^{\mu\varphi} \tag{10.59}$$

worin C eine willkürliche Konstante – *die Integrationskonstante* – ist. Ist die Seilkraft F_1 bekannt, so legt man die Integrationskonstante durch die Randbedingung $F = F_1$ für $\varphi = 0$ fest

$$F_1 = C\, e^{\mu \cdot 0} \qquad C = F_1$$

Damit ist auch für jede Stelle φ die Seilkraft aus

$$F(\varphi) = F_1\, e^{\mu\varphi}$$

bekannt. Insbesondere ergibt sich für $\varphi = \alpha$ die gesuchte Beziehung zwischen F_1 und F_2

$$\boldsymbol{F_2 = F_1\, e^{\mu\alpha}} \tag{10.60}$$

wenn das Seil mit konstanter Geschwindigkeit in Richtung F_2 über die feste Trommel gezogen wird.

Wenn das Seil auf dem Zylinder haftet, kann keine Aussage über das Verhältnis der Seilkräfte F_2 und F_1 gemacht werden. Erst an der *Grenze* des Gleichgewichtes kann man das Kräfteverhältnis bestimmen, indem man in Gl. (10.60) die Reibungszahl μ durch die Haftzahl μ_0 ersetzt. Gleichgewicht ist also möglich zwischen den Rutschgrenzen nach links und nach rechts:

$$F_2 < F_1\, e^{\mu_0\alpha} \quad \text{und} \quad F_1 < F_2\, e^{\mu_0\alpha}$$

Diese Bedingungen kann man zusammenfassen: *Kein Rutschen,* wenn

$$\boldsymbol{F_1\, e^{-\mu_0\alpha} < F_2 < F_1\, e^{\mu_0\alpha}} \tag{10.61}$$

ist. Der Winkel α wird im Bogenmaß gemessen, bei einmaliger Umschlingung ist also $\alpha = 2\pi$.

Das Kräfteverhältnis $F(\varphi)/F_1$ nimmt mit dem Umschlingungswinkel exponentiell zu, d. h., bei mehrfacher Umschlingung kann man mit einer kleinen Kraft F_1 einer großen Kraft F_2 entgegenwirken. Schon bei einmaliger Umschlingung, also

$$\alpha = 2\pi \qquad \text{und} \qquad \mu_0 = 0{,}4 \qquad \text{ist} \qquad F_2/F_1 = e^{0{,}8\pi} = 12{,}5$$

Man beachte ferner, dass das Kräfteverhältnis *vom Zylinderradius unabhängig* ist.

Beispiel 10.10: Ein Seil ist eineinhalbmal um einen feststehenden Zylinder geschlungen (**Bild 10.20**). An einem Ende hängt eine Last mit der Gewichtskraft $F_{G1} = 500$ N. In welchem Bereich darf man die Last F_{G2} variieren, damit noch Gleichgewicht möglich ist ($\mu_0 = 0{,}3$)?

Ist $F_{G2} > F_{G1}$, so unterstützen die Haftkräfte die Wirkung der Gewichtskraft F_{G1}. Gefahr des Abrutschens besteht, wenn

$$F_{G2} = F_{G1}\, e^{\mu_0\alpha} = 500\ \text{N} \cdot e^{0{,}3 \cdot 3\pi} = 500\ \text{N} \cdot 16{,}9 = 8{,}45\ \text{kN}$$

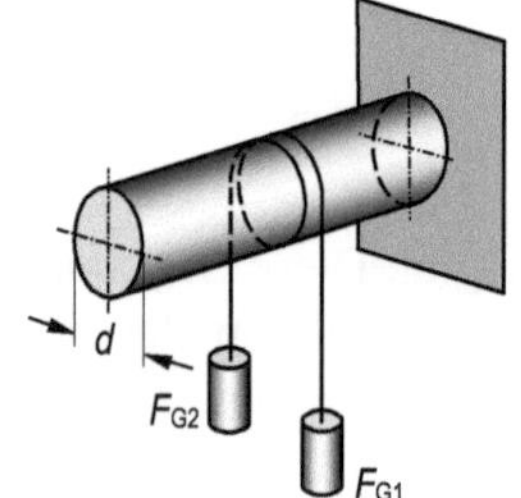

Bild 10.20: Seilreibung

ist. Ist die Gewichtskraft F_{G2} dagegen kleiner als die Gewichtskraft F_{G1}, so besteht die Gefahr, dass die Last 1 sich abwärts bewegt. Die Haftkräfte unterstützen die Wirkung der Gewichtskraft F_{G2}, sodass $F_{G2} < F_{G1}$ für Gleichgewicht genügt. An der Grenze des Gleichgewichtes ist

$$F_{G1} = F_{G2}\, e^{\mu_0\alpha} \qquad F_{G2} = F_{G1}\, e^{-\mu_0\alpha} = 500\ \text{N}/16{,}9 = 30\ \text{N}$$

Im Bereich $30\ \text{N} < F_{G2} < 8{,}45\ \text{kN}$ ist also die gezeichnete Gleichgewichtslage möglich.

Beispiel 10.11: Welches Moment darf höchstens auf die Trommel wirken, damit sie mit der skizzierten Bandbremse (**Bild 10.21**) mit einer Kraft $F = 200\ \text{N}$ abgebremst werden kann ($\mu = 0{,}6$)?

Man denkt sich das Band durchschnitten und Trommel und Bremshebel freigemacht (**Bild 10.21b**). Das Momentegleichgewicht an der Trommel erfordert

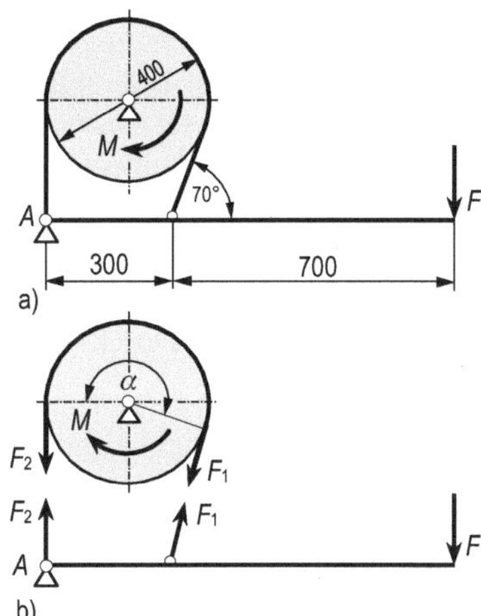

$$\sum M_{i0} = 0 = -M - F_1\, r + F_2\, r$$

und an der Grenze des Gleichgewichts gilt mit Gl. (10.60)

$$M = (F_2 - F_1)\, r = (F_1\, e^{\mu\alpha} - F_1)\, r = F_1\, r\, (e^{\mu\alpha} - 1)$$

Die Kraft F_1 wird aus dem Momentegleichgewicht am Bremshebel bezüglich des Auflagers A berechnet

$$\sum M_{iA} = 0 = F_1 \cos 20° \cdot 300\ \text{mm} - 200\ \text{N} \cdot 1000\ \text{mm}$$

$$F_1 = 709\ \text{N}$$

Der Umschlingungswinkel beträgt $180° + 20° = 200° = 3{,}49$. Dann ist $e^{\mu\alpha} = e^{0{,}6\,\cdot\,3{,}49} = e^{2{,}09} = 8{,}1$ und das Moment muss kleiner sein als

$$M = 709\ \text{N} \cdot (8{,}1 - 1) \cdot 0{,}2\ \text{m} = 1{,}0\ \text{kNm}$$

Bild 10.21: Bandbremse

10.5 Rollwiderstand

Bei der rollenden Bewegung von Rädern findet die Berührung mit der Unterlage nicht in einer Linie, sondern in einer Fläche statt, weil weder Rad noch Bahn ideal starr sind. Durch die Deformation z. B. von Autoreifen oder Sandwegen und in geringerem Maße auch von Stahlrädern und Stahlschienen wird dem rollenden System dauernd Energie entzogen, die ihm von außen wieder zugeführt werden muss. Zur Fortbewegung mit konstanter Geschwindigkeit ist eine Zugkraft $\vec{F}$ erforderlich (**Bild 10.22**) Diese hat den gleichen Betrag wie die Kraft $\vec{F}_r$ zwischen Boden und Rad, die *Rollwiderstand* genannt wird. Die Entstehung dieses Rollwiderstandes macht man sich an **Bild 10.22** klar.

Für das Rollen einer Walze mit konstanter Geschwindigkeit ist Gleichgewicht der Kräfte und der Momente erforderlich. Wären die Kräfte nach **Bild 10.22a** verteilt, so herrschte zwar Kräftegleich-

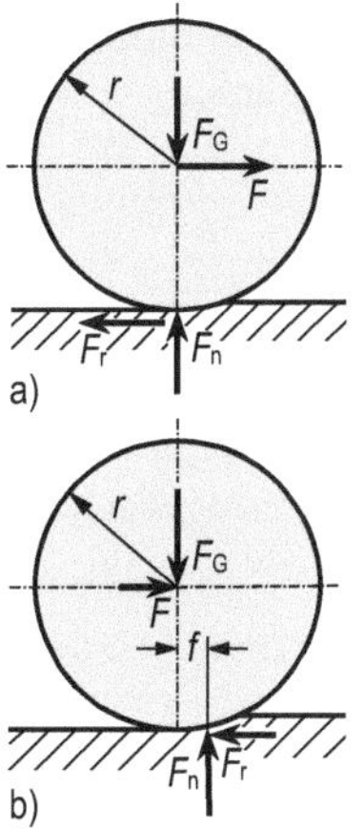

Bild 10.22: Rollwiderstand

gewicht, nicht aber Momentegleichgewicht, weil die Kräfte $\vec{F}$ und $\vec{F_r}$ ein Kräftepaar bilden. Da die Erfahrung zeigt, dass die genannte Rollbewegung möglich ist, muss man annehmen, dass ein hemmendes Moment auftritt. Dieses Moment erklärt man durch Verlagerung der Auflagerkraft vor die Wirkungslinie der Gewichtskraft (**Bild 10.22b**), so dass die Walze gleichsam bergauf läuft. Das Maß f nennt man *Hebelarm der Rollreibung* und das Moment

$$M_r = F_n\, f = F\, r \tag{10.62}$$

Moment der Rollreibung. Die Zugkraft $\vec{F}$, deren Betrag bei gleichförmiger Bewegung gleich dem der Rollwiderstandskraft $\vec{F_r}$ ist, ist bei weicher Unterlage (großes f!) größer als bei harter Unterlage (Bewegung einer Straßenwalze im Sand, auf weichem Asphalt und auf Beton!). Der Hebelarm f wird experimentell ermittelt. Er hängt von der Beschaffenheit der Berührungsflächen und der Fahrgeschwindigkeit ab. Messungen des Rollwiderstandes allein sind im Allgemeinen nur unter Laborbedingungen möglich. In der Praxis misst man bei Fahrzeugen eine Kombination von Rollwiderstand und Lagerreibungswiderstand, den sog. *Fahrwiderstand*, in dem allerdings bei hohen Fahrgeschwindigkeiten der Luftwiderstand enthalten ist. Messungen an Eisenbahnzügen haben für den kombinierten Widerstand je nach Fahrgeschwindigkeit

$$f = 0{,}03 \dots 0{,}05 \text{ cm}$$

ergeben.

Dabei wird $F = F_r$ gemessen und aus Gl. (10.62) der Wert $f = r\,F/F_n$ berechnet. Durch Umformen dieser Gleichung erhält man

$$F_r = \frac{f}{r}\, F_n = \mu_r\, F_n \tag{10.63}$$

und nennt $\mu_r = f/r$ den Koeffizienten der Rollreibung und, wenn in der Messung auch die Lagerreibung enthalten ist, die *Fahrwiderstandszahl*.

Bei *Wälzlagern* aus gehärtetem Stahl ist die Deformation geringer als bei Eisenbahnschienen und -rädern. Für Radial-Kugellager wird z. B. $\mu_r = 0{,}001$ angegeben (s. [7]). Da der Rollwiderstand erheblich kleiner als der Gleitreibungswiderstand ist, benutzt man zur Lagerung von Wellen häufig Wälzlager anstelle von Gleitlagern.

Beispiel 10.12: Welche Zugkraft muss eine Lokomotive mindestens aufbringen, um einen Zug aus sieben Wagen mit je $F_{GW} = 120$ kN Gewicht eine Strecke mit einer Steigung von 3 % mit konstanter Geschwindigkeit heraufzuziehen ($\mu_r = 0{,}004$)? Wie groß muss die Belastung der Treibräder mindestens sein, wenn man der Einfachheit halber annimmt, dass das gesamte Lokomotivgewicht F_{GL} auf die Treibräder wirkt ($\mu_0 = 0{,}15$)?

Die Zugkraft muss die hangabwärts gerichtete Gewichtskraftkomponente und den Fahrwiderstand überwinden. Gleichgewicht in Bahnrichtung erfordert

$$F = 7\, F_{GW} \sin\alpha + 7\, F_{GW}\, \mu_r \cos\alpha$$

Bei der geringen Steigung ist $\sin\alpha \approx \tan\alpha = 0{,}03$ und $\cos\alpha \approx 1$, also

$$F = 7 \cdot 120 \text{ kN} \cdot (0{,}03 + 0{,}004) = 28{,}6 \text{ kN}$$

Die Haftkraft muss einerseits gleich der Zugkraft zuzüglich der zur Fortbewegung der Lokomotive erforderlichen Kraft sein und ist andererseits durch die Haftbedingung $F_r < \mu_0\, F_n$ begrenzt. Es gilt also die Ungleichung

$$(7\, F_{GW} + F_{GL})\, (\sin\alpha + \mu_r \cos\alpha) < \mu_0\, F_{GL}$$

$$(840 \text{ kN} + F_{GL}) \cdot 0{,}034 < 0{,}15\, F_{GL} \qquad\qquad F_{GL} > 246 \text{ kN}$$

10.6 Aufgaben zu Abschnitt 10

1. Wie groß darf der Neigungswinkel α eines Transportbandes höchstens sein, wenn Pakete mit der Gewichtskraft $F_G = 200$ N befördert werden sollen ($\mu_0 = 0{,}5$)?

2. Welche Kraft $\vec{F}$ ist erforderlich, um in der in **Bild 10.23** gezeichneten Anordnung den unteren Klotz herauszuziehen? $F_{G1} = 120$ N, $F_{G2} = 200$ N, $\alpha = 25°$, $\mu_{01} = 0{,}3$, $\mu_{02} = 0{,}4$.

3. Wie groß sind Mindestwert und Größtwert der Kraft F_2 an einer Zange (**Bild 10.24**), damit diese an dem einseitig eingespannten Rohr nicht abrutscht? $\mu_0 = 0{,}15$, $F_1 = 150$ N, $d = 50$ mm, $a = 80$ mm, $l = 320$ mm.

4. Mit welcher Mindestdruckkraft muss ein Bohrer auf das zu bohrende Werkstück gedrückt werden, wenn bei einer reibschlüssigen Verbindung zwischen Bohrer und Bohrmaschine (**Bild 10.25**) ein Drehmoment von 600 Ncm übertragen werden soll? Der Bohrerschaft ist ein Kegelstumpf mit dem Kegelverhältnis $C = (D - d)/L = 2 \tan (\alpha/2) = 0{,}16$. α Kegelwinkel, s. DIN 254, $D = d_a = 10$ mm, $d = d_i = 6$ mm, $L = 25$ mm. Die Haftzahl beträgt $\mu_0 = 0{,}1$. Anleitung: Man benutze sinngemäß Gl. (10.53)

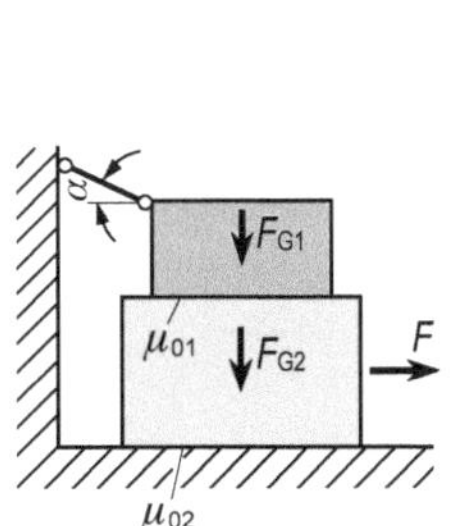

Bild 10.23: Haftreibung

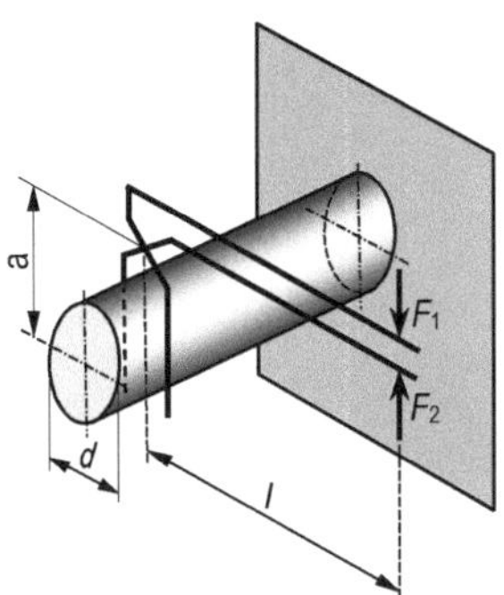

Bild 10.24: Rohrzange

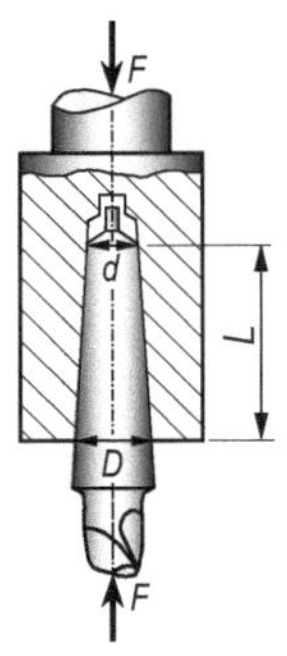

Bild 10.25: Bohrer im Werkzeug

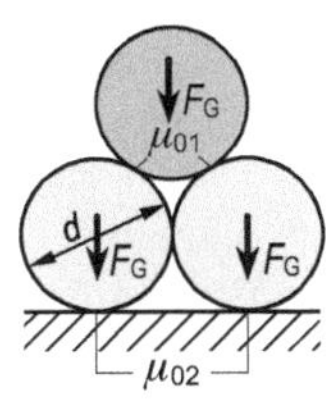

Bild 10.26: Rohrschichtung

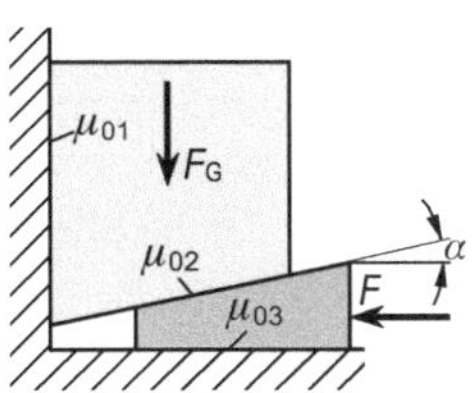

Bild 10.27: Keilreibung

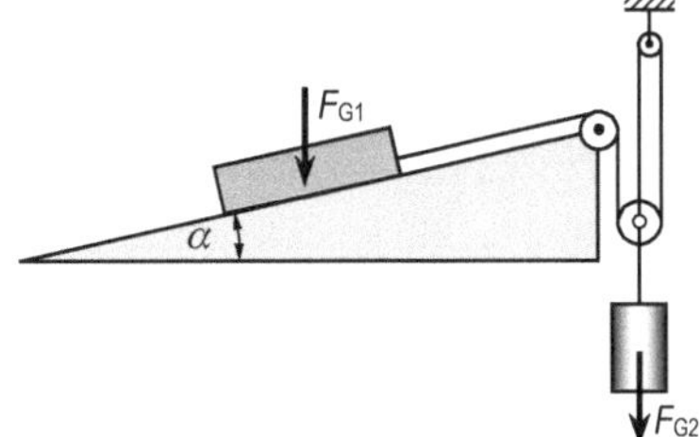

Bild 10.28: Schrägaufzug

5. Wie groß müssen die Haftzahlen μ_{01} und μ_{02} (**Bild 10.26**) mindestens sein, damit die Rohrschichtung möglich ist? F_G Rohrgewicht, d Rohrdurchmesser.

6. Welche Steigung kann das in Beispiel 10.2, S. 149 beschriebene Fahrzeug noch befahren, wenn ein Fahrwiderstand mit $\mu_r = 0{,}03$ berücksichtigt wird?

7. Welche Kraft $\vec{F}$ muss auf den Keil (**Bild 10.27**) ausgeübt werden, damit die Last G, deren Gewichtskraft $F_G = 2$ kN beträgt, gehoben werden kann? $\alpha = 10°$, $\mu_{01} = 0{,}05$, $\mu_{02} = 0{,}1$, $\mu_{03} = 0{,}07$. Keilgewichtskraft 100 N.

8. Für die in **Bild 10.28** gezeigte Anordnung ist $F_{G1} = 600$ N, $\alpha = 20°$ und $\mu_0 = 0,3$. In welchem Bereich darf man F_{G2} variieren, damit der Klotz 1 noch in Ruhe bleibt? Die Reibung in den Rollenlagern sei vernachlässigbar klein.

9. Ein Kraftwagen, dessen Gewichtskraft 10 kN beträgt, soll mit einer Bremskraft 4 kN durch eine Vierradbremse gebremst werden. Man nehme an, dass während des Bremsvorganges Vorderachse und Hinterachse gleichmäßig belastet sind. Wie groß muss die Haftzahl μ_{02} zwischen Rad und Straße mindestens sein (**Bild 10.29**)? Welche Anpresskraft F_{n1} ist an der Bremstrommel eines Rades mindestens erforderlich, wenn die Reibungszahl zwischen Bremstrommel und Bremsbacke $\mu_1 = 0,7$ beträgt? Trommeldurchmesser $d_1 = 240$ mm, Reifendurchmesser $d_2 = 680$ mm Hinweis: Maximale Bremskraft ist gleich maximaler Haftkraft. Rollwiderstand soll nicht berücksichtigt werden. Radanteil des Gewichtes $F_G/4$, Kraft zwischen Rad und Achse F.

10. Welche senkrecht zur Zeichenebene gerichtete Kraft $\vec{F}$ ist an der Auslegerspitze erforderlich, um den in **Bild 10.30** gezeichneten Wanddrehkran mit $F_G = 5$ kN Belastung zu drehen? Man setze an allen Lagerstellen $\mu = 0,1$ und vernachlässige den Einfluss der zum Schwenken erforderlichen Kraft auf die Lagerkräfte. Maße des Spurzapfens (**Bild 10.18**): $\beta = 0$, $d_i = 0$, $d_a = 63$ mm.

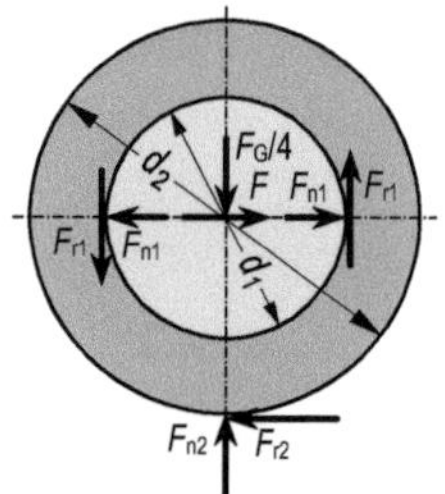

Bild 10.29: Kräfte am
freigemach-
ten Rad

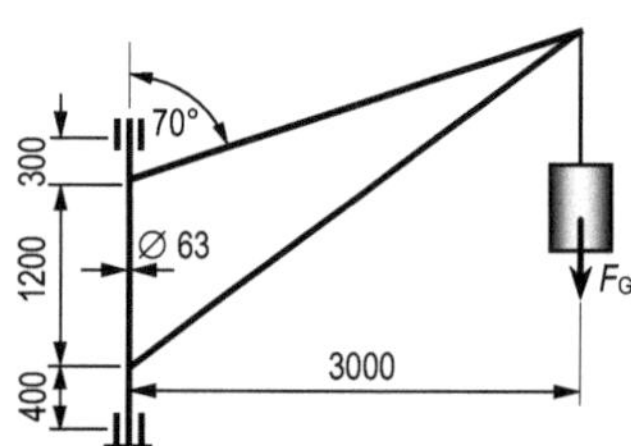

Bild 10.30: Wanddrehkran

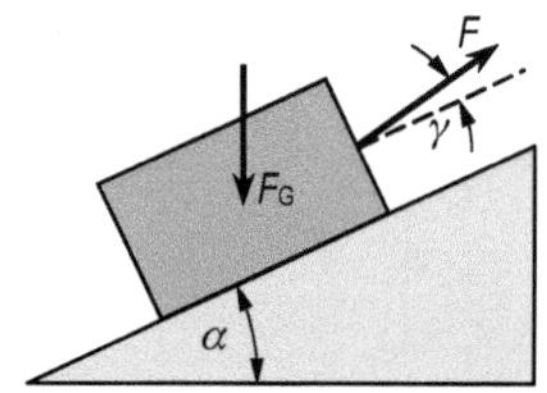

Bild 10.31: Gleitender Klotz auf
schiefer Ebene

11. Ein Eisenbahnwagen wird zum Rangieren mit einem Handspill mit konstanter Geschwindigkeit verholt. Wie viele Umschlingungen des Seiles sind erforderlich, wenn die Haftzahl zwischen Seil und Spill $\mu_0 = 0,12$ beträgt und die verfügbare Zugkraft gleich 200 N ist? Der Wagen wiegt 180 kN und hat eine Fahrwiderstandszahl $\mu_r = 0,05$.

12. Welche Handkraft ist bei der in Beispiel 10.11, S. 167 gezeichneten Bandbremse erforderlich, um die Trommel bei einem entgegengesetzt gerichteten gleich großen Moment abzubremsen?

13. Welchen Betrag muss die Haltekraft F haben, wenn der in **Bild 10.31** gezeichnete Klotz auf der schiefen Ebene mit konstanter Geschwindigkeit abwärts gleiten soll? $F_G = 1$ kN, $\mu = 0,2$, $\alpha = 25°$, $\gamma = 10°$.

14. Wie viele Wagen ($F_{GW} = 180$ kN) kann eine Lokomotive ($F_{GL} = 1000$ kN) mit konstanter Geschwindigkeit bei einer Haftzahl $\mu_0 = 0,15$ und einer Rollwiderstandszahl $\mu_r = 0,005$ höchstens

a) auf horizontaler Ebene

b) bei 2,5 % Steigung ziehen?

Es soll angenommen werden, dass 80 % der Lokomotivgewichtskraft auf die Treibachsen wirken. Der Luftwiderstand soll in der Rollwiderstandszahl mit berücksichtigt worden sein.

Anhang

Lösungen zu den Aufgaben

Abschnitt 1

1. Zahlenwert und Einheit

2. $A = \dfrac{\pi \cdot (d_a^2 - d_i^2)}{4}$; $d_i = d_a - 2 \cdot t = 133\,\text{mm} - 2 \cdot 4\,\text{mm} = 125\,\text{mm}$

$A = \dfrac{\pi \cdot [(133\,\text{mm})^2 - (125\,\text{mm})^2]}{4} = 1621\,\text{mm}^2$; mit $1\,\text{mm} = 10^{-1}\,\text{cm}$ ist

$A = 1621 \cdot 10^{-2}\,\text{cm}^2 = 16{,}21\,\text{cm}^2$

$V = A \cdot l = 16{,}21\,\text{cm}^2 \cdot 6\,\text{m}$; mit $1\,\text{m} = 10^2\,\text{cm}$ wird

$V = 16{,}21\,\text{cm}^2 \cdot 6 \cdot 10^2\,\text{cm} = 9726\,\text{cm}^3$

$m = \rho \cdot V = 7{,}85\,\dfrac{\text{kg}}{\text{dm}^3} \cdot 9726\,\text{cm}^3$; mit $1\,\text{dm} = 10\,\text{cm}$ ist

$m = 7{,}85\,\dfrac{\text{kg}}{10^3\,\text{cm}^3} \cdot 9726\,\text{cm}^3 = 76{,}35\,\text{kg}$

3. $v_{\text{zul}} = 50 \cdot \dfrac{\text{km}}{\text{h}} = 50 \cdot \dfrac{10^3\,\text{m}}{3{,}6 \cdot 10^3\,\text{s}} = 13{,}89\,\dfrac{\text{m}}{\text{s}}$; das Fahrzeug fährt zu schnell

4. Ein Skalar ist durch Zahlenwert und Einheit umfassend beschrieben (z. B. Temperatur, Länge, Masse etc.). Zur eindeutigen Beschreibung eines Vektors muss neben Zahlenwert und Einheit auch die Richtung angegeben werden (z. B. Kraft, Beschleunigung, Impuls etc.).

5. Die mechanische Arbeit ist keine gerichtete Größe. Sie ist vollständig durch Zahlenwert und Einheit beschrieben.

6. Die Geschwindigkeit ist eine gerichtete Größe. Die Anzeige des Tachometers reicht nicht aus, weil keine Angabe über die Richtung gemacht wird.

7. a) $|\vec{a}| = a = \sqrt{3^2 + 2^2 + 5^2} = \sqrt{38} = 6{,}16$ **b)** $\vec{e}_a = \dfrac{\vec{a}}{|\vec{a}|} = \dfrac{1}{\sqrt{38}} \cdot (3;2;5) = \begin{bmatrix} 0{,}4867 \\ 0{,}3244 \\ 0{,}8111 \end{bmatrix}$

8. Es gilt: $\vec{a} + \vec{d} = \vec{b}$ und damit $\vec{d} = \vec{b} - \vec{a}$ (**Bild A.1**)

$\vec{d} = \begin{bmatrix} 2 \\ 3 \\ 4 \end{bmatrix} - \begin{bmatrix} 4 \\ 3 \\ 1 \end{bmatrix} = \begin{bmatrix} -2 \\ 0 \\ 3 \end{bmatrix}$;

$|\vec{d}| = \sqrt{(-2)^2 + 3^2} = \sqrt{13} = 3{,}61$

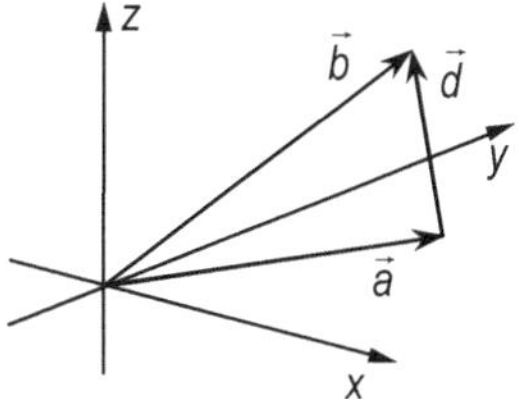

Bild A.1: Vektordreieck

9.
$$\begin{bmatrix} 5 \\ -1 \end{bmatrix} + \beta \cdot \begin{bmatrix} 4 \\ 2 \end{bmatrix} + \gamma \cdot \begin{bmatrix} 1 \\ 3 \end{bmatrix} = \begin{bmatrix} 0 \\ 0 \end{bmatrix}$$

$$5 + 4 \cdot \beta + 1 \cdot \gamma = 0 \quad \text{(I)}$$
$$-1 + 2 \cdot \beta + 3 \cdot \gamma = 0 \quad \text{(II)}$$

$-3 \cdot \text{(I)} + \text{(II)}$ liefert: $-16 - 10\beta = 0 \ \Rightarrow \ \beta = -1{,}6$

aus (I): $\gamma = -5 - 4 \cdot (-1{,}6) = 1{,}4$

10. a) $\cos\varphi = \dfrac{\vec{a} \cdot \vec{b}}{|\vec{a}| \cdot |\vec{b}|} = \dfrac{2 \cdot 2 - 1 \cdot 3 + 2 \cdot 1}{\sqrt{2^2 + 1^2 + 2^2} \cdot \sqrt{2^2 + (-3)^2 + 1^2}} = 0{,}2673 \, ; \quad \varphi = 74{,}5°$

b) $\vec{c} = \vec{a} + \vec{b} = \begin{bmatrix} 2 \\ 1 \\ 2 \end{bmatrix} + \begin{bmatrix} 2 \\ -3 \\ 1 \end{bmatrix} = \begin{bmatrix} 4 \\ -2 \\ 3 \end{bmatrix}$; $\ \vec{e}_c = \dfrac{\vec{c}}{|\vec{c}|} = \dfrac{(4; -2; 3)}{\sqrt{4^2 + (-2)^2 + 3^2}} = \dfrac{1}{\sqrt{29}} \cdot (4; -2; 3)$

c) $\vec{e}_c \cdot \vec{e}_x = \dfrac{1}{\sqrt{29}} \cdot \begin{bmatrix} 4 \\ -2 \\ 3 \end{bmatrix} \cdot \begin{bmatrix} 1 \\ 0 \\ 0 \end{bmatrix} = \dfrac{4 \cdot 1}{\sqrt{29}} = |\vec{e}_c| \cdot |\vec{e}_x| \cdot \cos\alpha = 1 \cdot 1 \cdot \cos\alpha = 0{,}7428; \ \alpha = 42{,}03°$

$\vec{e}_c \cdot \vec{e}_y = \dfrac{1}{\sqrt{29}} \cdot \begin{bmatrix} 4 \\ -2 \\ 3 \end{bmatrix} \cdot \begin{bmatrix} 0 \\ 1 \\ 0 \end{bmatrix} = \dfrac{(-2) \cdot 1}{\sqrt{29}} = |\vec{e}_c| \cdot |\vec{e}_y| \cdot \cos\beta = 1 \cdot 1 \cdot \cos\beta = 0{,}3714; \ \beta = 111{,}80°$

$\vec{e}_c \cdot \vec{e}_z = \dfrac{1}{\sqrt{29}} \cdot \begin{bmatrix} 4 \\ -2 \\ 3 \end{bmatrix} \cdot \begin{bmatrix} 0 \\ 0 \\ 1 \end{bmatrix} = \dfrac{3 \cdot 1}{\sqrt{29}} = |\vec{e}_c| \cdot |\vec{e}_z| \cdot \cos\gamma = 1 \cdot 1 \cdot \cos\gamma = 0{,}5571; \ \gamma = 56{,}15°$

11. $\vec{n} = \vec{a} \times \vec{b}$ ($\vec{n}$ steht senkrecht auf $\vec{a}$ und $\vec{b}$ und bildet mit $\vec{a}$ und $\vec{b}$ ein Rechtssystem)

$$\begin{bmatrix} n_x \\ n_y \\ n_z \end{bmatrix} = \begin{bmatrix} a_y \cdot b_z - a_z \cdot b_y \\ a_z \cdot b_x - a_x \cdot b_z \\ a_x \cdot b_y - a_y \cdot b_x \end{bmatrix} = \begin{bmatrix} 1 \cdot 4 - 2 \cdot 4 \\ 2 \cdot 2 - 2 \cdot 4 \\ 2 \cdot 4 - 1 \cdot 2 \end{bmatrix} = \begin{bmatrix} -4 \\ -4 \\ 6 \end{bmatrix}$$

Einsvektor in Richtung von $\vec{n}$

$\vec{e}_n = \dfrac{\vec{n}}{|\vec{n}|} = \dfrac{(-4; -4; 6)}{\sqrt{(-4)^2 + (-4)^2 + 6^2}} = \dfrac{1}{\sqrt{68}} \cdot (-4; -4; 6) = \dfrac{1}{2 \cdot \sqrt{17}} \cdot (-4; -4; 6)$

$\vec{c} = 2 \cdot \vec{e}_n = \dfrac{2}{2 \cdot \sqrt{17}} \cdot (-4; -4; 6) = \dfrac{1}{\sqrt{17}} \cdot (-4; -4; 6)$

$|\vec{a} \times \vec{b}| = |\vec{a}| \cdot |\vec{b}| \cdot \sin\gamma \, ; \quad |\vec{a}| = \sqrt{2^2 + 1^2 + 2^2} = 3 \, ; \quad |\vec{b}| = \sqrt{2^2 + 4^2 + 4^2} = 6$

Mit $|\vec{a} \times \vec{b}| = |\vec{n}| = \sqrt{68}$ ergibt sich $\quad \sin\gamma = \dfrac{|\vec{a} \times \vec{b}|}{|\vec{a}| \cdot |\vec{b}|} = \dfrac{\sqrt{68}}{3 \cdot 6} = 0,4581 \quad \gamma = 27,27°$

Abschnitt 2

1.

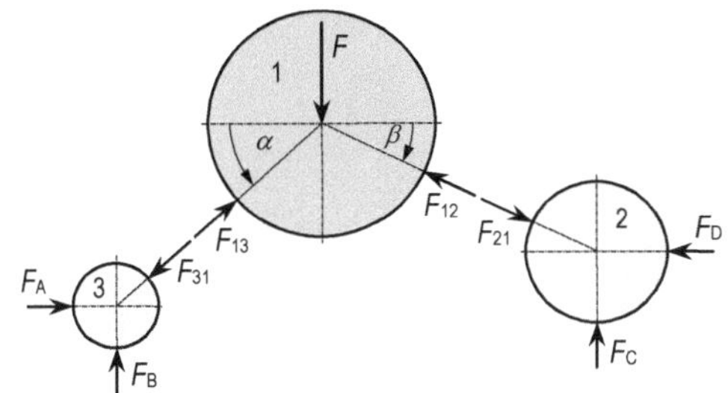

$$\alpha = \arccos\left(\frac{41\,\text{mm}}{r_1 + r_3}\right) = \arccos\left(\frac{41\,\text{mm}}{55\,\text{mm}}\right) = 41,8°$$

$$\beta = \arccos\left(\frac{59\,\text{mm}}{r_1 + r_2}\right) = \arccos\left(\frac{59\,\text{mm}}{65\,\text{mm}}\right) = 24,8°$$

Bild A.2: Freikörperbild

2.

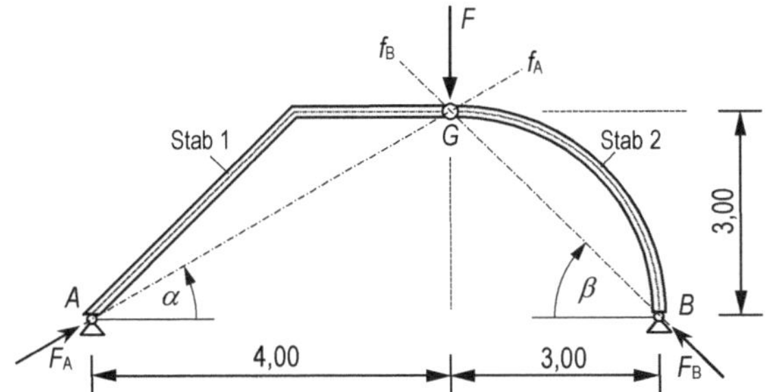

$$\alpha = \arctan\left(\frac{3\,\text{m}}{4\,\text{m}}\right) = 36,9°$$

$$\beta = \arctan\left(\frac{3\,\text{m}}{3\,\text{m}}\right) = 45,0°$$

Bild A.3: Gelenkstabwerk

Die Stäbe 1 und 2 sind Pendelstäbe. Die Wirkungslinien der von ihnen übertragenen Kräfte und damit auch der Auflagerkräfte gehen jeweils durch die Gelenkpunkte.

3. a) Bei der Umlenkung um die Rollen 1 und 2 bleibt die Seilkraft unverändert. Damit gilt:

$$F = F_{\text{Gz}} = m_{\text{z}} \cdot g = 30\,\text{kg} \cdot 9,81\,\frac{\text{m}}{\text{s}^2} = 294,3\,\text{N}$$

b)

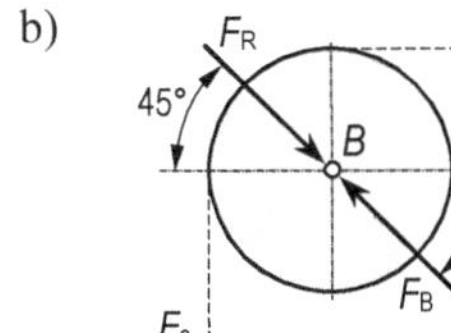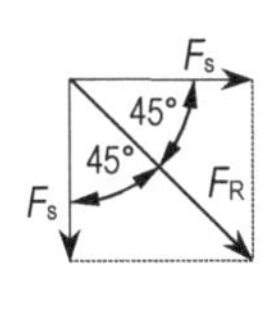

$$F_{\text{R}} = F_{\text{s}} \cdot \sqrt{2} = m_{\text{z}} \cdot g \cdot \sqrt{2} = 416,2\,\text{N}$$

$$F_{\text{B}} = F_{\text{R}} = 416,2\,\text{N}$$

Bild A.4: Freikörperbild Rolle 1

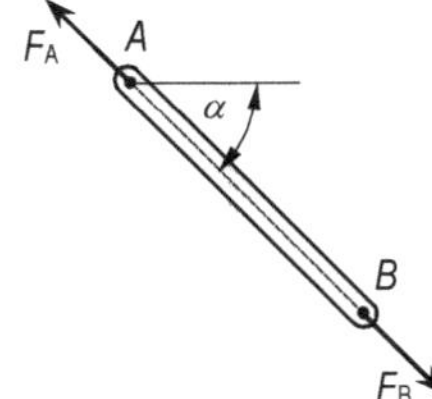

$$F_{\text{A}} = F_{\text{B}} = 416,2\,\text{N}$$

$$\alpha = 45°$$

Bild A.5: Freikörperbild Pendelstange

Abschnitt 3

1.

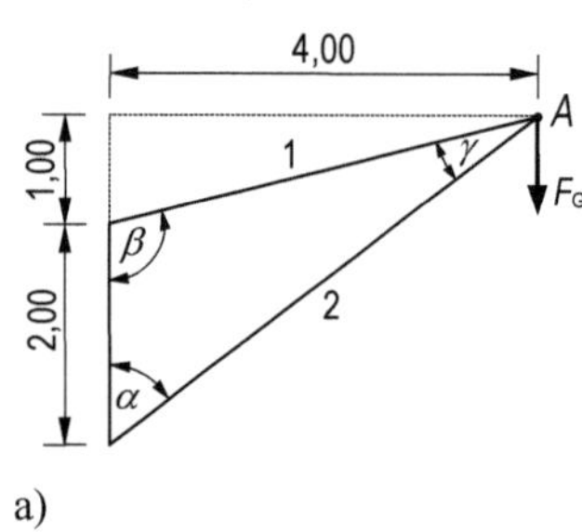 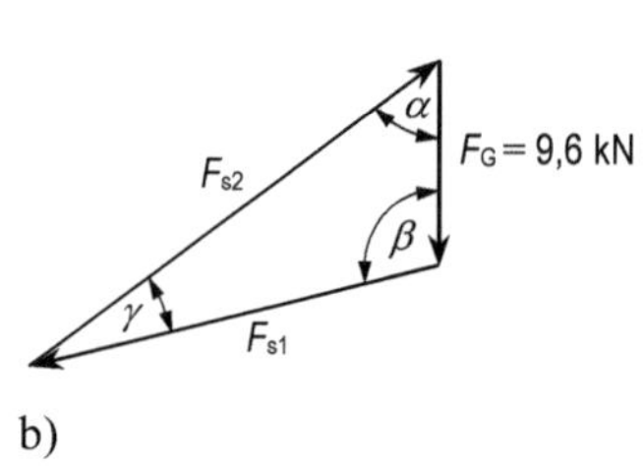

a)   b)

Bild A.6: Wandkran a) System   b) Kräftedreieck

$$\alpha = \arctan\left(\frac{4{,}00}{3{,}00}\right) = 53{,}13°$$

$$F_{s1} = 9{,}6 \text{ kN} \cdot \frac{\sin 53{,}13°}{\sin 22{,}83°} = 19{,}8 \text{ kN} \quad (\text{Zug})$$

$$\beta = 180° - \arctan\left(\frac{4{,}00}{1{,}00}\right) = 104{,}04°$$

$$F_{s2} = 9{,}6 \text{ kN} \cdot \frac{\sin 104{,}04°}{\sin 22{,}83°} = 24{,}0 \text{ kN} \quad (\text{Druck})$$

$$\gamma = 180° - \alpha - \beta = 22{,}83°$$

2.

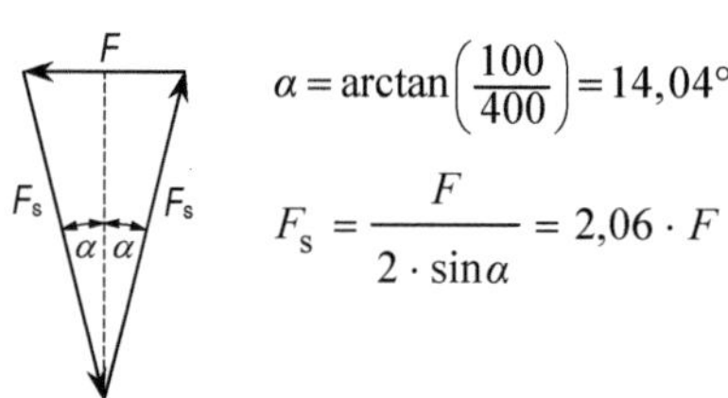

$$\alpha = \arctan\left(\frac{100}{400}\right) = 14{,}04°$$

$$F_s = \frac{F}{2 \cdot \sin\alpha} = 2{,}06 \cdot F$$

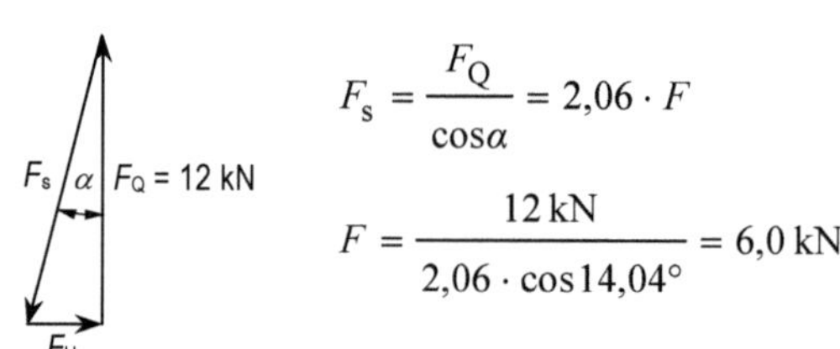

$$F_s = \frac{F_Q}{\cos\alpha} = 2{,}06 \cdot F$$

$$F = \frac{12 \text{ kN}}{2{,}06 \cdot \cos 14{,}04°} = 6{,}0 \text{ kN}$$

Bild A.7: Kräftedreieck
am Mittelgelenk

Bild A.8: Kräftedreieck
am Fußgelenk

3.

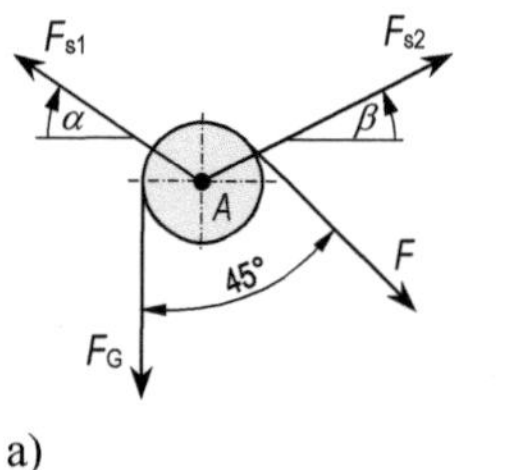 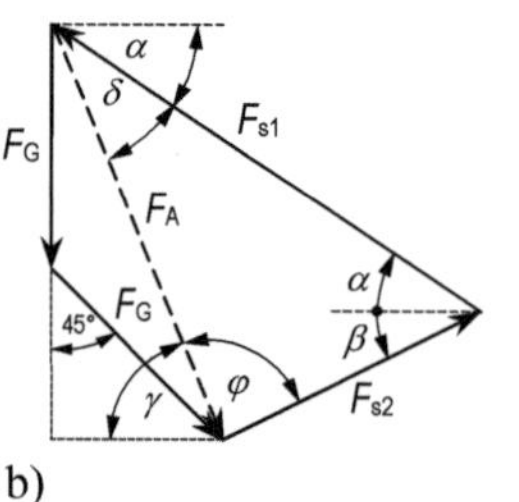

$$\alpha = \arctan\left(\frac{2 \text{ m}}{3 \text{ m}}\right) = 33{,}69°$$

$$\beta = \arctan\left(\frac{2 \text{ m}}{4 \text{ m}}\right) = 26{,}57°$$

a)   b)

Bild A.9: Ladevorrichtung
         a) Freigeschnittenes System   b) Kräfteplan

$F = F_G = 4{,}5$ kN (Umlenkung um eine Rolle)

$F_A = 4{,}5\,\text{kN} \cdot \sqrt{\sin^2 45° + (1 + \cos 45°)^2} = 8{,}31$ kN

Die Wirkungslinie von $\vec{F}_A$ geht durch den Rollenmittelpunkt A. Die Kräfte $\vec{F}_A$, $\vec{F}_{s1}$ und $\vec{F}_{s2}$ bilden ein zentrales Kräftesystem im Punkt A.

$$\tan\gamma = \frac{F_G \cdot (1 + \cos 45°)}{F_G \cdot \sin 45°} = 2{,}4142 \quad \gamma = 67{,}5°$$

$\delta = 67{,}5° - \alpha = 33{,}81°$ $\varphi = 180° - \beta - \gamma = 85{,}93°$

$$\frac{F_{s1}}{\sin\varphi} = \frac{F_A}{\sin(\alpha + \beta)} \qquad F_{s1} = 8{,}31\ \text{kN} \cdot \frac{\sin 85{,}93°}{\sin(33{,}69° + 26{,}57°)} = 9{,}55\,\text{kN} \quad \text{(Zug)}$$

$$\frac{F_{s2}}{\sin\delta} = \frac{F_A}{\sin(\alpha + \beta)} \qquad F_{s2} = 8{,}31\ \text{kN} \cdot \frac{\sin 33{,}81°}{\sin(33{,}69° + 26{,}57°)} = 5{,}33\,\text{kN} \quad \text{(Zug)}$$

4.

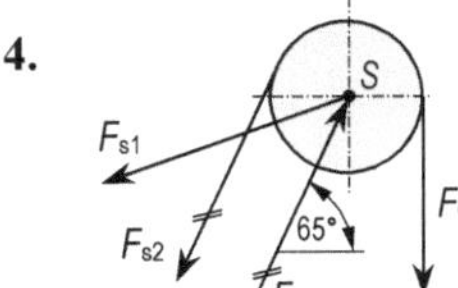

$F_{s2} = F_G$ (Umlenkung um eine Rolle)

Die Wirkungslinie der Resultierenden $\vec{F}_R^{\,*}$ aus $\vec{F}_{s2}$ und $\vec{F}_G$ geht durch den Schwerpunkt S der Rolle. Die Kräfte $\vec{F}_R^{\,*}$, $\vec{F}_{s1}$ und $\vec{F}_A$ bilden ein zentrales Kräftesystem im Punkt S.

Bild A.10: Freigeschnittene Rolle

$$F_R^* = F_G \cdot \sqrt{\cos^2 65° + (1 + \sin 65°)^2} = 7{,}81\text{kN}$$

$$\tan\alpha = \frac{F_G \cdot (1 + \sin 65°)}{F_G \cdot \cos 65°} = 4{,}5107 \; ; \quad \alpha = 77{,}5°$$

$\beta = \alpha - 65° = 12{,}5°$

$$\frac{\sin\gamma}{F_R^*} = \frac{\sin\beta}{F_{s1}} \; ; \quad \sin\gamma = \frac{F_R^*}{F_{s1}} \cdot \sin\beta$$

Mit $F_{s1} \leq 3{,}5$ kN nach Voraussetzung ergibt sich

$$\sin\gamma = \frac{7{,}81\text{kN}}{3{,}5\text{kN}} \cdot \sin 12{,}5° = 0{,}4830 \; ; \quad \gamma = 28{,}88°$$

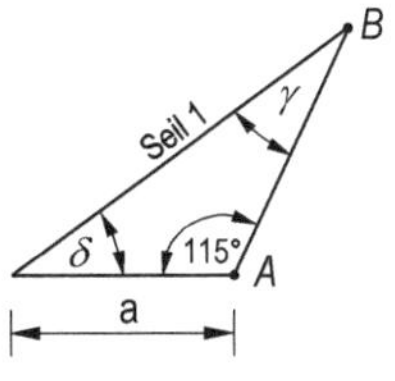

Bild A.11: Krafteck im Punkt B

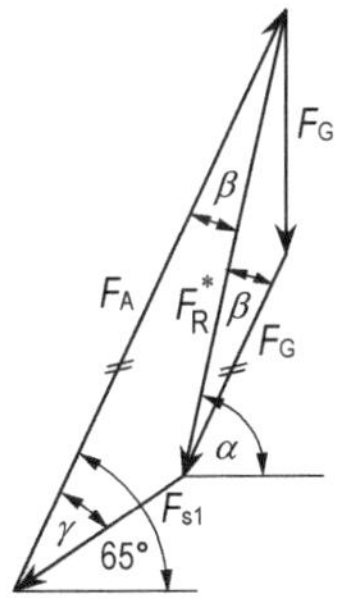

$\delta = 180° - 115° - 28{,}88° = 36{,}12°$

$$\frac{a}{\sin\gamma} = \frac{\overline{AB}}{\sin\delta} ; \quad a = \overline{AB} \cdot \frac{\sin\gamma}{\sin\delta} = 8\text{m} \cdot \frac{\sin 28{,}88°}{\sin 36{,}12°} = 6{,}55\text{m}$$

Bild A.12: Geometrie

5.

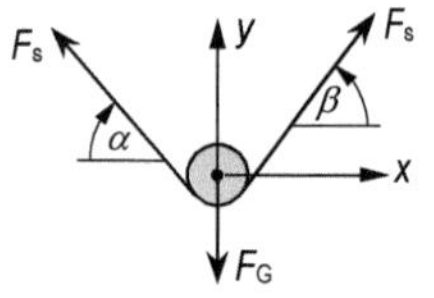

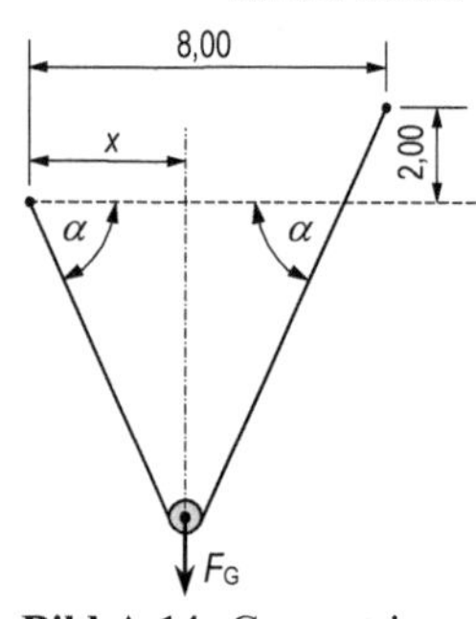

$$\Sigma F_{ix} = 0 = F_s \cdot \cos\beta - F_s \cdot \cos\alpha \qquad \Sigma F_{iy} = 0 = 2 \cdot F_s \cdot \sin\alpha - F_G$$

$$\cos\alpha = \cos\beta \qquad\qquad F_s = \frac{F_G}{2 \cdot \sin\alpha}$$

$$\alpha = \beta$$

Bild A.13: Gleichgewicht an der Rolle

$$\frac{x}{\cos\alpha} + \frac{8\,\mathrm{m} - x}{\cos\alpha} = 15\,\mathrm{m}$$

$$\cos\alpha = \frac{8\,\mathrm{m}}{15\,\mathrm{m}} = 0,5\overline{3}; \quad \alpha = 57,8°; \quad F_s = \frac{700\,\mathrm{N}}{2 \cdot \sin 57,8°} = 413,6\,\mathrm{N}$$

$$x \cdot \tan\alpha = (8\,\mathrm{m} - x) \cdot \tan\alpha - 2\,\mathrm{m}$$

$$2 \cdot x \cdot \tan\alpha = 8\,\mathrm{m} \cdot \tan\alpha - 2\,\mathrm{m}$$

$$x = 4\,\mathrm{m} - \frac{1\,\mathrm{m}}{\tan\alpha} = 3,37\,\mathrm{m}$$

Bild A.14: Geometrie

6.

Kraft	$\dfrac{F_i}{\mathrm{N}}$	$\dfrac{\varphi_i}{°}$	$\dfrac{F_{ix} = F_i \cdot \cos\varphi_i}{\mathrm{N}}$	$\dfrac{F_{iy} = F_i \cdot \sin\varphi_i}{\mathrm{N}}$
$\vec{F}_1$	74	27	65,9	33,6
$\vec{F}_2$	30	136	$-21,6$	20,8
$\vec{F}_3$	52	170	$-51,2$	9,0
$\vec{F}_4$	23	242	$-10,8$	$-20,3$
$\vec{F}_5$	94	305	53,9	$-77,0$
$\vec{F}_R$			36,2	$-33,9$

$$F_R = \sqrt{36,2^2 + (-33,9)^2}\ \mathrm{N} = 49,6\,\mathrm{N} \qquad \tan\Phi = \frac{-33,9\,\mathrm{N}}{36,2\,\mathrm{N}} = -43,1° = 316,9°$$

7.

$$l_{01} = l_{02} = l_{03} = l_{04} = 50 \cdot \sqrt{2}\ \mathrm{mm} = 70,7\,\mathrm{mm}$$

$$l_1 = l_4 = \sqrt{25^2 + 50^2}\ \mathrm{mm} = 55,9\,\mathrm{mm}$$

$$l_2 = l_3 = \sqrt{75^2 + 50^2}\ \mathrm{mm} = 90,1\,\mathrm{mm}$$

$$\Delta l_1 = \Delta l_4 = 70,7\,\mathrm{mm} - 55,9\,\mathrm{mm} = 14,8\,\mathrm{mm}\ (\text{Verkürzung})$$

$$\Delta l_2 = \Delta l_3 = 90,1\,\mathrm{mm} - 70,7\,\mathrm{mm} = 19,4\,\mathrm{mm}\ (\text{Verlängerung})$$

$$\alpha = \arctan\left(\frac{50\,\mathrm{mm}}{75\,\mathrm{mm}}\right) = 33,7°$$

$$\beta = \arctan\left(\frac{50\,\mathrm{mm}}{25\,\mathrm{mm}}\right) = 63,4°$$

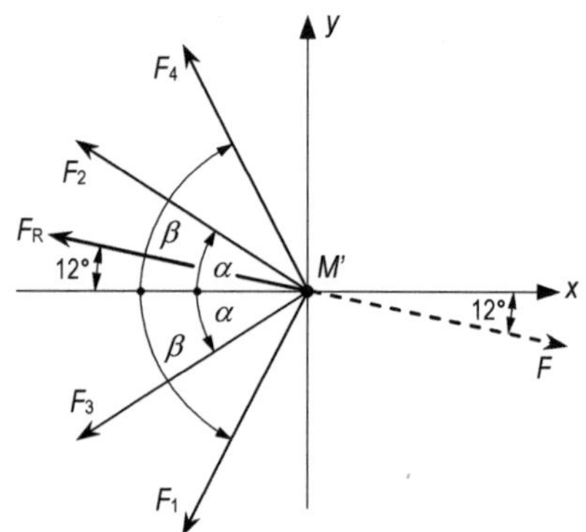

Bild A.15: Zentrales Kräftesystem im Punkt M'

Kraft	$F_i = c_i \cdot \Delta l_i$	φ_i	$F_{ix} = F_i \cdot \cos\varphi_i$	$F_{iy} = F_i \cdot \sin\varphi_i$
	N	°	N	N
$\vec{F}_1$	296	243,4	$-132,5$	$-264,7$
$\vec{F}_2$	776	146,3	$-645,6$	$430,6$
$\vec{F}_3$	970	213,7	$-807,0$	$-538,2$
$\vec{F}_4$	888	116,6	$-397,6$	$794,0$
$\vec{F}_R$			$-1982,7$	$421,7$

$$\tan\Phi = \frac{421,7\,\text{N}}{-1982,7\,\text{N}} = -0,2127 ; \quad \Phi = 180° - 12° = 168°$$

$$F_R = \sqrt{(-1982,7)^2 + 421,7^2}\ \text{N} = 2027\,\text{N} ; \quad \vec{F} = -\vec{F}_R$$

8. a)

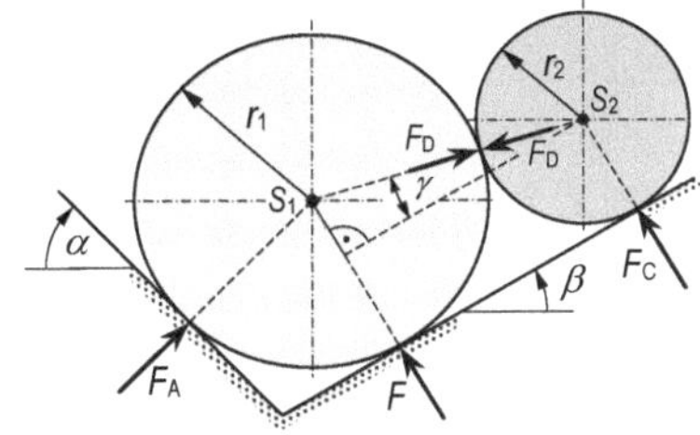

Bild A.16: System und Geometrie

$$\sin\gamma = \frac{r_1 - r_2}{r_1 + r_2} = \frac{2,5\,\text{cm} - 1,5\,\text{cm}}{2,5\,\text{cm} + 1,5\,\text{cm}} = 0,25$$

$$\gamma = 14,5°$$

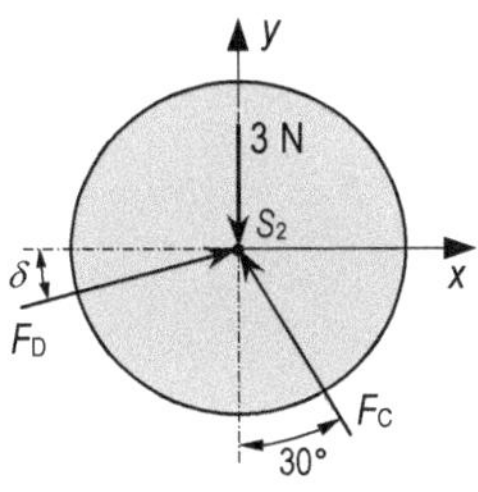

Bild A.17: Zentrales Kräftesystem im Punkt S_2

$$\delta = 30° - \gamma = 30° - 14,5° = 15,5°$$

$$\Sigma F_{ix} = 0 = -F_C \cdot \sin 30° + F_D \cdot \cos 15,5° \quad \text{①}$$

$$\Sigma F_{iy} = 0 = F_C \cdot \cos 30° + F_D \cdot \sin 15,5° - 3\,\text{N} \quad \text{②}$$

aus ① und ② ergibt sich:

$$F_C = 2,99\,\text{N} ; \quad F_D = 1,55\,\text{N}$$

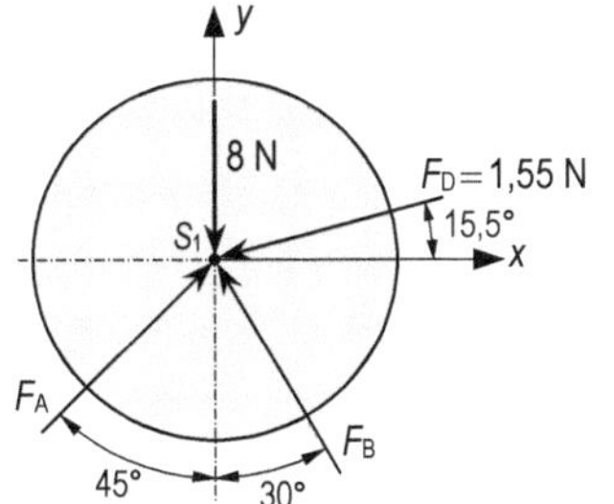

Bild A.18: Zentrales Kräftesystem im Punkt S_1

$$\Sigma F_{ix} = 0 = F_A \cdot \sin 45° - F_D \cdot \cos 15,5° - F_B \cdot \sin 30° \quad \text{③}$$

$$\Sigma F_{iy} = 0 = F_A \cdot \cos 45° + F_B \cdot \cos 30° - F_D \cdot \sin 15,5° - 8\,\text{N} \quad \text{④}$$

aus ③ und ④ ergibt sich mit $F_D = 1,55\,\text{N}$:

$$F_A = 5,70\,\text{N} ; \quad F_B = 5,07\,\text{N}$$

b) Mit $F_B = 0$ ergibt sich aus dem Kräftegleichgewicht am Punkt S_1:

$$F_D = \frac{8\,\mathrm{N}}{\cos 15{,}5° - \sin 15{,}5°} = 11{,}49\,\mathrm{N}$$

Aus dem Kräftegleichgewicht am Punkt S_2 erhält man damit:

$$F_C = \frac{11{,}49\,\mathrm{N} \cdot \cos 15{,}5°}{\sin 30°} = 22{,}14\,\mathrm{N}$$

$$F_{G2} = 22{,}14\,\mathrm{N} \cdot \cos 30° + 11{,}49\,\mathrm{N} \cdot \sin 15{,}5° = 22{,}25\,\mathrm{N}$$

9.

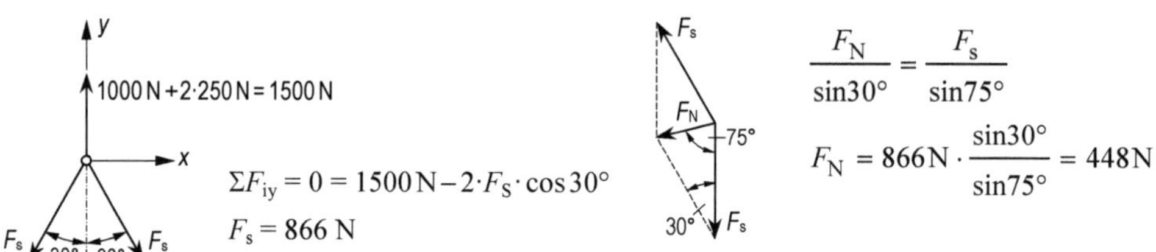

Bild A.19: Kräftegleichgewicht am Aufhängepunkt   **Bild A.20:** Seilumlenkung Rohr 1

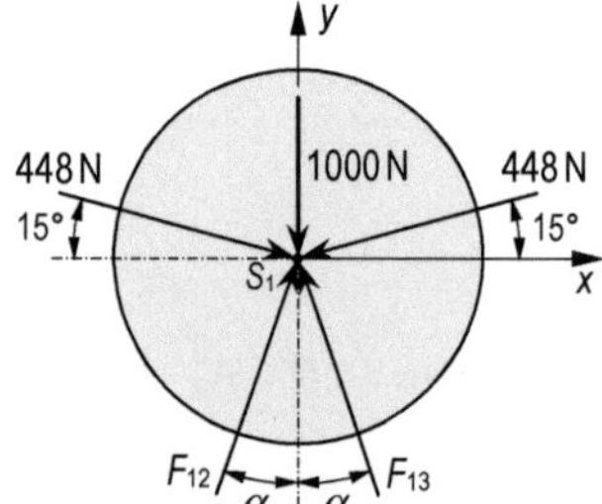

Bild A.21: Geometrie

$$r_1 = \frac{d_1}{2}; \quad r_2 = \frac{d_2}{2}; \quad F_{12} = F_{13}$$

$$\alpha = \arcsin\left(\frac{r_2}{r_1 + r_2}\right) = \arcsin\left(\frac{10\,\mathrm{cm}}{10\,\mathrm{cm} + 20\,\mathrm{cm}}\right)$$

$$\alpha = 19{,}5°$$

$$\Sigma F_{iy} = 0 = 2 \cdot F_{13} \cdot \cos 19{,}5° - 2 \cdot 448\,\mathrm{N} \cdot \sin 15° - 1000\,\mathrm{N}$$

$$F_{13} = F_{12} = 653\,\mathrm{N}$$

Bild A.22: Kräftegleichgewicht Rohr 1

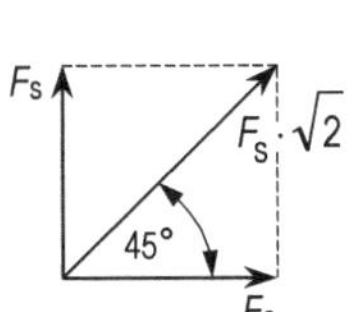

Bild A.23: Seilumlenkung Rohr 2

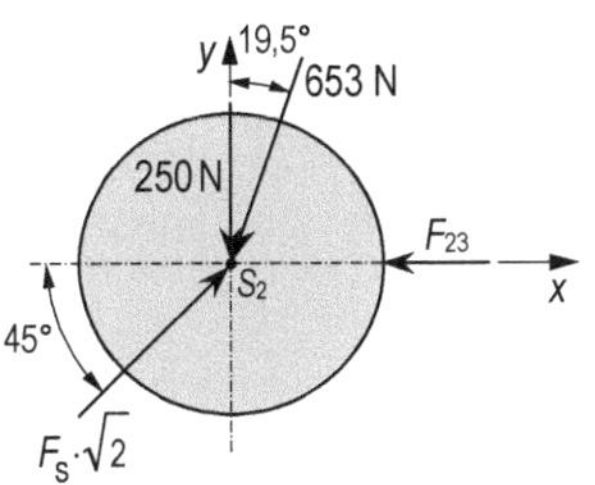

Bild A.24: Kräftegleichgewicht Rohr 2

$$\Sigma F_{ix} = 0 = -F_{23} + 866\,\text{N} \cdot \sqrt{2} \cdot \cos 45° - 653\,\text{N} \cdot \sin 19{,}5°$$

$$F_{23} = F_{32} = 648\,\text{N}$$

Abschnitt 4

1. a)

i	$\dfrac{F_i}{\text{kN}}$	$\dfrac{F_{ix}}{\text{kN}}$	$\dfrac{F_{iy}}{\text{kN}}$	$\dfrac{x_i}{\text{m}}$	$\dfrac{y_i}{\text{m}}$	$\dfrac{x_i \cdot F_{iy}}{\text{kN·m}}$	$\dfrac{y_i \cdot F_{ix}}{\text{kN·m}}$	$\dfrac{M_{iA}}{\text{kN·m}}$
1	5	−4,3	−2,5	−0,8	1,2	2,0	−5,2	7,2
2	8	0	−8,0	1,0	0	−8,0	0	−8,0
3	5	−3,5	−3.5	2,0	0	−7,0	0	−7,0
4	10	0	−10,0	3,6	0	−36,0	0	−36,0
5	6	3,0	−5,2	5,4	0	−28,1	0	−28,1
		−4,8	−29,2					−71,9

$$F_R = \sqrt{F_{Rx}^2 + F_{Ry}^2} = \sqrt{(-4{,}8)^2 + (-29{,}2)^2}\ \text{kN} = 29{,}6\ \text{kN}$$

$$a' = \frac{\Sigma M_{iA}}{F_{Ry}} = \frac{-71{,}9\,\text{kN} \cdot \text{m}}{-29{,}2\,\text{kN}} = 2{,}46\,\text{m}$$

b)

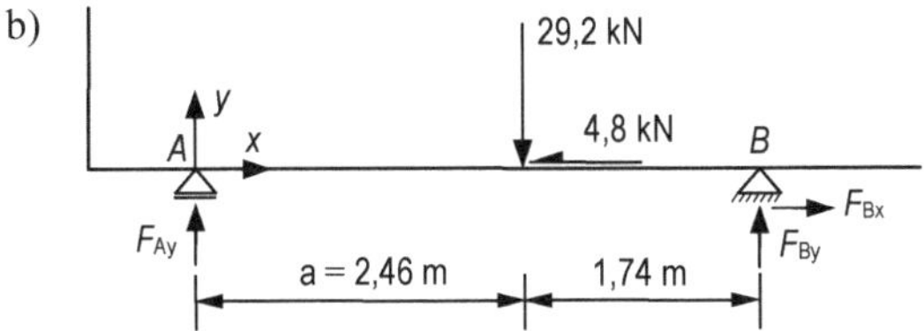

Bild A.25: Auflagerkräfte

$$F_{ix} = 0:\ F_{Bx} = 4{,}8\ \text{kN} \qquad \Sigma M_{iB} = 0:\ F_{Ay} = 29{,}2\ \text{kN} \cdot \frac{1{,}74\ \text{m}}{4{,}2\ \text{m}} = 12{,}1\ \text{kN}$$

$$\Sigma F_{iy} = 0:\ F_{By} = 29{,}2\ \text{kN} - 12{,}1\ \text{kN} = 17{,}1\ \text{kN}$$

$$F_A = F_{Ay} = 12{,}1\ \text{kN} \qquad F_B = \sqrt{4{,}8^2 + 17{,}1^2}\ \text{kN} = 17{,}8\ \text{kN}$$

2. $\Sigma F_{ix} = 0$: $F_{Bx} = F_A \cdot \cos 60°$ ①

$\Sigma F_{iy} = 0$: $F_{By} = 900\,\text{N} - F_A \cdot \sin 60°$ ②

$\Sigma M_{iA} = 0 = F_{By} \cdot 1250\,\text{mm} - 900\,\text{N} \cdot 500\,\text{mm} + F_{Bx} \cdot 700\,\text{mm}$

mit ① und ②

$F_A = 921\,\text{N}$ $F_{Bx} = 461\,\text{N}$ $F_{By} = 102\,\text{N}$

$F_B = \sqrt{461^2 + 102^2}\ \text{N} = 472\,\text{N}$

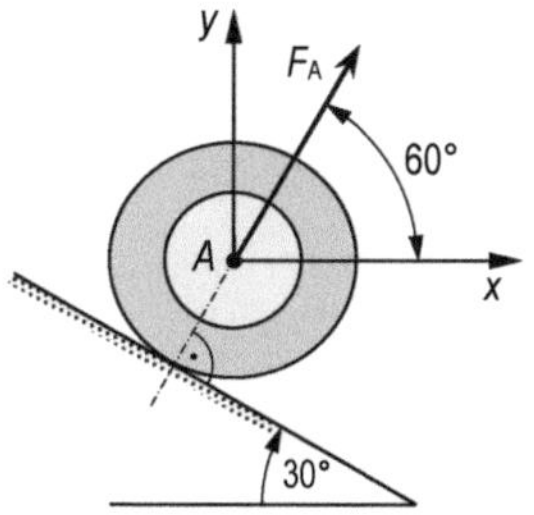

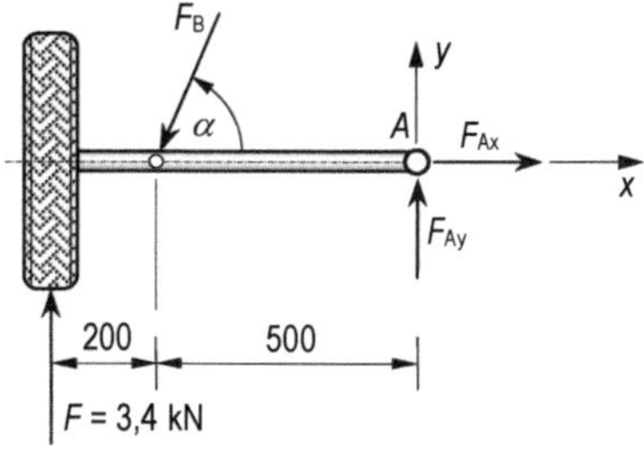

Bild A.26: Schubkarre

3. a) $\alpha = \arctan\left(\dfrac{350\,\text{mm}}{150\,\text{mm}}\right) = 66{,}8°$

$\Sigma M_{iA} = 0 = F_B \cdot \sin 66{,}8° \cdot 500\,\text{mm} - 3{,}4\,\text{kN} \cdot 700\,\text{mm}$

$F_B = 5{,}18\,\text{kN}$

$\Sigma F_{ix} = 0 = F_{Ax} - F_B \cdot \cos 66{,}8°$

$F_{Ax} = 2{,}04\,\text{kN}$

$\Sigma F_{iy} = 0 = F_{Ay} - F_B \cdot \sin 66{,}8° + 3{,}4\,\text{kN}$

$F_{Ay} = 1{,}36\,\text{kN}$ $F_A = \sqrt{2{,}04^2 + 1{,}36^2}\ \text{kN} = 2{,}45\,\text{kN}$

b) $\alpha = 90°$ $F_C^* = 4{,}76\,\text{kN}$ $F_{Ax}^* = 0$ $F_{Ay}^* = F_A^* = 1{,}36\,\text{kN}$

Bild A.27: Radaufhängung

4. $\Sigma F_{iy} = 0 = F_C - 85\,\text{N} \cdot \sin 60°$

$F_C = 73{,}6\,\text{N}$

$\Sigma M_{iA} = 0 = 73{,}6\,\text{N} \cdot 15\,\text{mm} - F_B \cdot 40\,\text{mm} + 85\,\text{N} \cdot \cos 60° \cdot 30\,\text{mm}$

$F_B = 59{,}5\,\text{N}$

$\Sigma F_{ix} = 0 = F_A - 85\,\text{N} \cdot \cos 60° - 59{,}5\,\text{N}$

$F_A = 102{,}0\,\text{N}$

$M_D = F_C \cdot 15\,\text{mm} = 73{,}6\,\text{N} \cdot 15\,\text{mm} = 1104\,\text{N}\,\text{mm} = 1{,}104\,\text{N}\,\text{m}$

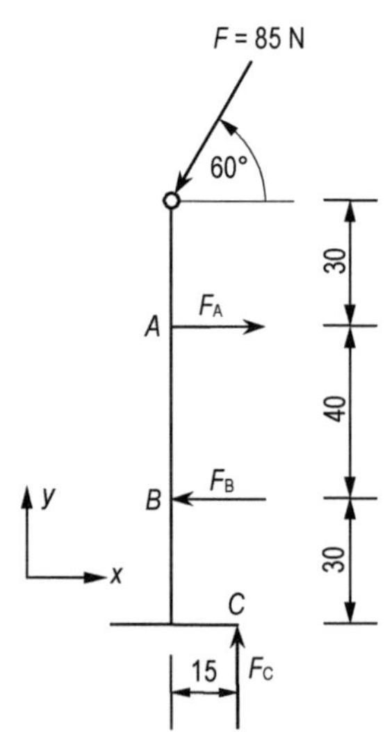

Bild A.28: Tellerstößel

5. $\Sigma F_{iy} = 0 = F_{Ay} - 6\,\text{kN}$

$F_{Ay} = 6{,}0\ \text{kN}$

$\Sigma M_{iA} = 0 = 6\,\text{kN} \cdot 5\,\text{m} - F_{Bx} \cdot 4\,\text{m}$

$F_{Bx} = 7{,}5\,\text{kN}$

$\Sigma F_{ix} = 0 = 7{,}5\,\text{kN} - F_{Ax}$

$F_{Ax} = 7{,}5\,\text{kN}$

$F_A = \sqrt{7{,}5^2 + 6{,}0^2}\ \text{kN} = 9{,}6\,\text{kN}$

$F_B = F_{Bx} = 7{,}5\,\text{kN}$

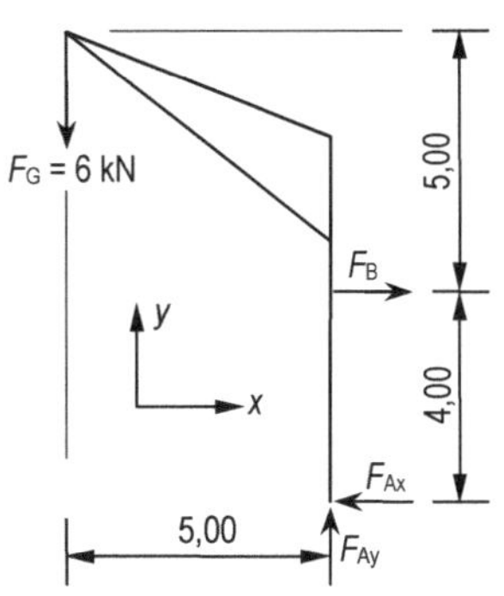

Bild A.29: Drehkran

6. a) $\alpha = \arctan\left(\dfrac{2\,\text{m}}{1\,\text{m}}\right) = 63{,}43°$

$\beta = \arctan\left(\dfrac{2\,\text{m}}{2{,}5\,\text{m}}\right) = 38{,}66°$

$\Sigma F_{ix} = 0 = F_2 \cdot \cos 38{,}66° - F_1 \cdot \cos 63{,}43° - 250\,\text{N}$

$F_1 = \dfrac{F_2 \cdot \cos 38{,}66° - 250\,\text{N}}{\cos 63{,}43°}$ ①

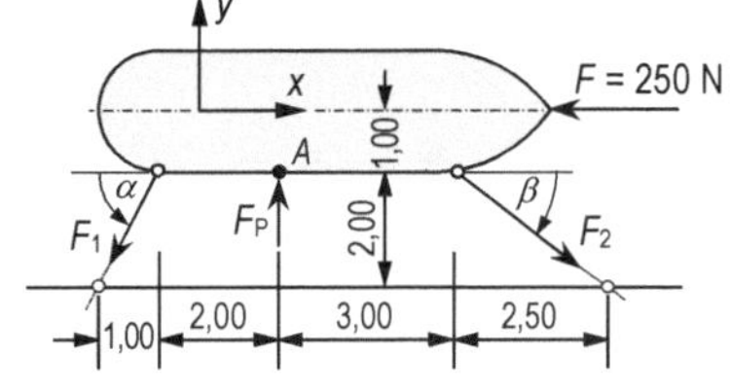

Bild A.30: Boot

$\Sigma M_{iA} = 0 = F_1 \cdot \sin 63{,}43° \cdot 2\,\text{m} - F_2 \cdot \sin 38{,}66° \cdot 3\,\text{m} + 250\,\text{N} \cdot 1\,\text{m}$

mit ①

$F_2 \cdot (\cos 38{,}66° \cdot \tan 63{,}43° \cdot 2\,\text{m} - \sin 38{,}66° \cdot 3\,\text{m}) = 250\,\text{N} \cdot (\tan 63{,}43° \cdot 2\,\text{m} - 1\,\text{m})$

$F_2 = 600\,\text{N}$ aus ① $F_1 = 489\ \text{N}$

$\Sigma F_{iy} = 0 = F_P - F_1 \cdot \sin 63{,}43° - F_2 \cdot \sin 38{,}66°$

$F_P = 489\,\text{N} \cdot \sin 63{,}43° + 600\,\text{N} \cdot \sin 38{,}66° = 812\,\text{N}$

b) Nein, denn alle Kräfte würden dann ihre Richtungen umkehren; die Seile können aber keine Druckkräfte übertragen, und der Pfahl kann nicht am Boot ziehen.

7. $\alpha = \arctan\left(\dfrac{0{,}60\,\text{m}}{1{,}40\,\text{m}}\right) = 23{,}2°$

$\Sigma M_{iA} = 0:$

$12\,\text{kN} \cdot 1{,}2\,\text{m} - F_H \cdot \cos 23{,}2° \cdot 0{,}6\,\text{m} - F_H \cdot \sin 23{,}2° \cdot 0{,}3\,\text{m} = 0$

$F_H = \dfrac{12\,\text{kN} \cdot 1{,}2\,\text{m}}{\cos 23{,}2° \cdot 0{,}6\,\text{m} + \sin 23{,}2° \cdot 0{,}3\,\text{m}} = 21{,}5\,\text{kN}$

$\Sigma F_{ix} = 0 = F_H \cdot \cos 23{,}2° - F_{Ax}$

$F_{Ax} = 19{,}8\,\text{kN}$

$\Sigma F_{iy} = 0 = F_{Ay} + F_H \cdot \sin 23{,}2° - 12\,\text{kN}$

$F_{Ay} = 3{,}5\,\text{kN}$

$F_A = \sqrt{19{,}8^2 + 3{,}5^2}\ \text{kN} = 20{,}1\,\text{kN}$

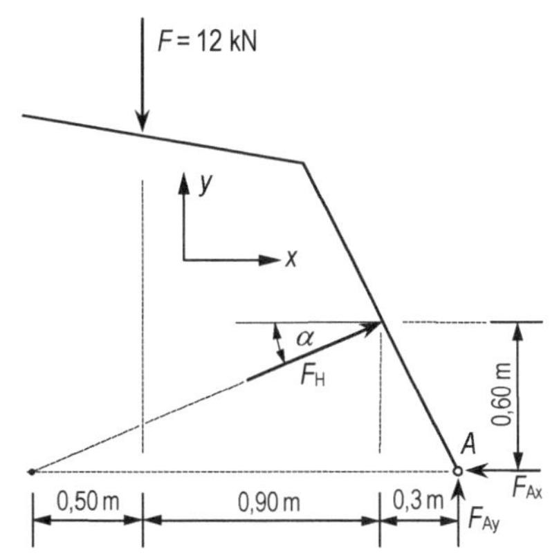

Bild A.31: Reparaturbühne

8. $\Sigma F_{ix} = 0 = F_C \cdot \cos 30° - F_B \cdot \cos 45°$

$$F_B = \frac{F_C \cdot \cos 30°}{\cos 45°} \quad ①$$

$\Sigma F_{iy} = 0 = F_{Ay} + F_B \cdot \sin 45° + F_C \cdot \sin 30°$

$F_{Ay} = -F_B \cdot \sin 45° - F_C \cdot \sin 30° \quad ②$

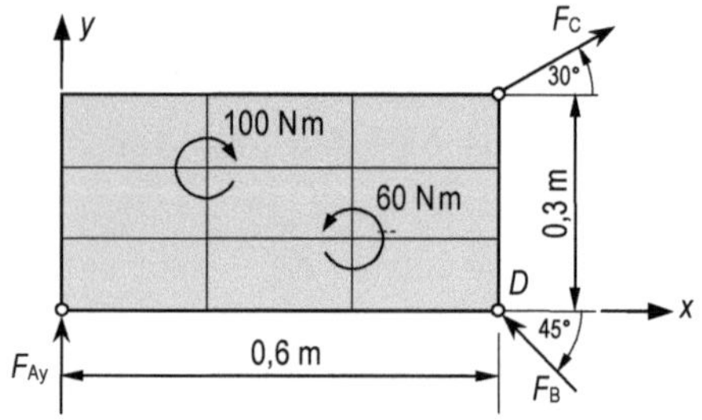

$\Sigma M_{iD} = 0$:

$-F_{Ay} \cdot 0,6\,\text{m} - F_C \cdot \cos 30° \cdot 0,3\,\text{m} + 60\,\text{Nm} - 100\,\text{Nm} = 0$

mit ② und ①

$F_C \cdot (\cos 30° \cdot 0,3\,\text{m} + \sin 30° \cdot 0,6\,\text{m}) = 40\,\text{Nm}$

$F_C = 71,5\,\text{N}$

$$F_B = \frac{71,5\,\text{N} \cdot \cos 30°}{\cos 45°} = 87,5\,\text{N}$$

$F_{Ay} = -87,5\,\text{N} \cdot \sin 45° - 71,5\,\text{N} \cdot \sin 30° = -97,6\,\text{N} \qquad F_{Ax} = 0 \qquad F_A = 97,6\,\text{N}$

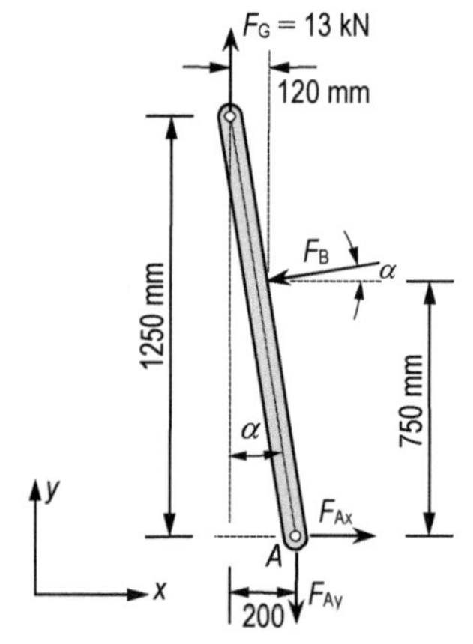

Bild A.32: Konstruktionsteil

9. a) $\alpha = \arctan\left(\dfrac{200\,\text{mm}}{1250\,\text{mm}}\right) = 9,1°$

$\Sigma M_{iA} = 0$:

$13\,\text{kN} \cdot 200\,\text{mm} - F_B \cdot \sin 9,1° \cdot 80\,\text{mm} - F_B \cdot \cos 9,1° \cdot 750\,\text{mm} = 0$

$F_B = 3,45\,\text{kN}$

$\Sigma F_{ix} = 0 = F_{Ax} - F_B \cdot \cos 9,1°$

$F_{Ax} = 3,45\,\text{kN} \cdot \cos 9,1° = 3,41\,\text{kN}$

$\Sigma F_{iy} = 0 = 13\,\text{kN} - F_{Ay} - F_B \cdot \sin 9,1°$

$F_{Ay} = 13\,\text{kN} - 3,45\,\text{kN} \cdot \sin 9,1° = 12,45\,\text{kN}$

$F_A = \sqrt{3,41^2 + 12,45^2}\ \text{kN} = 12,91\,\text{kN}$

Bild A.33: Hängearm

b) $\Sigma F_{i\overline{x}} = 0 = F_{D\overline{x}} - 13\,\text{kN} \cdot \sin 20° + F_s \cdot \sin 26°$

$F_{D\overline{x}} = 13\,\text{kN} \cdot \sin 20° - F_s \cdot \sin 26° \quad ①$

$\Sigma F_{i\overline{y}} = 0 = F_{D\overline{y}} - 13\,\text{kN} \cdot \cos 20° + F_s \cdot \cos 26°$

$F_{D\overline{y}} = 13\,\text{kN} \cdot \cos 20° - F_s \cdot \cos 26° \quad ②$

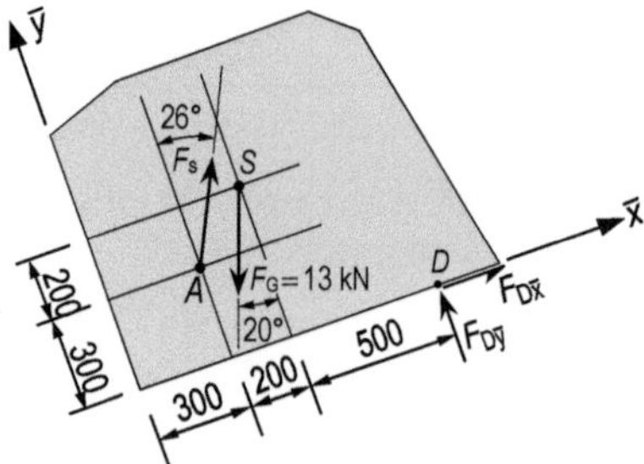

Bild A.34: Kübelentleerung

$\Sigma M_{iA} = 0 = F_{D\overline{x}} \cdot 0{,}3\text{m} + F_{D\overline{y}} \cdot 0{,}7\text{m} + 13\,\text{kN} \cdot \sin 20° \cdot 0{,}2\text{m} - 13\,\text{kN} \cdot \cos 20° \cdot 0{,}2\text{m} = 0$

mit ① und ②:

$$F_{s} = \frac{13\,\text{kN} \cdot 0{,}5\text{m} \cdot (\sin 20° + \cos 20°)}{\sin 26° \cdot 0{,}3\text{m} + \cos 26° \cdot 0{,}7\text{m}} = 10{,}95\,\text{kN}$$

$$F_{D\overline{x}} = 13\,\text{kN} \cdot \sin 20° - 10{,}95\,\text{kN} \cdot \sin 26° = -0{,}35\,\text{kN}$$

$$F_{D\overline{y}} = 13\,\text{kN} \cdot \cos 20° - 10{,}95\,\text{kN} \cdot \cos 26° = 2{,}37\,\text{kN}$$

$$F_{D} = \sqrt{(-0{,}35)^2 + 2{,}37^2} = 2{,}40\,\text{kN}$$

c) Die Wirkungslinie der vertikal gerichteten Seilkraft $\vec{F}_{s}$ geht durch den verschobenen Schwerpunkt S'

$$\varphi = \arctan\left(\frac{100\,\text{mm}}{1050\,\text{mm}}\right) = 5{,}4°$$

$$\alpha' = 5{,}4° + 9{,}1° = 14{,}5°$$

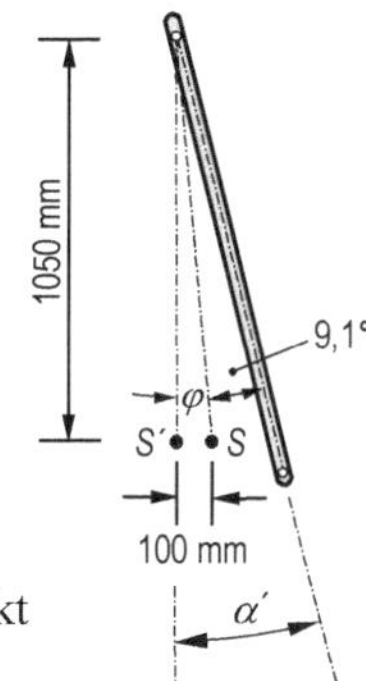

Bild A.35:
Verlagerter Schwerpunkt

Abschnitt 5

1.

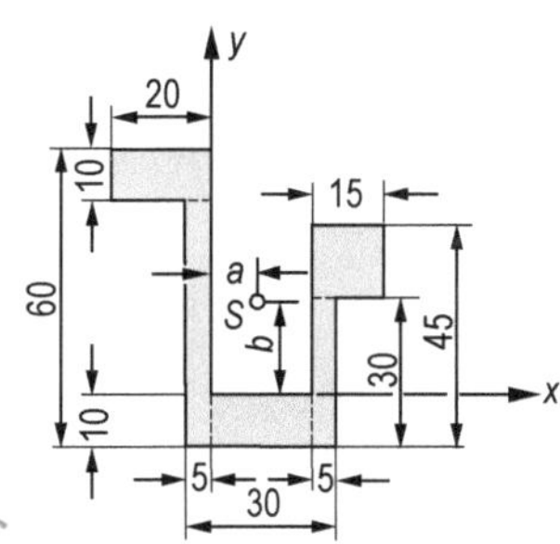

Bild A.36: Querschnitt Aufgabe 1 a)

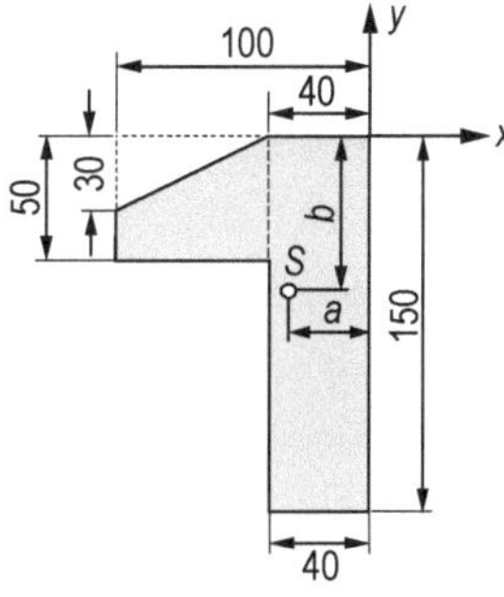

Bild A.37: Querschnitt Aufgabe 1 b)

a)

$$x_{S} = a = \frac{\Sigma A_i \cdot x_i}{\Sigma A_i} = \frac{20 \cdot 10 \cdot (-10) + 5 \cdot 50 \cdot (-2{,}5) + 20 \cdot 10 \cdot 10 + 5 \cdot 30 \cdot 22{,}5 + 15 \cdot 15 \cdot 27{,}5}{20 \cdot 10 + 5 \cdot 50 + 20 \cdot 10 + 5 \cdot 30 + 15 \cdot 15} = 8{,}7\,\text{mm}$$

$$y_{S} = b = \frac{\Sigma A_i \cdot y_i}{\Sigma A_i} = \frac{20 \cdot 10 \cdot 45 + 5 \cdot 50 \cdot 15 + 20 \cdot 10 \cdot (-5) + 5 \cdot 30 \cdot 5 + 15 \cdot 15 \cdot 27{,}5}{20 \cdot 10 + 5 \cdot 50 + 20 \cdot 10 + 5 \cdot 30 + 15 \cdot 15} = 18{,}2\,\text{mm}$$

b) $$x_{S} = \frac{\Sigma A_i \cdot x_i}{\Sigma A_i} = \frac{50 \cdot 60 \cdot (-70) - \dfrac{30 \cdot 60}{2} \cdot \left[-\left(40 + \dfrac{2}{3} \cdot 60\right)\right] + 40 \cdot 150 \cdot (-20)}{50 \cdot 60 - \dfrac{30 \cdot 60}{2} + 40 \cdot 150}$$

(Schwerpunkt des Dreiecks vgl. Bild 5.10)

$$x_S = -31{,}9 \text{ mm} \qquad a = 31{,}9 \text{ mm}$$

$$y_S = \frac{\Sigma A_i \cdot y_i}{\Sigma A_i} = \frac{50 \cdot 60 \cdot (-25) - \dfrac{30 \cdot 60}{2} \cdot \left(-\dfrac{30}{3}\right) + 40 \cdot 150 \cdot (-75)}{50 \cdot 60 - \dfrac{30 \cdot 60}{2} + 40 \cdot 150}$$

$$y_S = -63{,}7 \text{ mm} \qquad b = 63{,}7 \text{ mm}$$

c) $\displaystyle x_S = a = \frac{\Sigma A_i \cdot x_i}{\Sigma A_i} = \frac{40 \cdot 60 \cdot 20 - \dfrac{20 \cdot 30}{2} \cdot \left(40 - \dfrac{20}{3}\right) - \pi \cdot \dfrac{30^2}{4} \cdot 20}{40 \cdot 60 - \dfrac{20 \cdot 30}{2} - \pi \cdot \dfrac{30^2}{4}} = 17{,}1 \text{ mm}$

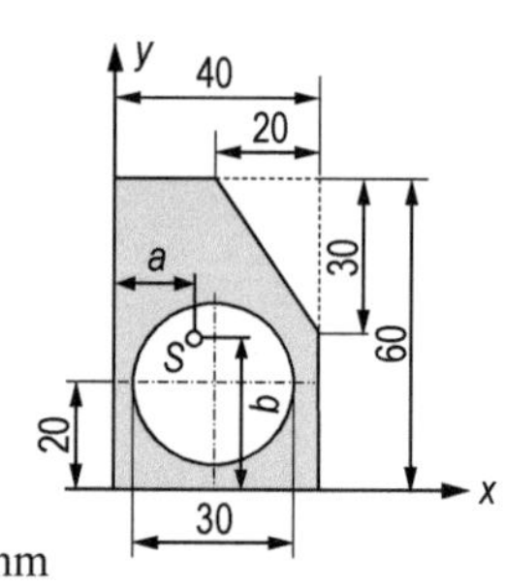

Bild A.38:
Querschnitt
Aufgabe 1 c)

$$y_S = b = \frac{\Sigma A_i \cdot y_i}{\Sigma A_i} = \frac{40 \cdot 60 \cdot 30 - \dfrac{20 \cdot 30}{2} \cdot \left(60 - \dfrac{30}{3}\right) - \pi \cdot \dfrac{30^2}{4} \cdot 20}{40 \cdot 60 - \dfrac{20 \cdot 30}{2} - \pi \cdot \dfrac{30^2}{4}} = 30{,}8 \text{ mm}$$

d) $x_S = 0$ (Symmetrie)

$$y_S = \frac{\Sigma A_i \cdot y_i}{\Sigma A_i} = \frac{\dfrac{\pi \cdot 28^2}{4} \cdot 0 - 16 \cdot 6 \cdot 5}{\dfrac{\pi \cdot 28^2}{4} - 16 \cdot 6} = -0{,}923 \text{ mm}$$

$$a = 0{,}923 \text{ mm}$$

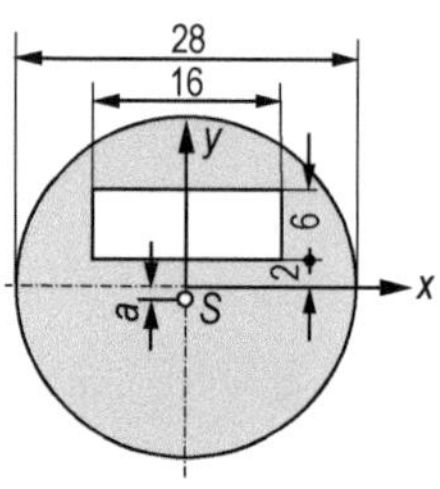

Bild A.39:
Querschnitt Aufgabe 1 d)

e) A_a – Fläche äußerer Kreissektor

$\quad A_i$ – Fläche innerer Kreissektor

$\quad y_{Sa}$ – Schwerpunktabstand äußerer Kreissektor

$\quad y_{Si}$ – Schwerpunktabstand innerer Kreissektor

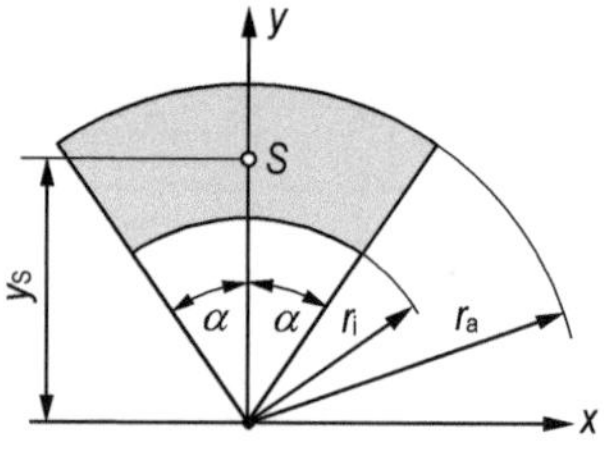

$$A_a = \pi \cdot r_a^2 \cdot \frac{2 \cdot \alpha}{2 \cdot \pi} = r_a^2 \cdot \alpha \qquad A_i = r_i^2 \cdot \alpha$$

$$y_{Sa} = \frac{2}{3} \cdot r_a \cdot \frac{\sin \alpha}{\alpha} \qquad y_{Si} = \frac{2}{3} \cdot r_i \cdot \frac{\sin \alpha}{\alpha} \qquad \text{(siehe Gl. (5.19))}$$

$x_S = 0$ (Symmetrie)

$$y_S = \frac{A_a \cdot y_{Sa} - A_i \cdot y_{Si}}{A_a - A_i} = \frac{r_a^2 \cdot \alpha \cdot \dfrac{2}{3} \cdot r_a \cdot \dfrac{\sin \alpha}{\alpha} - r_i^2 \cdot \alpha \cdot \dfrac{2}{3} \cdot r_i \cdot \dfrac{\sin \alpha}{\alpha}}{(r_a^2 - r_i^2) \cdot \alpha}$$

Bild A.40:
Querschnitt Aufgabe 1 e)

$$y_S = \frac{2}{3} \cdot \frac{r_a^3 - r_i^3}{r_a^2 - r_i^2} \cdot \frac{\sin \alpha}{\alpha} = \frac{2}{3} \cdot \frac{r_a^3}{r_a^2} \cdot \frac{\sin \alpha}{\alpha} \cdot \frac{1 - \left(\dfrac{r_i}{r_a}\right)^3}{\left(1 - \dfrac{r_i}{r_a}\right) \cdot \left(1 + \dfrac{r_i}{r_a}\right)} = \frac{2}{3} \cdot \frac{\sin \alpha}{\alpha} \cdot \frac{1 + \dfrac{r_i}{r_a} + \left(\dfrac{r_i}{r_a}\right)^2}{1 + \dfrac{r_i}{r_a}} \cdot r_a$$

2. a) **Bild A.37**

$$x_S = \frac{\Sigma l_i \cdot x_i}{\Sigma l_i} = \frac{40 \cdot (-20) + \sqrt{30^2 + 60^2} \cdot (-70) + 20 \cdot (-100) + 60 \cdot (-70) + 100 \cdot (-40) + 40 \cdot (-20) + 150 \cdot 0}{40 + \sqrt{30^2 + 60^2} + 20 + 60 + 100 + 40 + 150}$$

$$x_S = \frac{-16496\,\text{mm}^2}{477\,\text{mm}} = -34{,}6\,\text{mm} \qquad a = 34{,}6\ \text{mm}$$

$$y_S = \frac{\Sigma l_i \cdot y_i}{\Sigma l_i} = \frac{40 \cdot 0 + \sqrt{30^2 + 60^2} \cdot (-15) + 20 \cdot (-40) + 60 \cdot (-50) + 100 \cdot (-100) + 40 \cdot (-150) + 150 \cdot (-75)}{40 + \sqrt{30^2 + 60^2} + 20 + 60 + 100 + 40 + 150}$$

$$y_S = \frac{-32056\,\text{mm}^2}{477\,\text{mm}} = -67{,}2\,\text{mm} \qquad b = 67{,}2\ \text{mm}$$

b) **Bild A.38**

$$x_S = \frac{\Sigma l_i \cdot x_i}{\Sigma l_i} = \frac{40 \cdot 20 + 30 \cdot 40 + \sqrt{20^2 + 30^2} \cdot \left(40 - \dfrac{20}{2}\right) + 20 \cdot 10 + 60 \cdot 0 + \pi \cdot 30 \cdot 20}{40 + 30 + \sqrt{20^2 + 30^2} + 20 + 60 + \pi \cdot 30}$$

$$x_S = \frac{5166\,\text{mm}^2}{280\,\text{mm}} = 18{,}4\,\text{mm} \qquad a = 18{,}4\ \text{mm}$$

$$y_S = \frac{\Sigma l_i \cdot y_i}{\Sigma l_i} = \frac{40 \cdot 0 + 30 \cdot 15 + \sqrt{20^2 + 30^2} \cdot \left(60 - \dfrac{30}{2}\right) + 20 \cdot 60 + 60 \cdot 30 + \pi \cdot 30 \cdot 20}{40 + 30 + \sqrt{20^2 + 30^2} + 20 + 60 + \pi \cdot 30}$$

$$y_S = \frac{6957\,\text{mm}^2}{280\,\text{mm}} = 24{,}8\,\text{mm} \qquad b = 24{,}8\ \text{mm}$$

3. ⊏ 180: $A_1 = 28\ \text{cm}^2$; $y_{S1} = 1{,}92\ \text{cm}$

∟ $100 \times 50 \times 8$: $A_2 = 11{,}5\ \text{cm}^2$; $y_{S2} = 3{,}59\ \text{cm}$

$x_S = 0$ (Symmetrie)

$$y_S = \frac{A_1 \cdot y_{S1} + 2 \cdot A_2 \cdot y_{S2}}{A_1 + 2 \cdot A_2} = \frac{28 \cdot 1{,}92 + 2 \cdot 11{,}5 \cdot (-3{,}59)}{28 + 2 \cdot 11{,}5}$$

$$y_S = \frac{-28{,}81\,\text{cm}^3}{51\,\text{cm}^2} = -0{,}565\,\text{cm} = -5{,}65\,\text{mm}\ ;\quad a = 5{,}65\ \text{mm}$$

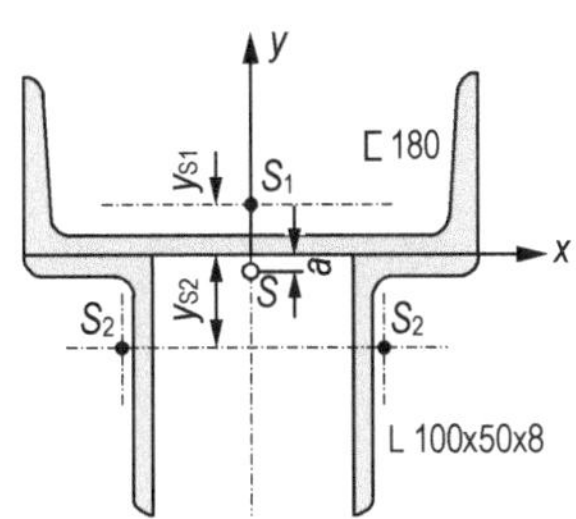

Bild A.41: Querschnitt Aufgabe 3

4.

Stab	l_i	x_i	$l_i \cdot x_i$
i	m	m	m²
1	3,00	1,50	4,50
2	2,06	2,00	4,12
3	1,12	0,50	0,56
4	0,71	0,75	0,54
5	1,12	0,25	0,28
6	1,12	0,25	0,28
7	2,00	0	0
	11,13		10,28

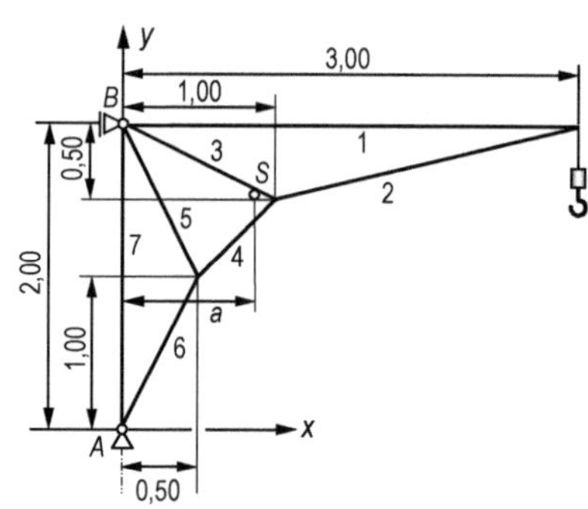

Bild A.42: Drehkran

$$x_S = a = \frac{\Sigma l_i \cdot x_i}{\Sigma l_i} = \frac{10,28 \, \text{m}^2}{11,13 \, \text{m}} = 0,923 \, \text{m}$$

5. $y_S = 0$ (Symmetrie)

$$A_1 = \pi \cdot 100 \cdot 50 = 15708 \, \text{mm}^2$$

$$A_2 = \pi \cdot 60 \cdot 100 = 18850 \, \text{mm}^2$$

$$A_3 = \pi \cdot \frac{(100^2 - 60^2)}{4} = 5027 \, \text{mm}^2$$

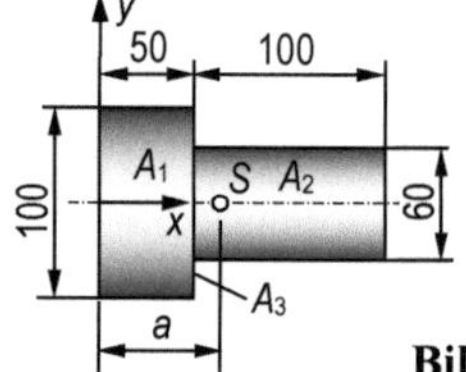

Bild A.43: Rohrstutzen

$$x_S = \frac{A_1 \cdot x_{S1} + A_2 \cdot x_{S2} + A_3 \cdot x_{S3}}{A_1 + A_2 + A_3} = \frac{15708 \cdot 25 + 18850 \cdot 100 + 5027 \cdot 50}{15708 + 18850 + 5027} = \frac{2529050 \, \text{mm}^3}{39585 \, \text{mm}^2}$$

$$x_S = 63,9 \, \text{mm}$$

6.

$$\sin\alpha = \frac{800 \, \text{mm} - 500 \, \text{mm}}{800 \, \text{mm}} = 0,375$$

$$\alpha = 22°$$

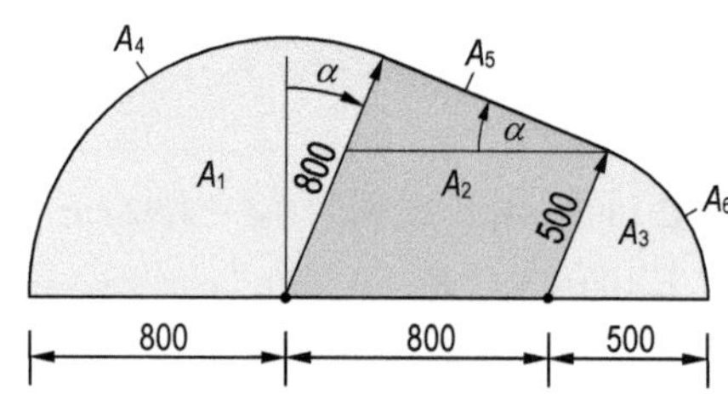

Bild A.44: Schutzhaube

a)   Teilfläche A_1

$$A_1 = \pi \cdot 800^2 \cdot \frac{56° + 56°}{360°} = 625526 \, \text{mm}^2$$

$$\overline{y}_{S1} = \frac{2}{3} \cdot 800 \cdot \frac{\sin 56°}{56° \cdot \dfrac{\pi}{180°}} = 452 \, \text{mm}$$

$$x_{S1} = -452 \cdot \cos 56° = -253 \, \text{mm}$$

$$y_{S1} = 452 \cdot \sin 56° = 375 \, \text{mm}$$

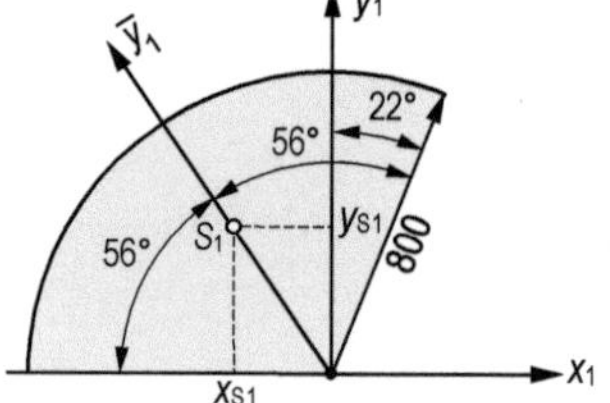

Bild A.45: Teilfläche A_1

b) Teilfläche A_2

$$A_2 = 800 \cdot 500 \cdot \sin 68° + (113+687) \cdot \frac{278}{2}$$

$$A_2 = 482074 \,\text{mm}^2$$

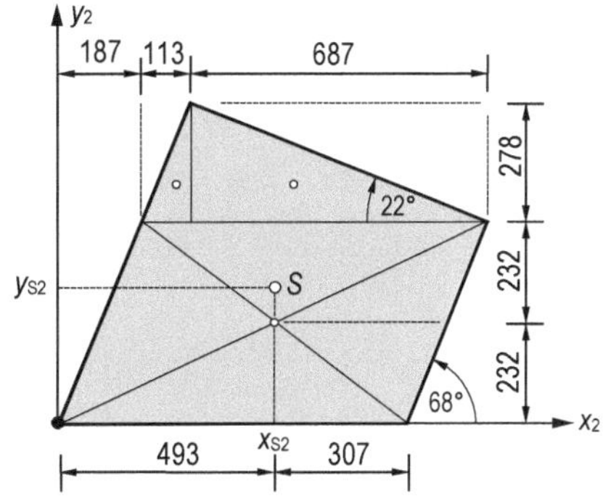

Bild A.46: Teilfläche A_2

$$x_{S2} = \frac{800 \cdot 500 \cdot \sin 68° \cdot 493 + \dfrac{113 \cdot 278}{2} \cdot \left(187 + \dfrac{2}{3} \cdot 113\right) + \dfrac{687 \cdot 278}{2} \cdot \left(187 + 113 + \dfrac{687}{3}\right)}{482074}$$

$$x_{S2} = \frac{237477 \cdot 10^3 \,\text{mm}^3}{482074 \,\text{mm}^2} = 493 \,\text{mm}$$

$$y_{S2} = \frac{800 \cdot 500 \cdot \sin 68° \cdot 232 + (113 + 687) \cdot \dfrac{278}{2} \cdot \left(464 + \dfrac{278}{3}\right)}{482074} = \frac{147944 \cdot 10^3 \,\text{mm}^3}{482074 \,\text{mm}^2} = 307 \,\text{mm}$$

c) Teilfläche A_3

$$A_3 = \pi \cdot 500^2 \cdot \frac{68°}{360°} = 148353 \,\text{mm}^2$$

$$\overline{y}_{S3} = \frac{2}{3} \cdot 500 \cdot \frac{\sin 34°}{34° \cdot \dfrac{\pi}{180°}} = 314 \,\text{mm}$$

$$x_{S3} = 314 \cdot \cos 34° = 260 \,\text{mm}$$
$$y_{S3} = 314 \cdot \sin 34° = 176 \,\text{mm}$$

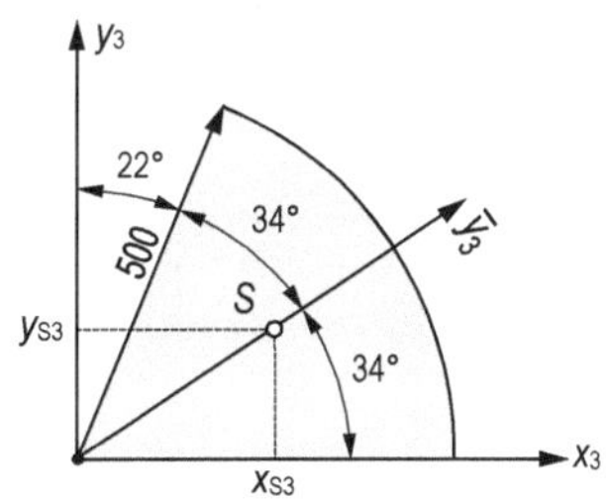

Bild A.47: Teilfläche A_3

d) Teilfläche A_4

$$l_4 = 2 \cdot \pi \cdot 800 \cdot \frac{112°}{360°} = 1564 \,\text{mm}$$

$$A_4 = l_4 \cdot b = 1564 \cdot 800 = 1251200 \,\text{mm}^2$$

$$\overline{y}_{S4} = 800 \cdot \frac{\sin 56°}{56° \cdot \dfrac{\pi}{180°}} = 679 \,\text{mm}$$

$$x_{S4} = -679 \cdot \cos 56° = -380 \,\text{mm}$$
$$y_{S4} = 679 \cdot \sin 56° = 563 \,\text{mm}$$

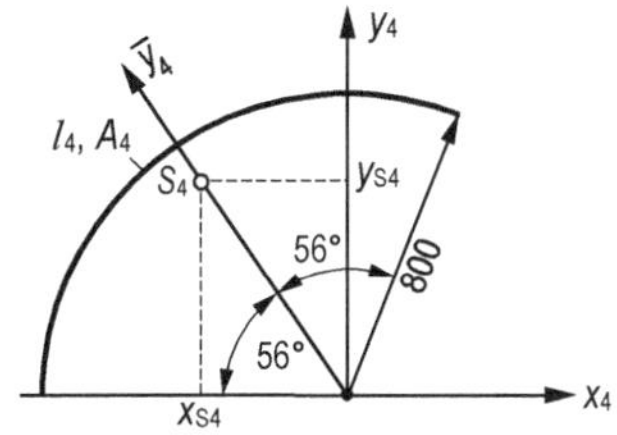

Bild A.48: Teilfläche A_4

e) Teilfläche A_5

$$l_5 = \sqrt{800^2 - 300^2} = 742 \text{ mm}$$

$$A_5 = l_5 \cdot b = 742 \cdot 800 = 593600 \text{ mm}^2$$

$$x_{S5} = 643 \text{ mm} \qquad y_{S5} = 603 \text{ mm}$$

f) Teilfläche A_6

$$l_6 = 2 \cdot \pi \cdot 500 \cdot \frac{68°}{360°} = 593 \text{ mm}$$

$$A_6 = l_6 \cdot b = 593 \cdot 800 = 474400 \text{ mm}^2$$

$$\overline{y}_{S6} = 500 \cdot \frac{\sin 34°}{34° \cdot \dfrac{\pi}{180°}} = 471 \text{ mm}$$

$$x_{S6} = 471 \cdot \cos 34° = 390 \text{ mm}$$

$$y_{S6} = 471 \cdot \sin 34° = 263 \text{ mm}$$

g) Gesamtschwerpunkt

i	$\dfrac{A_i}{\text{mm}^2}$	$\dfrac{X_i}{\text{mm}}$	$\dfrac{Y_i}{\text{mm}}$
1	625526	547	375
2	482074	1293	307
3	148353	1860	176
4	1251200	420	563
5	593600	1444	603
6	474400	1990	263

$$X_S = a = \frac{\displaystyle\sum_{i=1}^{6} A_i \cdot X_i}{\displaystyle\sum_{i=1}^{6} A_i} = \frac{4807920728 \text{ mm}^3}{4831106 \text{ mm}^2} = 995 \text{ mm}$$

$$Y_S = b = \frac{\displaystyle\sum_{i=1}^{6} A_i \cdot Y_i}{\displaystyle\sum_{i=1}^{6} A_i} = \frac{2003799850 \text{ mm}^3}{4831106 \text{ mm}^2} = 415 \text{ mm}$$

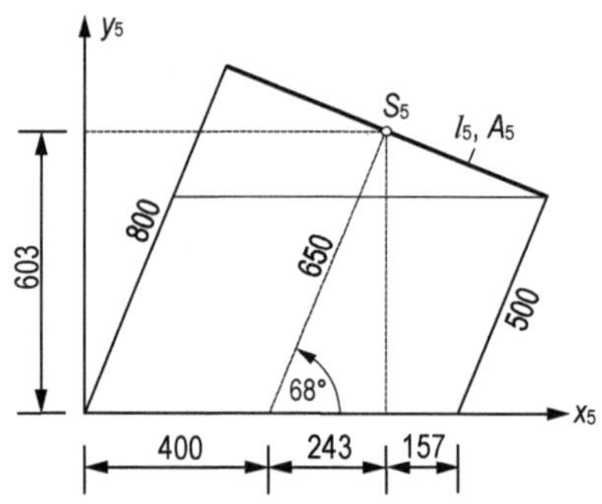

Bild A.49: Teilfläche A_5

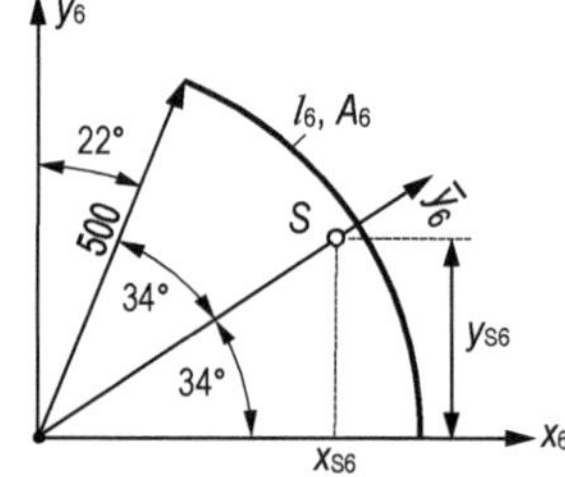

Bild A.50: Teilfläche A_4

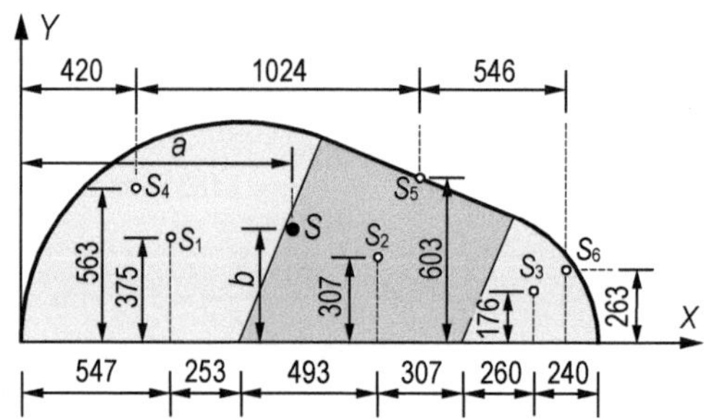

Bild A.51: Gesamthaube

Abschnitt 6

1.

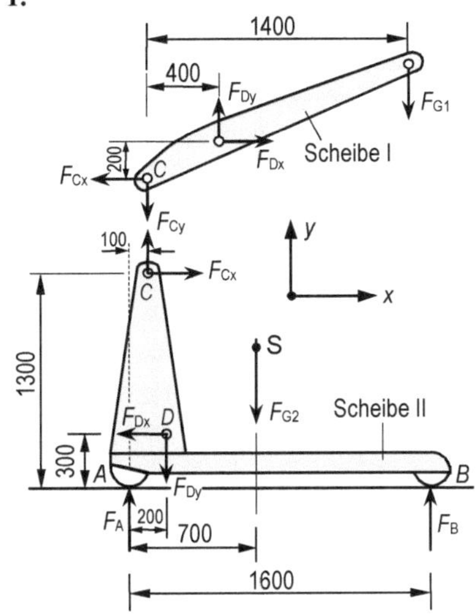

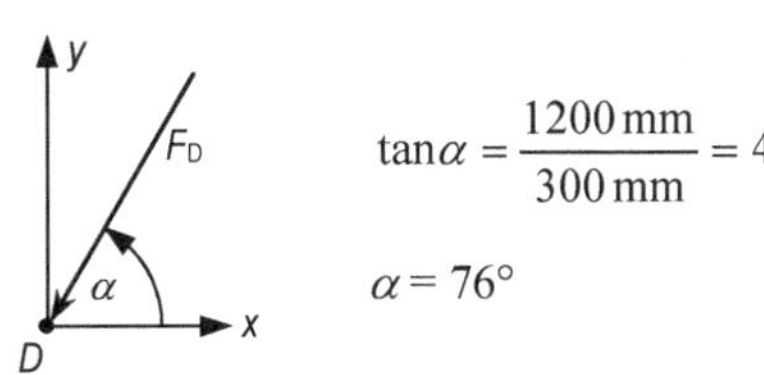

$$\tan\alpha = \frac{1200\,mm}{300\,mm} = 4$$

$$\alpha = 76°$$

Bild A.53: Richtung der Zylinderkraft

Bild A.52: Hydraulikuniversalkran

Scheibe I

$$\Sigma M_{iC} = 0 = F_{Dy} \cdot 400\,mm - F_{Dx} \cdot 200\,mm - F_{G1} \cdot 1400\,mm$$

$$F_D \cdot 400\ mm \cdot \sin 76° - F_D \cdot 200\ mm \cdot \cos 76° - 4,5\ kN \cdot 1400\ mm = 0$$

$$F_D = \frac{4,5\ kN \cdot 1400\,mm}{400\,mm \cdot \sin 76° - 200\,mm \cdot \cos 76°} = 18,55\ kN$$

$$\Sigma F_{ix} = 0 = F_{Dx} - F_{Cx}\,;\ \ F_{Cx} = F_{Dx} = F_D \cdot \cos 76° = 4,49\ kN$$

$$\Sigma F_{iy} = 0 = F_{Dy} - F_{Cy} - F_{G1}$$

$$F_{Cy} = F_D \cdot \sin 76° - 4,5\ kN = 18,55\ kN \cdot \sin 76° - 4,5\ kN = 13,5\ kN$$

$$F_C = \sqrt{4,49^2 + 13,5^2}\ kN = 14,23\ kN$$

Scheibe II

$$\Sigma M_{iB} = 0 = F_{Dx} \cdot 300\,mm + F_{Dy} \cdot 1400\,mm + F_{G2} \cdot 900\,mm - F_{Cx} \cdot 1300\,mm$$
$$- F_{Cy} \cdot 1500\,mm - F_A \cdot 1600\,mm$$

$$F_A = (4,49\,kN \cdot 300\,mm + 18,55\,kN \cdot 1400\,mm \cdot \sin 76° + 1,7\,kN \cdot 900\,mm - 4,49\,kN \cdot 1300\,mm$$

$$- 13,5\,kN \cdot 1500\,mm) \cdot \frac{1}{1600\ mm} = 1,24\ kN$$

$$\Sigma F_{iy} = 0 = F_B + F_A - F_{Dy} - F_{G2} + F_{Cy}$$

$$F_B = F_{Dy} + F_{G2} - F_A - F_{Cy} = 18,55\,kN \cdot \sin 76° + 1,7\,kN - 1,24\,kN - 13,5\,kN = 4,96\,kN$$

2. Scheibe I

$\Sigma F_{ix} = 0 = F_{Ax} + F_{Bx}$ (I)

$\Sigma F_{iy} = 0 = F + F_{Ay} + F_{By}$ (II)

$\Sigma M_{iB} = 0 = F_{Ay} \cdot 50\,\text{mm} - F_{Ax} \cdot 200\,\text{mm} - 4{,}5\,\text{kN} \cdot 150\,\text{mm}$ (III)

Scheibe II

$\Sigma F_{ix} = 0 = F_{Dx} - F_{Ax} ; \quad F_{Dx} = F_{Ax}$ (IV)

$\Sigma F_{iy} = 0 = F_{Dy} - F_{Ay} ; \quad F_{Dy} = F_{Ay}$ (V)

$\Sigma M_{iA} = 0 = F_{Dy} \cdot 200\,\text{mm} - F_{Dx} \cdot 50\,\text{mm}$ (VI)

Scheibe III

$\Sigma F_{ix} = 0 = F_{Cx} - F_{Bx}$ (VII)

$\Sigma F_{iy} = 0 = F_{Cy} - F_{E} - F_{By}$ (VIII)

$\Sigma M_{iC} = 0 = F_{By} \cdot 400\,\text{mm} - F_{Bx} \cdot 100\,\text{mm} + F_{E} \cdot 250\,\text{mm}$ (IX)

(IV) und (V) in (VI): $F_{Ay} \cdot 200\,\text{mm} - F_{Ax} \cdot 50\,\text{mm} = 0$

$$F_{Ay} = \frac{1}{4} \cdot F_{Ax} \quad \text{(X)}$$

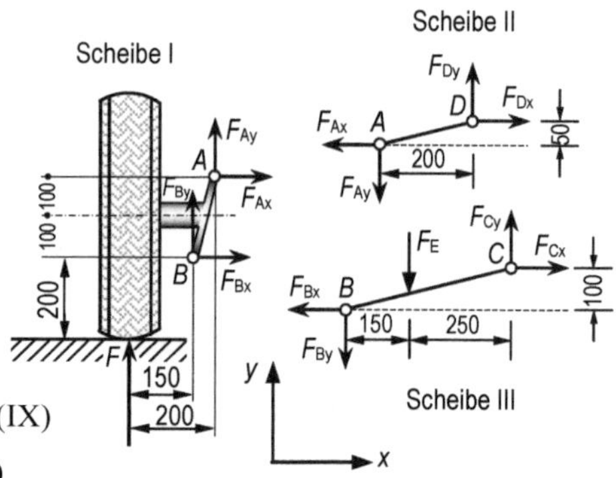

Bild A.54: Kfz-Radaufhängung

(X) in (III): $F_{Ax} \cdot 12{,}5\,\text{mm} - F_{Ax} \cdot 200\,\text{mm} = 675\,\text{kN} \cdot \text{mm} ; \quad F_{Ax} = -3{,}6\,\text{kN}$

aus (X): $F_{Ay} = -0{,}9\,\text{kN} ;$ aus (IV) und (V): $F_{Dx} = -3{,}6\,\text{kN}; \quad F_{Dy} = -0{,}9\,\text{kN}$

aus (I): $F_{Bx} = 3{,}6\,\text{kN};$ aus (II): $F_{By} = 0{,}9\,\text{kN} - 4{,}5\,\text{kN} = -3{,}6\,\text{kN} ;$ aus (VII): $F_{Cx} = 3{,}6\,\text{kN}$

aus (IX): $F_{E} = \dfrac{1}{250\,\text{mm}} \cdot (3{,}6\,\text{kN} \cdot 400\,\text{mm} + 3{,}6\,\text{kN} \cdot 100\,\text{mm}); \quad F_{E} = 7{,}2\,\text{kN}$

aus (VIII): $F_{Cy} = 7{,}2\,\text{kN} - 3{,}6\,\text{kN} = 3{,}6\,\text{kN}$

$F_{A} = \sqrt{(-3{,}6)^2 + (-0{,}9)^2}\,\text{kN} = 3{,}71\,\text{kN} ; \quad F_{B} = \sqrt{3{,}6^2 + (-3{,}6)^2}\,\text{kN} = 5{,}09\,\text{kN}$

$F_{C} = \sqrt{3{,}6^2 + 3{,}6^2}\,\text{kN} = 5{,}09\,\text{kN} ; \quad F_{D} = \sqrt{(-3{,}6)^2 + (-0{,}9)^2}\,\text{kN} = 3{,}71\,\text{kN}$

3.

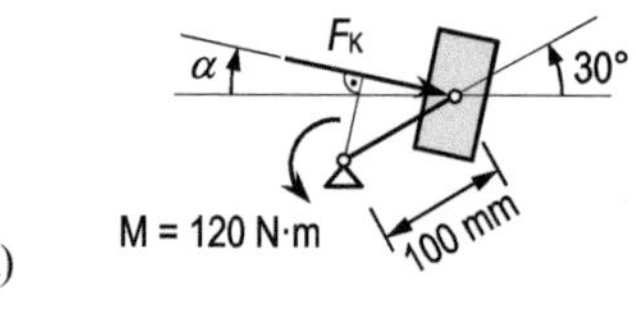

a)

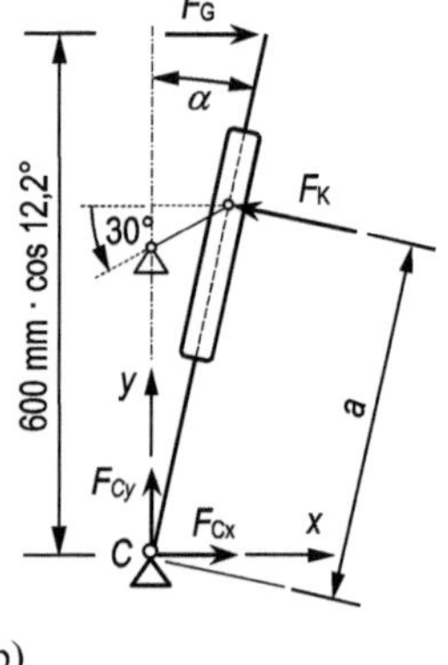

b)

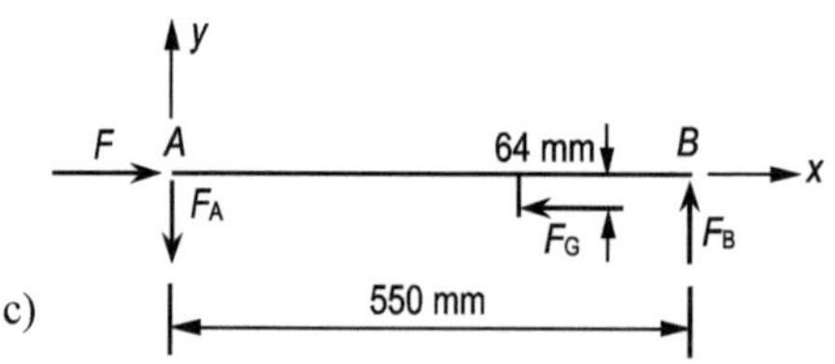

c)

Bild A.55: Getriebe a) Kurbel b) Schwinge c) Schlitten

Kurbel (Bild A.55a,b)

$$\tan\alpha = \frac{100\,\text{mm} \cdot \cos 30°}{350\,\text{mm} + 100\,\text{mm} \cdot \sin 30°} = 0{,}2165\,; \quad \alpha = 12{,}2°$$

$$F_\text{K} = \frac{120\,\text{N} \cdot 1000\,\text{mm}}{100\,\text{mm} \cdot \sin(30° + 12{,}2°)} = 1787\,\text{N}$$

Schwinge (Bild A.55b)

$$a = \frac{100\,\text{mm} \cdot \cos 30°}{\sin 12{,}2°} = 410\,\text{mm}$$

$$\Sigma M_\text{iC} = 0 = 1787\,\text{N} \cdot 410\,\text{mm} - F_\text{G} \cdot 600\,\text{mm} \cdot \cos 12{,}2°\,; \quad F_\text{G} = 1249\,\text{N}$$

$$\Sigma F_\text{iy} = 0 = F_\text{Cy} + 1787\,\text{N} \cdot \sin 12{,}2°\,; \quad F_\text{Cy} = -378\,\text{N}$$

$$\Sigma F_\text{ix} = 0 = F_\text{Cx} + 1249\,\text{N} - 1787\,\text{N} \cdot \cos 12{,}2°\,; \quad F_\text{Cx} = 498\,\text{N}$$

$$F_\text{C} = \sqrt{498^2 + (-378)^2}\ \text{N} = 625\,\text{N}$$

Schlitten (Bild A.55c)

$$\Sigma F_\text{ix} = 0 = F - F_\text{G}\,; \quad F = 1249\,\text{N}$$

$$\Sigma M_\text{iB} = 0 = F_\text{A} \cdot 550\,\text{mm} - 1249\,\text{N} \cdot 64\,\text{mm}\,; \quad F_\text{A} = 145\,\text{N}$$

$$\Sigma F_\text{iy} = 0 = F_\text{B} - F_\text{A}\,; \quad F_\text{B} = 145\,\text{N}$$

4.

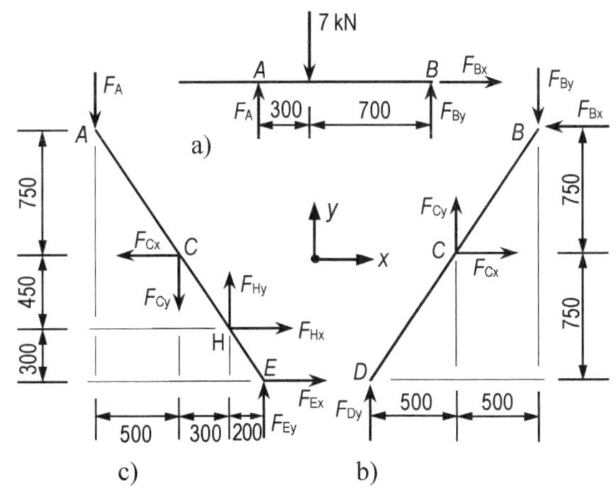

Bild A.56: Scherenhubtisch
a) Bühne   b) Stab I   c) Stab II

Bühne (Bild A.56a)

$$\Sigma F_\text{ix} = 0 = F_\text{Bx}$$

$$\Sigma M_\text{iA} = 0 = F_\text{By} \cdot 1000\,\text{mm} - 7\,\text{kN} \cdot 300\,\text{mm}\,; \quad F_\text{By} = 2{,}1\,\text{kN}\,; \quad F_\text{B} = 2{,}1\,\text{kN}$$

$$\Sigma F_\text{iy} = 0 = 2{,}1\,\text{kN} + F_\text{A} - 7\,\text{kN}\,; \quad F_\text{A} = 4{,}9\,\text{kN}$$

Stab I (Bild A.56b)

$\Sigma F_{ix} = 0 = F_{Cx}$; $\Sigma M_{iC} = 0 = -2{,}1\,\text{kN} \cdot 500\,\text{mm} - F_{Dy} \cdot 500\,\text{mm}$; $F_{Dy} = -2{,}1\,\text{kN}$; $F_D = 2{,}1\,\text{kN}$

$\Sigma F_{iy} = 0 = F_{Cy} - 2{,}1\,\text{kN} - 2{,}1\,\text{kN}$; $F_{Cy} = 4{,}2\,\text{kN}$; $F_C = 4{,}2\,\text{kN}$

Kolbenkraft

$$\alpha = \arctan\left(\frac{700\,\text{mm}}{500\,\text{mm}}\right) = 54{,}5°$$

$F_{Hx} = F_H \cdot \cos 54{,}5°$; $F_{Hy} = F_H \cdot \sin 54{,}5°$

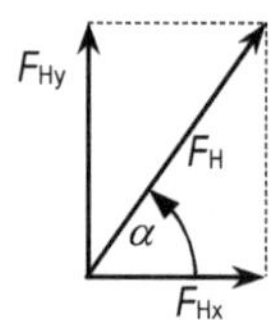

Bild A.57: Kolbenkraft

Stab II (Bild A.56c)

$\Sigma M_{iE} = 0 = 4{,}9\,\text{kN} \cdot 1000\,\text{mm} + 4{,}2\,\text{kN} \cdot 500\,\text{mm} - F_H \cdot \sin 54{,}5° \cdot 200\,\text{mm} - F_H \cdot \cos 54{,}5° \cdot 300\,\text{mm}$

$F_H = 20{,}8\,\text{kN}$

$\Sigma F_{ix} = 0 = F_{Ex} + F_{Hx}$; $F_{Ex} = -F_H \cdot \cos 54{,}5° = -20{,}8\,\text{kN} \cdot \cos 54{,}5° = -12{,}1\,\text{kN}$

$\Sigma F_{iy} = 0 = F_{Ey} + 20{,}8\,\text{kN} \cdot \sin 54{,}5° - 4{,}2\,\text{kN} - 4{,}9\,\text{kN}$; $F_{Ey} = -7{,}8\,\text{kN}$

$F_E = \sqrt{(-12{,}1)^2 + (-7{,}8)^2}\ \text{kN} = 14{,}4\,\text{kN}$

5.

a) Vorspannkraft der Feder

$$\alpha = \arcsin\left(\frac{9\,\text{mm}}{11\,\text{mm}}\right) = 54{,}9° \; ;$$

$$\beta = \arctan\left(\frac{12\,\text{mm}}{11\,\text{mm} \cdot \cos 54{,}9° + 4\,\text{mm}}\right) = \arctan\left(\frac{12\,\text{mm}}{10{,}32\,\text{mm}}\right) = 49{,}3°$$

$\gamma = 54{,}9° + 49{,}3° = 104{,}2°$

$\Sigma M_{iA} = 0 = 8\,\text{N} \cdot 20\,\text{mm} \cdot \sin 54{,}9° - F_v \cdot 11\,\text{mm} \cdot \cos(104{,}2° - 90°)$

$F_v = 12{,}3\,\text{N}$

b) Federkonstante **(Bild A.59)**

$$\Delta l = l_0 - l_1 = \sqrt{10{,}32^2 + 12^2}\ \text{mm} - \sqrt{4^2 + 10^2}\ \text{mm} = 5{,}06\,\text{mm}$$

$$\delta = \arctan\left(\frac{10\,\text{mm}}{4\,\text{mm}}\right) = 68{,}2°$$

$\Sigma M_{iA} = 0 = F_C \cdot 11\,\text{mm} \cdot \cos 68{,}2° - 16\,\text{N} \cdot 20\,\text{mm}$ **(Bild A.60)**

$(F_v + c \cdot \Delta l) \cdot 11\,\text{mm} \cdot \cos 68{,}2° = 16\,\text{N} \cdot 20\,\text{mm}$

$$c = \left(\frac{16\,\text{N} \cdot 20\,\text{mm}}{11\,\text{mm} \cdot \cos 68{,}2°} - 12{,}3\,\text{N}\right) \cdot \frac{1}{5{,}06\,\text{mm}} = 13{,}05\,\frac{\text{N}}{\text{mm}}$$

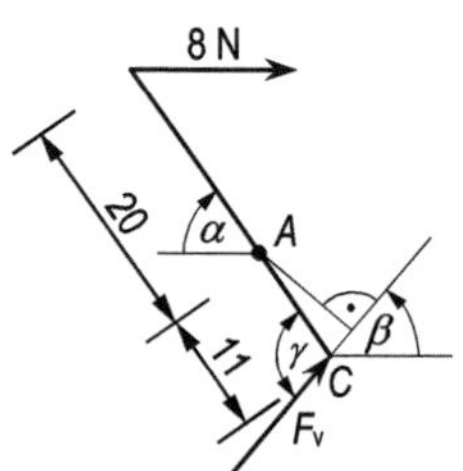

Bild A.58: Vorspannkraft

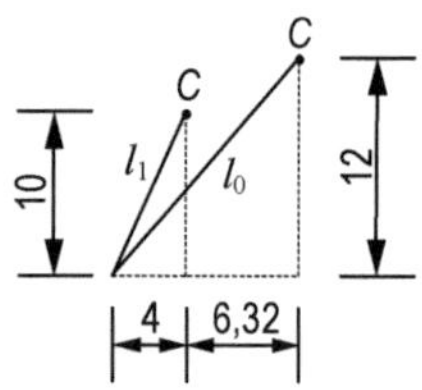

Bild A.59: Federzusammendrückung

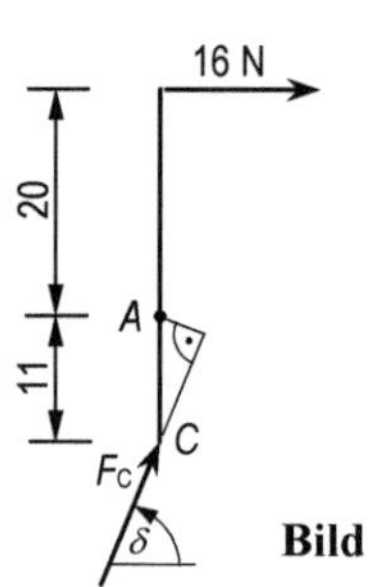

Bild A.60: Federkraft

c) Kraft F_B

$$\Sigma M_{iA} = 0 = F_B \cdot 4\,\text{mm} - F_v \cdot 11\,\text{mm} \cdot \cos 14{,}2° \;;\quad F_B = 32{,}8\,\text{N}$$

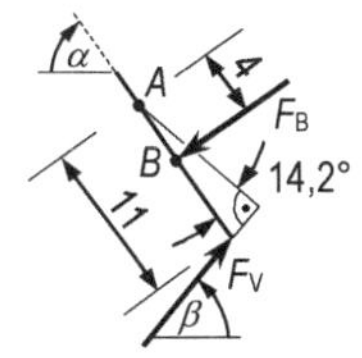

Bild A.61: Kraft F_B

d) Kipplage (A, C und E liegen auf einer Linie)

$$\varphi = \arctan\left(\frac{21\,\text{mm}}{4\,\text{mm}}\right) = 79{,}22°$$

$$l_1 = \sqrt{21^2 + 4^2}\,\text{mm} - 11\,\text{mm} = 10{,}38\,\text{mm}$$

$$\Delta l = \sqrt{10{,}32^2 + 12^2}\,\text{mm} - 10{,}38\,\text{mm} = 5{,}45\,\text{mm}$$

$$F_c = F_v + c \cdot \Delta l = 12{,}3\,\text{N} + 13{,}05\frac{\text{N}}{\text{mm}} \cdot 5{,}45\,\text{mm} = 83{,}4\,\text{N}$$

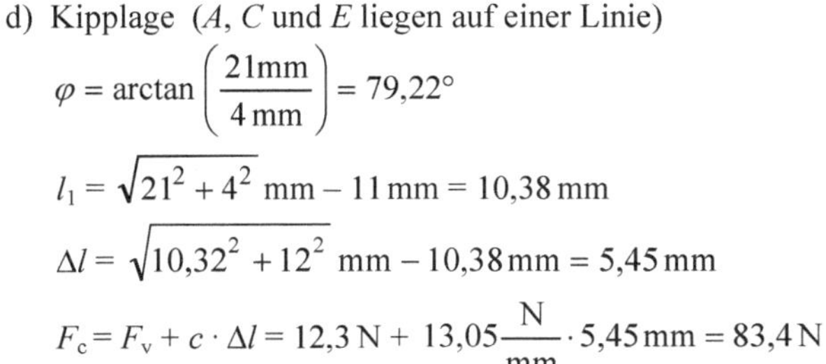

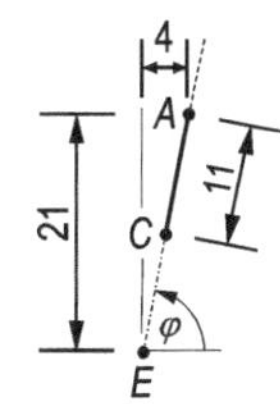

Bild A.62: Kipplage

e) Kräfte F_A, F_E, F_D

$$F_C = \frac{16\,\text{N} \cdot 20\,\text{mm}}{11\,\text{mm} \cdot \cos 68{,}2°} = 78{,}33\,\text{N}$$

$$\Sigma F_{ix} = 0 = F_{Ax} + 16\,\text{N} + 78{,}33\,\text{N} \cdot \cos 68{,}2° \;;\quad F_{Ax} = -45{,}1\,\text{N}$$

$$\Sigma F_{iy} = 0 = F_{Ay} + 78{,}33\,\text{N} \cdot \sin 68{,}2° \;;\quad F_{Ay} = -72{,}7\,\text{N}$$

$$F_A = \sqrt{(-45{,}1)^2 + (-72{,}7)^2}\,\text{N} = 85{,}6\,\text{N}$$

Wirkungslinie von F_E geht durch den Rollenmittelpunkt und Punkt A.

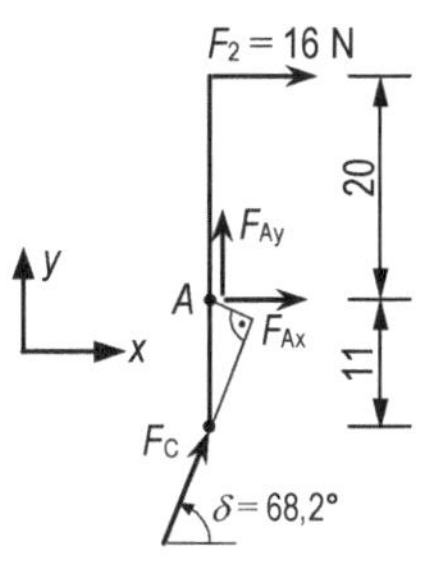

Bild A.63: Hebel

$$\psi = \arctan\left(\frac{4\,\text{mm}}{21\,\text{mm}}\right) = 10{,}8°$$

$$F_E = 78{,}33\,\text{N} \cdot \frac{\sin 68{,}2°}{\sin 100{,}8°} = 74{,}1\,\text{N}\;;$$

$$F_D = 78{,}33\,\text{N} \cdot \frac{\sin 11°}{\sin 100{,}8°} = 15{,}2\,\text{N}$$

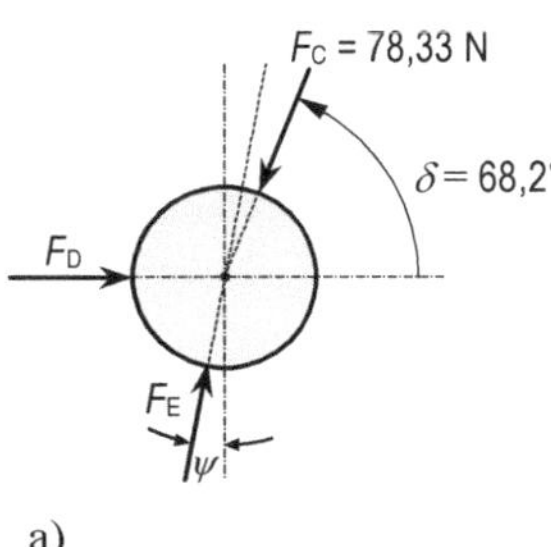

a)

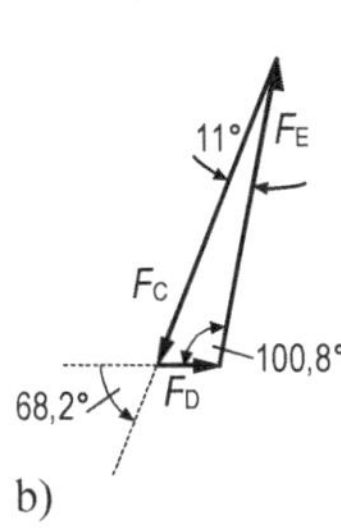

b)

Bild A.64: Fußpunkt
a) Lageplan   b) Kräfteplan

6. Seilkraft F_{S1} (Bild A.65)

$$F_{S1} = \frac{7,5\,\text{kN}}{2} = 3,75\,\text{kN}$$

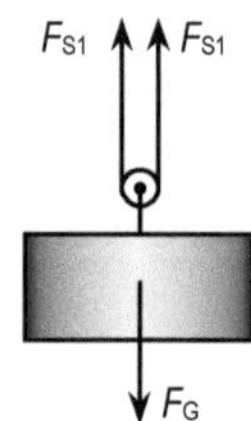

Bild A.65: Lastangriffspunkt

Ausleger (Bild A.66)

$$\alpha = \arctan\left(\frac{6\,\text{m}}{6\,\text{m}}\right) = 45°\,; \quad \beta = \arctan\left(\frac{1\,\text{m}}{6\,\text{m}}\right) = 9,46°$$

$$\Sigma M_{iB} = 0 = F_{S2} \cdot \frac{3,50\,\text{m}}{\cos 45°} - 7,5\,\text{kN} \cdot 6\,\text{m} - 3,75\,\text{kN} \cdot \sin 9,46° \cdot 6\,\text{m} + 3,75\,\text{kN} \cdot \cos 9,46° \cdot 6\,\text{m}$$

$$F_{S2} = 5,36\,\text{kN}$$

$$\Sigma F_{ix} = 0 = F_{Bx} - 3,75\,\text{kN} \cdot \cos 9,46° - 5,36\,\text{kN} \cdot \cos 45°$$

$$F_{Bx} = 7,49\,\text{kN}$$

$$\Sigma F_{iy} = 0 = F_{By} - 7,5\,\text{kN} - 3,75\,\text{kN} \cdot \sin 9,46° + 5,36\,\text{kN} \cdot \sin 45°$$

$$F_{By} = 4,33\,\text{kN}$$

$$F_B = \sqrt{7,49^2 + 4,33^2}\,\text{kN} = 8,65\,\text{kN}$$

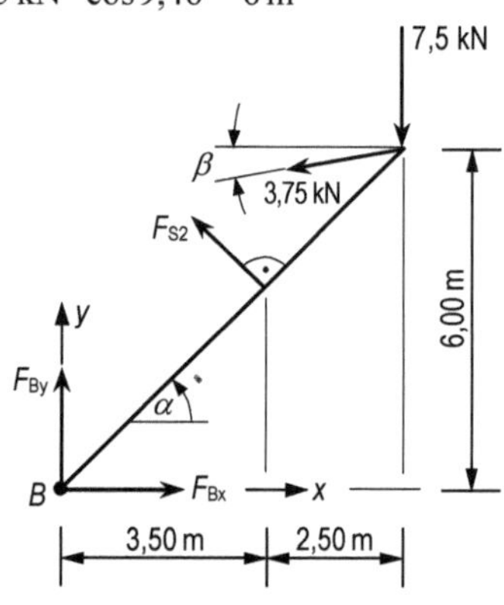

Bild A.66: Ausleger

Mast (Bild A.67)

$$\gamma = \arctan\left(\frac{10\,\text{m}}{4\,\text{m}}\right) = 68,2°\,; \quad \delta = \arctan\left(\frac{3,50\,\text{m}}{3,50\,\text{m}}\right) = 45°$$

$$\Sigma F_{ix} = 0 = F_{Ax} + 3,75\,\text{kN} - 7,49\,\text{kN} + 3,75\,\text{kN} \cdot \cos 9,46°$$
$$+ 5,36\,\text{kN} \cdot \cos 45° - 5,36\,\text{kN} \cdot \cos 68,2°$$

$$F_{Ax} = -1,76\,\text{kN}$$

$$\Sigma F_{iy} = 0 = F_{Ay} - 4,33\,\text{kN} + 3,75\,\text{kN} \cdot \sin 9,46°$$
$$- 5,36\,\text{kN} \cdot \sin 45° - 5,36\,\text{kN} \cdot \sin 68,2°$$

$$F_{Ay} = 12,48\,\text{kN}$$

$$F_A = \sqrt{12,48^2 + (-1,76)^2}\,\text{kN} = 12,60\,\text{kN}$$

$$\Sigma M_{iA} = 0 = -3,75\,\text{kN} \cdot 0,5\,\text{m} + 7,49\,\text{kN} \cdot 3\,\text{m} - 3,75\,\text{kN} \cdot \cos 9,46° \cdot 8\,\text{m}$$
$$- 5,36\,\text{kN} \cdot \cos 45° \cdot 10\,\text{m} + 5,36\,\text{kN} \cdot \cos 68,2° \cdot 10\,\text{m} + M_A$$

$$M_A = 27\,\text{kN·m}$$

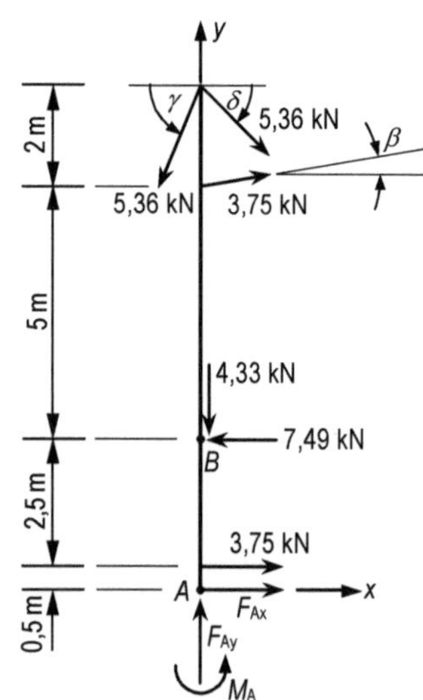

Bild A.67: Mast

7. a)

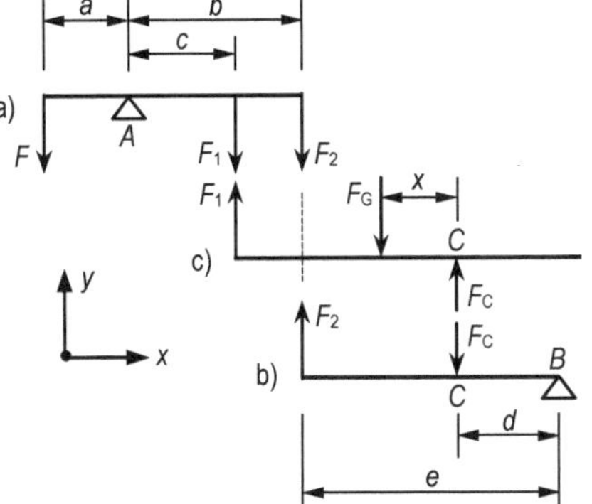

Bild A.68: Balkenwaage

a) Balken 1

b) Balken 2

c) Balken 3

Balken 1 (Bild A.68a)

$$\Sigma M_{iA} = 0 = F \cdot a - F_1 \cdot c - F_2 \cdot b$$

$$F = \frac{1}{a} \cdot \left[F_1 \cdot c + F_2 \cdot b \right] \quad \text{(I)}$$

Balken 2 (Bild A.68b)

$$\Sigma M_{iB} = 0 = F_C \cdot d - F_2 \cdot e \,; \quad F_2 = F_C \cdot \frac{d}{e} \quad \text{(II)}$$

Balken 3 (Bild A.68c)

$$\Sigma F_{iy} = 0 = F_C + F_1 - F_G \,; \quad F_C = F_G - F_1 \quad \text{(III)}$$

$$\Sigma M_{iC} = 0 = F_G \cdot x - F_1 \cdot (b + e - c - d)$$

$$F_1 = \frac{F_G \cdot x}{b + e - c - d} \quad \text{(IV)}$$

(III) in (II): $F_2 = \left(F_G - F_1 \right) \cdot \dfrac{d}{e}$ (V) ;   (IV) in (V): $F_2 = F_G \cdot \dfrac{d}{e} - \dfrac{F_G \cdot x}{b + e - c - d} \cdot \dfrac{d}{e}$ (VI)

(IV) und (VI) in (I): $F = \dfrac{1}{a} \cdot \left[\dfrac{F_G \cdot x}{b + e - c - d} \cdot c + F_G \cdot \dfrac{d}{e} \cdot b - \dfrac{F_G \cdot x}{b + e - c - d} \cdot \dfrac{d}{e} \cdot b \right]$

Wenn F unabhängig von x werden soll, muss gelten:

$$\frac{F_G \cdot x}{b + e - c - d} \cdot c = \frac{F_G \cdot x}{b + e - c - d} \cdot \frac{d}{e} \cdot b$$

$$c = \frac{d}{e} \cdot b \quad \text{bzw.} \quad \frac{c}{b} = \frac{d}{e}$$

b) $F = \dfrac{1}{a} \cdot F_G \cdot \dfrac{d}{e} \cdot b \,; \quad \dfrac{F}{F_G} = \dfrac{1}{10} = \dfrac{d \cdot b}{e \cdot a} = \dfrac{c}{b} \cdot \dfrac{b}{a} = \dfrac{c}{a} \,; \quad \dfrac{c}{a} = \dfrac{1}{10}$

8. a) Gelenkrahmen

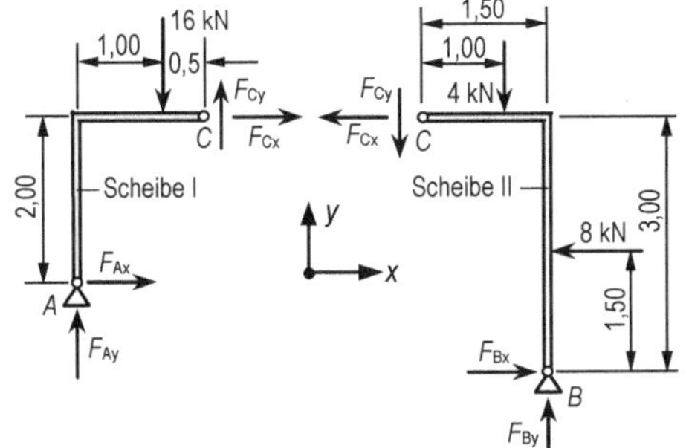

Bild A.69: Gelenkrahmen

Scheibe I:

$\Sigma F_{ix} = 0 = F_{Cx} + F_{Ax}$ (I)

$\Sigma F_{iy} = 0 = F_{Ay} + F_{Cy} - 16\,\text{kN}$ (II)

$\Sigma M_{iC} = 0 = F_{Ax} \cdot 2\,\text{m} - F_{Ay} \cdot 1,5\,\text{m} + 16\,\text{kN} \cdot 0,5\,\text{m}$ (III)

Scheibe II:

$\Sigma F_{ix} = 0 = F_{Bx} - 8\,\text{kN} - F_{Cx}$ (IV)

$\Sigma F_{iy} = 0 = F_{By} - 4\,\text{kN} - F_{Cy}$ (V)

$\Sigma M_{iC} = 0 = F_{By} \cdot 1,5\,\text{m} + F_{Bx} \cdot 3\,\text{m} - 8\,\text{kN} \cdot 1,5\,\text{m} - 4\,\text{kN} \cdot 1\,\text{m}$ (VI)

aus (III) mit (I) und (II): $-F_{Cx} \cdot 2\,\text{m} + F_{Cy} \cdot 1,5\,\text{m} = 16\,\text{kN} \cdot \text{m}$ (VII)

aus (VI) mit (IV) und (V): $F_{Cx} \cdot 3\,\text{m} + F_{Cy} \cdot 1,5\,\text{m} = -14\,\text{kN} \cdot \text{m}$ (VIII)

(VII) − (VIII): $-F_{Cx} \cdot 5\,\text{m} = 30\,\text{kN} \cdot \text{m}$

$\qquad\qquad\qquad F_{Cx} = -6\,\text{kN}$

aus (VII): $F_{Cy} = 2,66\,\text{kN}$

aus (I): $F_{Ax} = -F_{Cx} = 6\,\text{kN}$

aus (II): $F_{Ay} = 16\,\text{kN} - F_{Cy} = 13,33\,\text{kN}$

aus (IV): $F_{Bx} = 8\,\text{kN} + F_{Cx} = 2\,\text{kN}$

aus (V): $F_{By} = 4\,\text{kN} + F_{Cy} = 6,66\,\text{kN}$

$$F_A = \sqrt{6^2 + 13,33^2}\ \text{kN} = 14,62\,\text{kN} \ ; \quad F_B = \sqrt{2^2 + 6,66^2}\ \text{kN} = 6,96\,\text{kN}$$

$$F_C = \sqrt{(-6)^2 + 2,66^2}\ \text{kN} = 6,56\,\text{kN}$$

b) Tragkonstruktion

Gesamtsystem:

$\Sigma M_{iB} = 0 = -F_{Ax} \cdot 2\,\text{m} - 18\,\text{kN} \cdot 4\,\text{m}$

$F_{Ax} = -36\,\text{kN}$

$\Sigma F_{ix} = 0 = F_{Bx} - 36\,\text{kN}$

$F_{Bx} = 36\,\text{kN}$

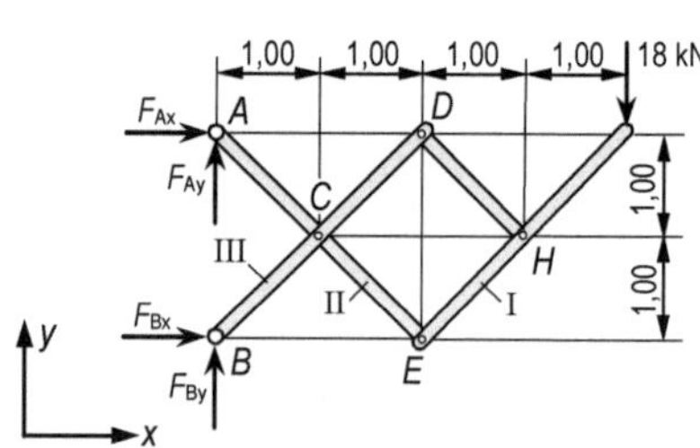

Bild A.70: Tragkonstruktion

Stab I (Bild A.71):

$\Sigma M_{iE} = 0 = 18\,\text{kN} \cdot 2\,\text{m} - F_H \cdot \dfrac{1\,\text{m}}{\sin 45°}$

$F_H = 25,5\,\text{kN}$

$\Sigma F_{ix} = 0 = F_{Ex} - 25,5\,\text{kN} \cdot \cos 45°$

$F_{Ex} = 18\,\text{kN}$

$\Sigma F_{iy} = 0 = F_{Ey} + 25,5\,\text{kN} \cdot \sin 45° - 18\,\text{kN}$

$F_{Ey} = 0$

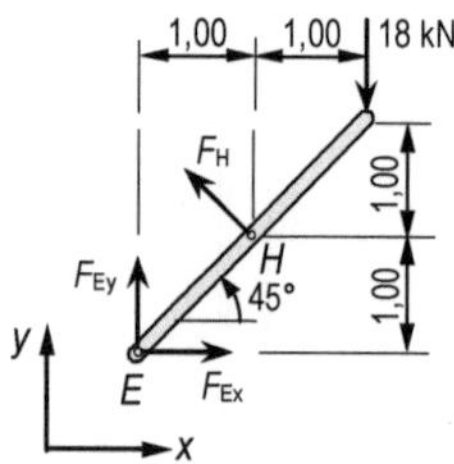

Bild A.71: Stab I

Stab II (Bild A.72):

$\Sigma F_{ix} = 0 = F_{Cx} - 18\,kN - 36\,kN$

$F_{Cx} = 54\,kN$

$\Sigma M_{iC} = 0 = 36\,kN \cdot 1\,m - 18\,kN \cdot 1\,m - F_{Ay} \cdot 1\,m$

$F_{Ay} = 18\,kN$

$\Sigma F_{iy} = 0 = F_{Cy} + 18\,kN$

$F_{Cy} = -18\,kN$

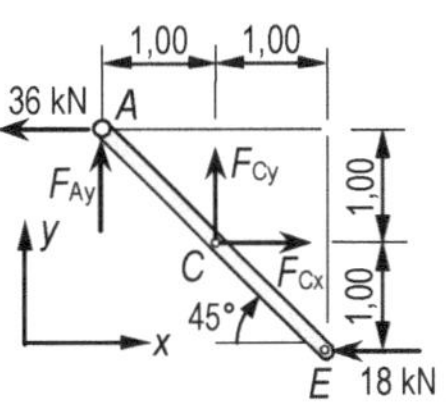

Bild A.72: Stab II

Stab III (Bild A.73):

$\Sigma F_{iy} = 0 = F_{By} + 18\,kN - 18\,kN$

$F_{By} = 0$

$F_A = \sqrt{(-36)^2 + 18^2}\;kN = 40{,}2\,kN$

$F_B = 36\,kN$

$F_C = \sqrt{54^2 + (-18)^2}\;kN = 56{,}9\,kN$

$F_D = F_H = 25{,}5\,kN$

$F_E = 18\,kN$

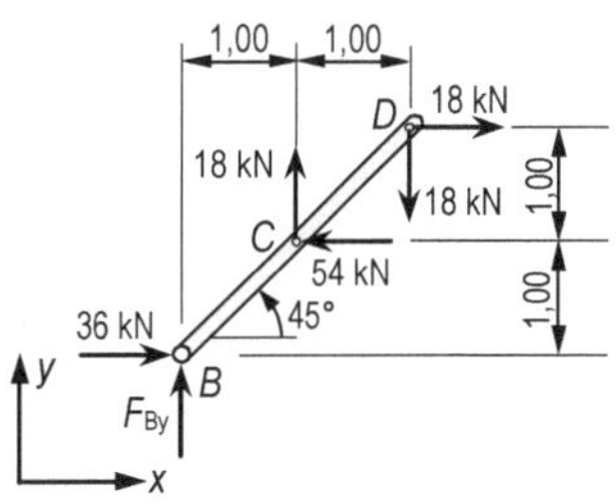

Bild A.73: Stab III

c) Tragwerk

Gesamtsystem (Bild A.74):

$\Sigma M_{iA} = 0 = 8\,kN \cdot 2\,m + 5\,kN \cdot 1\,m - F_{By} \cdot 3\,m$

$F_{By} = 7\,kN$

$\Sigma F_{iy} = 0 = 7\,kN + F_{Ay} - 8\,kN$

$F_{Ay} = 1\,kN$

$\Sigma M_{iE} = 0 = -F_{Ax} \cdot 2\,m - 5\,kN \cdot 1\,m$

$F_{Ax} = -2{,}5\,kN$

$\Sigma F_{ix} = 0 = F_{Bx} - F_{Ax} - 5\,kN$

$F_{Bx} = F_{Ax} + 5\,kN = 2{,}5\,kN$

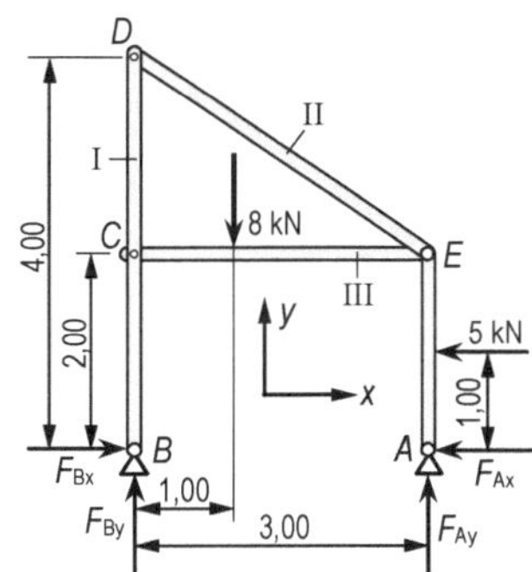

Bild A.74: Tragwerk

Stab I (Bild A.75):

$\Sigma M_{iB} = 0 = -F_{Dx} \cdot 4\,m - F_{Cx} \cdot 2\,m$

$F_{Cx} = -2 \cdot F_{Dx}$

$\Sigma F_{ix} = 0 = F_{Dx} + F_{Cx} + 2{,}5\,kN = F_{Dx} - 2 \cdot F_{Dx} + 2{,}5\,kN$

$F_{Dx} = 2{,}5\,kN\,;\quad F_{Cx} = -2 \cdot F_{Dx} = -5\,kN$

$\Sigma F_{iy} = 0 = 7\,kN - F_{Cy} - F_{Dy}$

$F_{Cy} = 7\,kN - F_{Dy}$ (I)

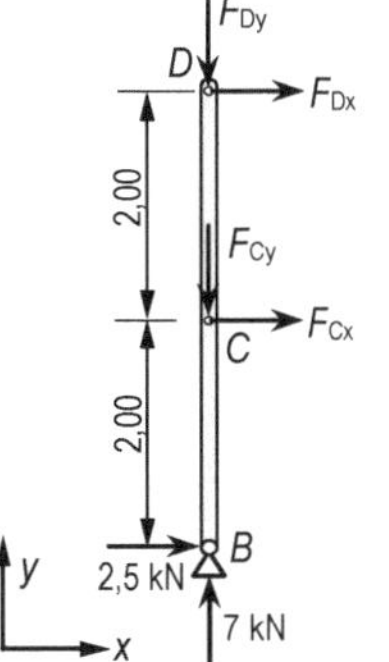

Bild A.75: Stab I

Stab II:

$$\alpha = \arctan\left(\frac{2\,\text{m}}{3\,\text{m}}\right) = 33{,}69°$$

$$F_\text{D} = \frac{F_\text{Dx}}{\cos 33{,}69°} = \frac{2{,}5\,\text{kN}}{\cos 33{,}69°} = 3\,\text{kN}$$

$$F_\text{Dy} = F_\text{D} \cdot \sin 33{,}69° = 3\,\text{kN} \cdot \sin 33{,}69° = 1{,}66\,\text{kN} \quad (\text{II})$$

(II) in (I): $F_\text{Cy} = 7\,\text{kN} - 1{,}66\,\text{kN} = 5{,}34\,\text{kN}$

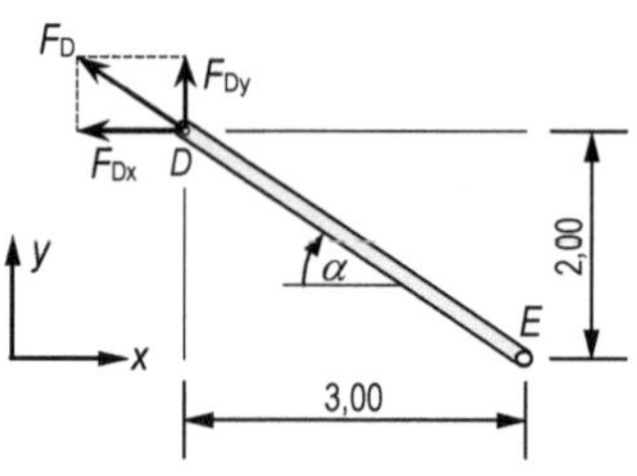

Bild A.76: Stab II

Stab III:

$$\Sigma F_\text{ix} = 0 = 5\,\text{kN} - F_\text{Ex}$$

$$F_\text{Ex} = 5\,\text{kN}$$

$$\Sigma F_\text{iy} = 0 = F_\text{Ey} + 5{,}34\,\text{kN} - 8\,\text{kN}$$

$$F_\text{Ey} = 2{,}66\,\text{kN}$$

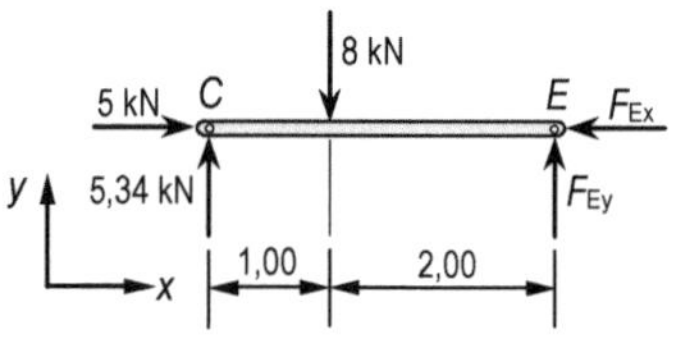

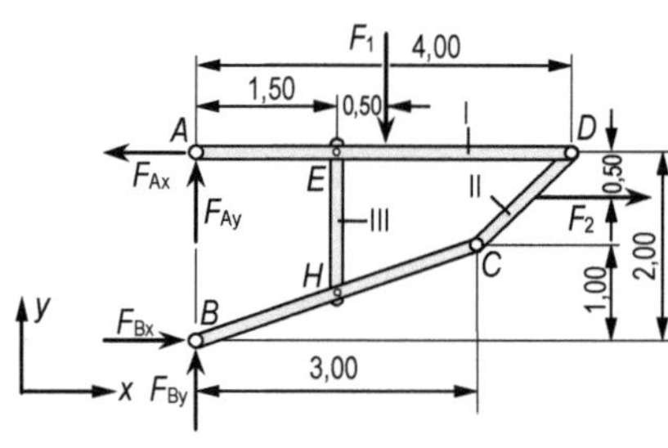

Bild A.77: Stab III

$$F_\text{A} = \sqrt{(-2{,}5)^2 + 1^2}\;\text{kN} = 2{,}69\,\text{kN}; \quad F_\text{B} = \sqrt{2{,}5^2 + 7^2}\;\text{kN} = 7{,}43\,\text{kN}$$

$$F_\text{C} = \sqrt{(-5)^2 + 5{,}34^2}\;\text{kN} = 7{,}31\,\text{kN}; \quad F_\text{D} = 3\,\text{kN}$$

$$F_\text{E} = \sqrt{5^2 + 2{,}66^2}\;\text{kN} = 5{,}66\,\text{kN} \quad (\vec{F}_\text{E}\ \text{ist die Kraft, die im Punkt } E \text{ auf den Stab III wirkt.})$$

d) Tragwerk

Gesamtsystem (Bild A.78):

$$\Sigma M_\text{iB} = 0 = F_\text{Ax} \cdot 2\,\text{m} - F_1 \cdot 2\,\text{m} - F_2 \cdot 1{,}5\,\text{m}$$

$$F_\text{Ax} = F_1 + 0{,}75 \cdot F_2$$

$$\Sigma F_\text{ix} = 0 = F_\text{Bx} - F_\text{Ax} + F_2$$

$$F_\text{Bx} = F_\text{Ax} - F_2 = F_1 - 0{,}25 \cdot F_2$$

$$\Sigma F_\text{iy} = 0 = F_\text{Ay} + F_\text{By} - F_1$$

$$F_\text{By} = F_1 - F_\text{Ay} \quad (\text{I})$$

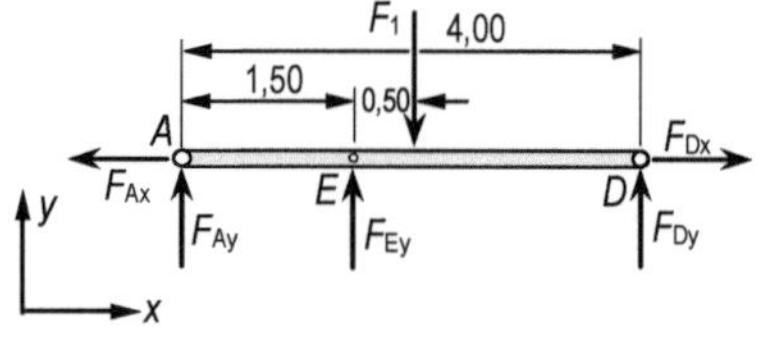

Bild A.78: Tragwerk

Stab I (Bild A.79):

$$\Sigma F_\text{ix} = 0 = F_\text{Dx} - F_\text{Ax}$$

$$F_\text{Dx} = F_\text{Ax} = F_1 + 0{,}75 \cdot F_2$$

$$\Sigma F_\text{iy} = 0 = F_\text{Ay} + F_\text{Ey} + F_\text{Dy} - F_1$$

$$F_\text{Ay} = F_1 - F_\text{Dy} - F_\text{Ey} \quad (\text{II})$$

$$\Sigma M_\text{iA} = 0 = F_\text{Ey} \cdot 1{,}5\,\text{m} + F_\text{Dy} \cdot 4\,\text{m} - F_1 \cdot 2\,\text{m}$$

$$F_\text{Ey} = \frac{1}{1{,}5\,\text{m}} \cdot \left(F_1 \cdot 2\,\text{m} - F_\text{Dy} \cdot 4\,\text{m}\right) \quad (\text{III})$$

Bild A.79: Stab I

Stab II (Bild A.80):

$\Sigma F_{\text{ix}} = 0 = F_{\text{Cx}} + F_2 - F_{\text{Dx}}$

$F_{\text{Cx}} = F_{\text{Dx}} - F_2 = F_1 - 0{,}25 \cdot F_2$

$\Sigma M_{\text{iC}} = 0 = F_{\text{Dx}} \cdot 1\,\text{m} - F_{\text{Dy}} \cdot 1\,\text{m} - F_2 \cdot 0{,}5\,\text{m}$

$F_{\text{Dy}} = F_{\text{Dx}} - 0{,}5 \cdot F_2 = F_1 + 0{,}25 \cdot F_2$

$\Sigma F_{\text{iy}} = 0 = F_{\text{Cy}} - F_{\text{Dy}}$

$F_{\text{Cy}} = F_{\text{Dy}} = F_1 + 0{,}25 \cdot F_2$

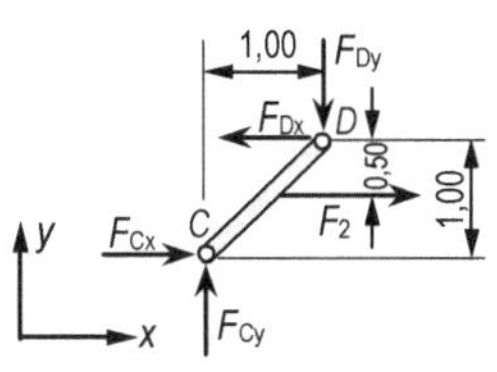

Bild A.80: Stab II

Stab III (Bild A.81):

$\Sigma F_{\text{iy}} = 0 = F_{\text{Hy}} - F_{\text{Ey}}$

$F_{\text{Hy}} = F_{\text{Ey}}$

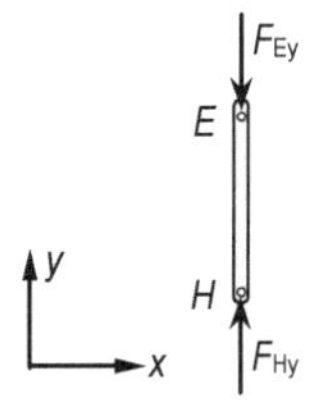

Bild A.81: Stab III

aus (III): $\quad F_{\text{Ey}} = F_{\text{Hy}} = \dfrac{1}{1{,}5\,\text{m}} \cdot \left(F_1 \cdot 2\,\text{m} - F_1 \cdot 4\,\text{m} - 0{,}25 \cdot F_2 \cdot 4\,\text{m}\right) = -\dfrac{1}{3} \cdot \left(4 \cdot F_1 + 2 \cdot F_2\right)$

aus (II): $\quad F_{\text{Ay}} = F_1 - F_1 - 0{,}25 \cdot F_2 + \dfrac{1}{3} \cdot \left(4 \cdot F_1 + 2 \cdot F_2\right) = \dfrac{1}{12} \cdot \left(16 \cdot F_1 + 5 \cdot F_2\right)$

aus (I): $\quad F_{\text{By}} = F_1 - \dfrac{1}{12} \cdot \left(16 \cdot F_1 + 5 \cdot F_2\right) = -\dfrac{1}{12} \cdot \left(4 \cdot F_1 + 5 \cdot F_2\right)$

Zusammenfassung:

Lastfall 1 (LF 1): $F_1 = 30\,\text{kN}$; $F_2 = 0$

Lastfall 2 (LF 2): $F_1 = 0$; $F_2 = 20\,\text{kN}$

	LF	F_A kN	F_B kN	F_C kN	F_D kN	F_E kN	F_H kN
x-Komponente	1	30	30	30	30	–	–
	2	15	– 5	– 5	15	–	–
y-Komponente	1	40	– 10	30	30	– 40	– 40
	2	8,33	– 8,33	5	5	– 13,33	– 13,33
Betrag	1	50	31,63	42,43	42,43	40	40
	2	17,16	9,72	7,07	15,81	13,33	13,33

Abschnitt 7

1.

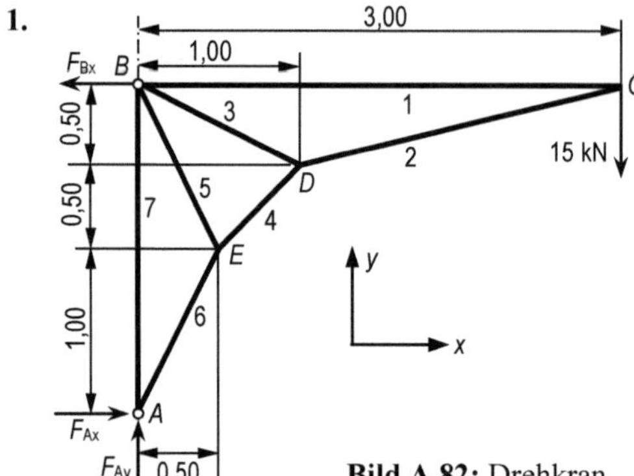

Bild A.82: Drehkran

Gesamtsystem (Bild A.82):

$$\Sigma M_{iA} = 0 = F_{Bx} \cdot 2\,\mathrm{m} - 15\,\mathrm{kN} \cdot 3\,\mathrm{m}$$

$$F_{Bx} = 22,5\,\mathrm{kN}$$

$$\Sigma F_{ix} = 0 = F_{Ax} - F_{Bx}$$

$$F_{Ax} = 22,5\,\mathrm{kN}$$

$$\Sigma F_{iy} = 0 = F_{Ay} - 15\,\mathrm{kN}$$

$$F_{Ay} = 15\,\mathrm{kN}$$

Knoten C (Bild A.83):

$$\alpha = \arctan\left(\frac{0,50\,\mathrm{m}}{2\,\mathrm{m}}\right) = 14,04°$$

$$\Sigma F_{ix} = 0 = -F_{S1} - F_{S2} \cdot \cos 14,04°$$

$$\Sigma F_{iy} = 0 = -15\,\mathrm{kN} - F_{S2} \cdot \sin 14,04°$$

$$F_{S2} = -61,83\,\mathrm{kN}\;;\; F_{S1} = 59,98\,\mathrm{kN}$$

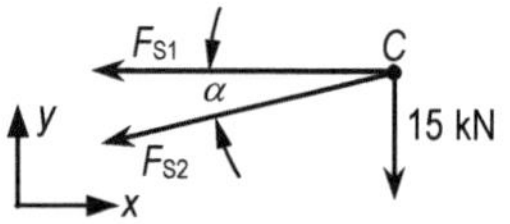

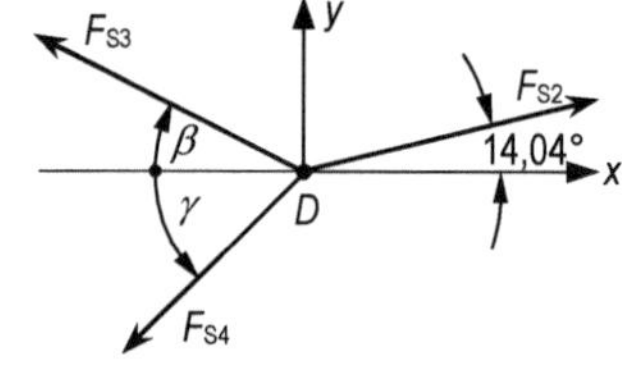

Bild A.83: Knoten C

Knoten D (Bild A.84):

$$\beta = \arctan\left(\frac{0,50\,\mathrm{m}}{1\,\mathrm{m}}\right) = 26,57°$$

$$\gamma = \arctan\left(\frac{0,5\,\mathrm{m}}{0,5\,\mathrm{m}}\right) = 45°$$

$$\Sigma F_{ix} = 0 = F_{S2} \cdot \cos 14,04° - F_{S4} \cdot \cos 45° - F_{S3} \cdot \cos 26,57°$$

$$\Sigma F_{iy} = 0 = F_{S2} \cdot \sin 14,04° + F_{S3} \cdot \sin 26,57° - F_{S4} \cdot \sin 45°$$

Bild A.84: Knoten D

$$F_{S3} = \frac{F_{S4} \cdot \sin 45° - F_{S2} \cdot \sin 14,04°}{\sin 26,57°}\;;\quad F_{S4} = \frac{F_{S2} \cdot \cos 14,04° - F_{S3} \cdot \cos 26,57°}{\cos 45°}$$

$$F_{S3} = \frac{\left(F_{S2} \cdot \cos 14,04° - F_{S3} \cdot \cos 26,57°\right) \cdot \dfrac{\sin 45°}{\cos 45°} - F_{S2} \cdot \sin 14,04°}{\sin 26,57°}$$

$$F_{S3} \cdot \left(\sin 26,57° + \cos 26,57°\right) = F_{S2} \cdot \left(\cos 14,04° - \sin 14,04°\right)$$

$$F_{S3} = \frac{-61,83\,\mathrm{kN} \cdot \left(\cos 14,04° - \sin 14,04°\right)}{\sin 26,57° + \cos 26,57°} = -33,53\,\mathrm{kN}$$

$$F_{S4} = \frac{-61,83\,\mathrm{kN} \cdot \cos 14,04° + 33,53\,\mathrm{kN} \cdot \cos 26,57°}{\cos 45°} = -42,42\,\mathrm{kN}$$

Knoten A (Bild A.85):

$$\delta = \arctan\left(\frac{1\,\text{m}}{0,5\,\text{m}}\right) = 63,43°$$

$$\Sigma F_{ix} = 0 = F_{S6} \cdot \cos 63,43° + 22,5\,\text{kN}$$

$$F_{S6} = -50,30\ \text{kN}$$

$$\Sigma F_{iy} = 0 = F_{S6} \cdot \sin 63,43° + F_{S7} + 15\,\text{kN}$$

$$F_{S7} = 29,99\ \text{kN}$$

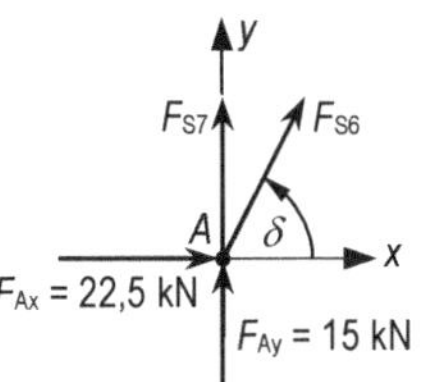

Bild A.85: Knoten A

Knoten E (Bild A.86):

$$\varphi = \arctan\left(\frac{0,5\,\text{m}}{0,5\,\text{m}}\right) = 45°$$

$$\psi = \rho = \arctan\left(\frac{1\,\text{m}}{0,5\,\text{m}}\right) = 63,43°$$

$$\Sigma F_{ix} = 0 = F_{S4} \cdot \cos 45° - F_{S5} \cdot \cos 63,43° - F_{S6} \cdot \cos 63,63°$$

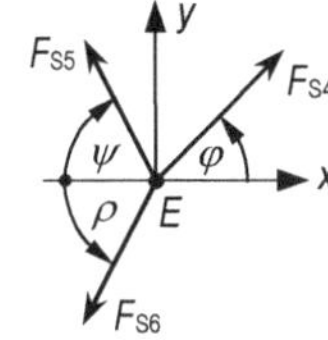

Bild A.86: Knoten E

$$F_{S5} = F_{S4} \cdot \frac{\cos 45°}{\cos 63,43°} - F_{S6} = -42,42\,\text{kN} \cdot \frac{\cos 45°}{\cos 63,43°} + 50,30\,\text{kN} = -16,76\,\text{kN}$$

	Stab 1	Stab 2	Stab 3	Stab 4	Stab 5	Stab 6	Stab 7
Stabkraft F_{Si} in kN	59,98	$-61,83$	$-33,53$	$-42,42$	$-16,76$	$-50,30$	29,99

2.

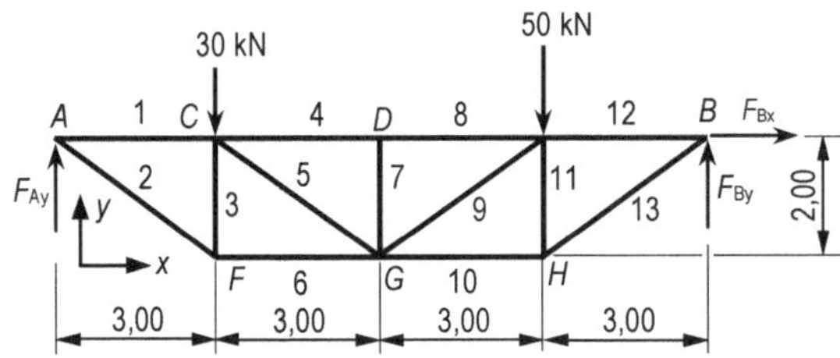

Bild A.87: Fachwerkträger

Gesamtsystem:

$$\Sigma F_{ix} = 0 = F_{Bx}$$

$$\Sigma M_{iA} = 0 = F_{By} \cdot 12\,\text{m} - 50\,\text{kN} \cdot 9\,\text{m} - 30\,\text{kN} \cdot 3\,\text{m}\ ;\quad F_{By} = 45\ \text{kN}$$

$$\Sigma F_{iy} = 0 = F_{Ay} + F_{By} - 50\,\text{kN} - 30\,\text{kN}\ ;\quad F_{Ay} = 50\,\text{kN} + 30\,\text{kN} - 45\,\text{kN} = 35\ \text{kN}$$

Knoten A (Bild A.88):

$$\alpha = \arctan\left(\frac{2\,\text{m}}{3\,\text{m}}\right) = 33,69°$$

$$\Sigma F_{iy} = 0 = 35\,\text{kN} - F_{S2} \cdot \sin 33,69°$$

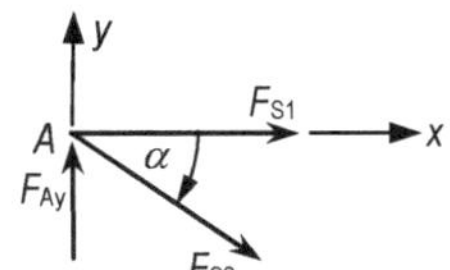

Bild A.88: Knoten A

$F_{S2} = 63{,}10\,\text{kN}$

$\Sigma F_{\text{ix}} = 0 = F_{S2} \cdot \cos 33{,}69° + F_{S1}$

$F_{S1} = -52{,}50\,\text{kN}$

Knoten B (Bild A.89):

$$\beta = \arctan\left(\frac{2\,\text{m}}{3\,\text{m}}\right) = 33{,}69°$$

$\Sigma F_{\text{iy}} = 0 = -F_{S13} \cdot \sin 33{,}69° + F_{\text{By}}$

$$F_{S13} = \frac{F_{\text{By}}}{\sin 33{,}69°} = \frac{45\,\text{kN}}{\sin 33{,}69°} = 81{,}13\,\text{kN}$$

$\Sigma F_{\text{ix}} = 0 = -F_{S12} - F_{S13} \cdot \cos 33{,}69°$

$F_{S12} = -F_{S13} \cdot \cos 33{,}69° = -81{,}13\,\text{kN} \cdot \cos 33{,}69° = -67{,}50\,\text{kN}$

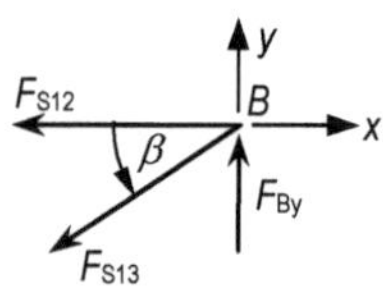

Bild A.89: Knoten B

Knoten F (Bild A.90):

$\alpha = 33{,}69°$

$\Sigma F_{\text{ix}} = 0 = F_{S6} - F_{S2} \cdot \cos 33{,}69°$; $F_{S6} = 63{,}10\,\text{kN} \cdot \cos 33{,}69° = 52{,}50\,\text{kN}$

$\Sigma F_{\text{iy}} = 0 = F_{S2} \cdot \sin 33{,}69° + F_{S3}$; $F_{S3} = -63{,}10\,\text{kN} \cdot \sin 33{,}69° = -35{,}00\,\text{kN}$

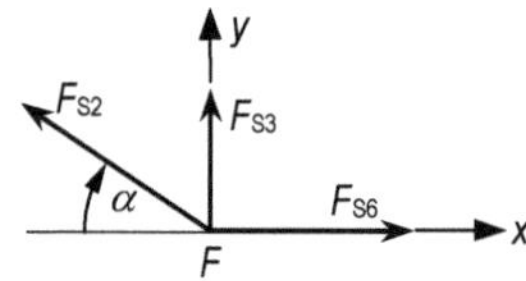

Bild A.90: Knoten F

Knoten H:

$$F_{S10} = F_{S6} \cdot \frac{F_{S13}}{F_{S2}} = 52{,}50\,\text{kN} \cdot \frac{81{,}13\,\text{kN}}{63{,}10\,\text{kN}} = 67{,}50\,\text{kN}$$

$$F_{S11} = F_{S3} \cdot \frac{F_{S13}}{F_{S2}} = -35{,}00\,\text{kN} \cdot \frac{81{,}13\,\text{kN}}{63{,}10\,\text{kN}} = -45{,}00\,\text{kN}$$

Knoten G (Bild A.91):

$$\gamma = \arctan\left(\frac{2\,\text{m}}{3\,\text{m}}\right) = 33{,}69°$$

$\Sigma F_{\text{ix}} = 0 = F_{S9} \cdot \cos 33{,}69° + F_{S10} - F_{S5} \cdot \cos 33{,}69° - F_{S6}$

$$F_{S9} - F_{S5} = \frac{F_{S6} - F_{S10}}{\cos 33{,}69°} = \frac{52{,}50\,\text{kN} - 67{,}50\,\text{kN}}{\cos 33{,}69°} = -18{,}03\,\text{kN}\ (\text{I})$$

$\Sigma F_{\text{iy}} = 0 = F_{S5} \cdot \sin 33{,}69° + F_{S9} \cdot \sin 33{,}69°$

$F_{S5} + F_{S9} = 0\ (\text{II})$

aus (I) und (II): $F_{S5} = 9{,}02\,\text{kN}$; $F_{S9} = -9{,}02\,\text{kN}$

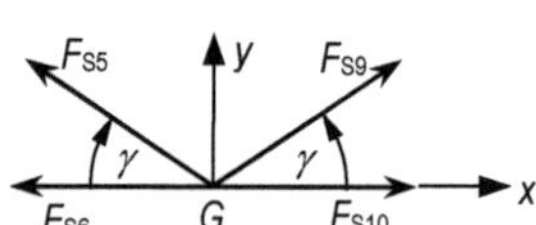

Bild A.91: Knoten G

Knoten C (Bild A.92):

$\Sigma F_{\text{ix}} = 0 = F_{S4} + F_{S5} \cdot \cos 33{,}69° - F_{S1}$

$F_{S4} = -52{,}50\,\text{kN} - 9{,}02\,\text{kN} \cdot \cos 33{,}69° = -60{,}00\,\text{kN}$

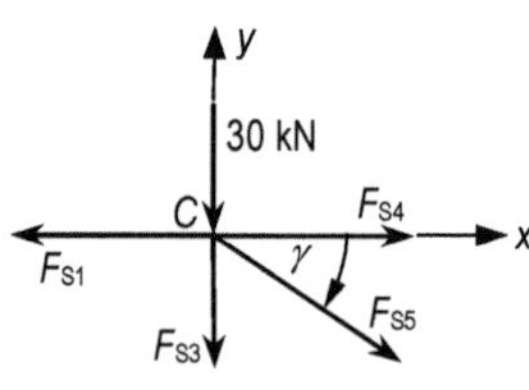

Bild A.92: Knoten C

Knoten D:

$F_{S7} = 0$ (Nullstab)

$\Sigma F_{ix} = 0 = F_{S8} - F_{S4}$; $F_{S8} = F_{S4} = -60{,}00\,\text{kN}$

	Stab 1	Stab 2	Stab 3	Stab 4	Stab 5	Stab 6
Stabkraft F_{Si} in kN	$-52{,}50$	$63{,}10$	$-35{,}00$	$-60{,}00$	$9{,}02$	$52{,}50$

	Stab 7	Stab 8	Stab 9	Stab 10	Stab 11	Stab 12	Stab 13
Stabkraft F_{Si} in kN	0	$-60{,}00$	$-9{,}02$	$67{,}50$	$-45{,}00$	$-67{,}50$	$81{,}13$

3.

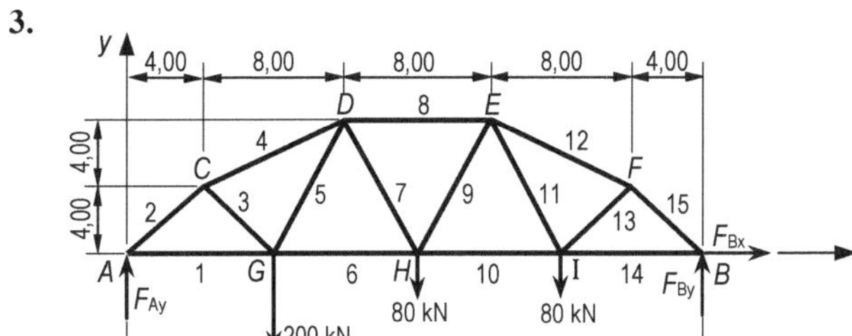

Bild A.93: Fachwerkbrücke

Gesamtsystem:

$\Sigma F_{ix} = 0 = F_{Bx}$

$\Sigma M_{iB} = 0 = 200\,\text{kN} \cdot 24\,\text{m} + 80\,\text{kN} \cdot 16\,\text{m} + 80\,\text{kN} \cdot 8\,\text{m} - F_{Ay} \cdot 32\,\text{m}$

$F_{Ay} = 210\,\text{kN}$

$\Sigma F_{iy} = 0 = 210\,\text{kN} + F_{By} - 200\,\text{kN} - 80\,\text{kN} - 80\,\text{kN}$

$F_{By} = 150\,\text{kN}$

Knoten A (Bild A.94):

$\alpha = \arctan\left(\dfrac{4\,\text{m}}{4\,\text{m}}\right) = 45°$

$\Sigma F_{iy} = 0 = F_{S2} \cdot \sin 45° + F_{Ay}$

$F_{S2} = -\dfrac{210\,\text{kN}}{\sin 45°} = -296{,}98\,\text{kN}$

$\Sigma F_{ix} = 0 = F_{S1} + F_{S2} \cdot \cos 45°$

$F_{S1} = 210\,\text{kN}$

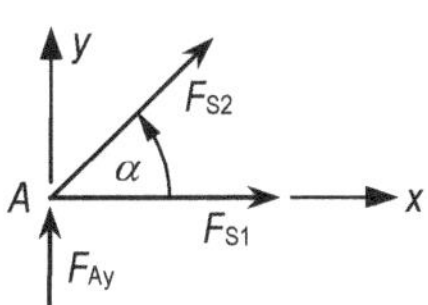

Bild A.94: Knoten A

Knoten C (Bild A.95):

$\beta = \arctan\left(\dfrac{4\,\text{m}}{8\,\text{m}}\right) = 26{,}57°$; $\gamma = \delta = \arctan\left(\dfrac{4\,\text{m}}{4\,\text{m}}\right) = 45°$

$\Sigma F_{ix} = 0 = F_{S3} \cdot \cos 45° + F_{S4} \cdot \cos 26{,}57° - F_{S2} \cdot \cos 45°$ (I)

$\Sigma F_{iy} = 0 = -F_{S3} \cdot \sin 45° + F_{S4} \cdot \sin 26{,}57° - F_{S2} \cdot \sin 45°$ (II)

(I) + (II) : $F_{S4} \cdot (\sin 26{,}57° + \cos 26{,}57°) = F_{S2} \cdot (\sin 45° + \cos 45°)$

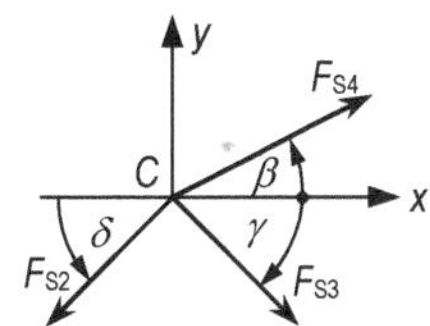

Bild A.95: Knoten C

$$F_{S4} = \frac{F_{S2} \cdot (\sin 45° + \cos 45°)}{\sin 26,57° + \cos 26,57°} = \frac{-296,98\,\text{kN} \cdot (\sin 45° + \cos 45°)}{\sin 26,57° + \cos 26,57°} = -313,04\,\text{kN}$$

$$\text{aus (II)}: F_{S3} = F_{S4} \cdot \frac{\sin 26,57°}{\sin 45°} - F_{S2} = -313,04\,\text{kN} \cdot \frac{\sin 26,57°}{\sin 45°} + 296,98\,\text{kN} = 98,96\,\text{kN}$$

Knoten B:

$$F_{S14} = F_{S1} \cdot \frac{F_{By}}{F_{Ay}} = 210\,\text{kN} \cdot \frac{150\,\text{kN}}{210\,\text{kN}} = 150\,\text{kN}$$

$$F_{S15} = F_{S2} \cdot \frac{F_{By}}{F_{Ay}} = -296,98\,\text{kN} \cdot \frac{150\,\text{kN}}{210\,\text{kN}} = -212,13\,\text{kN}$$

Knoten F:

$$F_{S13} = F_{S3} \cdot \frac{F_{S15}}{F_{S2}} = 98,96\,\text{kN} \cdot \frac{-212,13\,\text{kN}}{-296,98\,\text{kN}} = 70,69\,\text{kN}$$

$$F_{S12} = F_{S4} \cdot \frac{F_{S15}}{F_{S2}} = -313,04\,\text{kN} \cdot \frac{-212,13\,\text{kN}}{-296,98\,\text{kN}} = -223,60\,\text{kN}$$

Stabkraft F_{S8} (Bild A.96):

mit Ritter-Schnitt:

$$\Sigma M_{iH} = 0 = -F_{S8} \cdot 8\,\text{m} + 200\,\text{kN} \cdot 8\,\text{m} - F_{Ay} \cdot 16\,\text{m}$$

$$F_{S8} = \frac{200\,\text{kN} \cdot 8\,\text{m} - 210\,\text{kN} \cdot 16\,\text{m}}{8\,\text{m}} = -220\,\text{kN}$$

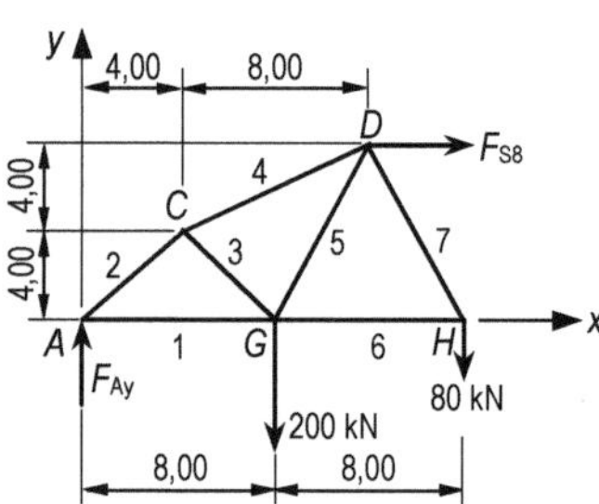

Bild A.96: Geschnittenes System

Knoten D (Bild A.97):

$$\varphi = \psi = \arctan\left(\frac{8\,\text{m}}{4\,\text{m}}\right) = 63,43°$$

$$\rho = \arctan\left(\frac{4\,\text{m}}{8\,\text{m}}\right) = 26,57°$$

$$\Sigma F_{ix} = 0 = F_{S8} - F_{S4} \cdot \cos 26,57° + (F_{S7} - F_{S5}) \cdot \cos 63,43°$$

$$F_{S7} - F_{S5} = \frac{220\,\text{kN} - 313,04\,\text{kN} \cdot \cos 26,57°}{\cos 63,43°} = -134,09\,\text{kN} \quad \text{(III)}$$

$$\Sigma F_{iy} = 0 = -(F_{S5} + F_{S7}) \cdot \sin 63,43° - F_{S4} \cdot \sin 26,57°$$

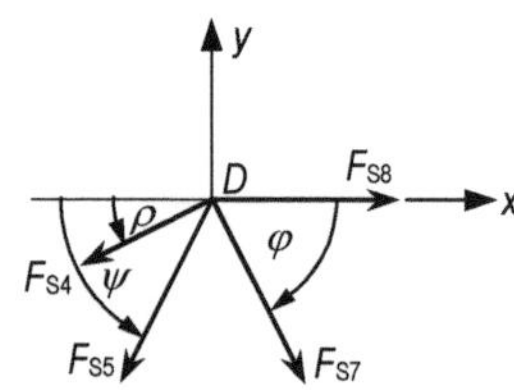

Bild A.97: Knoten D

$$F_{S5} + F_{S7} = \frac{313,04\,\text{kN} \cdot \sin 26,57°}{\sin 63,43°} = 156,55\,\text{kN} \quad \text{(IV)}$$

$$\text{(III)} - \text{(IV)}: \quad -2 \cdot F_{S5} = -134,09\,\text{kN} - 156,55\,\text{kN}$$

$$F_{S5} = 145,32\,\text{kN}$$

$$\text{aus (III)}: F_{S7} = -134,09\,\text{kN} + 145,32\,\text{kN} = 11,23\,\text{kN}$$

Knoten E (Bild A.98):

$$\Sigma F_{ix} = 0 = -F_{S8} + F_{S12} \cdot \cos 26{,}57° + (F_{S11} - F_{S9}) \cdot \cos 63{,}43°$$

$$F_{S11} - F_{S9} = \frac{-220\,\text{kN} + 223{,}60\,\text{kN} \cdot \cos 26{,}57°}{\cos 63{,}43°} = -44{,}75\,\text{kN} \ \ (V)$$

$$\Sigma F_{iy} = 0 = -F_{S12} \cdot \sin 26{,}57° - (F_{S9} + F_{S11}) \cdot \sin 63{,}43°$$

$$F_{S9} + F_{S11} = \frac{223{,}60\,\text{kN} \cdot \sin 26{,}57°}{\sin 63{,}43°} = 111{,}82\,\text{kN} \ \ (VI)$$

$$(V) - (VI): \ -2 \cdot F_{S9} = -44{,}75\,\text{kN} - 111{,}82\,\text{kN} = -156{,}57\,\text{kN}$$

$$F_{S9} = 78{,}29\,\text{kN}$$

aus (V): $\ F_{S11} = -44{,}75\,\text{kN} + 78{,}29\,\text{kN} = 33{,}54\,\text{kN}$

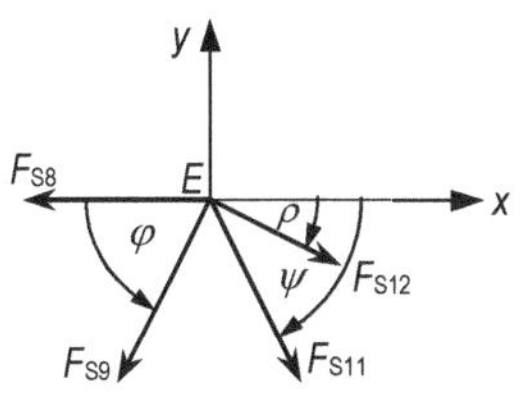

Bild A.98: Knoten E

Stabkraft F_{S6} (Bild A.99):

mit Ritter-Schnitt

$$\Sigma M_{iD} = 0 = F_{S6} \cdot 8\,\text{m} + 200\,\text{kN} \cdot 4\,\text{m} - 210\,\text{kN} \cdot 12\,\text{m}$$

$$F_{S6} = 215\,\text{kN}$$

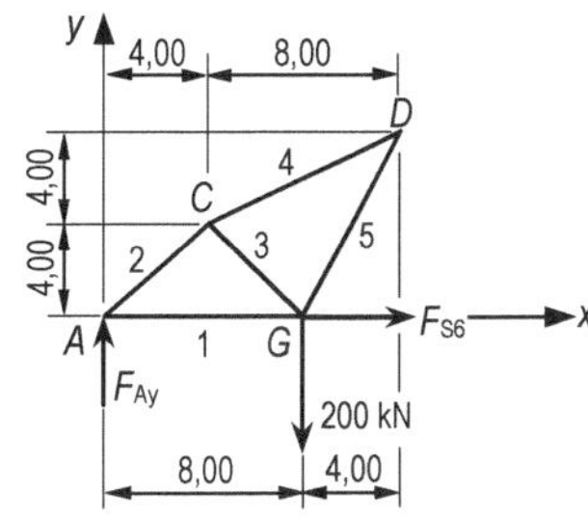

Bild A.99: Geschnittenes System

Stabkraft F_{S10} (Bild A.100):

mit Ritter-Schnitt

$$\Sigma M_{iE} = 0 = 150\,\text{kN} \cdot 12\,\text{m} - F_{S10} \cdot 8\,\text{m} - 80\,\text{kN} \cdot 4\,\text{m}$$

$$F_{S10} = 185\,\text{kN}$$

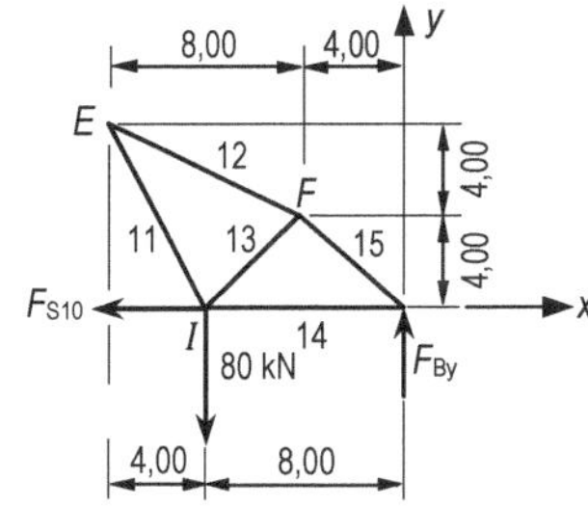

Bild A.100: Geschnittenes System

Stabkraft F_{Si} in kN	Stab 1	Stab 2	Stab 3	Stab 4	Stab 5	Stab 6	Stab 7
	210,00	− 296,98	98,96	− 313,04	145,32	215,00	11,23

Stabkraft F_{Si} in kN	Stab 8	Stab 9	Stab 10	Stab 11	Stab 12	Stab 13	Stab 14	Stab 15
	− 220,00	78,29	185,00	33,54	− 223,60	70,69	150,00	− 212,13

4.

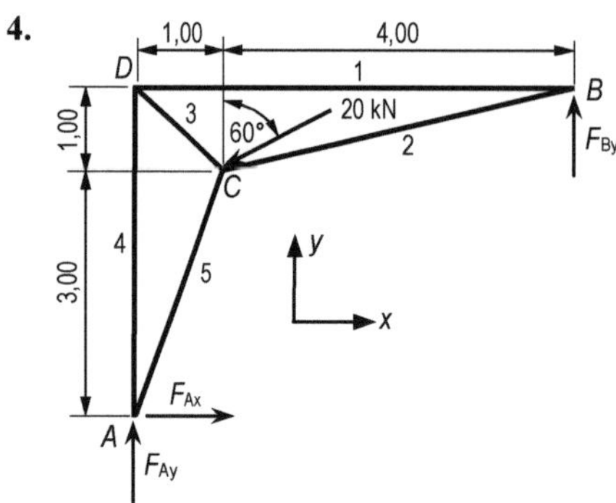

Bild A.101: Fachwerkträger

Gesamtsystem (Bild A.101):

$\Sigma F_{ix} = 0 = F_{Ax} - 20\,\text{kN} \cdot \sin 60°$

$F_{Ax} = 17{,}32\,\text{kN}$

$\Sigma M_{iA} = 0$

$F_{By} \cdot 5\,\text{m} + 20\,\text{kN} \cdot \sin 60° \cdot 3\,\text{m} - 20\,\text{kN} \cdot \cos 60° \cdot 1\,\text{m} = 0$

$F_{By} = -8{,}39\,\text{kN}$

$\Sigma F_{iy} = 0 = F_{Ay} - 20\,\text{kN} \cdot \cos 60° - 8{,}39\,\text{kN}$

$F_{Ay} = 18{,}39\,\text{kN}$

Knoten B (Bild A.102):

$\alpha = \arctan\left(\dfrac{1\,\text{m}}{4\,\text{m}}\right) = 14{,}04°$

$\Sigma F_{iy} = 0 = F_{By} - F_{S2} \cdot \sin 14{,}04°$

$F_{S2} = \dfrac{F_{By}}{\sin 14{,}04°} = -\dfrac{8{,}39\,\text{kN}}{\sin 14{,}04°} = -34{,}58\,\text{kN}$

$\Sigma F_{ix} = 0 = -F_{S1} - F_{S2} \cdot \cos 14{,}04°$

$F_{S1} = -F_{S2} \cdot \cos 14{,}04° = 34{,}58\,\text{kN} \cdot \cos 14{,}04° = 33{,}55\,\text{kN}$

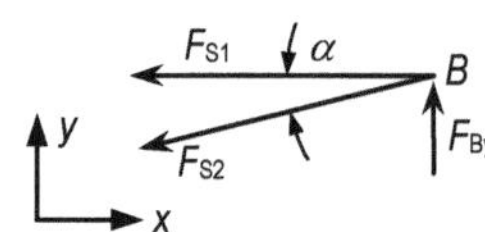

Bild A.102: Knoten B

Knoten A (Bild A.103):

$\beta = \arctan\left(\dfrac{3\,\text{m}}{1\,\text{m}}\right) = 71{,}57°$

$\Sigma F_{ix} = 0 = F_{Ax} + F_{S5} \cdot \cos 71{,}57°$

$F_{S5} = \dfrac{-17{,}32\,\text{kN}}{\cos 71{,}57°} = -54{,}78\,\text{kN}$

$\Sigma F_{iy} = 0 = F_{S5} \cdot \sin 71{,}57° + F_{S4} + F_{Ay}$

$F_{S4} = -F_{Ay} - F_{S5} \cdot \sin 71{,}57° = 33{,}58\,\text{kN}$

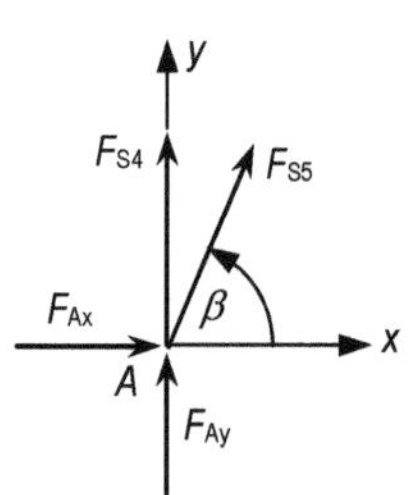

Bild A.103: Knoten A

Knoten D (Bild A.104):

$\gamma = \arctan\left(\dfrac{1\,\text{m}}{1\,\text{m}}\right) = 45°$

$\Sigma F_{ix} = 0 = F_{S3} \cdot \cos 45° + F_{S1}$

$F_{S3} = -\dfrac{F_{S1}}{\cos 45°} = -\dfrac{33{,}55\,\text{kN}}{\cos 45°} = -47{,}45\,\text{kN}$

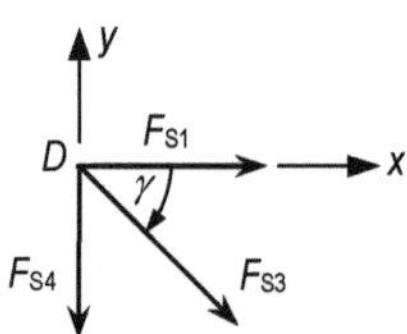

Bild A.104: Knoten D

	Stab 1	Stab 2	Stab 3	Stab 4	Stab 5
Stabkraft F_{Si} in kN	33,55	−34,58	−47,45	33,58	−54,78

5.

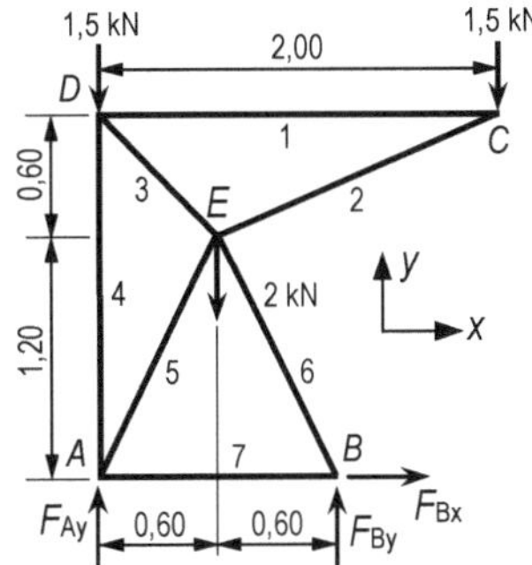

Bild A.105: Fachwerkträger

Knoten C (Bild A.106):

$$\alpha = \arctan\left(\frac{0{,}60\,\text{m}}{1{,}40\,\text{m}}\right) = 23{,}20°$$

$$\Sigma F_{iy} = 0 = -F_{S2} \cdot \sin 23{,}20° - 1{,}5\,\text{kN}$$

$$F_{S2} = -\frac{1{,}5\,\text{kN}}{\sin 23{,}20°} = -3{,}81\,\text{kN}$$

$$\Sigma F_{ix} = 0 = -F_{S1} - F_{S2} \cdot \cos 23{,}20°$$

$$F_{S1} = 3{,}81\,\text{kN} \cdot \cos 23{,}20° = 3{,}50\,\text{kN}$$

Knoten D (Bild A.107):

$$\beta = \arctan\left(\frac{0{,}60\,\text{m}}{0{,}60\,\text{m}}\right) = 45°$$

$$\Sigma F_{ix} = 0 = F_{S1} + F_{S3} \cdot \cos 45°$$

$$F_{S3} = -\frac{F_{S1}}{\cos 45°} = -\frac{3{,}50\,\text{kN}}{\cos 45°} = -4{,}95\,\text{kN}$$

$$\Sigma F_{iy} = 0 = -1{,}5\,\text{kN} - F_{S3} \cdot \sin 45° - F_{S4}$$

$$F_{S4} = -1{,}5\,\text{kN} + 3{,}5\,\text{kN} = 2\,\text{kN}$$

Knoten E (Bild A.108):

$$\gamma = \arctan\left(\frac{1{,}20\,\text{m}}{0{,}60\,\text{m}}\right) = 63{,}43°$$

$$\Sigma F_{ix} = 0 = F_{S2} \cdot \cos 23{,}20° - F_{S3} \cdot \cos 45°$$
$$- F_{S5} \cdot \cos 63{,}43° + F_{S6} \cdot \cos 63{,}43°$$

Gesamtsystem (Bild A.105):

$$\Sigma F_{ix} = 0 = F_{Bx}$$

$$\Sigma M_{iA} = 0 = F_{By} \cdot 1{,}2\,\text{m} - 1{,}5\,\text{kN} \cdot 2\,\text{m} - 2\,\text{kN} \cdot 0{,}6\,\text{m}$$

$$F_{By} = 3{,}50\,\text{kN}$$

$$\Sigma F_{iy} = 0 = F_{Ay} + 3{,}5\,\text{kN} - 5\,\text{kN}$$

$$F_{Ay} = 1{,}5\,\text{kN}$$

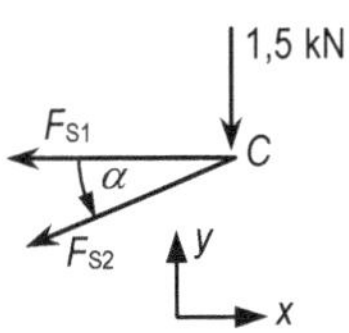

Bild A.106: Knoten C

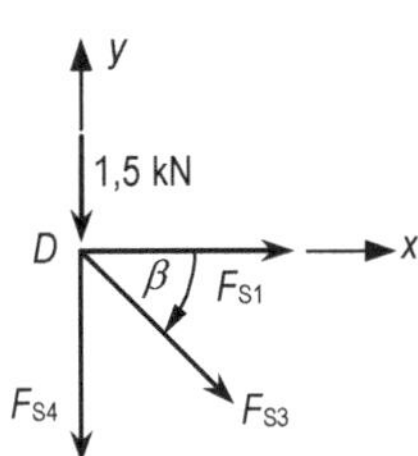

Bild A.107: Knoten D

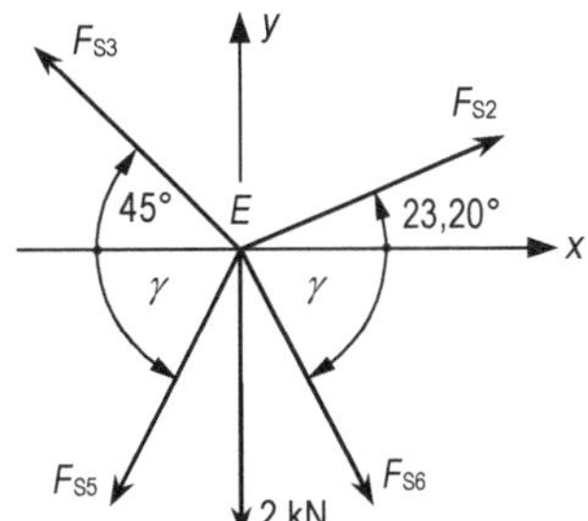

Bild A.108: Knoten E

$$F_{S5} - F_{S6} = \frac{-3{,}81\,\text{kN} \cdot \cos 23{,}20° + 4{,}95\,\text{kN} \cdot \cos 45°}{\cos 63{,}43°} = 0 \quad \text{(I)}$$

$$\Sigma F_{iy} = 0 = F_{S2} \cdot \sin 23{,}20° + F_{S3} \cdot \sin 45° - (F_{S5} + F_{S6}) \cdot \sin 63{,}43° - 2\,\text{kN}$$

$$F_{S5} + F_{S6} = \frac{-3{,}81\,\text{kN} \cdot \sin 23{,}20° - 4{,}95\,\text{kN} \cdot \sin 45° - 2\,\text{kN}}{\sin 63{,}43°} = -7{,}82\,\text{kN} \quad \text{(II)}$$

aus (II): $F_{S5} = -7{,}82\,\text{kN} - F_{S6}$

in (I): $-7{,}82\,\text{kN} - 2 \cdot F_{S6} = 0$

$F_{S6} = -3{,}91\,\text{kN} \; ; \quad F_{S5} = -3{,}91\,\text{kN}$

Stabkraft F_{S7} (Bild A.109):

mit Ritter Schnitt

$$\Sigma M_{iE} = 0 = F_{By} \cdot 0{,}6\,\text{m} - F_{S7} \cdot 1{,}2\,\text{m}$$

$$F_{S7} = 3{,}5\,\text{kN} \cdot \frac{0{,}6\,\text{m}}{1{,}2\,\text{m}} = 1{,}75\,\text{kN}$$

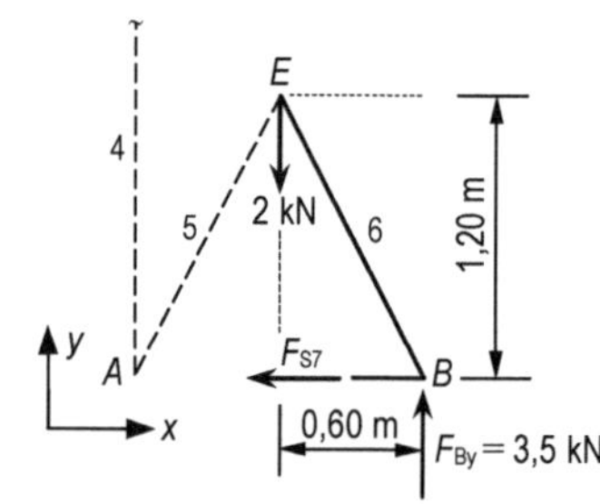

Bild A.109: Geschnittenes System

	Stab 1	Stab 2	Stab 3	Stab 4	Stab 5	Stab 6	Stab 7
Stabkraft F_{Si} in kN	3,50	− 3,81	− 4,95	2,00	− 3,91	− 3,91	1,75

6.

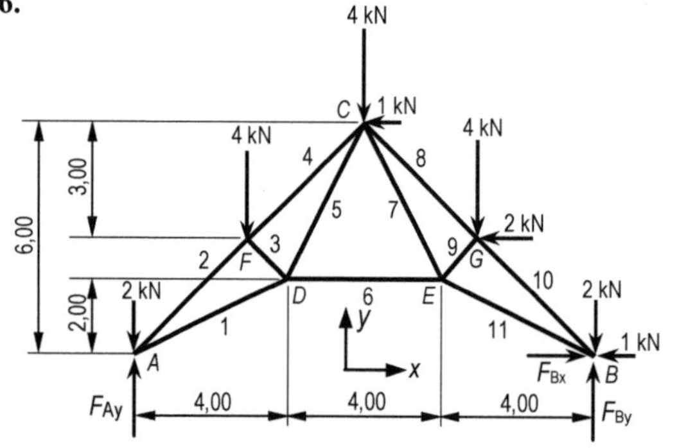

Bild A.110: Dachbinder

Gesamtsystem (Bild A.110):

$$\Sigma F_{ix} = 0 = F_{Bx} - 2\,\text{kN} - 1\,\text{kN} - 1\,\text{kN}$$

$$F_{Bx} = 4\,\text{kN}$$

$$\Sigma M_{iA} = 0 = F_{By} \cdot 12\,\text{m} - 2\,\text{kN} \cdot 12\,\text{m} - 4\,\text{kN} \cdot 9\,\text{m}$$

$$- 4\,\text{kN} \cdot 6\,\text{m} - 4\,\text{kN} \cdot 3\,\text{m} + 1\,\text{kN} \cdot 6\,\text{m} + 2\,\text{kN} \cdot 3\,\text{m}$$

$$F_{By} = 7\,\text{kN}$$

$$\Sigma F_{iy} = 0 = F_{Ay} + 7\,\text{kN} - 3 \cdot 4\,\text{kN} - 2 \cdot 2\,\text{kN}$$

$$F_{Ay} = 9\,\text{kN}$$

Knoten A (Bild A.111):

$$\alpha = \arctan\left(\frac{2\,\text{m}}{4\,\text{m}}\right) = 26{,}57°$$

$$\beta = \arctan\left(\frac{6\,\text{m}}{6\,\text{m}}\right) = 45°$$

$$\Sigma F_{ix} = 0 = F_{S1} \cdot \cos 26{,}57° + F_{S2} \cdot \cos 45°$$

$$F_{S1} = -F_{S2} \cdot \frac{\cos 45°}{\cos 26{,}57°} \quad \text{(I)}$$

$$\Sigma F_{iy} = 0 = 9\,\text{kN} - 2\,\text{kN} + F_{S1} \cdot \sin 26{,}57° + F_{S2} \cdot \sin 45°$$

Mit (I)

$$7\,\text{kN} - F_{S2} \cdot \cos 45° \cdot \tan 26{,}57° + F_{S2} \cdot \sin 45° = 0$$

$$F_{S2} = \frac{7\,\text{kN}}{\cos 45° \cdot \tan 26{,}57° - \sin 45°} = -19{,}80\,\text{kN}$$

Aus (I): $F_{S1} = 15{,}65\,\text{kN}$

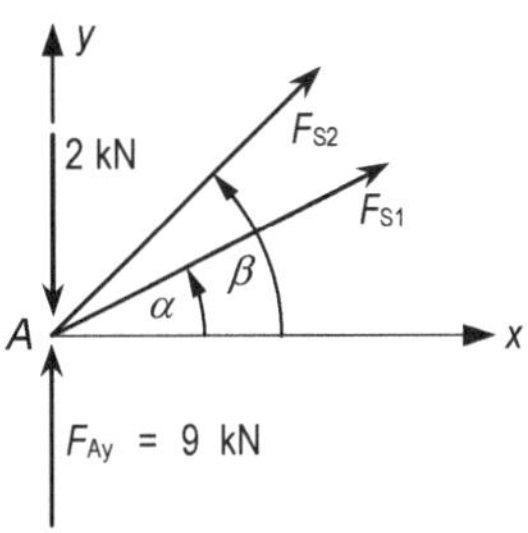

Bild A.111: Knoten A

Knoten B (Bild A.112):

$$\Sigma F_{ix} = 0 = 4\,\text{kN} - 1\,\text{kN} - F_{S10} \cdot \cos 45° - F_{S11} \cdot \cos 26{,}57°$$

$$F_{S10} = \frac{3\,\text{kN} - F_{S11} \cdot \cos 26{,}57°}{\cos 45°} \quad \text{(II)}$$

$$\Sigma F_{iy} = 0 = 7\,\text{kN} - 2\,\text{kN} + F_{S10} \cdot \sin 45° + F_{S11} \cdot \sin 26{,}57°$$

Mit (II)

$$5\,\text{kN} + 3\,\text{kN} - F_{S11} \cdot \cos 26{,}57° + F_{S11} \cdot \sin 26{,}57° = 0$$

$$F_{S11} = \frac{8\,\text{kN}}{\cos 26{,}57° - \sin 26{,}57°} = 17{,}89\,\text{kN}$$

Aus (II): $F_{S10} = -18{,}39\,\text{kN}$

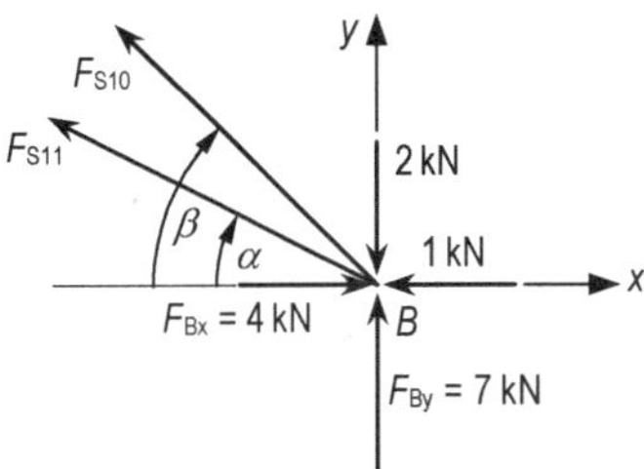

Bild A.112: Knoten B

Knoten F (Bild A.113):

$\beta = 45°$ (Neigungswinkel der Stäbe 2 und 4 sind gleich.)

$$\Sigma F_{ix} = 0 = F_{S4} \cdot \cos 45° + F_{S3} \cdot \cos 45° - F_{S2} \cdot \cos 45°$$

$$F_{S3} + F_{S4} = F_{S2} = -19{,}80\,\text{kN} \quad \text{(III)}$$

$$\Sigma F_{iy} = 0 = F_{S4} \cdot \sin 45° - (F_{S2} + F_{S3}) \cdot \sin 45° - 4\,\text{kN}$$

$$F_{S3} - F_{S4} = -F_{S2} - \frac{4\,\text{kN}}{\sin 45°} = 14{,}14\,\text{kN} \quad \text{(IV)}$$

(III) − (IV) $2 \cdot F_{S4} = -19{,}80\,\text{kN} - 14{,}14\,\text{kN} = -33{,}94\,\text{kN}$

$$F_{S4} = -16{,}97\,\text{kN}$$

aus (III) $F_{S3} = -19{,}80\,\text{kN} + 16{,}97\,\text{kN} = -2{,}83\,\text{kN}$

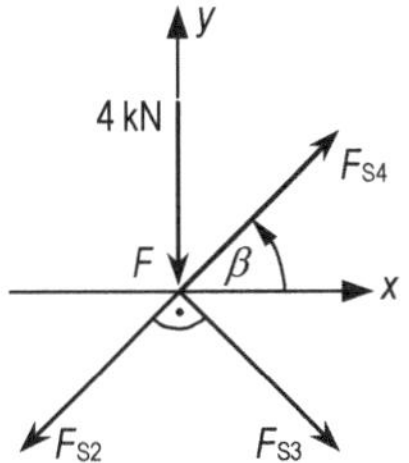

Bild A.113: Knoten F

Knoten G (Bild A.114):

$$\Sigma F_{ix} = 0 = F_{S10} \cdot \cos 45° - F_{S8} \cdot \cos 45° - F_{S9} \cdot \cos 45° - 2\,\text{kN}$$

$$F_{S8} + F_{S9} = -18{,}39\,\text{kN} - \frac{2\,\text{kN}}{\cos 45°} = -21{,}22\,\text{kN} \quad (V)$$

$$\Sigma F_{iy} = 0 = F_{S8} \cdot \sin 45° - F_{S9} \cdot \sin 45° - F_{S10} \cdot \sin 45° - 4\,\text{kN}$$

$$F_{S8} - F_{S9} = -18{,}39\,\text{kN} + \frac{4\,\text{kN}}{\sin 45°} = -12{,}73\,\text{kN} \quad (VI)$$

$$(V) - (VI) \quad 2 \cdot F_{S9} = -8{,}49\,\text{kN}$$

$$F_{S9} = -4{,}25\,\text{kN}$$

aus (VI) $F_{S8} = -12{,}73\,\text{kN} - 4{,}25\,\text{kN} = -16{,}98\,\text{kN}$

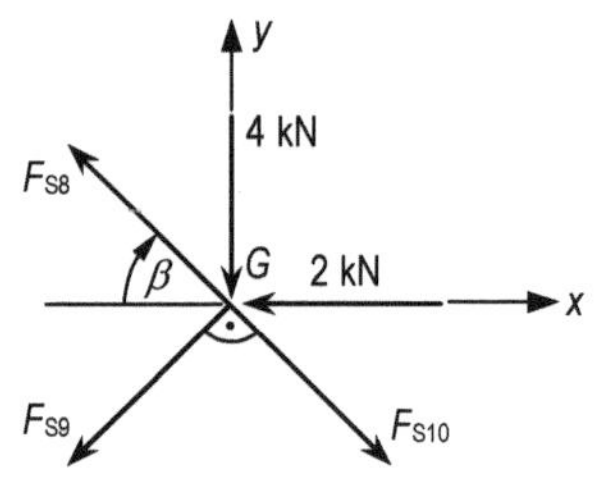

Bild A.114: Knoten G

Knoten C (Bild A.115):

$$\beta = 45° \; ; \; \gamma = \arctan \frac{4\,\text{m}}{2\,\text{m}} = 63{,}43°$$

$$\Sigma F_{ix} = 0 = F_{S8} \cdot \cos 45° + F_{S7} \cdot \cos 63{,}43° - F_{S5} \cdot \cos 63{,}43°$$
$$- F_{S4} \cdot \cos 45° - 1\,\text{kN}$$

$$F_{S5} - F_{S7} = -\frac{1\,\text{kN}}{\cos 63{,}43°} = -2{,}24\,\text{kN} \quad (VII)$$

$$\Sigma F_{iy} = 0 = -4\,\text{kN} - F_{S4} \cdot \sin 45° - F_{S8} \cdot \sin 45° - F_{S5} \cdot \sin 63{,}43°$$
$$- F_{S7} \cdot \sin 63{,}43°$$

$$F_{S5} + F_{S7} = 22{,}37\,\text{kN} \quad (VIII)$$

$$(VII) - (VIII) \quad -2 \cdot F_{S7} = -24{,}61\,\text{kN}$$

$$F_{S7} = 12{,}31\,\text{kN}$$

aus (VII) $F_{S5} = -2{,}24\,\text{kN} + 12{,}31\,\text{kN} = 10{,}07\,\text{kN}$

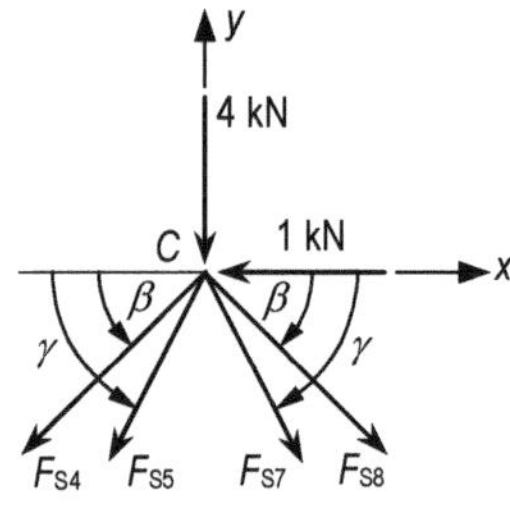

Bild A.115: Knoten C

Stabkraft F_{S6} (Bild A.116):

mit Ritter-Schnitt

$$\Sigma M_{iC} = 0 = F_{S6} \cdot 4\,\text{m} + 4\,\text{kN} \cdot 3\,\text{m} + 2\,\text{kN} \cdot 6\,\text{m} - 9\,\text{kN} \cdot 6\,\text{m}$$

$$F_{S6} = 7{,}50\,\text{kN}$$

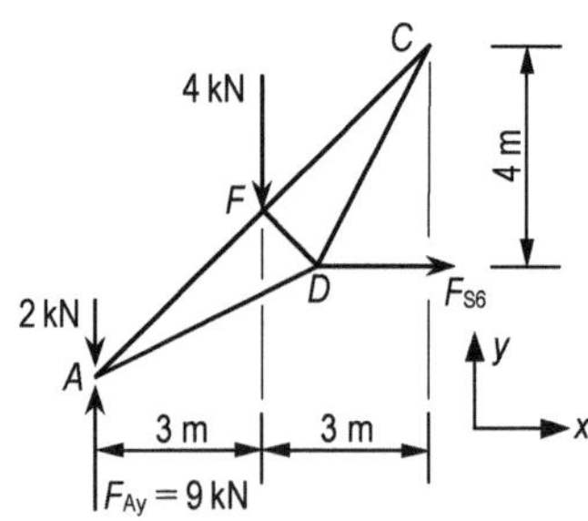

Bild A.116: Geschnittenes System

	Stab 1	Stab 2	Stab 3	Stab 4	Stab 5	Stab 6
Stabkraft F_{Si} in kN	15,65	− 19,80	− 2,83	− 16,97	10,07	7,50

	Stab 7	Stab 8	Stab 9	Stab 10	Stab 11
Stabkraft F_{Si} in kN	12,31	− 16,98	− 4,25	− 18,39	17,89

7.

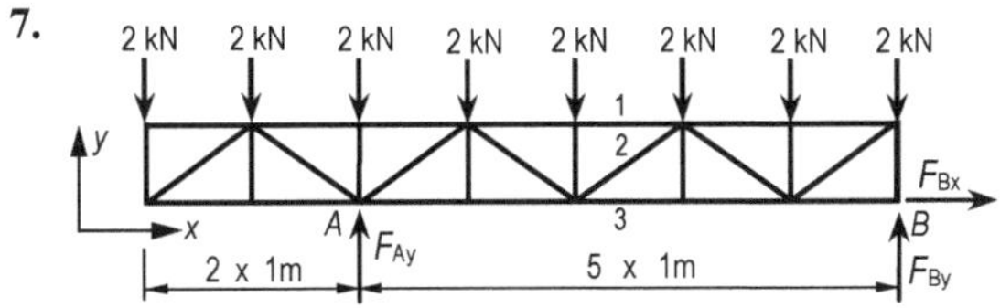

Bild A.117: Fachwerkträger

Gesamtsystem (Bild A.117):

$$\Sigma F_{ix} = 0 = F_{Bx}$$

$$\Sigma M_{iB} = 0 = 2\,\text{kN} \cdot (7\,\text{m} + 6\,\text{m} + 5\,\text{m} + 4\,\text{m} + 3\,\text{m} + 2\,\text{m} + 1\,\text{m}) - F_{Ay} \cdot 5\,\text{m}$$

$$F_{Ay} = 11{,}20\,\text{kN}$$

$$\Sigma F_{iy} = 0 = 8 \cdot 2\,\text{kN} - 11{,}20\,\text{kN} - F_{By}$$

$$F_{By} = 4{,}8\,\text{kN}$$

Schnitt durch Stab 1 (Bild A.118):

$$\Sigma M_{iI} = 0 = F_{S1} \cdot 0{,}75\,\text{m} + 4{,}8\,\text{kN} \cdot 3\,\text{m} - 2\,\text{kN} \cdot (1\,\text{m} + 2\,\text{m} + 3\,\text{m})$$

$$F_{S1} = -3{,}2\,\text{kN}$$

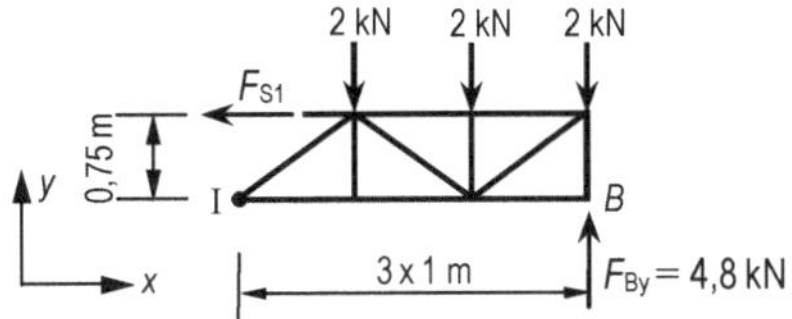

Bild A.118: Schnitt durch Stab 1

Schnitt durch die Stäbe 1, 2, 3 (Bild A.119):

$$\alpha = \arctan\left(\frac{0{,}75\,\text{m}}{1\,\text{m}}\right) = 36{,}87°$$

$$\Sigma F_{iy} = 0 = 4{,}8\,\text{kN} - 3 \cdot 2\,\text{kN} - F_{S2} \cdot \sin 36{,}87°$$

$$F_{S2} = -2{,}00\,\text{kN}$$

$$\Sigma M_{iII} = 0 = 4{,}8\,\text{kN} \cdot 2\,\text{m} - 2\,\text{kN} \cdot (1\,\text{m} + 2\,\text{m}) - F_{S3} \cdot 0{,}75\,\text{m}$$

$$F_{S3} = 4{,}80\,\text{kN}$$

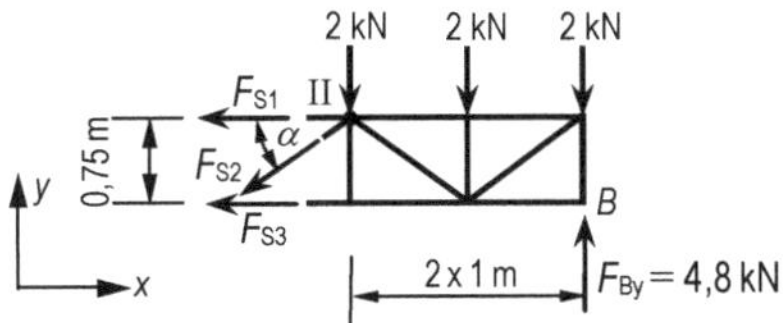

Bild A.119: Schnitt durch die Stäbe 1, 2, 3

	Stab 1	Stab 2	Stab 3
Stabkraft F_{Si} in kN	− 3,20	− 2,00	4,80

Abschnitt 8

1. $\vec{F}_{S1} = \overline{S}_1 \cdot \begin{bmatrix} 4 \\ 2 \\ 4 \end{bmatrix}$; $\vec{F}_{S2} = \overline{S}_2 \cdot \begin{bmatrix} -2,5 \\ 3 \\ 2,5 \end{bmatrix}$; $\vec{F}_{S3} = \overline{S}_3 \cdot \begin{bmatrix} -1,5 \\ -2 \\ 2,5 \end{bmatrix}$; $\vec{F}_G = \begin{bmatrix} 0 \\ 0 \\ -4\,\text{kN} \end{bmatrix}$ (siehe **Bild 8.12**)

Gleichgewichtsbedingungen für das zentrale Kräftesystem:

$\Sigma F_{ix} = 0 = 4 \cdot \overline{S}_1 - 2,5 \cdot \overline{S}_2 - 1,5 \cdot \overline{S}_3$

$\Sigma F_{iy} = 0 = 2 \cdot \overline{S}_1 + 3 \cdot \overline{S}_2 - 2 \cdot \overline{S}_3$

$\Sigma F_{iz} = 0 = 4 \cdot \overline{S}_1 + 2,5 \cdot \overline{S}_2 + 2,5 \cdot \overline{S}_3 - 4\,\text{kN}$

Lösung des linearen Gleichungssystems: $\overline{S}_1 = 0,409\ \text{kN}$; $\overline{S}_2 = 0,215\ \text{kN}$; $\overline{S}_3 = 0,731\ \text{kN}$

$F_{S1} = 0,409\,\text{kN} \cdot \sqrt{4^2 + 2^2 + 4^2} = 2,45\,\text{kN}$ (Zug)

$F_{S2} = 0,215\,\text{kN} \cdot \sqrt{(-2,5)^2 + 3^2 + 2,5^2} = 1,00\,\text{kN}$ (Zug)

$F_{S3} = 0,731\,\text{kN} \cdot \sqrt{(-1,5)^2 + (-2)^2 + 2,5^2} = 2,58\,\text{kN}$ (Zug)

2. $\Sigma M_{ix} = 0 = F_{S2} \cdot r - F_{S3} \cdot r \cdot \sin 30°$

$F_{S2} = F_{S3} \cdot \sin 30°$ (I)

$\Sigma M_{iy} = 0 = -F_{S1} \cdot r + F_{S3} \cdot r \cdot \cos 30°$

$F_{S1} = F_{S3} \cdot \cos 30°$ (II)

$\Sigma F_{iz} = 0 = F_{S1} + F_{S2} + F_{S3} - F_G$ (III)

(I) und (II) in (III): $F_{S3} \cdot (\cos 30° + \sin 30° + 1) = F_G$

$F_{S3} = \dfrac{500\,\text{N}}{\cos 30° + \sin 30° + 1} = 211\,\text{N}$

aus (I): $F_{S2} = 211\,\text{N} \cdot \sin 30° = 106\,\text{N}$

aus (II): $F_{S1} = 211\,\text{N} \cdot \cos 30° = 183\,\text{N}$

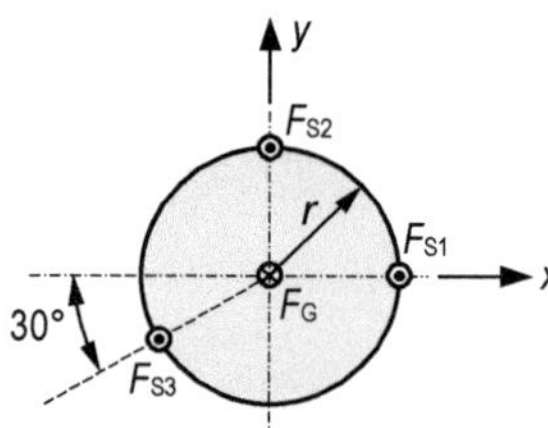

Bild A.120: Kreisscheibe

3.

a) Knoten im Schnitt der Stäbe 1, 2, 3 (siehe **Bild 8.14**)

$\vec{F}_{S1} = \overline{S}_1 \cdot \begin{bmatrix} 8 \\ -3 \\ 0 \end{bmatrix}$; $\vec{F}_{S2} = \overline{S}_2 \cdot \begin{bmatrix} 0 \\ -3 \\ 0 \end{bmatrix}$; $\vec{F}_{S3} = \overline{S}_3 \cdot \begin{bmatrix} 1 \\ -2 \\ 2 \end{bmatrix}$; $\vec{F}_G = 48\,\text{kN} \cdot \begin{bmatrix} 0 \\ 0 \\ -1 \end{bmatrix}$

Gleichgewichtsbedingungen für das zentrale Kräftesystem: $\vec{F}_{S1} + \vec{F}_{S2} + \vec{F}_{S3} + \vec{F}_{G} = \vec{0}$

$\Sigma F_{ix} = 0 = 8 \cdot \overline{S}_1 + 0 \cdot \overline{S}_2 + 1 \cdot \overline{S}_3 = 0$

$\Sigma F_{iy} = 0 = -3 \cdot \overline{S}_1 - 3 \cdot \overline{S}_2 - 2 \cdot \overline{S}_3 = 0$

$\Sigma F_{iz} = 0 = 0 \cdot \overline{S}_1 + 0 \cdot \overline{S}_2 + 2 \cdot \overline{S}_3 - 48\,\text{kN}$

Lösung des linearen Gleichungssystems: $\overline{S}_1 = -3\,\text{kN}$; $\overline{S}_2 = -13\,\text{kN}$; $\overline{S}_3 = 24\,\text{kN}$

$F_{S1} = 3\,\text{kN} \cdot \sqrt{8^2 + (-3)^2 + 0^2} = 25{,}63\,\text{kN} \quad (\text{Druck})$

$F_{S2} = 13\,\text{kN} \cdot \sqrt{0^2 + (-3)^2 + 0^2} = 39{,}00\,\text{kN} \quad (\text{Druck})$

$F_{S3} = 24\,\text{kN} \cdot \sqrt{1^2 + (-2)^2 + 2^2} = 72{,}00\,\text{kN} \quad (\text{Zug})$

b) Knoten im Schnitt der Stäbe 3, 4, 5, 6 (siehe **Bild 8.14**)

$$\vec{F}_{S4} = \overline{S}_4 \cdot \begin{bmatrix} -1 \\ -1 \\ -2 \end{bmatrix}; \quad \vec{F}_{S5} = \overline{S}_5 \cdot \begin{bmatrix} 7 \\ -1 \\ -2 \end{bmatrix}; \quad \vec{F}_{S6} = \overline{S}_6 \cdot \begin{bmatrix} 3 \\ -1 \\ 2 \end{bmatrix}; \quad \vec{F}_{S3} = 24\,\text{kN} \cdot \begin{bmatrix} -1 \\ 2 \\ -2 \end{bmatrix}$$

Gleichgewichtsbedingungen für das zentrale Kräftesystem: $\vec{F}_{S4} + \vec{F}_{S5} + \vec{F}_{S6} + \vec{F}_{S3} = \vec{0}$

$\Sigma F_{ix} = 0 = -1 \cdot \overline{S}_4 + 7 \cdot \overline{S}_5 + 3 \cdot \overline{S}_6 - 24\,\text{kN}$

$\Sigma F_{iy} = 0 = -1 \cdot \overline{S}_4 - 1 \cdot \overline{S}_5 - 1 \cdot \overline{S}_6 + 48\,\text{kN}$

$\Sigma F_{iz} = 0 = -2 \cdot \overline{S}_4 - 2 \cdot \overline{S}_5 + 2 \cdot \overline{S}_6 - 48\,\text{kN}$

Lösung des linearen Gleichungssystems: $\overline{S}_4 = 21\,\text{kN}$; $\overline{S}_5 = -9\,\text{kN}$; $\overline{S}_6 = 36\,\text{kN}$

$F_{S4} = 21\,\text{kN} \cdot \sqrt{(-1)^2 + (-1)^2 + (-2)^2} = 51{,}44\,\text{kN} \quad (\text{Zug})$

$F_{S5} = 9\,\text{kN} \cdot \sqrt{7^2 + (-1)^2 + (-2)^2} = 66{,}14\,\text{kN} \quad (\text{Druck})$

$F_{S6} = 36\,\text{kN} \cdot \sqrt{3^2 + (-1)^2 + 2^2} = 134{,}70\,\text{kN} \quad (\text{Zug})$

4.

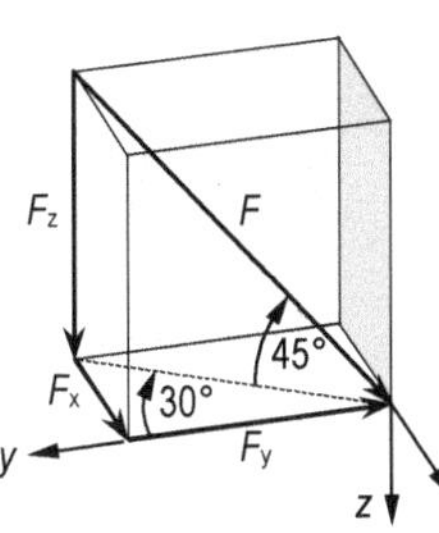

$F = 300\,\text{N}$

$F_x = F \cdot \cos 45° \cdot \sin 30° = 106\,\text{N}$

$F_y = -F \cdot \cos 45° \cdot \cos 30° = -184\,\text{N}$

$F_z = F \cdot \sin 45° = 212\,\text{N}$

Bild A.121: Kraftzerlegung

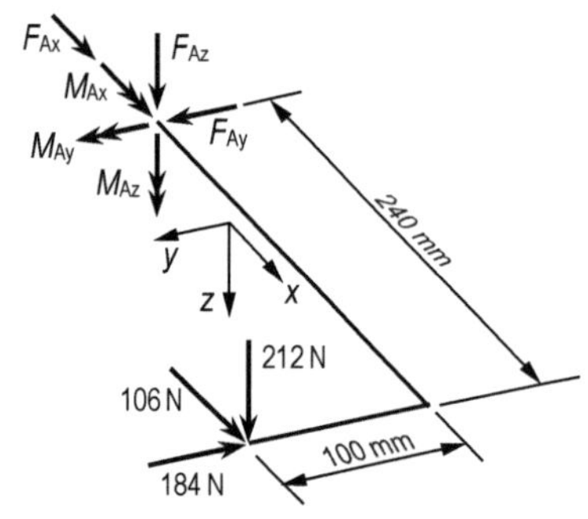

Bild A.122: Maschinenteil

$\Sigma F_{ix} = 0 = 106\,\text{N} + F_{Ax}; \quad F_{Ax} = -106\,\text{N}$

$\Sigma F_{iy} = 0 = -184\,\text{N} + F_{Ay}; \quad F_{Ay} = 184\,\text{N}$

$\Sigma F_{iz} = 0 = 212\,\text{N} + F_{Az}; \quad F_{Az} = -212\,\text{N}$

$\vec{F}_A = \left(-106;\ 184;\ -212\right)\,\text{N}$

$F_A = \sqrt{(-106)^2 + 184^2 + (-212)^2}\ \text{N} = 300\,\text{N}$

$\Sigma M_{ix} = 0 = M_{Ax} + 212\,\text{N} \cdot 0{,}1\,\text{m}$

$M_{Ax} = -21{,}2\,\text{N\,m}$

$\Sigma M_{iy} = 0 = M_{Ay} - 212\,\text{N} \cdot 0{,}24\,\text{m}$

$M_{Ay} = 50{,}9\,\text{N\,m}$

$\Sigma M_{iz} = 0 = M_{Az} - 184\,\text{N} \cdot 0{,}24\,\text{m} - 106\,\text{N} \cdot 0{,}1\,\text{m}$

$M_{Az} = 54{,}8\,\text{N\,m}$

$\vec{M}_A = \left(-21{,}2;\ 50{,}9;\ 54{,}8\right)\,\text{Nm}$

$M_A = \sqrt{(-21{,}2)^2 + 50{,}9^2 + 54{,}8^2}\ \text{Nm} = 77{,}7\,\text{N\,m}$

5.

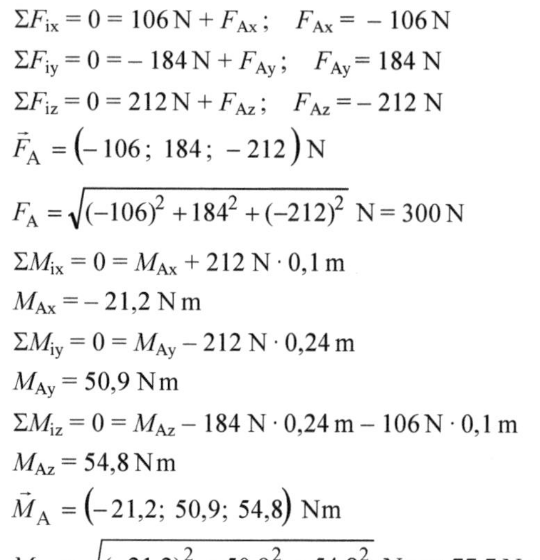

Bild A.123: Zerlegung der Kraft $\vec{F}$

$\alpha = \arctan\left(\dfrac{4\,\text{m}}{3\,\text{m}}\right) = 53{,}13°$

$F_x = F \cdot \cos\alpha = 25\,\text{kN} \cdot \cos 53{,}13° = 15\,\text{kN}$

$F_z = F \cdot \sin\alpha = 25\,\text{kN} \cdot \sin 53{,}13° = 20\,\text{kN}$

Komponenten der Stabkraft $\vec{F}_{S2}$ (Stab 2 ist ein Pendelstab):

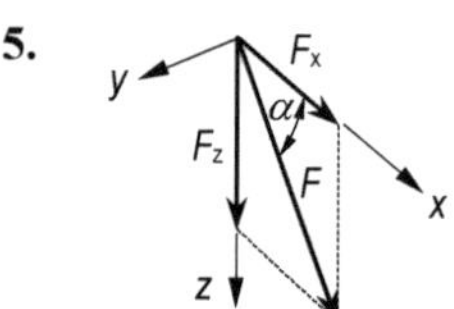

Bild A.124: Stabkraft $\vec{F}_2$

$\vec{r}_D = \left(-2;\ 4;\ 4\right); \quad \left|\vec{r}_D\right| = 6$

$\vec{e}_2 = \left(-\dfrac{1}{3};\ \dfrac{2}{3};\ \dfrac{2}{3}\right)$

$\vec{F}_{S2} = F_{S2} \cdot \vec{e}_2 = F_{S2} \cdot \left(-\dfrac{1}{3};\ \dfrac{2}{3};\ \dfrac{2}{3}\right)$

Stab 1:

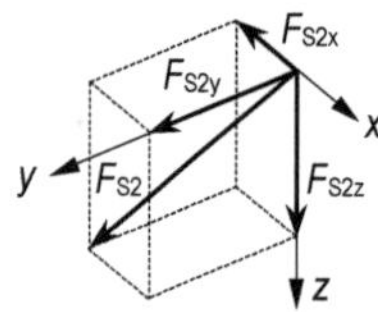

Bild A.125: Stab 1

Momente um den Gelenkpunkt B:

$\Sigma M_{ix} = 0 = -F_{Cz} \cdot 2\,\text{m}; \quad F_{Cz} = 0$

$\Sigma M_{iz} = 0 = F_{Cx} \cdot 2\,\text{m}; \quad F_{Cx} = 0$

Balken:

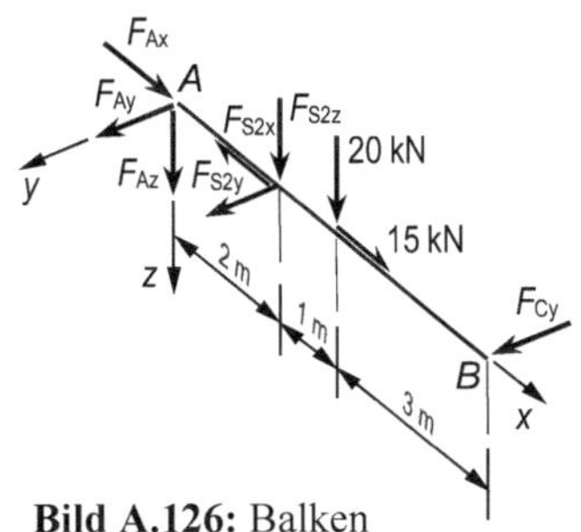

Bild A.126: Balken

Momente um den Punkt A:

$$\Sigma M_{\text{iy}} = 0 = - F_{\text{S2z}} \cdot 2\,\text{m} - 20\,\text{kN} \cdot 3\,\text{m}$$

$$F_{\text{S2z}} = \frac{2}{3} \cdot F_{\text{S2}} = -30\,\text{kN} \; ; \; F_{\text{S2}} = -45\,\text{kN}$$

$$\Sigma M_{\text{iz}} = 0 = F_{\text{S2y}} \cdot 2\,\text{m} + F_{\text{Cy}} \cdot 6\,\text{m}$$

$$F_{\text{Cy}} = -\frac{1}{3} \cdot F_{\text{S2y}} = -\frac{1}{3} \cdot \frac{2}{3} \cdot F_{\text{S2}} = -\frac{2}{9} \cdot (-45\,\text{kN}) = 10\,\text{kN}$$

Kräftegleichgewicht:

$$\Sigma F_{\text{ix}} = 0 = F_{\text{Ax}} - F_{\text{S2x}} + 15\,\text{kN} \; ; \quad F_{\text{Ax}} = -15\,\text{kN} + \frac{1}{3} \cdot F_{\text{S2}} = -15\,\text{kN} + \frac{1}{3} \cdot (-45\,\text{kN}) = -30\,\text{kN}$$

$$\Sigma F_{\text{iy}} = 0 = F_{\text{Ay}} + F_{\text{S2y}} + F_{\text{Cy}} \; ; \quad F_{\text{Ay}} = -F_{\text{S2y}} - F_{\text{Cy}} = -\frac{2}{3} \cdot (-45\,\text{kN}) - 10\,\text{kN} = 20\,\text{kN}$$

$$\Sigma F_{\text{iz}} = 0 = F_{\text{Az}} + F_{\text{S2z}} + 20\,\text{kN} \; ; \quad F_{\text{Az}} = -20\,\text{kN} - \frac{2}{3} \cdot (-45\,\text{kN}) = 10\,\text{kN}$$

$$\vec{F}_{\text{A}} = (-30; \, 20; \, 10)\,\text{kN} \; ; \quad F_{\text{A}} = \sqrt{(-30)^2 + 20^2 + 10^2}\,\text{kN} = 37{,}4\,\text{kN}$$

$$\vec{F}_{\text{C}} = -\vec{F}_{\text{S1}} = (0; \, 10; \, 0)\,\text{kN} \; ; \quad F_{\text{C}} = F_{\text{S1}} = 10\,\text{kN}$$

$$\vec{F}_{\text{D}} = \vec{F}_{\text{S2}} = (15; \, -30; \, -30)\,\text{kN} \; ; \quad F_{\text{D}} = F_{\text{S2}} = 45\,\text{kN}$$

6. Schubstange:

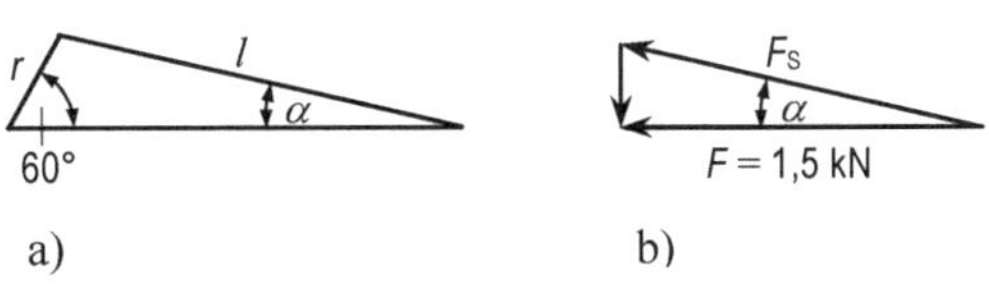

Bild A.127: Schubstange a) Geometrie b) Kräftedreieck

$$\frac{\sin 60°}{l} = \frac{\sin \alpha}{r} \; ; \quad \sin \alpha = \frac{r}{l} \cdot \sin 60° = \frac{1}{4} \cdot \sin 60° = 0{,}2165$$

$$\alpha = 12{,}5°$$

$$F_{\text{S}} = \frac{F}{\cos \alpha} = \frac{1{,}5\,\text{kN}}{\cos 12{,}5°} = 1{,}536\,\text{kN}$$

Kurbel:

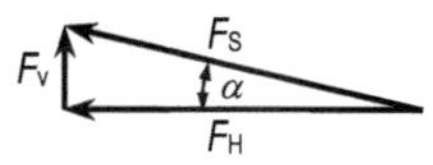

a)

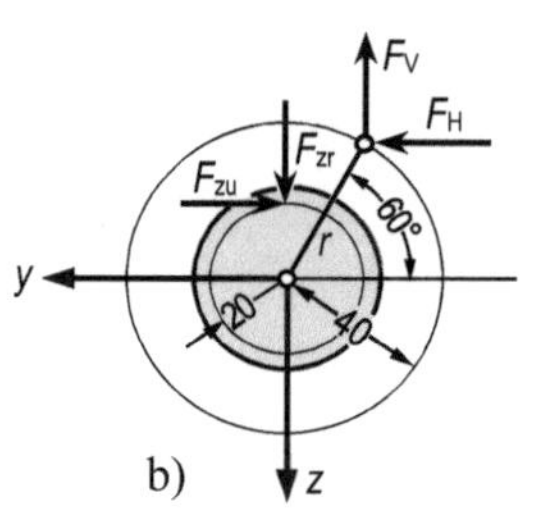

b)

Bild A.128: Kurbel

a) Kräftedreieck   b) Lageplan

$F_H = 1{,}5\,\text{kN}$;

$F_V = F_S \cdot \sin 12{,}5° = 0{,}332\,\text{kN}$

$\Sigma M_{ix} = 0 = 1{,}5\,\text{kN} \cdot 40\,\text{mm} \cdot \sin 60°$

$\quad + 0{,}332\,\text{kN} \cdot 40\,\text{mm} \cdot \cos 60° - F_{zu} \cdot 20\,\text{mm}$

$F_{zu} = 2{,}930\,\text{kN}$

$F_{zr} = 2{,}930\,\text{kN} \cdot \tan 20° = 1{,}067\,\text{kN}$

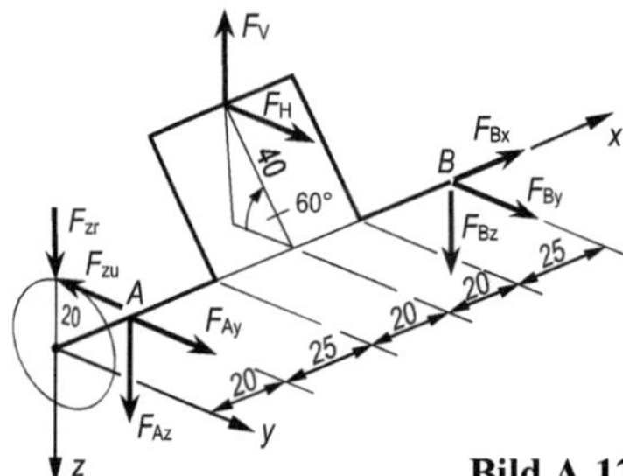

Bild A.129: Kurbelwelle

$\Sigma M_{Bz} = 0 = F_{zu} \cdot 110\,\text{mm} - F_{Ay} \cdot 90\,\text{mm} - 1{,}5\,\text{kN} \cdot 45\,\text{mm}$

$F_{Ay} = 2{,}831\,\text{kN}$

$\Sigma M_{By} = 0 = F_{Az} \cdot 90\,\text{mm} + F_{zr} \cdot 110\,\text{mm} - 0{,}332\,\text{kN} \cdot 45\,\text{mm}$

$F_{Az} = -1{,}138\,\text{kN}$

$\Sigma F_{ix} = 0 = F_{Bx}$

$\Sigma F_{iy} = 0 = 1{,}5\,\text{kN} - F_{zu} + F_{Ay} + F_{By}$

$F_{By} = 2{,}930\,\text{kN} - 2{,}831\,\text{kN} - 1{,}5\,\text{kN} = -1{,}401\,\text{kN}$

$\Sigma F_{iz} = 0 = F_{zr} + F_{Az} + F_{Bz} - 0{,}332\,\text{kN}$

$F_{Bz} = 0{,}332\,\text{kN} + 1{,}138\,\text{kN} - 1{,}067\,\text{kN} = 0{,}403\,\text{kN}$

$\vec{F}_z = \left(0;\; -2{,}93;\; 1{,}067\right)\,\text{kN}$; $F_z = 3{,}118\,\text{kN}$

$\vec{F}_A = \left(0;\; 2{,}831;\; -1{,}138\right)\,\text{kN}$; $F_A = 3{,}051\,\text{kN}$

$\vec{F}_B = \left(0;\; -1{,}401;\; 0{,}403\right)\,\text{kN}$; $F_B = 1{,}458\,\text{kN}$

Rad 1: (siehe **Bild 8.18**)

$\Sigma M_{ix} = 0 = F_{u1} \cdot 80\,\text{mm} - 120 \cdot 10^3\,\text{N} \cdot \text{mm}$

$F_{u1} = 1500\,\text{N} = 1,5\,\text{kN}$

$F_{r1} = F_{u1} \cdot \tan\alpha_{n0} = 1,5\,\text{kN} \cdot \tan 20° = 0,546\ \text{kN}$

Rad 2: (siehe **Bild 8.18**)

$\Sigma M_{ix} = 0 = F_{u2} \cdot 40\,\text{mm} - 120 \cdot 10^3\,\text{N} \cdot \text{mm}$

$F_{u2} = 3000\,\text{N} = 3\,\text{kN}$

$F_{a2} = F_{u2} \cdot \tan\beta_0 = 3\,\text{kN} \cdot \tan 25° = 1,4\ \text{kN}$

$$F_{r2} = F_{u2} \cdot \frac{\tan\alpha_{n0}}{\cos\beta_0} = 3\,\text{kN} \cdot \frac{\tan 20°}{\cos 25°} = 1,205\,\text{kN}$$

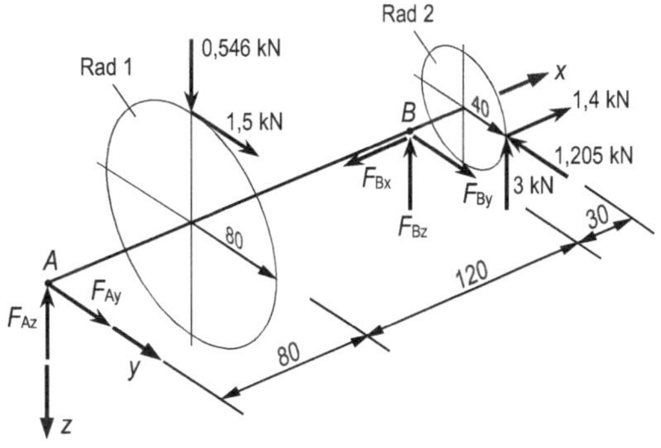

Bild A.130: Getriebewelle

Gesamtsystem:

$\Sigma F_{ix} = 0 = 1,4\ \text{kN} - F_{Bx}$

$F_{Bx} = 1,4\,\text{kN}$

$\Sigma M_{yB} = 0 = -F_{Az} \cdot 200\,\text{mm} + 0,546\,\text{kN} \cdot 120\,\text{mm} + 3\,\text{kN} \cdot 30\,\text{mm}$

$F_{Az} = 0,778\,\text{kN}$

$\Sigma M_{zB} = 0 = -F_{Ay} \cdot 200\ \text{mm} - 1,5\,\text{kN} \cdot 120\,\text{mm} - 1,205\,\text{kN} \cdot 30\ \text{mm} - 1,4\,\text{kN} \cdot 40\,\text{mm}$

$F_{Ay} = -1,361\,\text{kN}$

$\Sigma F_{iy} = 0 = F_{By} - 1,361\,\text{kN} - 1,205\,\text{kN} + 1,5\,\text{kN}$

$F_{By} = 1,066\,\text{kN}$

$\Sigma F_{iz} = 0 = -F_{Bz} - 0,778\,\text{kN} + 0,546\,\text{kN} - 3\,\text{kN}$

$F_{Bz} = -3,232\ \text{kN}$

$\vec{F}_1 = \left(0;\ 1,500;\ 0,546\right)\,\text{kN}$ $\qquad\qquad$ $F_1 = 1,596\ \text{kN}$

$\vec{F}_2 = \left(1,400;\ -1,205;\ -3,000\right)\,\text{kN}$ $\qquad\qquad$ $F_2 = 3,523\ \text{kN}$

$\vec{F}_A = \left(0;\ -1,361;\ -0,778\right)\,\text{kN}$ $\qquad\qquad$ $F_A = 1,567\ \text{kN}$

$\vec{F}_B = \left(-1,400;\ 1,066;\ 3,232\right)\,\text{kN}$ $\qquad\qquad$ $F_B = 3,680\ \text{kN}$

8.

$$\Sigma M_{zA} = 0 = F_{By} \cdot 400\,\text{mm} + F_h \cdot \sin 20° \cdot 80\,\text{mm} + F_h \cdot \cos 20° \cdot 400\,\text{mm}$$

$$F_{By} = -\frac{3,8\,\text{kN} \cdot \sin 20° \cdot 80\,\text{mm} + 3,8\,\text{kN} \cdot \cos 20° \cdot 400\,\text{mm}}{400\,\text{mm}}$$

$$F_{By} = -3,831\,\text{kN}$$

$$\Sigma F_{ix} = 0 = F_h \cdot \cos 20° + F_{Bx}$$

$$F_{Bx} = -3,8\,\text{kN} \cdot \cos 20° = -3,571\,\text{kN}$$

$$\Sigma F_{iy} = 0 = F_{Ay} + F_{By} + F_h \cdot \sin 20°$$

$$F_{Ay} = 3,831\,\text{kN} - 3,8\,\text{kN} \cdot \sin 20° = 2,531\,\text{kN}$$

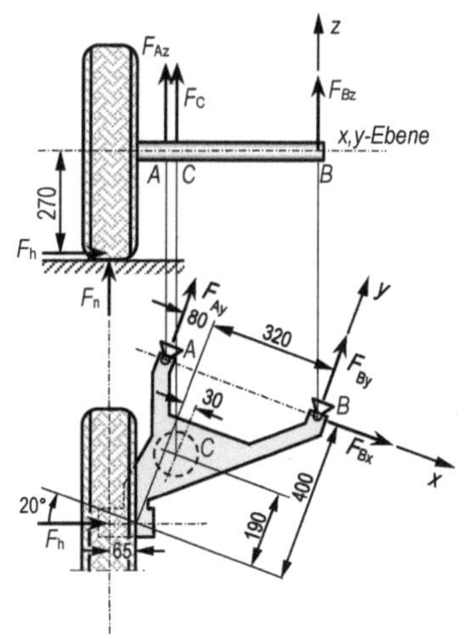

Bild A.131: Schräglenkeraufhängung

$$\Sigma M_{xA} = 0 = -F_n \cdot (400\,\text{mm} + 65\,\text{mm} \cdot \sin 20°) - F_C \cdot 210\,\text{mm} + F_h \cdot \sin 20° \cdot 270\,\text{mm}$$

$$F_C = \frac{3,8\,\text{kN} \cdot \sin 20° \cdot 270\,\text{mm} - 6,4\,\text{kN} \cdot (400\,\text{mm} + 65\,\text{mm} \cdot \sin 20°)}{210\,\text{mm}}$$

$$F_C = -11,20\,\text{kN}$$

$$\Sigma M_{yA} = 0 = -F_{Bz} \cdot 400\,\text{mm} + 11,20\,\text{kN} \cdot 110\,\text{mm} - F_n \cdot (80\,\text{mm} - 65\,\text{mm} \cdot \cos 20°) - F_h \cdot \cos 20° \cdot 270\,\text{mm}$$

$$F_{Bz} = 0,366\,\text{kN}$$

$$\Sigma F_{iz} = 0 = F_{Az} + 0,366\,\text{kN} + 6,4\,\text{kN} - 11,20\,\text{kN}$$

$$F_{Az} = 4,434\,\text{kN}$$

$$\vec{F}_A = (0;\, 2,531;\, 4,434)\,\text{kN}\,;\quad F_A = 5,106\,\text{kN}$$

$$\vec{F}_B = (-3,571;\, -3,831;\, 0,366)\,\text{kN}\,;\quad F_B = 5,250\,\text{kN}$$

$$\vec{F}_C = (0;\, 0;\, -11,20)\,\text{kN}\,;\quad F_C = 11,20\,\text{kN}$$

Abschnitt 9

1.

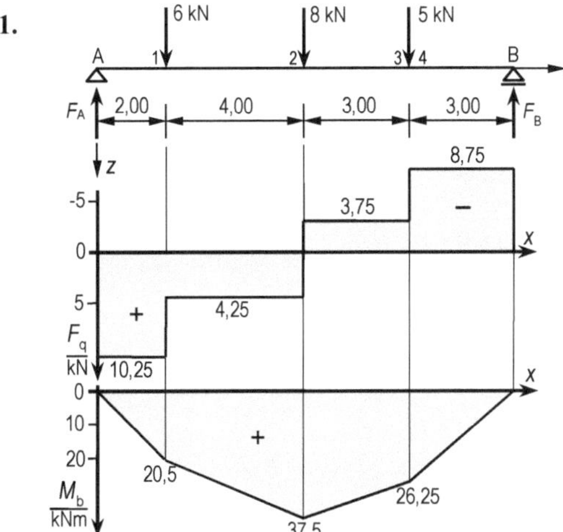

Bild A.132: Schnittgrößenverlauf im Balken

Auflagerkräfte:

$$\Sigma M_{iA} = 0 = F_B \cdot 12\,\text{m} - 5\,\text{kN} \cdot 9\,\text{m} - 8\,\text{kN} \cdot 6\,\text{m}$$
$$- 6\,\text{kN} \cdot 2\,\text{m}$$

$$F_B = 8,75\,\text{kN}$$

$$\Sigma F_{iz} = 0 = 6\,\text{kN} + 8\,\text{kN} + 5\,\text{kN} - F_A - 8,75\,\text{kN}$$

$$F_A = 10,25\,\text{kN}$$

Schnittgrößen:

Schnitt 1:

$$F_n = 0; \; F_q = F_A = 10,25\,\text{kN};$$

$$M_b = 10,25\,\text{kN} \cdot 2\,\text{m} = 20,50\,\text{kNm}$$

Schnitt 2:

$$F_n = 0; \; F_q = 10,25\,\text{kN} - 6\,\text{kN} = 4,25\,\text{kN};$$

$$M_b = 10,25\,\text{kN} \cdot 6\,\text{m} - 6\,\text{kN} \cdot 4\,\text{m} = 37,50\,\text{kNm}$$

Schnitt 3:

$$F_n = 0; \; F_q = -F_B + 5\,\text{kN} = -3,75\,\text{kN}$$

$$M_b = 8,75\,\text{kN} \cdot 3\,\text{m} = 26,25\,\text{kNm}$$

Schnitt 4:

$$F_n = 0; \; F_q = -F_b = -8,75\,\text{kN}$$

$$M_b = 26,25\,\text{kNm}$$

2.

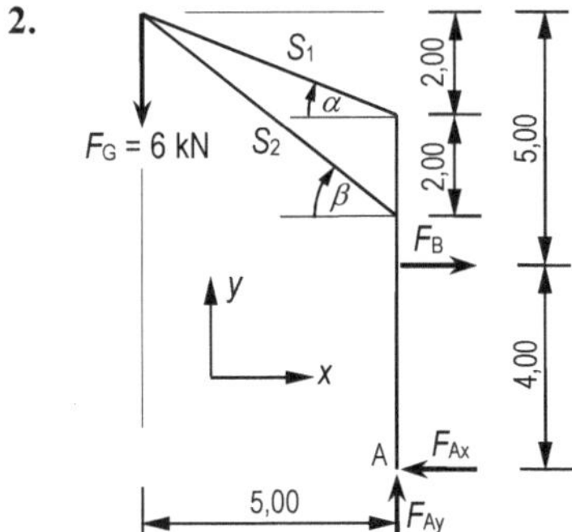

Bild A.133: Drehkran

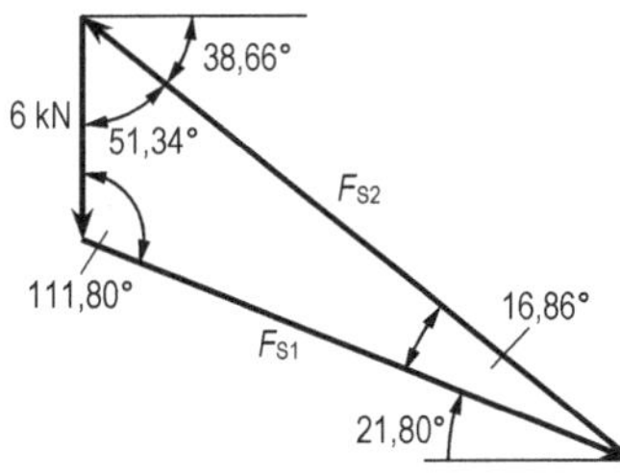

Bild A.134: Kräftedreieck am Kraftangriffspunkt

Auflagerkräfte: (s. Aufgabe 5, S. 181)

$$F_{Ax} = 7,5\,\text{kN} \; ; \; F_{Ay} = 6\,\text{kN} \; ; \; F_B = 7,5\,\text{kN}$$

$$\alpha = \arctan\left(\frac{2}{5}\right) = 21,80°$$

$$\beta = \arctan\left(\frac{4}{5}\right) = 38,66°$$

$$\frac{F_{S1}}{\sin 51,34°} = \frac{6\,\text{kN}}{\sin 16,86°} \; ; \; F_{S1} = 16,15\,\text{kN}$$

$$\frac{F_{S2}}{\sin 111,8°} = \frac{6\,\text{kN}}{\sin 16,86°} \; ; \; F_{S2} = 19,21\,\text{kN}$$

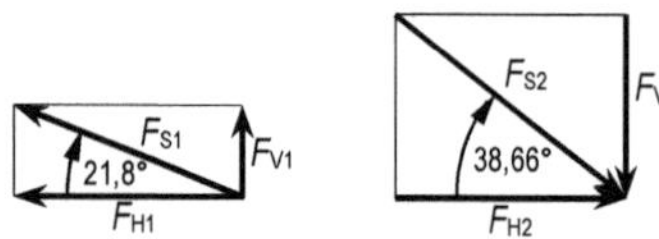

$F_{V1} = 16{,}15 \text{ kN} \cdot \sin 21{,}80° = 6 \text{ kN}$

$F_{H1} = 16{,}15 \text{ kN} \cdot \cos 21{,}80° = 15 \text{ kN}$

$F_{V2} = 19{,}21 \text{ kN} \cdot \sin 38{,}66° = 12 \text{ kN}$

$F_{H2} = 19{,}21 \text{ kN} \cdot \cos 38{,}66° = 15 \text{ kN}$

Bild A.135: Zerlegen der Stabkräfte F_{S1} und F_{S2}

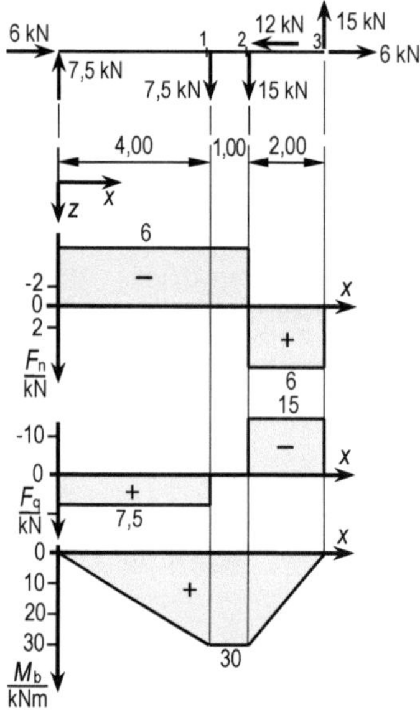

Schnittgrößen:

Schnitt 1:

$F_n = -6 \text{ kN}$

$F_q = 7{,}5 \text{ kN}$

$M_b = 7{,}5 \text{ kN} \cdot 4 \text{ m} = 30 \text{ kNm}$

Schnitt 2:

$F_n = -6 \text{ kN}$

$F_q = 7{,}5 \text{ kN} - 7{,}5 \text{ kN} = 0$

$M_b = 7{,}5 \text{ kN} \cdot 5 \text{ m} - 7{,}5 \text{ kN} \cdot 1 \text{ m} = 30 \text{ kNm}$

Schnitt 3:

$F_n = 6 \text{ kN}$

$F_q = -15 \text{ kN}$

$M_b = 0$

Bild A.136: Schnittgrößenverlauf in der Kransäule

3.

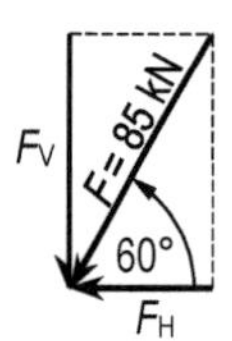

$F_H = 85 \text{ N} \cdot \cos 60° = 42{,}5 \text{ N}$

$F_V = 85 \text{ N} \cdot \sin 60° = 73{,}6 \text{ N}$

Bild A.137: Zerlegen der Kraft $\vec{F}$

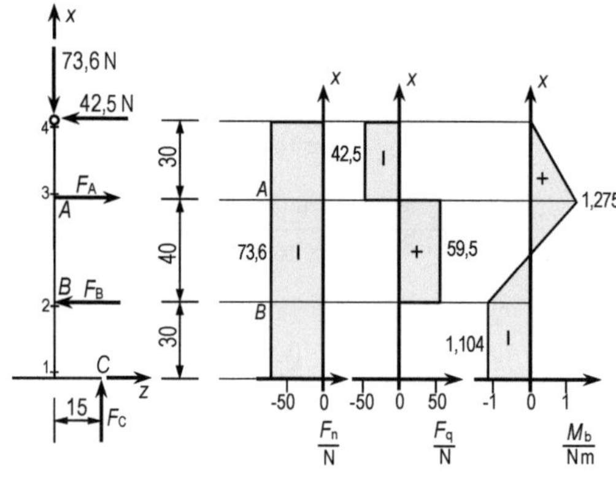

Bild A.138:
Schnittgrößenverlauf im Tellerstößel

Auflagerkräfte (s. Aufgabe 4, Seite 180):

$F_A = 102{,}0$ N; $F_B = 59{,}5$ N; $F_C = 73{,}6$ N

Schnittgrößen:

Schnitt 1:

$F_n = -73{,}6$ N; $F_q = 0$; $M_b = -73{,}6$ N $\cdot$ 15 mm $= -1104$ Nmm $= -1{,}104$ Nm

Schnitt 2:

$F_n = -73{,}6$ N; $F_q = 0$; $M_b = -1{,}104$ Nm

Schnitt 3:

$F_n = -73{,}6$ N; $F_q = 59{,}5$ N; $M_b = 42{,}5$ N $\cdot$ 30 mm $= 1275$ Nmm $= 1{,}275$ Nm

Schnitt 4:

$F_n = -73{,}6$ N; $F_q = -42{,}5$ N; $M_b = 0$

4.

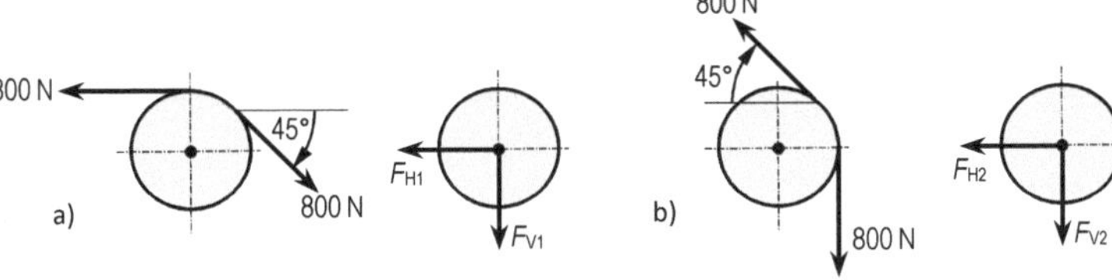

Bild A.139: Kraftzerlegung an den Rollen   a) obere Rolle   b) untere Rolle

$F_{H1} = 800$ N $\cdot$ $(1 - \cos 45°) = 234$ N $F_{H2} = 800$ N $\cdot$ $\cos 45° = 566$ N

$F_{V1} = 800$ N $\cdot$ $\sin 45° = 566$ N $F_{V2} = 800$ N $\cdot$ $(1 - \sin 45°) = 234$ N

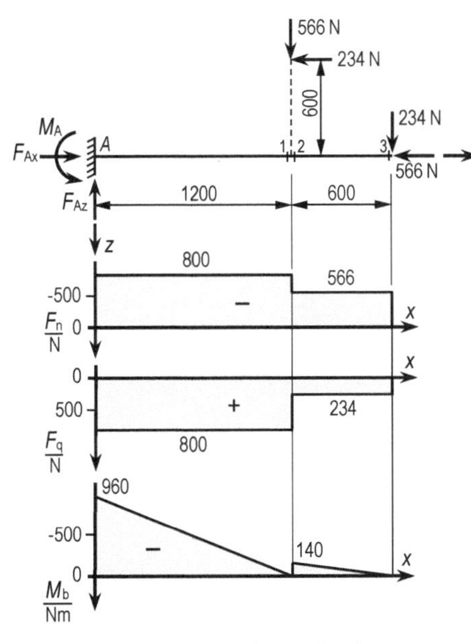

Bild A.140: Schnittgrößenverlauf im waagerechten Balken

Auflagerkräfte:

$\Sigma F_{ix} = 0 = F_{Ax} - 234$ N $- 566$ N; $F_{Ax} = 800$ N

$\Sigma F_{iz} = 0 = F_{Az} - 566$ N $- 234$ N; $F_{Az} = 800$ N

$\Sigma M_{iA} = 0 = -566$ N $\cdot$ 1200 mm $+ 234$ N $\cdot$ 600 mm

$\qquad\qquad - 234$ N $\cdot$ 1800 mm $+ M_A$

$M_A = 9{,}6 \cdot 10^5$ Nmm $= 960$ Nm

Schnittgrößen:

Lager A:

$F_n = -800$ N; $F_q = 800$ N; $M_b = -960$ Nm

Schnitt 1:

$F_n = -800$ N; $F_q = 800$ N

$M_b = -960$ Nm $+ 800$ N $\cdot$ 1,2 m $= 0$

Schnitt 2:

$F_n = -566$ N; $F_q = 234$ N

$M_b = -234$ N $\cdot$ 0,6 m $= -140$ Nm

Schnitt 3:

$F_n = -566$ N; $F_q = 234$ N; $M_b = 0$

5.

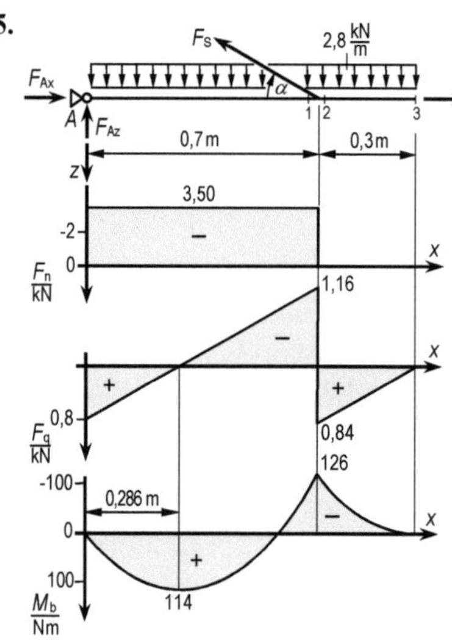

$$\alpha = \arctan\left(\frac{0{,}4\ \text{m}}{0{,}7\ \text{m}}\right) = 29{,}74°$$

Auflagerkräfte:

$$\Sigma M_{\text{iA}} = 0 = 2{,}8\ \text{kN/m} \cdot 1\ \text{m} \cdot 0{,}5\ \text{m} - F_{\text{S}} \cdot \sin 29{,}74° \cdot 0{,}7\ \text{m}$$

$$F_{\text{S}} = 4{,}03\ \text{kN}$$

$$\Sigma F_{\text{ix}} = 0 = F_{\text{Ax}} - 4{,}03\ \text{kN} \cdot \cos 29{,}74°$$

$$F_{\text{Ax}} = 3{,}50\ \text{kN}$$

$$\Sigma F_{\text{iz}} = 0 = 2{,}8\ \text{kN/m} \cdot 1\ \text{m} - 4{,}03\ \text{kN} \cdot \sin 29{,}74° - F_{\text{Az}}$$

$$F_{\text{Az}} = 0{,}8\ \text{kN}$$

Schnittgrößen:

Lager A: $F_{\text{n}} = -3{,}5\ \text{kN};\ \ F_{\text{q}} = 0{,}8\ \text{kN};\ \ M_{\text{b}} = 0$

Schnitt 1: $F_{\text{n}} = -3{,}5\ \text{kN}$

$$F_{\text{q}} = 0{,}8\ \text{kN} - 2{,}8\ \text{kN/m} \cdot 0{,}7\ \text{m} = -1{,}16\ \text{kN}$$

$$M_{\text{b}} = 0{,}8\ \text{kN} \cdot 0{,}7\ \text{m} - 2{,}8\ \text{kN/m} \cdot 0{,}7\ \text{m} \cdot 0{,}35\ \text{m}$$

$$M_{\text{b}} = -0{,}126\ \text{kNm} = -126\ \text{Nm}$$

Querkraftnullstelle im Feld A–1:

$$F_{\text{q}} = 0 = 0{,}8\ \text{kN} - 2{,}8\ \text{kN/m} \cdot x;\ \ x = 0{,}29\ \text{m}$$

Bild A.141:
Schnittgrößenverlauf im Träger

Maximales Biegemoment:

$$M_{\text{bmax}} = 0{,}8\ \text{kN} \cdot 0{,}29\ \text{m} - 2{,}8\ \text{kN/m} \cdot 0{,}29\ \text{m} \cdot \frac{0{,}29\ \text{m}}{2} = 0{,}114\ \text{kNm} = 114\ \text{Nm}$$

Schnitt 2:
$$F_{\text{n}} = 0;\ \ F_{\text{q}} = 2{,}8\ \text{kN/m} \cdot 0{,}3\ \text{m} = 0{,}84\ \text{kN};$$

$$M_{\text{b}} = -2{,}8\ \text{kN/m} \cdot 0{,}3\ \text{m} \cdot \frac{0{,}3\ \text{m}}{2} = -0{,}126\ \text{kNm} = -126\ \text{Nm}$$

Schnitt 3:
$$F_{\text{n}} = 0;\ \ F_{\text{q}} = 0;\ \ M_{\text{b}} = 0$$

6.

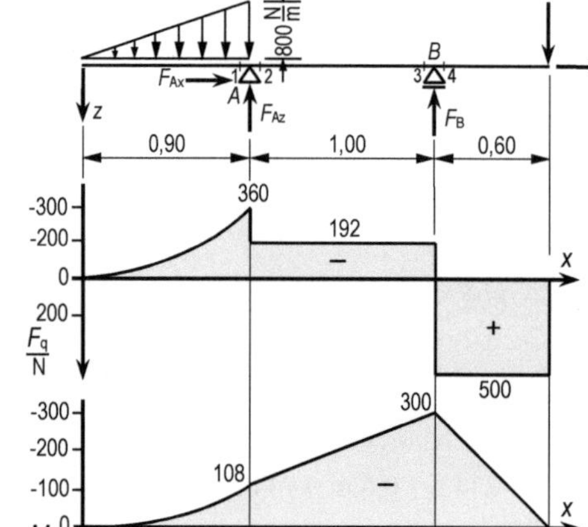

Auflagerkräfte:

$$\Sigma F_{\text{ix}} = 0 = F_{\text{Ax}}$$

$$\Sigma M_{\text{iA}} = 0 = 800\ \text{N/m} \cdot \frac{0{,}9\ \text{m}}{2} \cdot \frac{1}{3} \cdot 0{,}9\ \text{m}$$
$$+ F_{\text{B}} \cdot 1\ \text{m} - 500\ \text{N} \cdot 1{,}6\ \text{m}$$

$$F_{\text{B}} = 692\ \text{N}$$

$$\Sigma F_{\text{iz}} = 0 = 800\ \text{N/m} \cdot \frac{0{,}9\ \text{m}}{2} + 500\ \text{N}$$
$$- 692\ \text{N} - F_{\text{Az}}$$

$$F_{\text{Az}} = 168\ \text{N}$$

Bild A.142: Schnittgrößenverlauf im Kragbalken

Schnittgrößen:

Schnitt 1: $F_n = 0;$ $F_q = -800\ \text{N/m} \cdot \dfrac{0,9\,\text{m}}{2} = -360\ \text{N}$

$M_b = -800\ \text{N/m} \cdot \dfrac{0,9\,\text{m}}{2} \cdot \dfrac{0,9\,\text{m}}{3} = -108\ \text{Nm}$

Schnitt 2: $F_n = 0;$ $F_q = -360\ \text{N} + 168\ \text{N} = -192\ \text{N};$ $M_b = -108\ \text{Nm}$

Schnitt 3: $F_n = 0;$ $F_q = -192\ \text{N}$

$M_b = -800\ \text{N/m} \cdot \dfrac{0,9\,\text{m}}{2} \cdot \left(1\,\text{m} + \dfrac{0,9\,\text{m}}{3}\right) + 168\ \text{N} \cdot 1\ \text{m} = -300\ \text{Nm}$

Schnitt 4: $F_n = 0;$ $F_q = 500\ \text{N};$ $M_b = -500\ \text{N} \cdot 0,6\ \text{m} = -300\ \text{Nm}$

7.

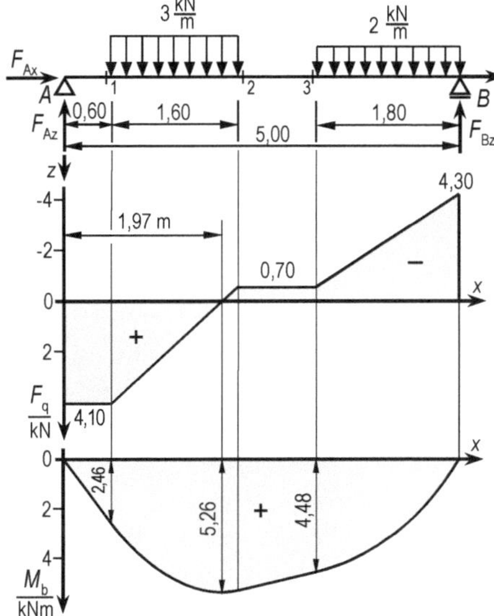

Auflagerkräfte:

$\Sigma F_{ix} = 0 = F_{Ax}$

$\Sigma M_{iA} = 0 = F_{Bz} \cdot 5\ \text{m} - 3\ \text{kN/m} \cdot 1,6\ \text{m} \cdot 1,4\ \text{m}$
$\quad - 2\ \text{kN/m} \cdot 1,8\ \text{m} \cdot 4,1\ \text{m}$

$F_{Bz} = 4,30\ \text{kN}$

$\Sigma F_{iz} = 0 = 3\ \text{kN/m} \cdot 1,6\ \text{m} + 2\ \text{kN/m} \cdot 1,8\ \text{m}$
$\quad - 4,30\ \text{kN} - F_{Az}$

$F_{Az} = 4,10\ \text{kN}$

Bild A.143:
Schnittgrößenverlauf im Träger

Schnittgrößen:

Lager A: $F_n = 0;$ $F_q = 4,10\ \text{kN};$ $M_b = 0$

Schnitt 1: $F_n = 0;$ $F_q = 4,10\ \text{kN};$ $M_b = 4,10\ \text{kN} \cdot 0,6\ \text{m} = 2,46\ \text{kNm}$

Schnitt 2: $F_n = 0;$ $F_q = 4,10\ \text{kN} - 3\ \text{kN/m} \cdot 1,6\ \text{m} = -0,70\ \text{kN}$

$M_b = 4,10\ \text{kN} \cdot 2,2\ \text{m} - 3\ \text{kN/m} \cdot 1,6\ \text{m} \cdot \dfrac{1,6\,\text{m}}{2} = 5,18\ \text{kNm}$

Bereich 1 – 2:

Querkraftnullstelle: $F_q = 0 = 4,10\ \text{kN} - 3\ \text{kN/m} \cdot (x - 0,6\ \text{m});$ $x = 1,97\ \text{m}$

Max. Biegemoment: $M_{bmax} = 4,10\ \text{kN} \cdot 1,97\ \text{m} - 3\ \text{kN/m} \cdot 1,37\ \text{m} \cdot \dfrac{1,37\,\text{m}}{2} = 5,26\ \text{kNm}$

Schnitt 3: $F_n = 0;$ $F_q = -0,70\ \text{kN};$ $M_b = 4,10\ \text{kN} \cdot 3,2\ \text{m} - 3\ \text{kN/m} \cdot 1,6\ \text{m} \cdot 1,8\ \text{m} = 4,48\ \text{kNm}$

Lager B: $F_n = 0;$ $F_q = -4,30\ \text{kN};$ $M_b = 0$

8.

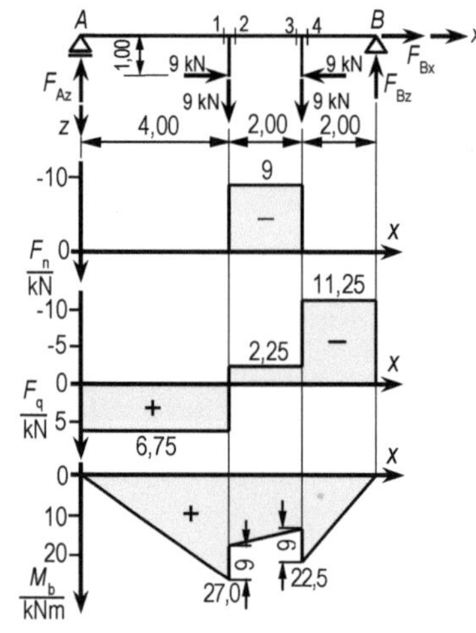

Auflagerkräfte:

$\Sigma F_{ix} = 0 = F_{Bx} + 9\text{ kN} - 9\text{ kN}$

$F_{Bx} = 0$

$\Sigma M_{iA} = 0 = F_{Bz} \cdot 8\text{ m} - 9\text{ kN} \cdot (6\text{ m} + 4\text{ m})$

$F_{Bz} = 11{,}25\text{ kN}$

$\Sigma F_{iz} = 0 = 9\text{ kN} + 9\text{ kN} - 11{,}25\text{ kN} - F_{Az}$

$F_{Az} = 6{,}75\text{ kN}$

Bild A.144:
Schnittgrößenverlauf im waagerechten Balken

Schnittgrößen:

Lager A: $F_n = 0$; $F_q = F_{Az} = 6{,}75\text{ kN}$; $M_b = 0$
Schnitt 1: $F_n = 0$; $F_q = 6{,}75\text{ kN}$; $M_b = 6{,}75\text{ kN} \cdot 4\text{ m} = 27\text{ kNm}$
Schnitt 2: $F_n = -9\text{ kN}$; $F_q = 6{,}75\text{ kN} - 9\text{ kN} = -2{,}25\text{ kN}$; $M_b = 27\text{ kNm} - 9\text{ kN} \cdot 1\text{ m} = 18\text{ kNm}$
Schnitt 3: $F_n = -9\text{ kN}$; $F_q = -2{,}25\text{ kN}$; $M_b = 6{,}75\text{ kN} \cdot 6\text{ m} - 9\text{ kN} \cdot 1\text{ m} - 9\text{ kN} \cdot 2\text{ m} = 13{,}5\text{ kNm}$
Schnitt 4: $F_n = 0$; $F_q = -11{,}25\text{ kN}$; $M_b = 11{,}25\text{ kN} \cdot 2\text{ m} = 22{,}5\text{ kNm}$
Lager B: $F_n = 0$; $F_q = -F_{Bz} = -11{,}25\text{ kN}$; $M_b = 0$

9.

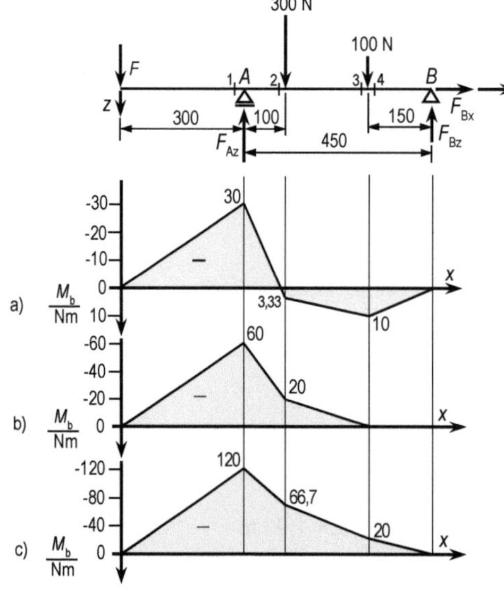

Auflagerkräfte:

$\Sigma F_{ix} = 0 = F_{Bx}$

$\Sigma M_{iA} = 0 = F_{Bz} \cdot 450\text{ kN} + F \cdot 300\text{ kN}$
$- 100\text{ N} \cdot 300\text{ kN} - 300\text{ N} \cdot 100\text{ mm}$

$F_{Bz} = \dfrac{400\,\text{N}}{3} - \dfrac{2}{3} \cdot F$

$\Sigma F_{iz} = 0 = F - F_{Az} - \left(\dfrac{400\,\text{N}}{3} - \dfrac{2}{3} \cdot F \right) + 300\text{ N}$

$+ 100\text{ N}$

$F_{Az} = \dfrac{2 \cdot 400\,\text{N}}{3} + \dfrac{5}{3} \cdot F$

Bild A.145:
Momentlinien für den Kragbalken

Schnittgrößen:

$F_n(x) \equiv 0$

Schnitt 1: $F_{q1} = -F$; $M_{b1} = -F \cdot 0,3$ m
Schnitt 2: $F_{q2} = F_{Az} - F$; $M_{b2} = F_{Az} \cdot 0,1$ m $- F \cdot 0,4$ m
Schnitt 3: $F_{q3} = F_{Az} - F - 300$ N; $M_{b3} = F_{Bz} \cdot 0,15$ m
Schnitt 4: $F_{q4} = -F_{Bz}$; $M_{b4} = F_{bz} \cdot 0,15$ m

F [N]	F_{Az} [N]	F_{Bz} [N]	F_{q1} [N]	M_{b1} [Nm]	F_{q2} [N]	M_{b2} [Nm]	F_{q3} [N]	M_{b3} [Nm]	F_{q4} [N]	M_{b4} [Nm]
100	433	67	-100	-30	333	3,33	33,3	10	-67	10
200	600	0	-200	-60	400	-20	100	0	0	0
400	933	-133	-400	-120	533	$-66,7$	233	-20	133	-20

10.

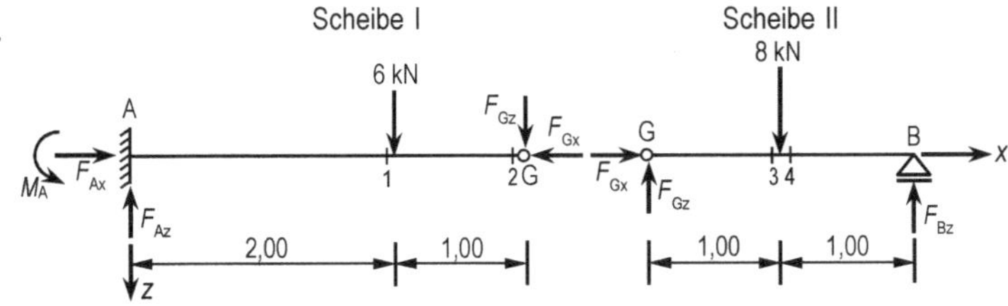

Bild A.146: Gelenkträger

Auflager- und Gelenkkräfte:

Scheibe II:

$\Sigma F_{ix} = 0 = F_{Gx}$; $\Sigma M_{iG} = 0 = F_{Bz} \cdot 2$ m $- 8$ kN $\cdot 1$ m; $F_{Bz} = 4$ kN

$\Sigma F_{iz} = 0 = 8$ kN $- F_{Gz} - 4$ kN; $F_{Gz} = 4$ kN

Scheibe I:

$\Sigma F_{ix} = 0 = F_{Ax} - F_{Gx}$; $F_{Ax} = F_{Gx} = 0$

$\Sigma F_{iz} = 0 = 6$ kN $+ 4$ kN $- F_{Az}$; $F_{Az} = 10$ kN

$\Sigma M_{iA} = 0 = M_A - 6$ kN $\cdot 2$ m $- 4$ kN $\cdot 3$ m; $M_A = 24$ kNm

Schnittgrößen:

Lager A: $F_n = 0$; $F_q = 10$ kN; $M_b = -24$ kNm

Schnitt 1: $F_n = 0$; $F_q = 10$ kN; $M_b = -24$ kNm $+ 10$ kN $\cdot 2$ m $= -4$ kNm
Schnitt 2: $F_n = 0$; $F_q = 10$ kN $- 6$ kN $= 4$ kN; $M_b = 0$
Schnitt 3: $F_n = 0$; $F_q = 4$ kN; $M_b = 4$ kN $\cdot 1$ m $= 4$ kNm
Schnitt 4: $F_n = 0$; $F_q = 4$ kN $- 8$ kN $= -4$ kN; $M_b = 4$ kNm

Lager B: $F_n = 0$; $F_q = -4$ kN; $M_b = 0$

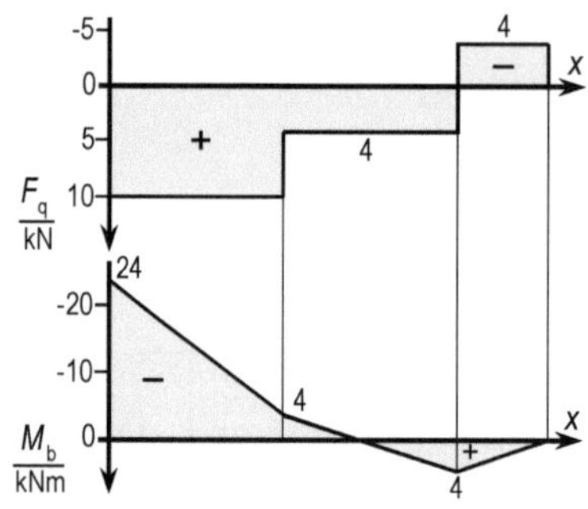

Bild A.147:
Schnittgrößenverlauf im Gelenkträger

11.

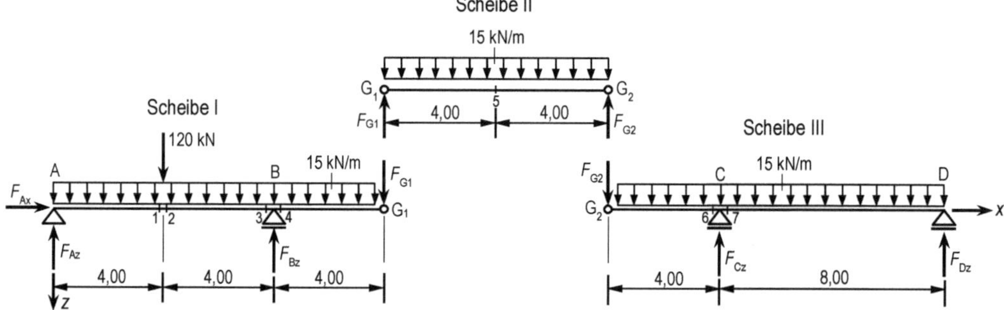

Bild A.148: Gelenkbrückenträger

Auflager- und Gelenkkräfte:

Am Gesamtsystem: $\Sigma F_{ix} = 0 = F_{Ax}$

Scheibe II: $\Sigma M_{G1} = 0 = F_{G2} \cdot 8\,\text{m} - 15\,\text{kN/m} \cdot 8\,\text{m} \cdot 4\,\text{m}$; $F_{G2} = 60\,\text{kN}$

$\Sigma F_{iz} = 0 = 15\,\text{kN/m} \cdot 8\,\text{m} - 60\,\text{kN} - F_{G1}$; $F_{G1} = 60\,\text{kN}$

Scheibe I: $\Sigma M_{iA} = 0 = F_{Bz} \cdot 8\,\text{m} - 60\,\text{kN} \cdot 12\,\text{m} - 15\,\text{kN/m} \cdot 12\,\text{m} \cdot 6\,\text{m} - 120\,\text{kN} \cdot 4\,\text{m}$; $F_{Bz} = 285\,\text{kN}$

$\Sigma F_{iz} = 0 = 15\,\text{kN/m} \cdot 12\,\text{m} + 120\,\text{kN} + 60\,\text{kN} - 285\,\text{kN} - F_{Az}$; $F_{Az} = 75\,\text{kN}$

Scheibe III: $\Sigma M_{iD} = 0 = 15\,\text{kN/m} \cdot 12\,\text{m} \cdot 6\,\text{m} + 60\,\text{kN} \cdot 12\,\text{m} - F_{Cz} \cdot 8\,\text{m}$; $F_{Cz} = 225\,\text{kN}$

$\Sigma F_{iz} = 0 = 15\,\text{kN/m} \cdot 12\,\text{m} + 60\,\text{kN} - 225\,\text{kN} - F_{Dz}$; $F_{Dz} = 15\,\text{kN}$

Schnittgrößen:

Lager A: $F_n = 0$; $F_q = F_{Az} = 75\,\text{kN}$; $M_b = 0$

Schnitt 1: $F_n = 0$; $F_q = 75\,\text{kN} - 15\,\text{kN/m} \cdot 4\,\text{m} = 15\,\text{kN}$;
$M_b = 75\,\text{kN} \cdot 4\,\text{m} - 15\,\text{kN/m} \cdot 4\,\text{m} \cdot 2\,\text{m} = 180\,\text{kNm}$

Schnitt 2: $F_n = 0$; $F_q = 15\,\text{kN} - 120\,\text{kN} = -105\,\text{kN}$; $M_b = 180\,\text{kNm}$

Schnitt 3: $F_n = 0$; $F_q = -105\,\text{kN} - 15\,\text{kN/m} \cdot 4\,\text{m} = -165\,\text{kN}$;
$M_b = -60\,\text{kN} \cdot 4\,\text{m} - 15\,\text{kN/m} \cdot 4\,\text{m} \cdot 2\,\text{m} = -360\,\text{kNm}$

Schnitt 4: $F_n = 0$; $F_q = -165$ kN $+ 285$ kN $= 120$ kN; $M_b = -360$ kNm

Gelenk G_1: $F_n = 0$; $F_q = 120$ kN $- 15$ kN/m $\cdot$ 4 m $= 60$ kN; $M_b = 0$

Schnitt 5: $F_n = 0$; $F_q = 60$ kN $- 15$ kN/m $\cdot$ 4 m $= 0$;
$M_b = 60$ kN $\cdot$ 4 m $- 15$ kN/m $\cdot$ 4 m $\cdot$ 2 m $= 120$ kNm

Gelenk G_2: $F_n = 0$; $F_q = 0$ kN $- 15$ kN/m $\cdot$ 4 m $= -60$ kN; $M_b = 0$

Schnitt 6: $F_n = 0$; $F_q = -60$ kN $- 15$ kN/m $\cdot$ 4 m $= -120$ kN;
$M_b = -60$ kN $\cdot$ 4 m $- 15$ kN/m $\cdot$ 4 m $\cdot$ 2 m $= -360$ kNm

Schnitt 7: $F_n = 0$; $F_q = -120$ kN $+ 225$ kN $= 105$ kN; $M_b = -360$ kNm

Lager D: $F_n = 0$; $F_q = -15$ kN; $M_b = 0$

Querkraftnullstelle links vom Lager D: $\Sigma F_{iz} = 0 = F_{Dz} - 15$ kN/m $\cdot$ $\bar{x}$; $\bar{x} = 1$ m

Maximales Biegemoment im Bereich C–D: $M_{bmax} = 15$ kN $\cdot$ 1 m $- 15$ kN/m $\cdot$ 1 m $\cdot$ 0,5 m $= 7,5$ kNm

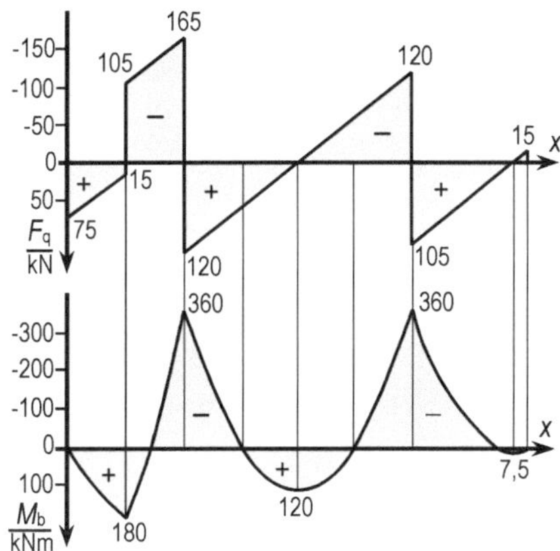

Bild A.149:
Schnittgrößenverlauf im Gelenkbrückenträger

12.

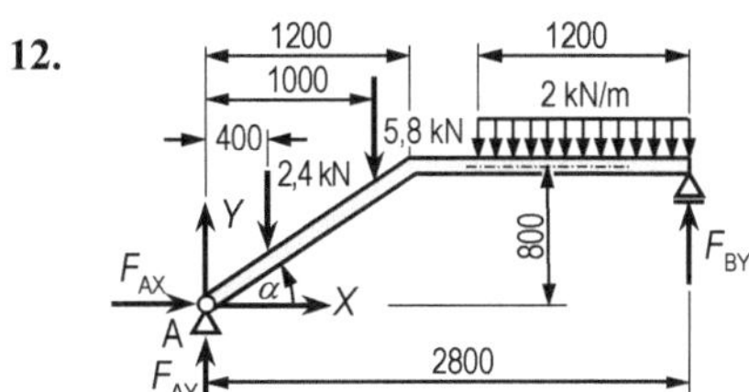

$\alpha = \arctan\left(\dfrac{800\,\text{mm}}{1200\,\text{mm}}\right) = 33{,}69°$

Bild A.150: Rahmen

Auflagerkräfte (im globalen Koordinatensystem X, Y):

$\Sigma F_{iX} = 0 = F_{AX}$

$\Sigma M_{iA} = 0 = F_{By} \cdot 2,8$ m $- 2$ kN/m $\cdot$ 1,2 m $\cdot$ 2,2 m $- 5,8$ kN $\cdot$ 1 m $- 2,4$ kN $\cdot$ 0,4 m; $F_{BY} = 4,3$ kN

$\Sigma F_{iY} = 0 = F_{AY} + 4,3$ kN $- 2$ kN/m $\cdot$ 1,2 m $- 2,4$ kN $- 5,8$ kN; $F_{AY} = 6,3$ kN

Schnittgrößen (in den lokalen Koordinaten x, z):

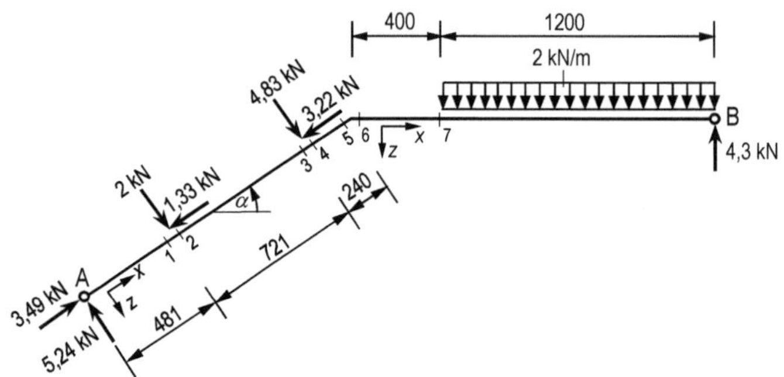

Bild A.151: Schnittgrößenberechnung

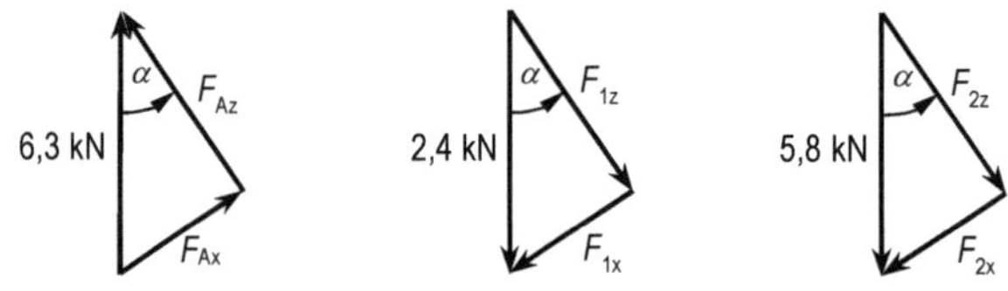

Bild A.152: Kräftezerlegung

$F_{Ax} = 6,3$ kN $\cdot$ sin 33,69° $= 3,49$ kN

$F_{Az} = 6,3$ kN $\cdot$ cos 33,69° $= 5,24$ kN

$F_{2x} = 5,8$ kN $\cdot$ sin 33,69° $= 3,22$ kN

$F_{2z} = 5,8$ kN $\cdot$ cos 33,69° $= 4,83$ kN

$F_{1x} = 2,4$ kN $\cdot$ sin 33,69° $= 1,33$ kN

$F_{1z} = 2,4$ kN $\cdot$ cos 33,69° $= 2,00$ kN

Lager A: $F_n = -3,49$ kN; $F_q = 5,24$ kN; $M_b = 0$

Schnitt 1: $F_n = -3,49$ kN; $F_q = 5,24$ kN; $M_b = 5,24$ kN $\cdot$ 0,481 m $= 2,52$ kNm

Schnitt 2: $F_n = -3,49$ kN $+ 1,33$ kN $= -2,16$ kN; $F_q = 5,24$ kN $- 2$ kN $= 3,24$ kN; $M_b = 2,52$ kNm

Schnitt 3: $F_n = -2,16$ kN; $F_q = 3,24$ kN; $M_b = 5,24$ kN $\cdot$ 1,202 m $- 2$ kN $\cdot$ 0,721 m $= 4,86$ kNm

Schnitt 4: $F_n = -2,16$ kN $+ 3,22$ kN $= 1,06$ kN; $F_q = 3,24$ kN $- 4,83$ kN $= -1,59$ kN; $M_b = 4,86$ kNm

Schnitt 5: $F_n = 1,06$ kN; $F_q = -1,59$ kN; $M_b = 5,24$ kN $\cdot$ 1,442 m $- 2$ kN $\cdot$ 0,961 m $- 4,83$ kN $\cdot$ 0,24 m

$\qquad M_b = 4,48$ kNm

Schnitt 6: $F_n = 0$; $F_q = -4,3$ kN $+ 2$ kN/m $\cdot$ 1,2 m $= -1,9$ kN; $M_b = 4,48$ kNm

Schnitt 7: $F_n = 0$; $F_q = -1,9$ kN; $M_b = 4,3$ kN $\cdot$ 1,2 m $- 2$ kN/m $\cdot$ 1,2 m $\cdot$ 0,6 m $= 3,72$ kNm

Lager B: $F_n = 0$; $F_q = -4,3$ kN; $M_b = 0$

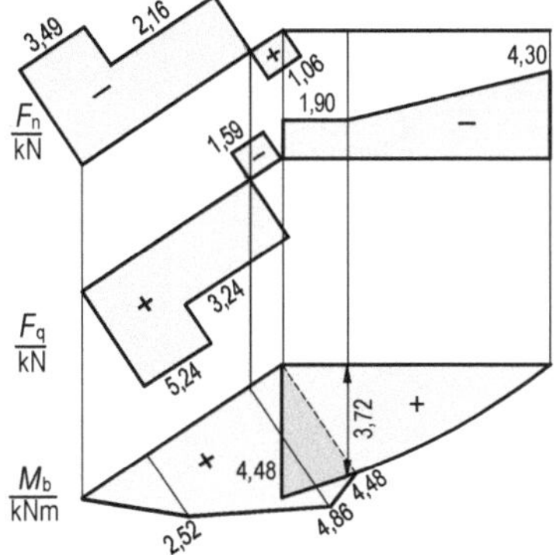

Bild A.153:
Schnittgrößenverlauf im Rahmen

13.

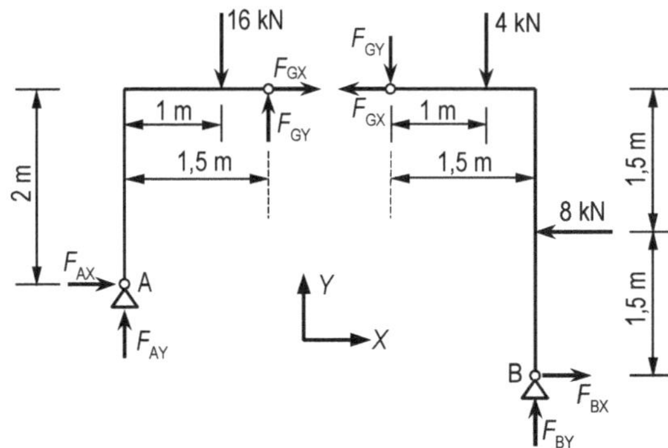

Bild A.154: Gelenkrahmen

Auflager- und Gelenkkräfte (im globalen Koordinatensystem X, Y):

Linke Rahmenhälfte:

$\Sigma F_{iX} = 0 = F_{AX} + F_{GX}$ (I); $\Sigma F_{iY} = 0 = F_{AY} + F_{GY} - 16$ kN (II)

$\Sigma M_{iA} = 0 = F_{GY} \cdot 1{,}5$ m $- F_{GX} \cdot 2$ m $- 16$ kN $\cdot 1$ m (III)

Rechte Rahmenhälfte:

$\Sigma F_{iX} = 0 = F_{BX} - F_{GX} - 8$ kN (IV); $\Sigma F_{iY} = 0 = F_{BY} - F_{GY} - 4$ kN (V)

$\Sigma M_{iB} = 0 = F_{GY} \cdot 1{,}5$ m $+ F_{GX} \cdot 3$ m $+ 4$ kN $\cdot 0{,}5$ m $+ 8$ kN $\cdot 1{,}5$ m (VI)

(III) $-$ (VI): $-F_{GX} \cdot 5$ m $- 30$ kNm $= 0$; $F_{GX} = -6$ kN

aus (III): $F_{GY} = \dfrac{1}{1{,}5\,\text{m}} \cdot (-12$ kNm $+ 16$ kNm$) = 2{,}67$ kN

aus (V): $F_{BY} = 2{,}67$ kN $+ 4$ kN $= 6{,}67$ kN

aus (IV): $F_{BX} = -6$ kN $+ 8$ kN $= 2$ kN

aus (I): $F_{AX} = 6$ kN

aus (II): $F_{AY} = -2{,}67$ kN $+ 16$ kN $= 13{,}33$ kN

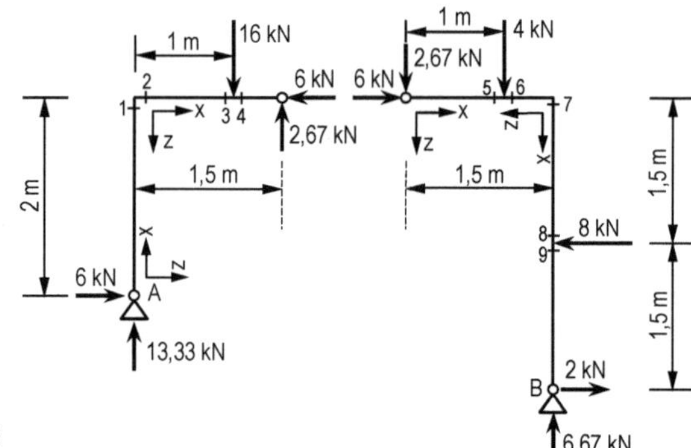

Bild A.155: Schnittgrößenberechnung

Schnittgrößen (in den lokalen Koordinaten x, z):

Lager A: $F_n = -13{,}33$ kN; $F_q = -6$ kN; $M_b = 0$

Schnitt 1: $F_n = -13{,}33$ kN; $F_q = -6$ kN; $M_b = -6$ kN $\cdot$ 2 m $= -12$ kNm
Schnitt 2: $F_n = -6$ kN; $F_q = 13{,}33$ kN; $M_b = -12$ kNm
Schnitt 3: $F_n = -6$ kN; $F_q = 13{,}33$ kN; $M_b = 13{,}33$ kN $\cdot$ 1 m $- 6$ kN $\cdot$ 2 m $= 1{,}33$ kNm
Schnitt 4: $F_n = -6$ kN; $F_q = 13{,}33$ kN $- 16$ kN $= -2{,}67$ kN; $M_b = 1{,}33$ kNm
Schnitt 5: $F_n = -6$ kN; $F_q = -2{,}67$ kN; $M_b = -2{,}67$ kN $\cdot$ 1 m $= -2{,}67$ kNm
Schnitt 6: $F_n = -6$ kN; $F_q = -2{,}67$ kN $- 4$ kN $= -6{,}67$ kN; $M_b = -2{,}67$ kNm
Schnitt 7: $F_n = -6{,}67$ kN; $F_q = 6$ kN; $M_b = 2$ kN $\cdot$ 3 m $- 8$ kN $\cdot$ 1,5 m $= -6$ kNm
Schnitt 8: $F_n = -6{,}67$ kN; $F_q = 6$ kN; $M_b = 2$ kN $\cdot$ 1,5 m $= 3$ kNm
Schnitt 9: $F_n = -6{,}67$ kN; $F_q = -2$ kN; $M_b = 3$ kNm

Lager B: $F_n = -6{,}67$ kN; $F_q = -2$ kN; $M_b = 0$

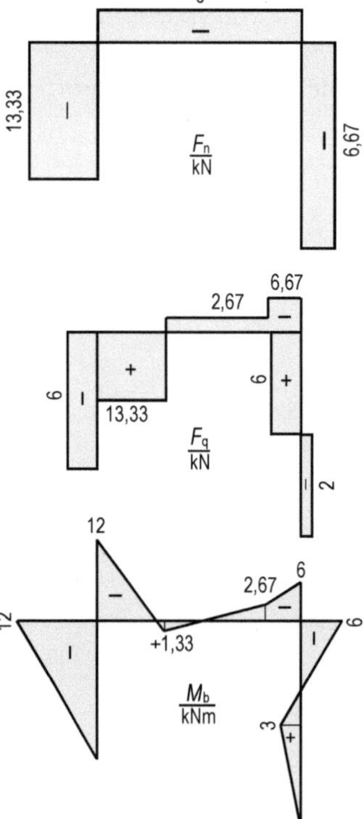

Bild A.156:
Schnittgrößenverlauf im Gelenkrahmen

14.

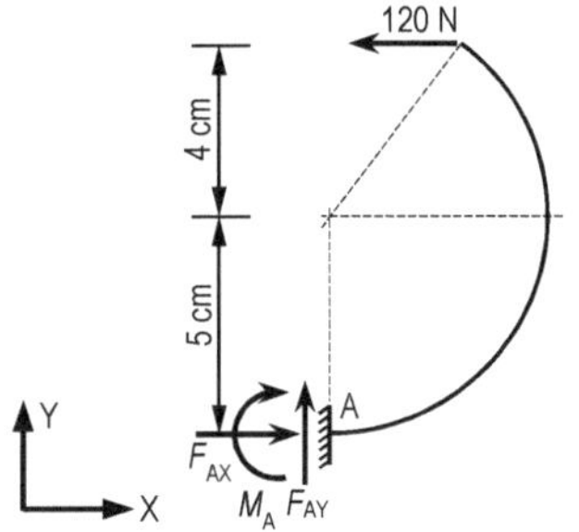

Ersatzsystem bei Ausnutzung der Symmetrie

Auflagerkräfte:

$$\Sigma F_{iX} = 0 = F_{AX} - 120\,\text{N}; \quad F_{AX} = 120\,\text{N}$$
$$\Sigma F_{iY} = 0 = F_{AY}$$
$$\Sigma M_{iA} = 0 = 120\,\text{N} \cdot 9\,\text{cm} - M_A$$
$$M_A = 1080\,\text{Ncm}$$

Bild A.157: Sicherungsring

Schnittgrößen:

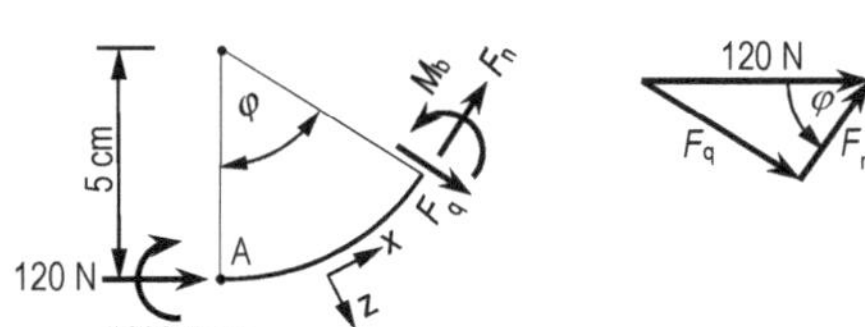

$$F_n = 120\,\text{N} \cdot \cos\varphi$$
$$F_q = 120\,\text{N} \cdot \sin\varphi$$
$$M_b = 1080\,\text{Ncm} - 120\,\text{N} \cdot 5\,\text{cm} \cdot (1 - \cos\varphi)$$
$$M_b = 480\,\text{Ncm} + 600\,\text{Ncm} \cdot \cos\varphi$$

Bild A.158: Schnittgrößen im Sicherungsring

15.

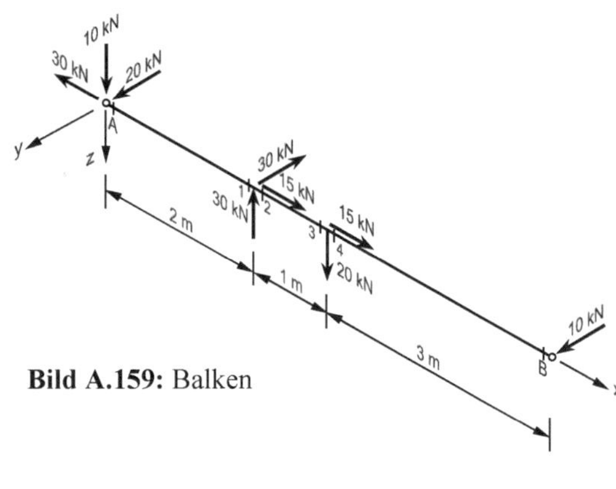

Bild A.159: Balken

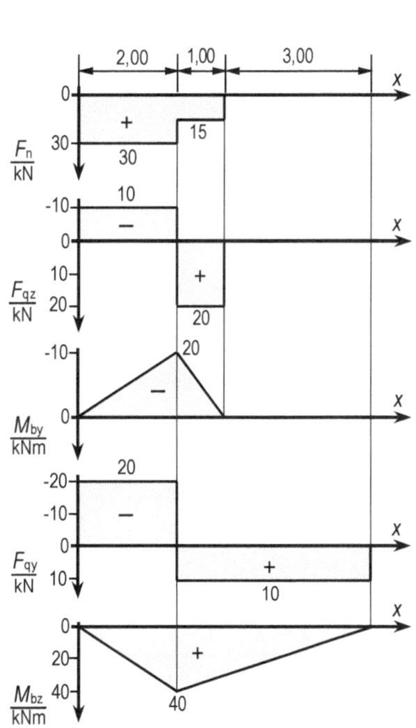

Bild A.160:
Schnittgrößenverlauf im Balken

Schnittgrößen:

Lager A: $F_n = 30\,\text{kN}$; $F_{qy} = -20\,\text{kN}$; $F_{qz} = -10\,\text{kN}$
$M_{by} = M_{bz} = 0$

Schnitt 1: $F_n = 30\,\text{kN}$; $F_{qy} = -20\,\text{kN}$; $F_{qz} = -10\,\text{kN}$
$M_{by} = -10\,\text{kN} \cdot 2\,\text{m} = -20\,\text{kNm}$; $M_{bz} = 20\,\text{kN} \cdot 2\,\text{m} = 40\,\text{kNm}$

Schnitt 2: $F_n = 30$ kN $- 15$ kN $= 15$ kN; $F_{qy} = -20$ kN $+ 30$ kN $= 10$ kN
$F_{qz} = -10$ kN $+ 30$ kN $= 20$ kN; $M_{by} = -20$ kNm; $M_{bz} = 40$ kNm

Schnitt 3: $F_n = 15$ kN; $F_{qy} = 10$ kN; $F_{qz} = 20$ kN; $M_{by} = -10$ kN $\cdot$ 3 m $+ 30$ kN $\cdot$ 1 m $= 0$
$M_{bz} = 20$ kN $\cdot$ 3 m $- 30$ kN $\cdot$ 1 m $= 30$ kNm

Schnitt 4: $F_n = 15$ kN $- 15$ kN $= 0$; $F_{qy} = 10$ kN; $F_{qz} = 20$ kN $- 20$ kN $= 0$
$M_{by} = 0$; $M_{bz} = 30$ kNm

Lager B: $F_n = 0$; $F_{qy} = 10$ kN; $F_{qz} = 0$; $M_{by} = M_{bz} = 0$

16.

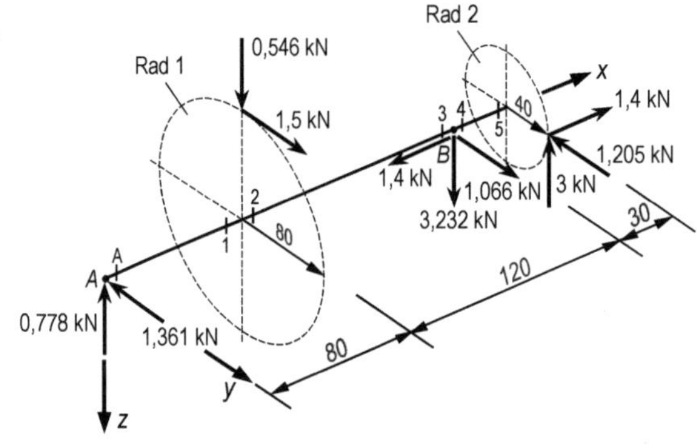

Bild A.161: Getriebewelle

Schnittgrößen:

Lager A: $F_n = 0$; $F_{qy} = 1{,}361$ kN
$F_{qz} = 0{,}778$ kN; $M_t = M_{by} = M_{bz} = 0$

Schnitt 1: $F_n = 0$; $F_{qy} = 1{,}361$ kN
$F_{qz} = 0{,}778$ kN; $M_t = 0$
$M_{by} = 778$ N $\cdot$ 0,08 m $= 62{,}2$ Nm
$M_{bz} = -1361$ N $\cdot$ 0,08 m $= -108{,}9$ Nm

Schnitt 2: $F_n = 0$
$F_{qy} = 1{,}361$ kN $- 1{,}5$ kN $= -0{,}139$ kN
$F_{qz} = 0{,}778$ kN $- 0{,}546$ kN $= 0{,}232$ kN
$M_t = -1500$ N $\cdot$ 0,08 m $= -120$ Nm
$M_{by} = 62{,}2$ Nm; $M_{bz} = -108{,}9$ Nm

Schnitt 3: $F_n = 0$; $F_{qy} = -0{,}139$ kN
$F_{qz} = 0{,}232$ kN; $M_t = -120$ Nm
$M_{by} = 778$ N $\cdot$ 0,2 m $- 546$ N $\cdot$ 0,12 m $=$
90,1 Nm
$M_{bz} = -1361$ N $\cdot$ 0,2 m $+ 1500$ N $\cdot$ 0,12 m $=$
$-92{,}2$ Nm

Schnitt 4: $F_n = 1{,}4$ kN
$F_{qy} = -0{,}139$ kN $- 1{,}066$ kN $= -1{,}205$ kN
$F_{qz} = 0{,}232$ kN $- 3{,}232$ kN $= -3$ kN
$M_t = -120$ Nm
$M_{by} = 90{,}1$ Nm; $M_{bz} = -92{,}2$ Nm

Schnitt 5: $F_n = 1{,}4$ kN; $F_{qy} = -1{,}205$ kN;
$F_{qz} = -3$ kN
$M_t = -120$ Nm; $M_{by} = 0$;
$M_{bz} = -1400$ N $\cdot$ 0,04 m $= -56$ Nm

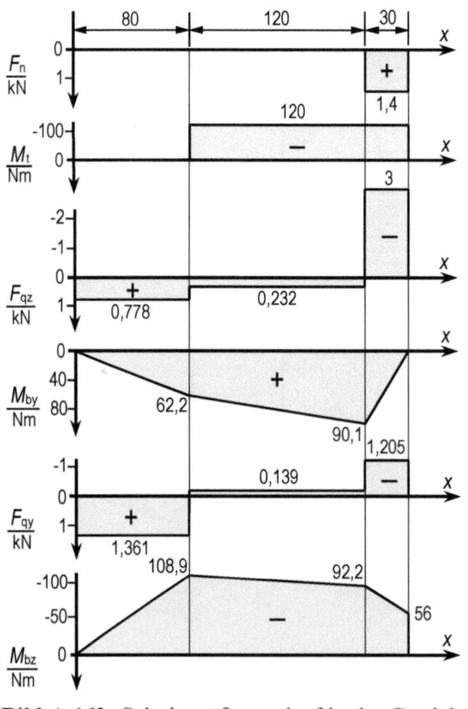

Bild A.162: Schnittgrößenverlauf in der Getriebewelle

Abschnitt 10

1.

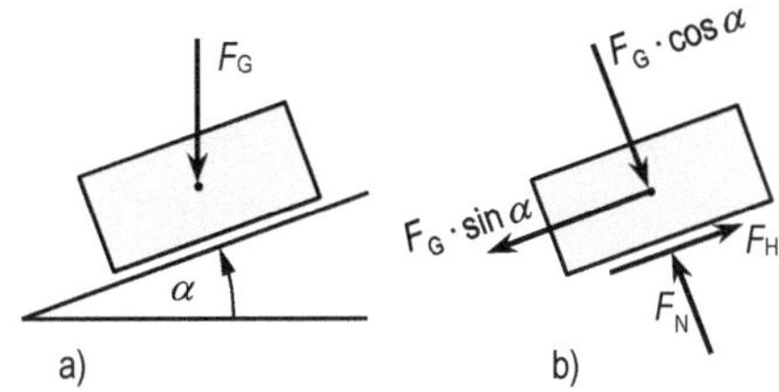

Bild A.163: Paket auf Förderband
a) Paket auf schiefer Ebene   b) Kräfte am Paket

Haften: $F_H \leq \mu_0 \cdot F_N$

Gleichgewicht: $F_N = F_G \cdot \cos \alpha$;
$F_H = F_G \cdot \sin \alpha$

Wenn die Pakete nicht rutschen dürfen, muss gelten:

$F_G \cdot \sin \alpha \leq \mu_0 \cdot F_G \cdot \cos \alpha$

$\tan \alpha \leq \mu_0$

$\alpha \leq 26{,}6°$

2.

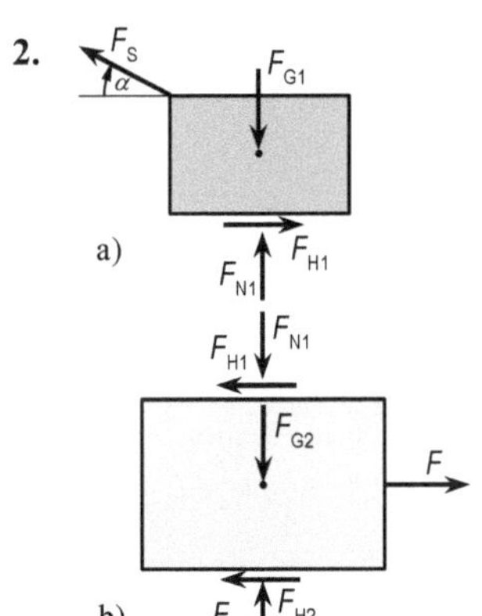

Bild A.164: Haftreibung
a) oberer Klotz   b) unterer Klotz

Oberer Klotz:

Haften: $F_{H1} = \mu_{01} \cdot F_{N1}$ (I)

Gleichgewicht: $F_{N1} = F_{G1} - F_S \cdot \sin \alpha$ (II)

$\qquad\qquad F_{H1} = F_S \cdot \cos \alpha$ (III)

(I) in (III): $\mu_{01} \cdot F_{N1} = F_S \cdot \cos \alpha$

$$F_S = \frac{\mu_{01} \cdot F_{N1}}{\cos \alpha} \quad (IV)$$

(IV) in (II): $F_{N1} = F_{G1} - \mu_{01} \cdot F_{N1} \cdot \tan \alpha$

$$F_{N1} = \frac{F_{G1}}{1 + \mu_{01} \cdot \tan \alpha} \quad (V)$$

Unterer Klotz:

Haften: $F_{H2} = \mu_{02} \cdot F_{N2}$ (VI)

Gleichgewicht: $F_{N2} = F_{G2} + F_{N1}$ (VII)

$\qquad\qquad F = F_{H1} + F_{H2}$ (VIII)

(VI) in (VIII): $F = F_{H1} + \mu_{02} \cdot F_{N2}$

Mit (I) und (VII): $F = \mu_{01} \cdot F_{N1} + \mu_{02} \cdot (F_{G2} + F_{N1})$

$F = (\mu_{01} + \mu_{02}) \cdot F_{N1} + \mu_{02} \cdot F_{G2}$

Mit (V): $F = (\mu_{01} + \mu_{02}) \cdot \dfrac{F_{G1}}{1 + \mu_{01} \cdot \tan \alpha} + \mu_{02} \cdot F_{G2}$

$$F = (0{,}3 + 0{,}4) \cdot \frac{120\,\text{N}}{1 + 0{,}3 \cdot \tan 25°} + 0{,}4 \cdot 200\ \text{N} = 154\ \text{N}$$

Um den unteren Klotz herauszuziehen, muss $F > 154$ N sein.

3.

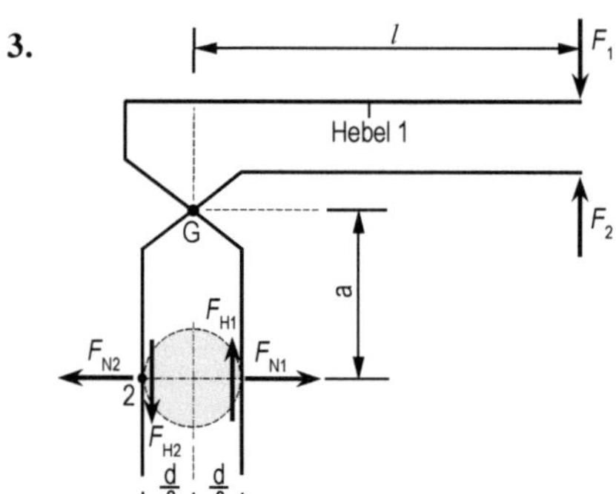

Bild A.165:
Freigemachte Zange für $F_2 < F_1$

a) $F_2 < F_1$:

Haftung: $F_{H1} = \mu_0 \cdot F_{N1}$ (I)

Gleichgewicht:

Hebel 1: $\Sigma M_{iG} = 0 = F_1 \cdot l - F_{N1} \cdot a - F_{H1} \cdot \dfrac{d}{2}$

Mit (I): $F_{N1} \cdot (a + \mu_0 \cdot \dfrac{d}{2}) = F_1 \cdot l$

$$F_{N1} = F_1 \cdot \frac{l}{a + \mu_0 \cdot \dfrac{d}{2}} \quad \text{(II)}$$

Momentegleichgewicht der Gesamtzange mit Bezugspunkt 2:

$$M_{i2} = 0 = (F_1 - F_2) \cdot (l + \dfrac{d}{2}) - F_{H1} \cdot d$$

Mit (I): $F_2 = F_1 - \dfrac{F_{N1} \cdot \mu_0 \cdot d}{l + \dfrac{d}{2}}$

bzw. mit (II): $F_2 = F_1 \cdot \left(1 - \dfrac{\mu_0 \cdot d}{l + \dfrac{d}{2}} \cdot \dfrac{l}{a + \mu_0 \cdot \dfrac{d}{2}}\right)$

$$F_2 = 150 \text{ N} \cdot \left(1 - \frac{0{,}15 \cdot 50 \, \text{mm}}{320 \, \text{mm} + 25 \, \text{mm}} \cdot \frac{320 \, \text{mm}}{80 \, \text{mm} + 0{,}15 \cdot 25 \, \text{mm}}\right) = 137{,}5 \text{ N}$$

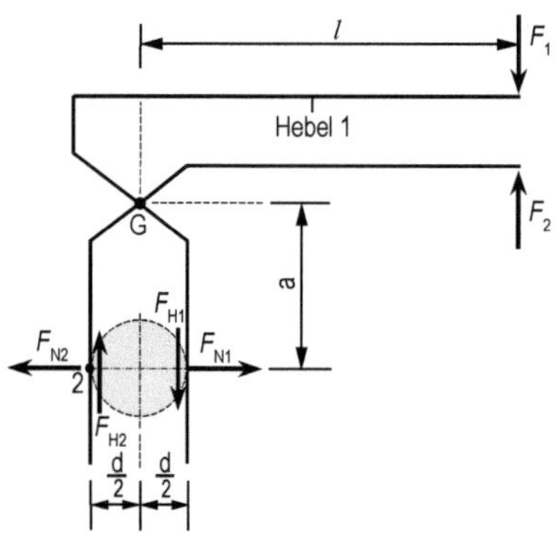

Bild A.166:
Freigemachte Zange für $F_2 > F_1$

b) $F_2 > F_1$:

Haftung: $F_{H1} = \mu_0 \cdot F_{N1}$ (III)

Gleichgewicht:

Hebel 1: $\Sigma M_{iG} = 0 = F_1 \cdot l - F_{N1} \cdot a + F_{H1} \cdot \dfrac{d}{2}$

Mit (III): $F_{N1} = F_1 \cdot \dfrac{l}{a - \mu_0 \cdot \dfrac{d}{2}}$ (IV)

Momentegleichgewicht der Gesamtzange mit Bezugspunkt 2:

$$\Sigma M_{i2} = 0 = (F_2 - F_1) \cdot (l + \dfrac{d}{2}) - F_{H1} \cdot d$$

$$F_2 = F_1 + \frac{F_{N1} \cdot \mu_0 \cdot d}{l + \dfrac{d}{2}}$$

bzw. mit (IV): $F_2 = F_1 \cdot \left(1 + \dfrac{\mu_0 \cdot d}{l + \dfrac{d}{2}} \cdot \dfrac{l}{a - \mu_0 \cdot \dfrac{d}{2}}\right)$

$$F_2 = 150 \text{ N} \cdot \left(1 + \frac{0{,}15 \cdot 50 \, \text{mm}}{320 \, \text{mm} + 25 \, \text{mm}} \cdot \frac{320 \, \text{mm}}{80 \, \text{mm} - 0{,}15 \cdot 25 \, \text{mm}}\right) = 163{,}7 \text{ N}$$

Die Zange rutscht nicht, wenn gilt: $137{,}5 \text{ N} < F_2 < 163{,}7 \text{ N}$.

4.

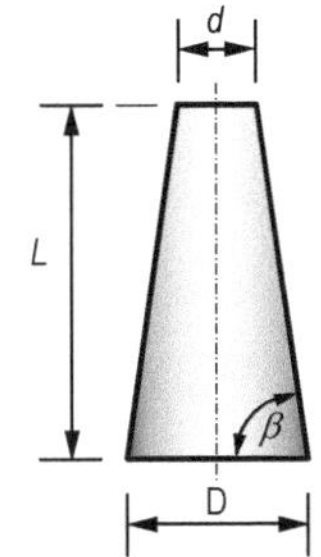

Bild A.167: Bohrer

$$\tan \frac{\alpha}{2} = \frac{D-d}{2 \cdot L} = \frac{4}{50} = 0,08 ; \quad \frac{\alpha}{2} = 4,574°$$

$$\beta = 90° - \frac{\alpha}{2} = 90° - 4,574° = 85,426°$$

Mit Gl. 10.53:

$$600 \text{ Ncm} = \frac{2 \cdot 0,1 \cdot F \cdot 0,5 \text{ cm}}{3 \cdot \cos 85,426°} \cdot \frac{1 + 0,6 + 0,6^2}{1 + 0,6}$$

$$F = 600 \text{ Ncm} \cdot \frac{0,3828}{0,196 \text{ cm}} = 1172 \text{ N}$$

5.

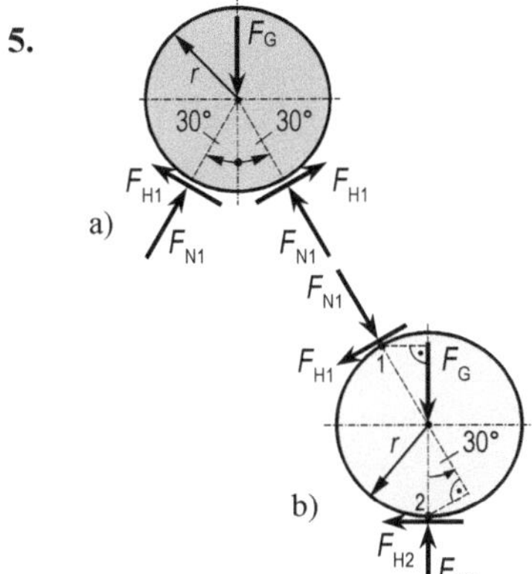

Bild A.168: Rohrschichtung
a) oberes Rohr   b) unteres Rohr

a) Oberes Rohr:

Haftung: $F_{H1} = \mu_{01} \cdot F_{N1}$ (I)

b) Unteres Rohr:

Haftung: $F_{H2} = \mu_{02} \cdot F_{N2}$ (II)

Gleichgewicht am Gesamtsystem: $F_{N2} = \dfrac{3 \cdot F_G}{2}$ (III)

Momentegleichgewicht mit Bezugspunkt 2:

$$\Sigma M_{i2} = 0 = F_{H1} \cdot (r + r \cdot \cos 30°) - F_{N1} \cdot r \cdot \sin 30°$$

Mit (I) ergibt sich:

$$\mu_{01} \cdot F_{N1} \cdot r \cdot (1 + \cos 30°) = F_{N1} \cdot r \cdot \sin 30°$$

bzw. $\mu_{01} = \dfrac{\sin 30°}{1 + \cos 30°} = 0,268$

Momentegleichgewicht mit Bezugspunkt 1:

$$\Sigma M_{i1} = 0 = F_{N2} \cdot r \cdot \sin 30° - F_{H2} \cdot r \cdot (1 + \cos 30°)$$
$$- F_G \cdot r \cdot \sin 30°$$

Mit (II) ergibt sich:

$$F_{N2} \cdot r \cdot \sin 30° = \mu_{02} \cdot F_{N2} \cdot r \cdot (1 + \cos 30°) + F_G \cdot r \cdot \sin 30°$$

bzw. mit (III):

$$\frac{3 \cdot F_G}{2} \cdot \sin 30° = \mu_{02} \cdot \frac{3 \cdot F_G}{2} \cdot (1 + \cos 30°) + F_G \cdot \sin 30°$$

$$\frac{1}{2} \cdot \sin 30° = \frac{3}{2} \cdot \mu_{02} \cdot (1 + \cos 30°)$$

$$\mu_{02} = \frac{\sin 30°}{3 \cdot (1 + \cos 30°)} = 0,0893$$

6.

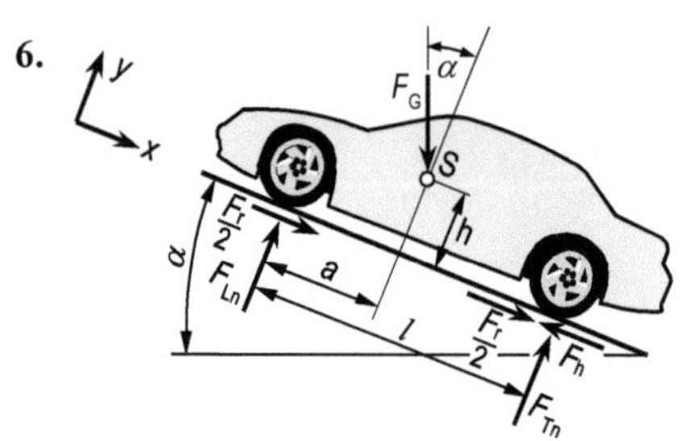

Bild A.169: Kraftwagen auf steigender Straße

Haftung: $F_h \leq \mu_0 \cdot F_{Tn}$ (I)

Gleichgewicht:

$\Sigma F_{ix} = 0 = F_G \cdot \sin \alpha - F_h + \mu_r \cdot F_G \cdot \cos \alpha$ (II)

$\Sigma F_{iy} = 0 = F_{Ln} + F_{Tn} - F_G \cdot \cos \alpha$

$\Sigma M_{iL} = 0 = -F_G \cdot a \cdot \cos \alpha - F_G \cdot h \cdot \sin \alpha + F_{Tn} \cdot l$ (III)

aus (III): $F_{Tn} = \dfrac{1}{l} \cdot F_G \cdot (a \cdot \cos \alpha + h \cdot \sin \alpha)$

in (I): $F_h \leq \dfrac{\mu_0}{l} \cdot F_G \cdot (a \cdot \cos \alpha + h \cdot \sin \alpha)$ (IV)

aus (II): $F_h = F_G \cdot \sin \alpha + \mu_r \cdot F_G \cdot \cos \alpha$ (V)

(V) in (IV): $F_G \cdot \sin \alpha + \mu_r \cdot F_G \cdot \cos \alpha \leq \dfrac{\mu_0}{l} \cdot F_G \cdot (a \cdot \cos \alpha + h \cdot \sin \alpha)$

Division durch $F_G \cdot \cos \alpha$ liefert:

$\tan \alpha + \mu_r \leq \dfrac{\mu_0}{l} \cdot a + \dfrac{\mu_0}{l} \cdot h \cdot \tan \alpha$

$(1 - \dfrac{\mu_0}{l} \cdot h) \cdot \tan \alpha \leq \dfrac{\mu_0}{l} \cdot a - \mu_r$

$\tan \alpha \leq \dfrac{\dfrac{a}{l} \cdot \mu_0 - \mu_r}{1 - \dfrac{h}{l} \cdot \mu_0} = \dfrac{\dfrac{1{,}1\,\text{m}}{2{,}64\,\text{m}} \cdot 0{,}6 - 0{,}03}{1 - \dfrac{0{,}71\,\text{m}}{2{,}64\,\text{m}} \cdot 0{,}6} = 0{,}262$

$\alpha \leq 14{,}7°$

7.

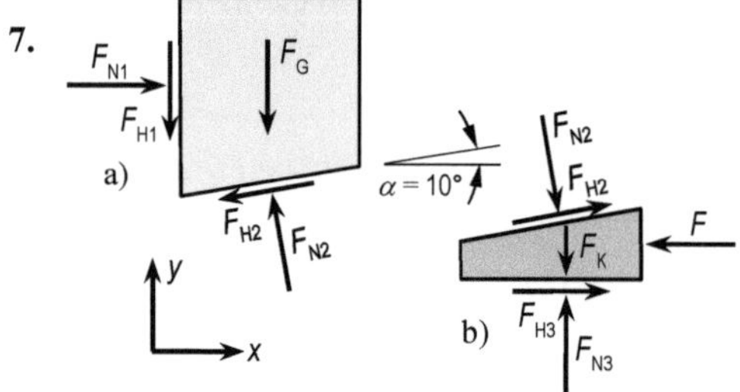

Bild A.170: Keilreibung
a) Klotz   b) Keil

Haftung: $F_{H1} = \mu_{01} \cdot F_{N1}$ (I)

$F_{H2} = \mu_{02} \cdot F_{N2}$ (II)

$F_{H3} = \mu_{03} \cdot F_{N3}$ (III)

Gleichgewicht:

a) Klotz:

$\Sigma F_{ix} = 0 = F_{N1} - F_{H2} \cdot \cos \alpha - F_{N2} \cdot \sin \alpha$ (IV)

$\Sigma F_{iy} = 0 = F_{N2} \cdot \cos \alpha - F_{H1} - F_{H2} \cdot \sin \alpha - F_G$ (V)

b) Keil:

$\Sigma F_{ix} = 0 = F_{H2} \cdot \cos \alpha + F_{N2} \cdot \sin \alpha + F_{H3} - F$ (VI)

$\Sigma F_{iy} = 0 = F_{N3} + F_{H2} \cdot \sin \alpha - F_{N2} \cdot \cos \alpha - F_K$ (VII)

aus (IV) mit (II):

$F_{N1} = F_{N2} \cdot (\sin \alpha + \mu_{02} \cdot \cos \alpha) = F_{N2} \cdot (\sin 10° + 0{,}1 \cdot \cos 10°) = 0{,}2721 \cdot F_{N2}$ (VIII)

aus (V) mit (I) und (II):

$F_{N2} \cdot \cos \alpha = \mu_{01} \cdot F_{N1} + \mu_{02} \cdot F_{N2} \cdot \sin \alpha + F_G = 0{,}05 \cdot 0{,}2721 \cdot F_{N2} + 0{,}1 \cdot \sin 10° \cdot F_{N2} + 2000\,\text{N}$

$F_{N2} \cdot (\cos 10° - 0{,}05 \cdot 0{,}2721 - 0{,}1 \cdot \sin 10°) = 2000\,\text{N}$

$$F_{N2} = \frac{2000\,\text{N}}{0,9538} = 2097\,\text{N}; \quad F_{H2} = 0,1 \cdot 2097\,\text{N} = 210\,\text{N}$$

$$F_{N1} = 0,2721 \cdot 2097\,\text{N} = 570\,\text{N} \;; \quad F_{H1} = 0,05 \cdot 570\,\text{N} = 29\,\text{N}$$

aus (VII):

$$F_{N3} = 2097\,\text{N} \cdot \cos 10° - 210\,\text{N} \cdot \sin 10° + 100\,\text{N} = 2129\,\text{N}; \quad F_{H3} = 0,07 \cdot 2129\,\text{N} = 149\,\text{N}$$

aus (VI):

$$F = 210\,\text{N} \cdot \cos 10° + 2097\,\text{N} \cdot \sin 10° + 149\,\text{N} = 720\,\text{N}$$

Zum Anheben der Last muss $F \geq 720\,\text{N}$ sein.

8.

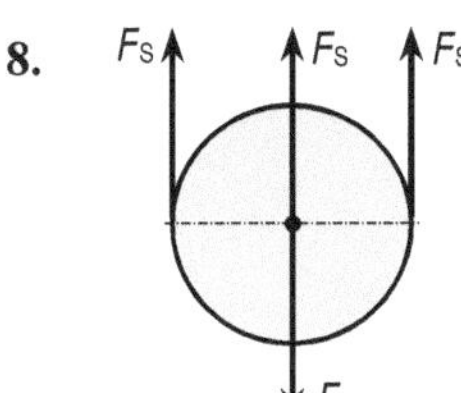

Bild A.171: Freigeschnittene Rolle

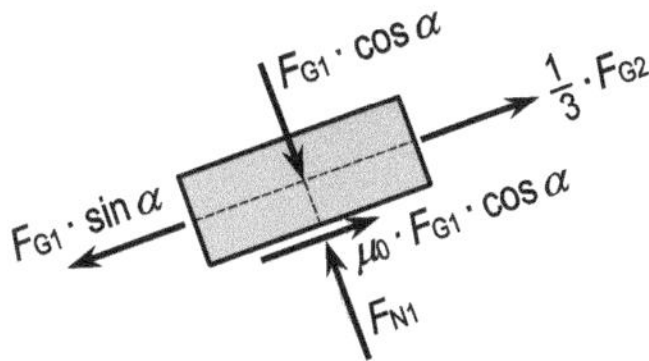

Bild A.172: Freigeschnittener Klotz

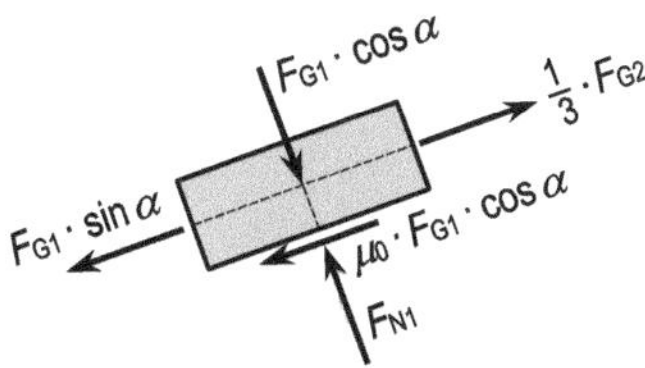

Bild A.173: Freigeschnittener Klotz

Gleichgewicht an der Rolle:

$$3 \cdot F_\text{S} - F_\text{G2} = 0; \quad F_\text{S} = \frac{1}{3} \cdot F_\text{G2}$$

Untere Grenze:

Klotz darf sich nicht abwärts bewegen **(Bild A.172)**.

Gleichgewicht:

$$\frac{1}{3} \cdot F_\text{G2} + \mu_0 \cdot F_\text{G1} \cdot \cos \alpha - F_\text{G1} \cdot \sin \alpha = 0$$

$$F_\text{G2} = 3 \cdot F_\text{G1} \cdot (\sin \alpha - \mu_0 \cdot \cos \alpha)$$

$$F_\text{G2} = 3 \cdot 600\,\text{N} \cdot (\sin 20° - 0,3 \cdot \cos 20°) = 108\,\text{N}$$

Obere Grenze:

Klotz darf sich nicht aufwärts bewegen **(Bild A.173)**.

Gleichgewicht:

$$\frac{1}{3} \cdot F_\text{G2} - \mu_0 \cdot F_\text{G1} \cdot \cos \alpha - F_\text{G1} \cdot \sin \alpha = 0$$

$$F_\text{G2} = 3 \cdot F_\text{G1} \cdot (\sin \alpha + \mu_0 \cdot \cos \alpha)$$

$$F_\text{G2} = 3 \cdot 600\,\text{N} \cdot (\sin 20° + 0,3 \cdot \cos 20°) = 1123\,\text{N}$$

Damit der Klotz in Ruhe bleibt, muss gelten:
$$108\,\text{N} \leq F_\text{G2} \leq 1123\,\text{N}$$

9.

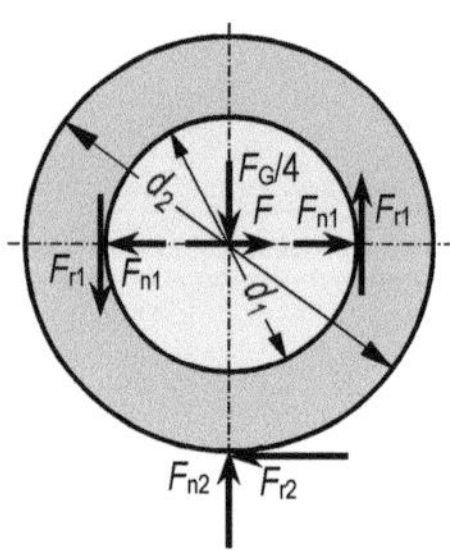

Bild A.174: Kräfte am freigemachten Rad

Haftzahl μ_{02}:

$$F_B = \mu_{02} \cdot F_G; \quad \mu_{02} = \frac{F_B}{F_G} = \frac{4\,\text{kN}}{10\,\text{kN}} = 0{,}4$$

Anpresskraft F_{n1}:

$$F_{n2} = \frac{F_G}{4} = 2{,}5\,\text{kN}; \quad F_{r2} = \frac{F_B}{4} = 1\,\text{kN}$$

Momente um den Radmittelpunkt:

$$F_{r1} \cdot d_1 = F_{r2} \cdot \frac{d_2}{2}; \quad F_{r1} \cdot 240\,\text{mm} = 1\,\text{kN} \cdot 340\,\text{mm}$$

$$F_{r1} = 1{,}417\,\text{kN}$$

$$F_{n1} = \frac{F_{r1}}{\mu_1} = \frac{1{,}417\,\text{kN}}{0{,}7} = 2{,}02\,\text{kN}$$

10.

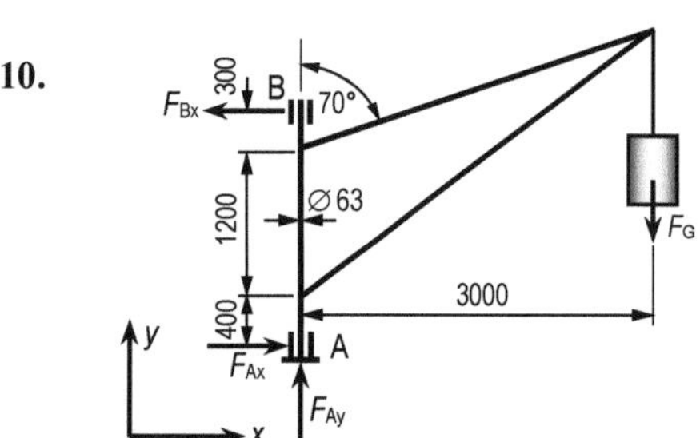

Bild A.175: Wanddrehkran

Auflagerkräfte:

$$\Sigma F_{iy} = 0 = F_{Ay} - F_G; \quad F_{Ay} = F_G = 5\,\text{kN}$$

$$\Sigma M_{iA} = 0 = F_G \cdot 3\,\text{m} - F_{Bx} \cdot 1{,}9\,\text{m}$$

$$F_{Bx} = \frac{5\,\text{kN} \cdot 3\,\text{m}}{1{,}9\,\text{m}} = 7{,}89\,\text{kN}$$

$$\Sigma F_{ix} = 0 = F_{Ax} - F_{Bx}; \quad F_{Ax} = F_{Bx} = 7{,}89\,\text{kN}$$

Spurzapfenreibung am Lager A:

$$M = \frac{2}{3} \cdot \mu \cdot F_{Ay} \cdot r_a = \frac{2}{3} \cdot 0{,}1 \cdot 5\,\text{kN} \cdot 31{,}5\,\text{mm} = 10{,}5\,\text{kNmm}$$

Reibung in den vertikalen Lagerflächen:

$$M = (F_{Ax} + F_{Bx}) \cdot \mu \cdot \frac{d_a}{2} = 2 \cdot 7{,}89\,\text{kN} \cdot 0{,}1 \cdot 31{,}5\,\text{mm} = 49{,}7\,\text{kNmm}$$

Gesamtes Reibungsmoment: $M_r = 49{,}7\,\text{kNmm} + 10{,}5\,\text{kNmm} = 60{,}2\,\text{kNmm}$
Momentegleichgewicht um die Kransäulenachse
$F_{erf} \cdot 3000\,\text{mm} = 60{,}2\,\text{kNmm}$
$F_{erf} = 0{,}02\,\text{kN} = 20\,\text{N}$

11.

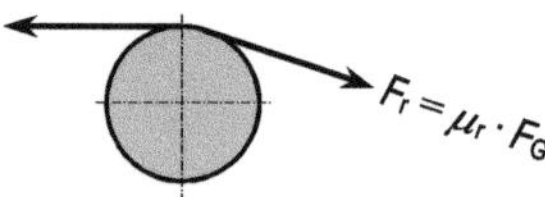

Bild A.176: Seilumschlingung

$$F_r = 0{,}05 \cdot 180\,\text{kN} = 9\,\text{kN} = 9000\,\text{N}; \quad F_0 = 200\,\text{N}$$

$$F_r = F_0 \cdot e^{\mu_0 \cdot \alpha}$$

$$9000\,\text{N} = 200\,\text{N} \cdot e^{0{,}12 \cdot \alpha}$$

$$\alpha = \frac{1}{0{,}12} \cdot \ln\left(\frac{9000\,\text{N}}{200\,\text{N}}\right) = 31{,}72$$

$$n = \frac{31{,}72}{2\pi} = 5{,}05$$

5,05 Umschlingungen sind erforderlich.

12.

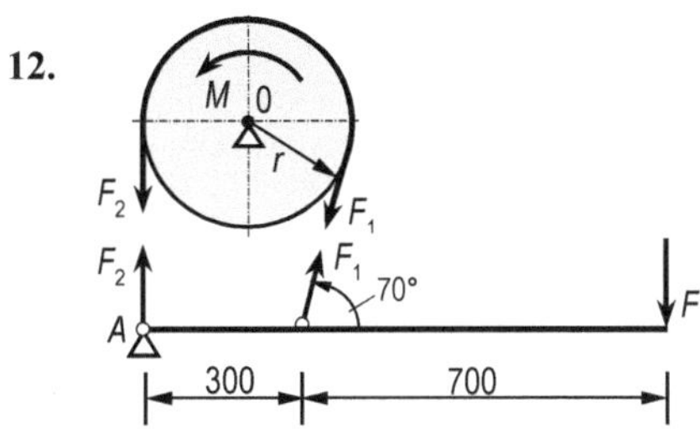

Bild A.177: Bandbremse

$\Sigma M_{i0} = 0 = F_2 \cdot r - F_1 \cdot r + M$

$M = (F_1 - F_2) \cdot r$

An der Grenze des Gleichgewichts gilt:

$M = F_1 \cdot r \cdot (1 - e^{-\mu\alpha})$

$F_1 = \dfrac{M}{r \cdot (1 - e^{-\mu\alpha})} = \dfrac{1\,\text{kNm}}{0,2\,\text{m} \cdot (1 - e^{-0,6 \cdot 3,49})}$

$F_1 = 5,70\,\text{kN}$

Hebel:

$\Sigma M_{iA} = 0 = F_1 \cdot \sin 70° \cdot 300\,\text{mm} - F \cdot 1000\,\text{mm}$

$F = \dfrac{5,70\,\text{kN} \cdot \sin 70° \cdot 300\,\text{mm}}{1000\,\text{mm}} = 1,61\,\text{kN}$

13.

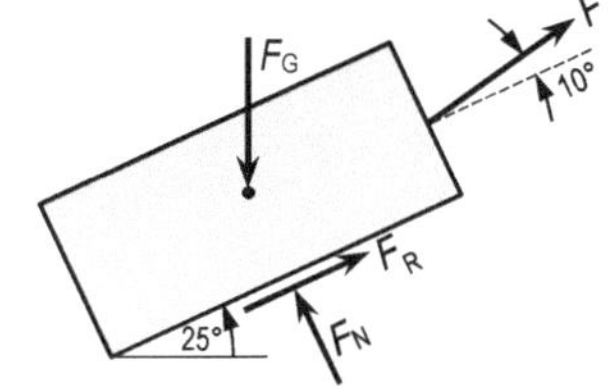

Bild A.178: Gleitender Klotz

Gleichgewicht:

parallel zur Bahn: $F_G \cdot \sin 25° = F \cdot \cos 10° + F_R$ (I)

senkrecht zur Bahn: $F_G \cdot \cos 25° = F \cdot \sin 10° + F_N$ (II)

aus (II): $F_N = F_G \cdot \cos 25° - F \cdot \sin 10°$

$F_R = \mu \cdot F_N = \mu \cdot (F_G \cdot \cos 25° - F \cdot \sin 10°)$

einsetzen in (I):

$F_G \cdot \sin 25° = F \cdot \cos 10° + \mu \cdot (F_G \cdot \cos 25° - F \cdot \sin 10°)$

$F_G \cdot (\sin 25° - 0,2 \cdot \cos 25°) = F \cdot (\cos 10° - 0,2 \cdot \sin 10°)$

$1000\,\text{N} \cdot 0,2414 = F \cdot 0,9501$

$F = 254\,\text{N}$

14. a) auf horizontaler Ebene

Vortriebskraft: $F_v = 0,8 \cdot F_{GL} \cdot \mu_0 = 0,8 \cdot 1000\,\text{kN} \cdot 0,15 = 120\,\text{kN}$

$F_V \geq \mu_r \cdot (F_{GL} + n \cdot F_{GW}) = 0,005 \cdot (1000\,\text{kN} + n \cdot 180\,\text{kN})$

$120\,\text{kN} \geq 5\,\text{kN} + n \cdot 0,9\,\text{kN}$

$n \leq \dfrac{120\,\text{kN} - 5\,\text{kN}}{0,9\,\text{kN}} = 127,8$

127 Wagen können gezogen werden.

b) bei 2,5 % Steigung

$\tan \alpha = 0,025; \quad \alpha = 1,432°$

Vortriebskraft: $F_V = 0,8 \cdot F_{GL} \cdot 0,15 \cdot \cos \alpha = 0,8 \cdot 1000\,\text{kN} \cdot 0,15 \cdot \cos 1,432° = 120\,\text{kN}$

$F_V \geq (F_{GL} + n \cdot F_{GW}) \cdot (\sin\alpha + \mu_r \cdot \cos \alpha) = (1000\,\text{kN} + n \cdot 180\,\text{kN}) \cdot (\sin 1,432° + 0,005 \cdot \cos 1,432°)$

$120\,\text{kN} \geq 30\,\text{kN} + n \cdot 5,40\,\text{kN}$

$n \leq \dfrac{120\,\text{kN} - 30\,\text{kN}}{5,40\,\text{kN}} = 16,7$

16 Wagen können gezogen werden.

Weiterführende Literatur

[1] Szabó, I.: *Einführung in die technische Mechanik.* Berlin-Heidelberg: Springer, 8. Aufl. 2003

[2] Szabó, I.: *Höhere Technische Mechanik.* Berlin-Heidelberg: Springer, 6. Aufl. 2001

[3] Ziegler, F.: *Mechanik der festen und flüssigen Körper* Berlin-Heidelberg: Springer, 3. Aufl. 1998

[4] Gross, D.; Hauger, W.; Schnell, W.; Wriggers, P.: *Technische Mechanik 4.* Berlin-Heidelberg: Springer, 10. Aufl. 2018

[5] Dankert, J.; Dankert, H.: *Technische Mechanik.* Wiesbaden: Vieweg+Teubner, 7. Aufl. 2013

[6] Brauch, W.; Dreyer, H.-J.; Haake, W.: *Mathematik für Ingenieure.* Wiesbaden: Vieweg+Teubner, 11. Aufl. 2006

[7] Köhler, G.; Rögnitz, H.: *Maschinenteile.* Wiesbaden: Vieweg+Teubner, 10. Aufl. 2007

Stichwortverzeichnis